Ferdinand Ritter von Arlt

Handbuch der gesammten Augenheilkunde

2. Auflage, Band 14 III (Frankreichs Augenärzte 1800 - 1850)

Ferdinand Ritter von Arlt

Handbuch der gesammten Augenheilkunde
2. Auflage, Band 14 III (Frankreichs Augenärzte 1800 - 1850)

ISBN/EAN: 9783744686754

Hergestellt in Europa, USA, Kanada, Australien, Japan

Cover: Foto ©berggeist007 / pixelio.de

Weitere Bücher finden Sie auf **www.hansebooks.com**

HANDBUCH

DER

GESAMTEN AUGENHEILKUNDE

ZWEITE, NEUBEARBEITETE AUFLAGE

VIERZEHNTER BAND III

GRAEFE-SAEMISCH

HANDBUCH

DER

GESAMTEN AUGENHEILKUNDE

UNTER MITWIRKUNG

VON

Prof. Th. Axenfeld in Freiburg in B., Prof. St. Bernheimer in Innsbruck, Prof. A. Bielschowsky in Marburg, Prof. A. Birch-Hirschfeld in Leipzig, Prof. O. Eversbusch in München, Dr. A. Fick in Zürich, Prof. Dr. S. Garten in Giessen, † Prof. Alfred Graefe in Weimar, Prof. R. Greeff in Berlin, Prof. A. Groenouw in Breslau, Dr. E. Heddaeus in Eisenach, Prof. E. Hering in Leipzig, Prof. E. Hertel in Strassburg, Prof. C. von Hess in München, Prof. E. von Hippel in Halle a. S., Prof. J. Hirschberg in Berlin, Prof. E. Hummelsheim in Bonn, Prof. E. Kallius in Greifswald, † Dr. med. et philos. A. Kraemer in San Diego, Prof. E. Krückmann in Berlin, Dr. Edmund Landolt in Paris, Prof. Th. Leber in Heidelberg, Prof. F. Merkel in Göttingen, † Prof. J. von Michel in Berlin, Prof. M. Nussbaum in Bonn, Dr. E. H. Oppenheimer in Berlin, Prof. A. Pütter in Bonn, Dr. M. von Rohr in Jena, † Prof. Th. Saemisch in Bonn, Prof. H. Sattler in Leipzig, Prof. G. von Schleich in Tübingen, Prof. H. Schmidt-Rimpler in Halle a. S., Prof. L. Schreiber in Heidelberg, Prof. Oscar Schultze in Würzburg, Dr. R. Seefelder in Leipzig, † Prof. H. Snellen in Utrecht, Prof. H. Snellen jr. in Utrecht, Prof. W. Uhthoff in Breslau, Prof. Hans Virchow in Berlin, Prof. A. Wagenmann in Heidelberg, Prof. Wessely in Würzburg, Dr. M. Wolfrum in Leipzig

BEGRÜNDET VON
PROF. THEODOR SAEMISCH

FORTGESETZT VON
PROF. C. VON HESS

———

ZWEITE, NEUBEARBEITETE AUFLAGE

———

VIERZEHNTER BAND.
DRITTE ABTEILUNG

J. HIRSCHBERG, GESCHICHTE DER AUGENHEILKUNDE

DRITTES BUCH, NEUNTER ABSCHNITT:
FRANKREICHS AUGENÄRZTE VON 1800—1850
MIT 13 FIGUREN IM TEXT UND 9 TAFELN

———

LEIPZIG
VERLAG VON WILHELM ENGELMANN
1912

Inhalt

des vierzehnten Bandes III.

Kapitel XXIII.

(Fortsetzung.)

Geschichte der Augenheilkunde.

Von J. Hirschberg,
Professor in Berlin.

Mit 13 Figuren im Text und 9 Tafeln.

— —

Drittes Buch.

(Fortsetzung.)

Die Augenheilkunde in der Neuzeit.

Neunter Abschnitt. Frankreichs Augenärzte, von 1800—1850.

Kapitel XXIII.

(Fortsetzung.)

Die Augenheilkunde in der Neuzeit.

Von

J. Hirschberg,

Professor in Berlin.

Mit 13 Figuren im Text und 9 Tafeln.

Eingegangen im Juli 1912.

Drittes Buch.

Neunter Abschnitt.

Frankreichs Augenärzte, von 1800 bis 1850.

§ 519. Vorschau und Übersicht.

Die französische Revolution von 1792, die nach dem Ausspruche des berühmten Pariser Chirurgen Sabatier (1732—1811) »alles umstürzte, vom Thron des Königs von Frankreich bis zu dem bescheidenen Lehrstuhl des Professors und der Bank des Studenten«, hatte durch das Gesetz vom 18. August 1792 alle Universitäten, Fakultäten, medizinische Schulen, chirurgische Kollegien aufgehoben, ohne zunächst irgend einen Ersatz dafür zu schaffen, und somit eine vollständige Anarchie herbeigeführt. (XIV, S. 3.)

Allerdings, von den 18 damals bestehenden Medizin-Schulen in Frankreich besaßen nur die von Paris und von Montpellier einigen Ruf; die französischen Krankenhäuser waren geradezu berüchtigt; auch die chirurgischen Kollegien in Verfall: somit kann man wohl der Überzeugung von Truc und Pansier beitreten, dass die National-Versammlung durch Aufhebung der jedem Fortschritt abgeneigten Fakultäten immerhin der ärztlichen Wissenschaft auch einen wesentlichen Dienst geleistet habe.

A. Terson hebt besonders hervor, dass diese radikale Maßregel die Jahrhunderte langen Kämpfe zwischen medizinischen Fakultäten und chirurgischen Kollegien beseitigt hat, da die neue Einrichtung, welche bald geschaffen werden musste, die beiden Körperschaften in sich vereinigte. Diesen Gedanken hatte schon 1846[1]) der Augenarzt Guépin zu Nantes in

---

1) A. d'Oc. XV, S. 13.

schwungvolle Worte gekleidet: »Was war fördersamer für unsre Kunst,
die so häufig unter den Ärzten und besonders unter den Wundärzten ver-
höhnt und verachtet worden, als diese unsterbliche Verordnung des Jahres III,
durch welche die Heilkunde zu ihrer ursprünglichen Einheit zurückgeführt
wurde, indem sie auf den Preis-Münzen der praktischen Schulen die
Bilder von Jean Férnel[1]) und von Ambroise Paré vereinigte!«

Schon nach zwei Jahren, als dem Konvent mitgetheilt wurde, dass die
Armeen der Republik binnen 18 Monaten an 600 Ärzte verloren hätten,
und dass die Truppen in den östlichen Pyrenäen der ärztlichen Hilfe fast
ganz entbehrten, wurden durch das Gesetz vom 14. Frimaire d. J. III
(4. Dez. 1794) in Paris, Montpellier und Straßburg drei medizinische
Unterrichts-Anstalten begründet, die den Namen »Gesundheits-Schulen«
(Écoles de santé) erhielten und zunächst nur dazu bestimmt waren, Gesundheits-Officiere (Officiers de santé) für den Dienst der Krankenhäuser,
besonders derjenigen für Heer und Flotte, auszubilden.

Paris erhielt 12 Professoren, Montpellier 8, Straßburg 6; Paris 300,
Montpellier 150, Straßburg 100 Schüler, die auf Kosten des Staates drei
Jahre lang Medizin studirten. Das Gesetz vom 4. Dez. 1794 hob auch
jeden Unterschied zwischen Ärzten und Wundärzten auf, beschränkte aber
die Ausübung der Heilkunde nicht auf die von den Gesundheits-Schulen
geprüften und mit Zeugniss versehenen. In 20 von dem Gesetz genannten
Ortschaften wurden Prüfungs-Körper errichtet, um die Fähigkeit der andren
zu ermitteln. Die ärztliche Laufbahn stand Jedem offen, der ein Zeugniss
vorwies; und dies erhielt Jeder, der es verlangte. Es war der Triumph
der Charlatane.

Nachdem schon seit 1796 Civil-Studenten Zulassung erhalten, werden
im Jahre 1801 die Gesundheits-Schulen in Medizin-Schulen umgewandelt.
Im Jahre 1803 wird die Anarchie beseitigt, die Erlaubniss zur ärztlichen
Praxis von der erfolgreichen Prüfung an den Medizin-Schulen abhängig
gemacht, und gleichzeitig zwei Klassen von Ärzten geschaffen, einerseits
Doktoren der Medizin und Chirurgie und andrerseits Gesundheits-Officiere.
Die ersteren mussten das Lyceum durchmachen und vier Jahre Heilkunde
studiren. Die letzteren brauchten keinen Nachweis über ihre Allgemein-
Bildung beizubringen und nur drei Jahre zu studiren, durften aber nur auf
dem Lande und in demjenigen Departement, für welches sie die Erlaubniss
hatten, prakticiren und mussten in schwierigen Fällen einen Doktor zu Rath
ziehen[2).

---

1) (1485—1558) Prof. der Heilkunde an der med. Schule zu Paris, Vf. von
Universa medicina, Paris 1554. — Über A. Paré vgl. unsren § 317.

2 Erst 1894 ist der Grad der Gesundheits-Officiere aufgehoben worden.
Einige schon früher (1826, 1847, 1864) unternommene Versuche waren erfolglos
geblieben. — In Preußen wurden die Wundarzt-Schulen 1848/49 aufgehoben.
(§ 490.) In Österreich etwas später und allmählich.

Durch das Gesetz vom 10. Mai 1806 (Dekret vom 17. März 1808) schuf dann Napoleon I. die Université de France, eine staatliche Unterrichts-Korporation, der die Leitung des gesammten Hoch-, Mittel- und Volks-Schulwesens übertragen wurde. (Diese Organisation besteht im wesentlichen noch heute, obwohl durch die Gesetze über Unterrichts-Freiheit vom 12. Juli 1875 und vom 18. März 1880 der Grundsatz des staatlichen Monopols durchbrochen worden, und neben den staatlichen Hochschulen sogenannte Facultés, bzw. Écoles libres zugelassen sind.)

Seit dem Jahre 1808 haben die Medizin-Schulen wieder den Namen der Fakultäten angenommen.

Die Augenheilkunde erscheint nicht im Lehr-Programm. Professoren der Augenheilkunde werden nicht ernannt. Die Professoren[1] der äußeren Pathologie und der chirurgischen Klinik sind berufen, die Augenheilkunde zu kennen, zu lehren und auszuüben.

Im Hôtel-Dieu zu Paris hatte schon seit 1803 die operative Wirksamkeit der Experts Oculistes[2] (der Brüder GRAND-JEAN[3]) aufgehört. (A. TERSON.)

Ein großer Unterschied besteht — um von Österreich[4] zu schweigen, wo seit 1773 Universitäts-Unterricht in der Augenheilkunde eingeführt worden, — auf diesem Gebiete zwischen Deutschland und Frankreich.

Auch in Deutschland waren in diesem Halbjahrhundert von 1800 bis 1850 im Allgemeinen die Professoren der Chirurgie mit der Vertretung der Augenheilkunde betraut. Aber sie vertraten dieselbe. Sie hielten regelmäßige Vorlesungen über Augenheilkunde, sie hielten Augenklinik ab, es gab auch besondere Augen-Abtheilungen, es gab Augenkliniken.

Hingegen im Schooße der französischen Fakultäten finden wir in dieser Zeit keine regelmäßige Vorlesung über Augenheilkunde, keine Augenklinik, — abgesehen von Straßburg, wo der verdienstvolle, des Deutschen wie des Französischen gleich mächtige VICTOR STOEBER schon 1830, als a. o. Professor, seine Vorlesungen begonnen.

Er, der berufenste Beurtheiler, hat uns eine packende Schilderung überliefert: »Als ich studirte, hielt uns unser Professor der chirurgischen Pathologie in jedem Jahre drei Vorlesungen über Augenkrankheiten, eine über die Ophthalmie, eine über den Star und eine über Amaurose. In der Klinik erschien nie ein Augen-Leiden. Von Operationen habe ich nur, mit Hilfe des Opernglases, von der Höhe des Amphitheaters, die des

---

1) Es giebt ordentliche Professoren und außerordentliche (agrégés). Die letzteren werden auf Grund eines Wettbewerbes (Konkurses) gewählt. Bis 1852 war dieser auch bei der Besetzung der Ordinariate üblich gewesen. Wir werden mehrfach von solchen Konkursen zu handeln haben. Seit 1910 giebt es auch einen Concours d'aggrégation für Special-Fächer.

2) XIV, S. 2.   3) XIV, S. 102; XIV, II. S. 349.   4) § 468.

Stares und der Thränenfistel bei Dupuytren und Roux gesehen. So war ich geradezu erstaunt, zu Moorfields in London jeden Tag eine so große Zahl von Augenleidenden anzutreffen. Durch vieles Sehen wurde ich mit der Erkenntniss und Behandlung der Augenleiden vertraut und gewann Geschmack an diesem Zweig der Wissenschaft.«

Auch Guépin in Nantes erklärt 1849 (A. d'O. X, 292), dass er während seines mehrjährigen Studium bei Dupuytren und Roux niemals eine Pupillen-Bildung gesehen.

Während Chirurgie und innere Medizin im ersten Drittel des 19. Jahrhunderts auf Frankreichs Boden zu einer wunderbaren Blüthe sich entfalten, durch die unsterblichen Leistungen eines Boyer, Dupuytren, Roux, Gensoul, Delpech, eines Bichat, Andral, Laënnec; bleibt die Augenheilkunde ungepflegt und ungefördert. **Es ist eine befremdliche Thatsache, dass dasselbe Frankreich, welches doch im 18. Jahrhundert für die Wiedergeburt der Augenheilkunde das Größte geleistet, im ersten Drittel des 19. Jahrhunderts auf diesem Gebiet fast völlig unfruchtbar geblieben ist.**

Über die Thatsache kann kein Zweifel bestehen. Sie wurde von den Zeitgenossen festgestellt, einerseits von den Ausländern, sowohl von denen, welche nur die französische Literatur verfolgten, wie auch von denen, welche Frankreich zu Studien-Zwecken besuchten, und vollends von denen, welche in Paris eine neue Heimath suchten und ein offenes Feld zur Bethätigung ihrer aus fremden Schulen geschöpften, augenärztlichen Kenntnisse und Fertigkeiten vorfanden; sie wurde andrerseits auch von Franzosen oder französisch schreibenden Fachgenossen zugegeben, namentlich von denen, welche durch Berührung mit den Nachbarn, hauptsächlich denen jenseits des Rheins, einen freieren Blick sich bewahrt hatten; sie wird endlich auch anerkannt in französischen Schriften unsrer Tage.

A.]1. »Unbegreiflich ist,« heißt es bei Ph.v.Walther(6), »wie in einem Lande, in welchem früher die ersten Anfänge einer rationellen und wissenschaftlichen Begründung der Augenheilkunde durch Maître-Jan, St. Yves, Méjan, Daviel, J.L.Petit u.A. sich zeigten, mit dem Eintritt der Revolution der Faden der Entwicklung so ganz abreißen und für mehrere Dezennien totale Verdunklung entstehen konnte, in welcher nur einzelne Sterne zweiter Größe (Demours, Lusardi, Forlenze[1]) mit schwachem und zweifelhaftem Glanze leuchteten: bis dann durch Sichel ein deutsches Element der Augenheilkunde, sowie durch Carron du Villards ein italienisches aus der Scarpa'schen Schule wieder nach Frankreich überpflanzt wurden, wo zu dessen Wurzelung vor 15 Jahren sich eine Tabula rasa vorfand.«

2. »Mag auch«, schreibt Beger Anfang 1835 aus Paris, »die Unvollkommenheit medizinischer Lehranstalten zu jener Vernachlässigung der

---

1) Über Demours vgl. § 374 und § 447. Lusardi und Forlenze sind Italiener und noch dazu irrende Ritter der Augenheilkunde. Vgl. über dieselben § 442.

Augenheilkunde Anlass gegeben haben, mag auch der Grund in der Ernennung von Officiers de Santé zu suchen sein, und mögen diese auch als Diener ehemaliger Okulisten, mit einem Brevet versehen, Frankreich durchstrichen und Unverschämtheit zur Schau getragen haben, mögen endlich die besseren Ärzte Frankreichs die Wichtigkeit und das Bedürfniss der Augenheilkunde gefühlt, aber aus Besorgniss, jenen Charlatanen gleichgestellt zu werden, sie in der Theorie wie in der Praxis unbeachtet gelassen haben; so reichen alle diese Gründe doch nicht aus, um das Sinken dieser Wissenschaft hinreichend zu erklären.«

(Mit diesen Gründen haben auch französische oder in Frankreich lebende Augenärzte sich beschäftigt; man hat politische und wissenschaftliche Ursachen namhaft gemacht. Guépin erklärt [A. d'O. XV, S. 13, 1846], dass die große Revolution, indem sie alle Ärzte und Augenärzte zu den Feld-Lazareten berief, den Fortschritt der Augenheilkunde in Fesseln geschlagen hat. Ähnlich äußert sich V. Stoeber, der auch als weitere Begründung den Abscheu vor der Charlatanerie der »Okulisten« hinzufügt. Szokalski meint [A. d'O. XI, S. 246, 1844], dass bei der Notwendigkeit, nach den Grundsätzen von Bichat das ganze Gebäude der Heilkunde auf neue Grundlagen zu stellen, man sich nicht mit der Augenheilkunde beschäftigen konnte.)

3. Sechs Jahre nach Beger, 1841, schreibt Chelius: »Noch entbehrt Frankreich und das mit ärztlichen Anstalten so reich ausgestattete Paris einer besonderen Anstalt für Augenkranke und eines speziellen Unterrichts[1]) in diesem Fach. Am meisten anregend und erfolgreich wirkt Sichel, ein deutscher Arzt, in seiner Privat-Augenklinik.«

Wenn ich unter den ausländischen Beurtheilern der französischen Zustände bisher nur Deutsche angeführt, so liegt dies einfach daran, dass Andre fast gar nicht darüber geschrieben haben.

4. Jedenfalls hat Edmund Lee, Mitglied der medizinisch-chirurgischen Gesellschaft zu Edinburgh, der 1839 Frankreich bereiste, »die Augenheilkunde daselbst sehr rückständig« gefunden, was Dr. Fallot in Brüssel allerdings 1846 energisch zurückzuweisen sich anstrengt.

Der damalige Zustand der Augenheilkunde in Deutschland war den Franzosen, trotz ihrer Unkenntniss der deutschen Sprache, nicht ganz verborgen geblieben.

Bereits 1820 hatte Dr. Guillée in seiner augenärztlichen Bibliothek (§ 554) versucht, seine Landsleute mit einigen deutschen Arbeiten über Augenheilkunde bekannt zu machen. Von Weller's Lehrbuch (§ 524) hatten sie eine französische Ausgabe schon seit 1832. Das Handbuch der Augenheilkunde von Chelius 1839 bis 1843 (§ 535) lag ihnen in französischer Übersetzung vor, — obwohl F. Cunier »wegen des exorbitanten Preises von 21½ Frcs. das ihm zur Ansicht gesendete Exemplar nicht aufgeschnitten« und also in den Annales d'Ocul. (II, S. 110) keine Beurtheilung derselben geliefert. Die operative Praxis von F. Jäger und A. Rosas (§ 472, 473) hatte ihnen Dr. Charles Deval aus Paris 1844 in einem »schönen Band« von 739 Seiten ausführlich geschildert.

Vollends hatte noch Dr. Bouchacourt, Wundarzt am Hôtel-Dieu zu Lyon und stellvertretender Professor, in der einzigen französisch geschriebenen Zeitschrift für Augenheilkunde (Annales d'Oculistique VIII, 157; IX, 104), 1842 3 den damaligen Zustand der Augenheilkunde in Deutschland ausführlich be-

---

1) Der von V. Stoeber in Straßburg war ihm entgangen. Allerdings hatte Stoeber 1841 noch keine Augenklinik.

schrieben. Derselbe erklärt, dass die deutschen Universitäten Lehrstühle oder Sonder-Kurse über Augenheilkunde besitzen, dass in den großen Krankenhäusern besondere Säle für Augenkranke vorhanden sind, dass die Schüler diesen Sonderzweig studiren, dass es eine eigne Prüfung für den Magister der Augenheilkunde giebt. Namentlich lobt er auch die Augen-Operationskurse und lädt die Verkleinerer der Specialität ein, in Wien die Kliniken von Rosas und Jäger zu besuchen.

B.) 7. Carron du Villards[1]) aus Savoyen, der 1828 in Paris eine neue Heimath gesucht und gefunden, schrieb 1838: »Warum hat Frankreich seit 1799 aufgehört, seinen Beitrag zum Aufbau der augenärztlichen Wissenschaft zu zahlen? Man muss freimüthig gestehen, dass in Deutschland derselben nicht nur ein Unterricht, sondern auch Fachzeitschriften eröffnet werden ... Gewähre man Frankreich den Sonder-Unterricht und Augenheil-Anstalten ... Vermöchten meine Bemühungen, vereint mit denen von Sanson, Velpeau, Sichel, der französischen Augenheilkunde den alten Glanz wieder zu verschaffen!«

8. Carron du Villards' glücklicherer Mitbewerber, Julius Sichel aus Frankfurt a. M., der 1830 zu Paris sich niedergelassen, hat mit vorsichtiger Diplomatie 1834 das Folgende ausgesprochen: »Die Augenheilkunde wurde in Frankreich, ihrem ersten Vaterlande, wo St. Yves, Janin, Maître-Jan sie geschaffen, nur deshalb mit Unrecht vernachlässigt, weil man, ihre wahrhafte Bedeutung verkennend, sie mit dem verwechselt hat, was gewöhnlich eine medizinische Specialität genannt wird, ... während sie doch das ganze große Gebiet der medizinisch-chirurgischen Nosologie und Therapeutik umfasst.«

C.) 9. Von den national-französischen Ärzten jener Zeit haben zwar viele, wie wir sogleich sehen werden, im vertraulichen Gespräch die Schäden zugestanden; aber nur wenige eine öffentliche Erörterung gewagt. So schon Guillié zu Paris in den Jahren 1819 und 1820: »Augenkliniken sind in fast allen Hauptstädten Europas gegründet worden ... Frankreich hat sie sehr nöthig, aber vergeblich sucht man sie in unsrer Hauptstadt.« »Die Pathologie der Augenkrankheiten ist unglücklicher Weise von den Beobachtern zu sehr vernachlässigt worden.«

10. Vor allen aber ist Victor Stoeber zu Straßburg zu nennen, der 1834 in seinem französischen Lehrbuch der Augenheilkunde geschrieben: »Seit dem Ende des vergangenen Jahrhunderts ist die Augenheilkunde wiederum in Frankreich vernachlässigt, aber mit großer Vorliebe von den deutschen Ärzten studirt worden, welche sie zu dem Grade der Vollendung gebracht, den sie heute erreicht hat.«

Ausführlicher und schärfer hat V. Stöber 1838 in deutscher Sprache sich ausgesprochen: »Es ist eine merkwürdige Erscheinung in der Geschichte

---

1) Freilich können wir von Carron (§ 568) Folgerichtigkeit nicht erwarten. In demselben Jahr 1838 schreibt er an Pétrequin (A. d'O. I, S. 78): »Das Vaterland von Janin, Guérin, Marc Antoine Petit ... kann in Ihrem Namen Verwahrung einlegen gegen die Behauptung derjenigen, welche sich erkühnen zu erklären, daß die französischen Wundärzte hinter den Fortschritten der Augenheilkunde zurückgeblieben sind. Ich bin ein Adoptiv-Franzose und erhebe mich mit allen Kräften gegen eine solche Anschuldigung.« Zwei Jahre später, als der ordentliche Chirurgie-Professor Velpeau zu Paris seine Vorlesungen über Augenheilkunde herausgeben ließ, erklärt Carron dies für »eine entscheidende Antwort auf die Vorwürfe unserer Nachbarn von jenseits des Kanals und jenseits des Rheins«. (A. d'O. III, S. 44, 1840.)

der Medizin, dass ein so wichtiger Zweig dieser Wissenschaft, wie die Augenheilkunde, so gänzlich vernachlässigt werden konnte in einem Lande, welches
doch im Anfang des vorigen Jahrhunderts mehr in diesem Felde leistete, als
jede andre Nation. In Frankreich ist nämlich die Behandlung der Augenkrankheiten seit 50 Jahren fast ganz in die Hände der Quacksalber und der
herumziehenden Okulisten gefallen. Nur eine kleine Zahl gebildeter Chirurgen
giebt sich mit den Augen-Operationen ab, und die meisten Ärzte wissen sehr
wenig über Augenkrankheiten.   Dies hängt zum Teil davon ab, dass in ganz
Frankreich k e i n e V o r l e s u n g e n u n d k e i n e p o l i k l i n i s c h e n Ü b u n g e n ü b e r
A u g e n k r a n k h e i t e n bestanden, bis dass ich im Jahre 1829 die meinigen in
Straßburg eröffnete.

Seitdem haben Sichel im Jahre 1832 und nach ihm Cannon du Villards
und Bourjot St. Hilaire dergleichen ebenfalls in Paris begonnen. Aber nicht
nur an Vorlesungen fehlte es, sondern auch an Handbüchern: die von Demours
und Delarue sind sehr unvollständig und dem jetzigen Standpunkt der Ophthalmologie nicht mehr angemessen.«

(A. Hirsch fügt hinzu, dass die Selbstgenügsamkeit der französischen Ärzte
der Beachtung der Fortschritte des Auslandes hinderlich war; die Errungenschaften jenseits des Rheins, jenseits des Kanals und jenseits der Alpen blieben
ihnen fremd.

In der That, noch 1838 erklärt von Ammon [Zeitschr. I, S. 673]: »Die
Franzosen, sonst Meister in der feineren Anatomie, haben, wie die ganze Ophthalmologie, so auch die Anatomie des Auges mit Verachtung belegt. Jeder, der
das erste beste in diesen Jahren erschienene französische Handbuch der Anatomie aufschlägt, wird sehen: Alles, was in den letzten 15 Jahren in Deutschland und in den andren Ländern für das nähere Verständniss der Organisation,
der Entwicklungsgeschichte, der praktischen und chirurgischen Anatomie des in
Rede stehenden Organes geschehen ist, wird gänzlich übergangen.«

Eine ähnliche Äußerung von Ammon [J. d. Chir. u. Augenh. 1842, S. 431]
war auch in f r a n z ö s i s c h e r Sprache veröffentlicht [A. d'O., 3e vol. suppl.,
p. 10, 1843]: »M. Malgaigne, dans son anatomie chirurgicale, . . . ignore tout
ce qui a été fait depuis 20 ans dans notre pays.«)

Endlich ist, nach nahezu 40jähriger Lehrthätigkeit, V. Stoeber im Jahre
1869 noch einmal auf diesen Gegenstand zurückgekommen: »Die Revolution
hatte die Einrichtungen und die Gelehrten weggefegt. Die Kriege des ersten
Kaiser-Reiches waren den Studien nicht günstig. Während der Restauration
hatte man zu viele Wunden zu heilen . . . Übrigens gehörten die Augenkrankheiten zur Chirurgie. Man wollte sie nicht gesondert lehren, aus Furcht O k u -
l i s t e n auszubilden, wie diejenigen, welche die Provinz durchzogen und aus-
beuteten und dem ärztlichen Stande keine Ehre machten. Im Jahre 1830 wurde der Unterricht der Augenheilkunde in Frankreich
geschaffen und, da Deutschland seine Wiege, so ist es natürlich, dass dieser
Unterricht sich bei uns von der deutschen Grenze her einführte.«

D.) 11. Auch Herr Florent Cunier zu Brüssel, dem gewiss nichts ferner lag,
als Voreingenommenheit f ü r Deutschland und g e g e n Frankreich, hat in der Vorrede der 1838 von ihm begründeten Annales d'Oculistique das folgende
Bekenntniss abgelegt: »Frankreich bot mir ein Absatzgebiet. Ich wusste, dass
die Augenheilkunde daselbst sich bemühte, den Rang wieder zu gewinnen, den
sie in den Tagen von Maître-Jan, St. Yves, Petit, Janin u. s. w. eingenommen.
Doch wusste ich nicht, dass die Zahl der Augenärzte so groß ist. Eine Reise

im Jahre 1837, während deren ich die meisten Medizin-Schulen Frankreichs besuchte, hat mir die Enthüllung gebracht, dass . . . eine große Zahl von Professoren der Chirurgie und von Ärzten existirte, die Augenheilkunde lehrten oder
übten . . . In den Unterhaltungen mit denselben wurde ich seltsam überrascht,
dass sie fast alle anerkannten, hinter ihren Fachgenossen in Deutschland, England, Italien zurückzustehen[1]) . . . Wenn eine Sonderzeit-
schrift die Entdeckungen der ausländischen Augenheilkunde in Frankreich ein-
bürgerte, würden die Franzosen das Gefühl der Rückständigkeit (infériorité)
verlieren; und die Sammlung der jetzt über alle Journale zerstreuten französischen Arbeiten zur Augenheilkunde würde den deutschen Fachgenossen die
fast sprichwörtliche Behauptung aus dem Munde nehmen, dass in Frankreich
die Augenheilkunde vernachlässigt ist.«
    1838 war der glückliche Umschwung zum Besseren schon deutlich,
von dem PÉTREQUIN's Bekenntniss (§ 603) Zeugniss ablegt.
    (Natürlich war, bei dem lebhaften Nationalgefühl, nicht zu erwarten,
dass Widerspruch ausbleibe. Herr P. A. CH. MAGNE (§ 575) hat in seiner Pariser
Dissertation vom Jahre 1842 [Quelques mots sur l'ophthalmologie] die Frage
aufgeworfen, »ob es wirklich nothwendig gewesen, dass ein deutscher Augenarzt
nach Paris kam, um die daselbst ungerecht vernachlässigte Augenheilkunde aufzuklären und ihr die gebührende Stellung zu verschaffen«. M. verneint die Frage
durch den Hinweis auf WENZEL, GONDRET, DEMOURS, DUPUYTREN, CARRON DU VILLARDS,
FURNARI, CLOQUET, VELPEAU, STOEBER, PÉTREQUIN, GUÉPIN, SANSON u. A. und erklärt: »die Augenheilkunde ist nicht vernachlässigt in Frankreich, das 19. Jahrhundert ist der würdige Nachfolger des achtzehnten.«
    Ich brauche nicht hervorzuheben, daß CARRON DU VILLARDS und FURNARI zu
den eingewanderten Fremden gehören, und dass die Augenklinik von SANSON
erst durch die von SICHEL in's Leben gerufen worden ist.)
    D.) 12, 13, 14. Von Stimmen aus dem heutigen Frankreich erwähne ich
Dr. CHABÉ (§ 621), der 1908 bekennt, dass »in dem ersten Theil des 19. Jahrhunderts die Augenheilkunde fast gänzlich vergessen war«, und P. PANSIER, der
1903 erklärt, dass »während der ersten Hälfte[2]) des 19. Jahrhunderts die
Augenheilkunde in Frankreich stationär geblieben«, — was sogar übertrieben ist;
ferner die Vf. der Nouveaux Élements d'Ophth., die es beklagen, dass nach

---

    1) Das bezog sich doch auch auf wichtige Gebiete der Praxis. ROGNETTA
erklärt (Gaz. des hôp. 1834 Nr. 142, S. 536), dass er in Paris 14 Pupillen-Bildungen
beobachtet, 5 von FORLENZE, 4 von ROUX, 2 von DUPUYTREN, 3 von SANSON, —
aber nur eine hatte glücklichen Erfolg; und auch dieser Fall ist kurz nach seinem
Austritt aus der Charité blind geworden. (SICHEL, Iconogr., S. 447.) Von traurigen Mißerfolgen, die er als junger Arzt in den Kliniken von BOYER, ROUX, DU-
PUYTREN gesehen, berichtet Prof. STOEBER 1869, nachdem er selber schon 16 Jahre
lang officiell das Fach der Augenheilkunde vertreten hatte. Ebenso GUÉPIN, aus
den Jahren 1824—1829. (Vgl. § 552.) Und VIDAL DE CASSIS schreibt 1840: »Ich
habe oft gesehen, wie in jener Zeit (nach 1828) in der Charité phlegmonöse Augen-
Entzündungen und heftige Hornhaut-Entzündungen den Erfolg der Ausziehungen
(des Prof. ROUX) vollständig vereitelten.« — Die besseren Erfolge der Ausziehung
von WELLER (1826), von FR. JÄGER (bis 1844) fanden nur Spott und Hohn bei
VIDAL DE CASSIS und bei MALGAIGNE.
    2) TRUC und PANSIER (S. 284) haben richtiger »im ersten Drittel«. — Aber
noch 1859, in seiner Iconographie ophth., erklärt SICHEL, dass »die Augenklinik
in Frankreich noch nicht einen genügend breiten Raum in der Heilkunde gefunden«.

der großen Revolution »in Frankreich der augenärztliche Unterricht in den neuen
Gesundheits-Schulen verschwindet, ebenso in den Schulen und Fakultäten der Medizin, die darnach folgten: das Fach fällt in die Hände der Charlatane oder Okulisten; einige ausgezeichnete Chirurgen beschäftigen sich ein wenig mit Augenkrankheiten, aber ohne Fortschritte anzubahnen, weil sie zu sehr von den
Sorgen um die allgemeine Chirurgie in Anspruch genommen waren«.

(Auch dieser Satz enthält einige Übertreibungen, welche durch die folgenden
Erörterungen auf das richtige Maß zurückgeführt werden.)

Die genannten Beweis-Stücke mögen genügen.

Die französische Augenheilkunde zeigt in der Hauptstadt des Reiches,
welche diesen Namen jedenfalls auch für unser Fach verdient, während
der ersten Hälfte des 19. Jahrhunderts, drei auf einander folgende, natürlich in einander übergehende Entwicklungs-Stufen oder Zeitabschnitte.

1. Der erste ist der national-chirurgische, etwa bis zum Anfang
der dreißiger Jahre. Die großen Wundärzte Boyer, Dupuytren, Roux u. A.
vertreten die Augenheilkunde. Es giebt auch einige Augenärzte, wie
die aus der früheren Zeit zurückgebliebenen, Demours und Wenzel d. S.,
wie Delarue, Guillié u. A. (In der Provinz wirken die ausgezeichneten
Chirurgen Delpech, Gensoul u. A.; ferner Augenärzte, wie Pamard u. A.
Am Schluss dieses Zeitabschnitts beginnt V. Stoeber zu Straßburg seinen
Sonder-Unterricht in der Augenheilkunde.)

2. Der zweite Abschnitt ist der specialistisch-chirurgische, der durch
die erste Invasion[1]) fremder Augenärzte nach Paris, des Deutschen Sichel,
der Italiener Carron du Vilards, Rognetta, Furnari, durch ihre Aktion und
durch die Reaktion der französischen Chirurgen (Sanson, Velpeau, Malgaigne
u. A.) gekennzeichnet ist und bis zur Mitte der vierziger Jahre andauert.

Ein deutscher Augenarzt, der 1835 zu Paris weilte, Dr. Beger aus
Dresden, hat diese Zeit als die der Wiedergeburt der Augenheilkunde
in Frankreich bezeichnet.

3. Der dritte Abschnitt, den wir, weil er unmittelbar aus dem zweiten
hervorgegangen, mit diesem zusammen abhandeln werden, ist der national-
specialistische, der die Signatur von Desmarres trägt, des Schülers von
Julius Sichel. Dieser Zeitabschnitt reicht bis 1862, bis zum Rücktritt von
Desmarres; ragt also schon über den Rahmen des uns beschäftigenden Zeit-
abschnittes hinaus.

In diese Zeit fällt die Gründung der national-französischen Archives d'ophthalmologie ... par M. A. Jamain[2]), Paris 1853, in deren

---

1) »Invasion des idées allemandes à Paris«, sagt Szokalski 1844, A. d'O. XI,
S. 246. »Irruption des prétentions de l'école de Beer chez nous en 1831«, heißt
es bei Velpeau 1840, Dict. de méd., XXII, S. 109.

2) (1816—1862). Schrieb eine kleine Chirurgie 1844, eine Anatomie 1852, eine
chirurgische Pathologie und Klinik (1856—1859), betheiligte sich an dem med.
Jahrbuch, der Gazette des hôp. u. a. 1858 wurde er Hospital-Wundarzt, hat aber
nie einer Hospital-Abtheilung vorgestanden. (Biogr. Lex. III, S. 379.)

Vorwort es heißt: »Depuis plusieurs années les chirurgiens de l'Allemagne et ceux de la Belge, publient un journal traitant exclusivement des maladies de l'appareil de la vision ... Les travaux des chirurgiens français se trouvent actuellement disséminés ... quelques rares articles ont été jusqu'à présent reproduits par les Annales d'oculistique belge ... Le but de notre publication est ... de grouper dans un seul et même recueil les faits les plus intéressants observés dans nos hôpitaux et dans nos cliniques, d'exposer les doctrines des chirurgiens français[1].« (Allemagne ist nicht richtig, da 1853 eine besondere Zeitschrift für Augenheilkunde in Deutschland nicht bestand; belge ist ein wenig boshaft.)

Aber die nationale Unterstützung blieb aus; schon nach drei Jahren musste JAMAIN das Archiv wieder aufgeben, — während die belgischen Annalen bis heute fortbestehen. Der Inhalt von JAMAIN's Archiv und die Ursachen seines Misserfolges sollen uns später beschäftigen.

Der Übersichtlichkeit halber will ich hier die weitere Entwicklung noch kurz andeuten; die genauere Darstellung kann erst an späterer Stelle erfolgen.

4. Eine zweite Invasion fremder Augenärzte nach Paris ist erfolgt, nachdem der Augenspiegel bereits, seit mehr als zehn Jahren, ein neues Gebiet augenärztlicher Diagnostik sich erobert hatte, und die Reformzeit der Augenheilkunde angebrochen war.

LOUIS WECKER aus Frankfurt a. M., ein Schüler von ARLT, F. JÄGER, A. v. GRAEFE, DESMARRES, SICHEL, hat 1862 zu Paris eine Augenklinik begründet: RICHARD LIEBREICH, von 1854—1862 Assistent an A. v. GRAEFE's Klinik, ebenfalls im Jahre 1862; EDUARD MEYER aus Dessau, ein Lieblings-Schüler A. v. GRAEFE's, 1863; XAVER GALEZOWSKI, ein Pole aus der Ukraine, 1865; EDMUND LANDOLT, ein Schweizer, Assistent HORNER's, Schüler SNELLEN's, 1875.

In allen diesen Augenkliniken wurde Unterricht (wenngleich nicht immer ein vollständiger) in der Augenheilkunde ertheilt. Die Besucher waren weit weniger Studenten[2], als Ärzte, namentlich fremde. Den Zustand dieser Kliniken aus dem Jahre 1876 habe ich selber in der Berlin. klin. W. (Nr. 43) kurz geschildert.

Aber »der freie Unterricht« der Augenheilkunde in Paris zählte noch andre und zwar französische Lehrer, GIRAUD TEULON, ABADIE, PARINAUD, GILLET DE GRANDMONT u. A.

Die Chirurgen fuhren fort, Augenheilkunde zu lehren, Augenkranke zu behandeln, Augen-Operationen zu verrichten. Ich nenne unter denen, die für Augenheilkunde sich besonders interessirten, NÉLATON, GOSSELIN; ferner TRÉLAT, POLAILLON, DELENS u. A.

Dieser vierte Zeitabschnitt ist wiederum, wie der zweite, fremd-specialistisch, mit nationalem Einschlag.

---

[1] Den französischen Text werde ich bringen, wo er als Beweis-Stück dient; auch bei den Titeln der Bücher und einzelner wichtiger Abhandlungen: sonst aber stets die deutsche Übersetzung geben.

[2] VICTOR STOEBER sagt 1869: »Die Studenten von Paris gehen nicht in diese freien Augenkliniken, weil die letzteren nicht officiell, nicht obligatorisch, und die Professoren dagegen sind.« (Gaz. méd. de Strasbourg 1872, S. 210.)

5. Der officielle Unterricht in der Augenheilkunde durch die Fakultät ließ lange auf sich warten.

Die Universität zu Paris, die älteste in Europa und das Vorbild aller, da ihre Gründung bis zum Jahre 1200 zurückreicht, und schon 1231 an dieser Hochschule drei Ordines s. Facultates, der Theologie, Jurisprudenz und Medizin, bestanden, etwas später auch die der Philosophie dazu kam, — von der Revolution aufgehoben, von Napoleon 1808 als Université de France wieder neu eingerichtet, übrigens erst 1898 durch innigere Vereinigung der Fakultäten straffer zusammengeschlossen, hat, unbeirrt durch das Beispiel von Straßburg, den Specialitäten in der Chirurgie einen starren Widerstand entgegengesetzt und erst recht spät auf die Pflicht sich besonnen, einen Lehrstuhl für Augenheilkunde[1]) an der medizinischen Fakultät zu begründen, nämlich im Jahre 1881.

Allerdings hatte sie 1863 endlich eingesehen, dass eine neue Zeit für die Augenheilkunde, durch den Augenspiegel und die andren Entdeckungen, hereingebrochen sei, und einen a. o. Professor mit einem Ergänzungskurs in der Augenheilkunde betraut.

FRANÇOIS-ANTHIME-EUGÈNE FOLLIN (1823—1867), seit 1853 Hospital-Wundarzt und a. o. Prof. der Chirurgie, hatte 1859 das erste französische Werk über Anwendung des Augenspiegels verfasst: Leçons sur l'application de l'ophthalmoscope au diagnostic des maladies de l'œil, Paris 1859. (Deutsche Übersetzung Weimar 1859, 94 S. mit 3 Tafeln. — Erweiterte französische Ausgabe, 1863.) Das Büchlein, welches F. »Herrn VELPEAU, Mitglied des Instituts, Professor der chirurgischen Klinik an der medizinischen Fakultät«, seinem Lehrer, gewidmet hat, enthält den folgenden Satz: »Vor Jahren gewann die Lehre von den Augenentzündungen durch Sie eine feste Grundlage, indem Sie mit vollem Recht die anatomische Lokalisation hervorhoben. Die ophthalmoskopischen Untersuchungen sind eine Fortsetzung Ihres Werkes; sie entrücken das Gebiet der Amaurosen dem Hypothesen-Chaos, und die Pathologie der tiefen Augenhäute wird dadurch in gleicher Weise erhellt, wie die Pathologie der mehr äußeren Häute durch ihre Untersuchungen.«

Das war ein süßer Kuchen, der den gegen die Augenärzte ergrimmten Cerberus in der Fakultät[2]) wohl zu besänftigen vermochte, so dass der Kurs der Augenheilkunde bewilligt wurde. Von 1863—1865 hat FOLLIN ihn gehalten. 1868 FOUCHER.

LAURENT (27) giebt 1866 die folgende Liste der Vertreter der Augenheilkunde zu Paris: DE BOURRUSSE DE LAFFORE, Arzt an den Quinze-Vingts; LUCIEN BOYER (XIV, II, S. 140); CAFFE (§ 574); CHASSAIGNAC (§ 577); CUSCO, Wundarzt an Lariboisière; DENONVILIERS, der mit GOSSELIN 1855 einen »Traité des maladies des yeux« herausgebenen, Chirurg, seit 1849 Professor der Anatomie; DESMARRES der Vater (§ 591); DESMARRES der Sohn (§ 595); FANO, a. o. Prof., Leiter einer Augen-Poliklinik, hat VIDAL's Chirurgie (§ 583) neu herausgegeben; FOLLIN; FOUCHER, a. o. Prof., Übersetzer des Lehrbuches von WHARTON JONES; GIRAUD-TEULON (1857 Théorie de l'ophthalmoscope, 1881 la vision

---

1) Das Kolleg der Wundärzte hatte ja schon seit 1765 einen Professor der Augenheilkunde, bis 1792 (XIV, S. 2); aber dieses gehörte nicht zu der Fakultät.

2) Au Doyen de la chirurgie française, A. M. le baron JULES CLOQUET, hat WECKER seine Chirurgie oculaire gewidmet — im Jahre 1879, als es sich um Besetzung der neubegründeten Professur der Augenheilkunde handelte.

et ses anomalies); Gosselin, Prof. der Chirurgie, Vf. eines Lehrbuchs der Augenheilkunde, zusammen mit Denonvilliers, im Jahre 1855; Herschell aus Berlin, Übersetzer von Schweigger's Vorlesungen über den Augenspiegel; Laugier (§ 584); Richard Liebreich, Vf. einer der ersten französischen Darstellungen der Ophthalmoskopie sowie eines ophthalmoskopischen Atlas, auch mit französischem Text; Magne (§ 575); Ed. Meyer, ehemaliger Assistent von A. v. Graefe, Vf. eines französ. Lehrbuchs der Augenheilk. vom Jahre 1873; Adolf Richard, a. o. Prof. mit der Konkurs-These über die verschiedenen Star-Arten, vom Jabre 1853; Perrin, Prof. am Val-de Gràce, verfasste 1872 Traité de l'ophthalmoscopie et d'optometrie und 1879, mit Poncet (de Cluny), Atlas des maladies profondes de l'œil comprenant l'ophthalmoscopie et l'anatomie pathologique; J. Sichel (§ 558); Tavignot (§ 572); Velpeau (§ 578); L. Wecker, Schüler von v. Graefe und von Desmarres, Vf. von Études ophthalmologiques 1869.

Erwähnung hätte noch verdient E. Bouchut, 1848 a. o. Prof., 1852 Arzt am Kinderkrankenhaus, Vf. des Traité de diagnostic des maladies du système nerveux des enfants par l'ophthalmoscope, Paris 1865, sowie des Atlas d'ophthalmoscopie médicale et de cérébroscopie, Paris 1877.

In den Departements nennt Laurent folgende Städte mit ihren Vertretern der Augenheilkunde: Angers: Minault; Alais: Serres; Argentan: Dual; Avignon: Pamard; Bordeaux: Guépin fils, Sous; Boulogne-sur-mer: Gros; Lilvle: Testelin; Lyon: Folz, Gensoul, Pétrequin, Rivaud-Landrau; Marseille: Roux, Metaxas, Martin; Nantes: Guépin; Orléans: Ranque; Poitiers: Doumic, Gaillard; Strasbourg: Stoeber, Monoyer; Tours: Herpin.

Im Jahre 1873 wurde wiederum von der medizinischen Fakultät zu Paris ein a. o. Professor mit dem Ergänzungskurs der Augenheilkunde betraut.

Es war Photinos Panas, der, am 30. Januar 1832 auf Kephalonia geboren, in Paris unter großen Schwierigkeiten studirte, 1860 Doktor wurde, in Frankreich sich naturalisiren ließ, 1864 zum a. o. Professor und Hospital-Wundarzt ernannt wurde, seit 1872 im Hôpital de Lariboisière und seit 1879 im Hôtel-Dieu wirkte. Im Jahre 1879 wurde er zum Professor der Augenheilkunde ernannt und erhielt 1881 den durch die Bemühungen von Gavarret, Dekan der med. Fakultät und Professor der med. Physik, gegründeten Lehrstuhl der augenärztlichen Klinik im Hôtel-Dieu, den er mit solcher Auszeichnung verwaltet hat, bis ihn 1901 ernste Krankheit zum Rücktritt zwang. Am 6. Januar 1903 ist er gestorben. Sein Nachfolger ist Prof. de Lapersonne.

Erst seit der Ernennung von Panas zum ordentlichen Professor gaben die Chirurgen von Paris die Lehre der Augenheilkunde auf; die Praxis war ihnen schon allmählich aus den Händen geglitten.

Panas war ein hervorragender Lehrer und Schöpfer. Er hat Bedeutendes geschaffen: 1. Die Augenklinik der Fakultät; 2. Das beste französische Lehrbuch der Augenheilkunde aus einem Guss, das in der Reform-Zeit geschrieben worden; 3. zusammen mit andren, die Archives d'ophthalmologie (1881), das erste bleibende große Organ unsres Faches, das auf französischem Boden begründet ward und in XXXI inhaltreichen Bänden von dem Fortschritt der Augenheilkunde in Frankreich Zeugniß ablegt; 4. zusammen mit andren, die französische Gesellschaft der Augenärzte (1883), deren Berichte in XXI stattlichen Bänden eine Fülle von Forschungen und Fortschritten einschließen; 5. augenärztliche Stellen an den andren großen Hospitälern in Paris [1]); 6. eine neue französ-

---

1) Ihm ist diese Bewegung zu danken. Die Ausführung lag natürlich bei dem Aufsichtsrath der Hospital-Verwaltung zu Paris (Conseil de Surveillance de

Photinos Panas.

Verlag von Wilhelm Engelmann in Leipzig.

sische Schule der Augenheilkunde, welche die Klinik mit dem Laboratorium[1]) vereinigt.

Als freie Lehrer der Augenheilkunde wirkten, zur Zeit von PANAS: L. WECKER, MEYER, PARINAUD, DESPAGNET, JAVAL, GALEZOWSKI, die heute bereits verstorben sind; und andre, die noch heute thätig sind: ABADIE, LANDOLT, DEHENNE, A. DARIER, JOCQS, BERGER, MORAX, ROCHON-DUVIGNEAUD, A. TERSON, TERRIEN, der neuerdings zum a. o. Prof. ernannt worden, DUPUY-DUTEMPS, TROUSSEAU's Nachfolger in der ROTHSCHILD'schen Augenheilanstalt, u. A.; sowie endlich die Leiter der nationalen Klinik Quinze-vingts.

Diese alte Heimstätte für 300 arme Blinde, die König Ludwig IX. nach seiner Rückkehr aus Palästina 1254—1260 gegründet[2]), hatte durch die Bemühungen des Oberarztes Dr. FIEUZAL im Jahre 1880 eine Augenheilanstalt erhalten, in der bedürftige Augenleidende aus Frankreich Aufnahme, Operation, Pflege erhalten können. Vor mir liegen die sechs Bände des Bulletin de la clinique nationale ophthalmique de l'Hospice des Quinze-vingts par le Docteur FIEUZAL[3]), Médecin en chef, vom Januar 1882 bis zum Jahre 1888. Noch wenige Wochen vor seinem Tode, der am 18. Juli 1888 erfolgt ist, veröffentlichte F. »Annales du laboratoire de l'Hospice«. Das Bulletin vom Jahre 1890—1891 verzeichnet die Vorlesungen über Augenheilkunde, welche die vier Ärzte der Augenklinik, TROUSSEAU[4]), CHEVALLEREAU, VALUDE und KALT daselbst eingerichtet haben. Die Zahl der Kranken ist 1900 auf 14000 gestiegen. CHAILLOUS ist TROUSSEAU's Nachfolger.

Für Verbreitung augenärztlicher Kenntnisse unter den Militär-Ärzten sorgten die Professoren an der militärärztlichen Schule von VAL DE GRÀCE zu Paris. (1769 wurde DOMINIQUE-JAN LARREY daselbst Professor, der Schöpfer der neuen Kriegs-Chirurgie, der schon 1801 eine Abhandlung über die in Ägypten herrschende Augen-Entzündung veröffentlicht hat. Ferner sind zu nennen sein Sohn FELIX HIPPOLYTE L. (1808—1895), SEDILLOT. Für die neuere Zeit kommen in Betracht MAURICE PERRIN, PONCET DE CLUNY, CHAUVEL.

Werfen wir zum Schluss dieser kurzen Übersicht einen Blick auf die andren Universitäten, bzw. medizinischen Fakultäten in Frankreich.

l'Assistance publique), der im Jahre 1899 die Schaffung eines Körpers von Augenärzten der Krankenhäuser (Ophthalmologistes des hôpitaux) beschlossen hat. Für 1911—1912 wirken an Pariser Hospitälern: MONTHUS am Hôp. Cochin, POULARD am H. Beaujon, MORAX am H. de Lariboisière, ROCHON-DUVIGNEAUD am H. Laënnec, TERRIEN am H. des Enfants-Malades, DUPUY-DUTEMPS, CANTORNET. Vgl. C. Bl. f. A. 1911, S. 158, und V. MORAX, A. d'O. 1911. (S. 389—418, mit genauer Schilderung und Abbildung der mustergültigen Einrichtung.) —

Übrigens hat es schon 1835/6 einen Chef de la clinique ophthalmologique des hôpitaux de Paris gegeben. Es war Dr. CAFFE, dessen Compte rendu de la clinique ophthalmologique de l'Hôtel-Dieu et de l'Hôp. de Pitié, Paris 1837, gedruckt vorliegt.

1) Im Jahre 1877 wurde das Laboratorium der Augenheilkunde zu Paris, als Theil der École des hautes études, in der Sorbonne, lediglich für wissenschaftliche Forschungen, unter der Leitung von JAVAL und LANDOLT, gegründet. Später war M. TSCHERNING aus Kopenhagen beigeordneter Vorsteher. In dem Verzeichnis für 1911/2 ist dies Laboratorium nicht mehr erwähnt. (Minerva, Jahrb. d. gelehrt. W., S. 986.)

2) Vgl. XIII, S. 259, und mein Ägypten, 1890, S. 100. Ferner § 556, 1

3) Geboren 1836, promovirt 1863, gestorben 1888. — In den französischen Darstellungen der Geschichte unsres Faches wird FIEUZAL nicht erwähnt.

4) 1856 geboren. Leider schon 1910 durch Unglücksfall verstorben. T. gehörte auf unsrem Gebiet zu den größten Künstlern, die ich je gesehen.

In Straßburg wurde schon 1853 eine Augenklinik der Fakultät errichtet und ihre Leitung dem ordentlichen Professor der allgemeinen Pathologie und Therapie V. STOEBER anvertraut. Im Jahre 1872 ward in Straßburg wieder die deutsche Universität neu begründet. (XIV, II. S. 389.)
Die 1872 geschaffene medizinische Fakultät zu Nancy erhielt einen Lehrer der Augenheilkunde in MONOYER; seine Nachfolger waren GROSS, HEIDENREICH, WEISS. Heute wirkt daselbst Dr. ROHMER als Professor der Augenheilkunde an der Fakultät.
Auch Lyon ist Paris voraufgegangen: am 24. April 1877 hat die medizinische Fakultät zu Lyon drei ordentliche Professuren geschaffen, welche zu Paris noch nicht existirten, die für Geisteskrankheiten, die für Haut- und syphilitische Leiden, die für Augenheilkunde. Die letztere wurde GAYET anvertraut, der, ebenso wie PANAS und ROHMER, aus der Chirurgie hervorgegangen, nämlich seit 1862 als Wundarzt am Hôtel-Dieu zu Lyon gewirkt hatte. Nach dem 1904 erfolgten Tode dieses hervorragenden Star-Operateurs und Klinikers wurde ROLLET zu seinem Nachfolger gewählt.
Mit und nach Paris erhielten die übrigen Universitäten und Fakultäten Professoren der Augenheilkunde: Bordeaux, das erst 1878 eine medizinische Fakultät gewonnen hatte, BADAL, dem 1910 F. LAGRANGE[1]) gefolgt ist; Montpellier 1887, H. TRUC; Lille F. DE LAPERSONNE, dem BAUDRY gefolgt ist; Toulouse bekam 1891 eine medizinische Fakultät, aber keine Professur der Augenheilkunde; mit dem Kurs wurde beauftragt TERSON d. V., dann VIEUSSE, seit 1901 H. FRENKEL, der kürzlich zum Professor ernannt ist. Die übrigen Fakultäten haben seit 5—10 Jahren Professuren der Augenheilkunde erhalten.
In Angers wirkt MOTAIS, in Marseille GUENDE[2]), in Nantes DIANOUX, in Algier[3]) CANGE, in Grenoble ist DESCHAMPS mit dem Kurs beauftragt.
1889 zählte PUSCHMANN (4) sechs medizinische Fakultäten auf: zu Paris, Montpellier, Nancy, Lille, Bordeaux, Lyon[4]), und 18 Vorbereitungs-Schulen der Medizin: zu Marseilles, Nantes, Toulouse, Amiens, Angers, Arras, Besançon, Caën, Clermont, Dijon, Grenoble, Limoges, Poitiers, Reims, Rennes, Rouen, Tours, Algier.
1912 hat Frankreich die folgenden Universitäten: 1. Aix-Marseille, Fakultät der Heilkunde zu M. 2. Besançon, mit Vorbereitungs-Schule für Medizin.

---

1) Bittere Klagen über die ungenügenden Einrichtungen zur Aufnahme der Armen, über das gänzliche Fehlen von Einrichtungen zur Forschung hat F. LAGRANGE in seiner Antrittsvorlesung vom 8. Nov. 1910 ausgesprochen. (Archives d'opht. Dez. 1910, S. 721—742). Daselbst findet sich der Satz: »En dehors de l'ophtalmoscope, presque toutes les grandes choses de l'ophtalmologie ont été faites en France.« Darüber wollen wir hier mit unsrem ausgezeichneten Freund nicht rechten, da seine Rede — ja ein Werbe-Lied darstellt. Am 24. April 1912, bei einer Fest-Sitzung in der Augenklinik zu Angers, kam Prof. LAGRANGE auf diesen Gegenstand zurück: »In der Augenklinik zu Angers sind die Lokalitäten zweifellos unwürdig einer großen Stadt, unwürdig der medizinischen Wissenschaft, unwürdig des großen Meisters ... Man muss die Einrichtungen von Würzburg, Erlangen, Heidelberg gesehen haben, das sind wahre Paläste.« (L'ophtalmologie provinciale, Mai 1912, IX, Nr. 5.)
2) Vor Kurzem verstorben.
3) 1857 wurde die École de Méd. et de Pharmacie gegründet, seit 1888 École de plein exercice. Seit 1910 Fakultät der Medizin und Pharmacie.
4) Ich habe die Augenkliniken dieser sechs Fakultäten, mit Ausnahme der von Lille, besucht. Nur die von Paris und Montpellier sind lobenswerth. Die andren lassen viel zu wünschen übrig. Die Regierung wird gewiss neue Einrichtungen schaffen, wenn man ihr die Verhältnisse klarlegt.

3. Bordeaux, mit Fakultät der Medizin und der Pharmacie. 4. Caën, mit Vorbereitungs-Schule für Medizin. 5. Clermont-Ferrand, ebenso. 6. Dijon, ebenso. 7. Grenoble, ebenso. 8. Lille, mit Fakultät der Med. und Pharm. 9. Lyon, ebenso. 10. Montpellier, mit Fakultät der Med. 11. Nancy, ebenso. 12. Paris, ebenso. 13. Rennes, vollständige Schule der Medizin und Chirurgie. 14. Toulouse, Fakultät der Medizin und Pharmacie.

Außerdem haben noch Vorbereitungs-Schulen für Medizin und Chirurgie: 15. Amiens, 16. Angers, 17. Limoges, 18. Poitiers, 19. Reims, 20. Rouen, 21. Tours und 22. Nantes eine volle Medizin-Schule. — Die katholische Universität zu Lille besitzt eine medizinische Fakultät.

Eine obligatorische Prüfung in der Augenheilkunde, wie sie in Preußen seit 1868 eingeführt ist und in Deutschland seit der Begründung des neuen Reiches besteht, ebenso in Österreich, gehört in Frankreich heute noch zu den frommen Wünschen.

Literatur zu § 549.

1. L. Liard, L'enseignement supérieur en France, 1789—1889. Tome I, Paris 1888, T. II 1894.
2. W. Lexis, Die neuen französischen Universitäten. Denkschrift aus Anlass der Pariser Welt-Ausstellung von 1900. München 1901. '62 S.)
3. Histoire de l'ophthalmologie à l'École de Montpellier du XIIe au XXe siècle, par les docteurs H. Truc, Prof. de clinique opht., et P. Pansier, Ancien Aide de clin. opht. Paris 1907. (402 S.)
4. Geschichte des medizinischen Unterrichts von den ältesten Zeiten bis zur Gegenwart von Dr. Th. Puschmann, o. ö. Prof. an der Universität zu Wien. Leipzig 1889. (S. 433—447.)
5. Prüfung der französischen Augenheilkunde in Vergleichung mit der deutschen von Dr. F. A. von Ammon, J. d. Chir. u. Augenh. VII, S. 38—124, 1825.
6. Phil. v. Walter, J. d. Chir. u. Augenh. XXXV, S. 243, 1845; Lehrb. von den Augenkrankh. 1849, I. S. 19.
7. Über die Wiedergeburt der Augenheilkunde in Frankreich. Ein Schreiben des Herrn Dr. Beger zu (d. h. aus) Paris an den Herausgeber. F. A. v. Ammon's Zeitschr. f. d. Ophth., IV. S. 412—427, 1835.
8. Sendschreiben des Dr. Schneider in Paris (Dez. 1838) an Dr. Fr. Pauli zu Landau. Ammon's Monatsschr. II, S. 255, 262, 1839.
9. Chelius, Handbuch der Augenheilk. 1843, I, S. X.
10. Bouchacourt, Note sur l'état de l'ophthalmologie en Allemagne. A. d'Oc. VIII, S. 157 und IX, S. 104.
11. E. Lee, Observations on the principal medical institutions and practice in France. Italy and Germany, London 1843, und A. d'O. XVI, S. 58, 1846.
12. Carron du Villards, Guide pratique ... des maladies des yeux, Bruxelles 1838, I, S. 105 u. 106.
13. J. Sichel, Allgemeine Grundsätze der Augenheilk., 1834, S. 13.
14. Guillié, Bibliothèque ophtalm. I, 1, 1820.
15. V. Stoeber, Manuel de l'ophth., 1834, S. 1 u. 2.
16. V. Stoeber, Schmidt's Jahrb. XX, S. 261, 1838. (Kritik von Sichel's Traité de l'ophthalmie.)
17. V. Stoeber, De l'enseignement des maladies des yeux ... Gaz. méd. de Strasbourg 1872, S. 210 u. 213.
18. A. Hirsch, Gesch. d. Ophth. 1877, S. 398. (In der ersten Ausgabe unsres Handbuches.)
19. Pansier, Histoire de l'ophtalm., Encycl. française d'Opht. I. 1903.
20. Nouveaux éléments d'opht., par H. Truc, E. Valude et H. Frenkel, Paris 1908. (Histoire de l'ophtalm. S. 1—20.)

21. Herr Dr. A. Terson (d. S.) in Paris und Herr Prof. H. Frenkel in Toulouse
    hatten die Güte, über die neuerliche Begründung von Professuren der Augen-
    heilkunde an den französischen Universitäten und Fakultäten mir Nachrichten
    zu spenden, wofür ich ihnen zu besondrem Danke verpflichtet bin. (Brief
    des erstern vom 5. Dezember 1910, des letztern vom 16. Juni und vom 9. Sep-
    tember 1911.)

22. Eine Übersicht der Geschichte und der Verfassung der französischen Univer-
    sitäten und Medizin-Schulen findet sich in
        Minerva, Handbuch der gelehrten Welt, bearb. von Dr. G. Lüdtke und
            J. Beugel, Strassburg 1911, S. 263 u. 299.
    Ferner eine Liste der jetzigen Professoren und Lehrer in
        Minerva, Jahrbuch d. gelehrten Welt, XXI, Jg. 1912/3. Straßburg 1912.

23. Das während der Drucklegung dieses Abschnittes erschienene Werk Medical
    Education in Europe by Abraham Flexner, New York 1912, (Carnegie
    Foundation) enthält nur wenige ganz kurze Bemerkungen zur Augenheilkunde.

24.—27. Außer der Geschichte der Augenheilkunde zu Montpellier von H. Truc
    und P. Pansier (3) sind noch die von Lyon durch E. Rollet, die von
    Strassburg und Nancy durch Demange (Rohmer) und die von Bor-
    deaux durch Chabé (Badal) bearbeitet; hierdurch ist dem Vf. der vorliegenden
    Geschichte der Augenärzte Frankreichs 1800—1850 seine Aufgabe
    wesentlich erleichtert worden. Eine ältere, nicht unwichtige Dissert. ist die
    von J. Nazaire Laurent, Étude sur l'histoire de l'art ophthalmologique,
    Paris 1866. (93 S.)

28. Die Annales d'Oculistique (Brüssel, von 1838 an,) haben für die letzten
    12 Jahre des hier erörterten Zeitraumes und darüber hinaus, durch ihre Original-
    Artikel, Referate, Listen und Nekrologe die werthvollste Unterstützung geliefert.

Erster Zeitabschnitt.

§ 550.   Alexis Boyer [1]),

am 1. März 1757 zu Uzerches, im alten Limousin, von unbemittelten Eltern
geboren, erhielt nur dürftigen Unterricht, ging mit 17 Jahren nach Paris, begann als Gehilfe bei einem Barbier, studirte Anatomie, lernte Latein, wurde
1782 Schüler in der Charité; dann im Jahre III der Republik an der neu
gegründeten Gesundheits-Schule Professor der Wundarzneikunst; vertauschte
aber diese Professur mit derjenigen der chirurgischen Klinik, die er bis
an sein Lebens-Ende (25. Nov. 1833) beibehalten hat.

Von Napoleon wurde er 1804 zu seinem ersten Wundarzt und 1807
zum Baron des Kaiserreiches ernannt.

Sein Lebenswerk war der Traité des maladies chirurgicales et
des opérations qui en conviennent, Paris 1814—1826, 11 Bände,
ein Werk, das den größten Erfolg hatte und drei Auflagen erlebte, die
letzte 1844—1853 von des Vf.s Sohn Philipp besorgt; auch eine englische
Übersetzung, sowie eine deutsche von Kajetan Texton, Würzburg 1818
bis 1827. Der fünfte Band dieses Werkes ist den Augenkrankheiten gewidmet. (XIV, ii, S. 354.)

---

1) Biogr. Lex. I, 550—551.

Vergebens hat unser Übersetzer versucht, die unvollständige und veraltete
Darstellung durch Anmerkungen zu verbessern. »Die lakonische Kürze«,
sagt TEXTOR S. 367, »mit welcher der übrigens hochverdiente Vf. die
Augen-Entzündung abgehandelt hat, liefert den deutlichen Beweis von
dem Zustand der Augenheilkunde in Frankreich, wie ihn Dr. WENZL 1815
so wahr beschrieben hat.« (Vgl. § 556, I.) »Die Errungenschaften eines
PHILIPP VON WALTHER und JOSEPH BEER sind von B. noch gar nicht berücksichtigt worden.«

Bei der Star-Operation giebt BOYER doch der Ausziehung den Vor-
rang, da solche Erfolge, wie die von DAVIEL (182:206) und die von RICHTER
(7:10), von der Niederlegung nicht bekannt seien. »Das leichteste Verfahren wird immer das sein, in welchem man sich am meisten geübt hat.
Herr WENZEL findet die Ausziehung viel leichter, Herr SCARPA die Niederdrückung; das begreift man. Aber derjenige, welcher die Star-Operation
erlernen will, am Kadaver und am lebenden Tier, wird sich leicht an
der Ausziehung versuchen.«

TEXTOR hat die Beschreibung der Keratonyxis hinzugefügt. (XIII, S. 524.)

Obwohl BOYER einige neuere Werke, z. B. das von SCARPA, berücksichtigt, finde ich doch die Abhandlung von den Augenkrankheiten, welche
RICHTER[1] 20 Jahre früher seiner Wundarzneikunst einverleibt hatte, weit
reicher an Gehalt und an Inhalt. (XIV, S. 218—228.)

STROMEYER lobt BOYER sehr (Erinnerungen I, 403): »Seine Methode,
die krampfhafte After-Fissur zu heilen, bestärkte mich in der antispasmo-
dischen Wirkung der Myotomie und gab mir die Hoffnung, dass die Teno-
tomie der Augenmuskeln dem Schielen abhelfen werde.«

Anmerkung. Die neueren Lehrbücher der Augenheilkunde, die um das
Jahr 1820 den Franzosen in ihrer Muttersprache vorlagen, waren also:

1. Die beiden Werke von A. P. DEMOURS, das große und das kleine, beide
nicht modern zu nennen. (XIV, S. 70 und 71, sowie S. 344—354.)

2. Der fünfte Band von BOYER's Chirurgie.

3. Der Cours complet des maladies des yeux von ROUX, 1820.

4. Das unvollständige Buch von DELARUE, 1820. (§ 553.)

5. Die neue Bearbeitung des Lehrbuchs von SCARPA durch FOURNIEN-PESCAY
und BÉGIN[2]), Paris 1821, sowie eine zweite Übersetzung desselben Werkes
durch BOUSQUET und BELLANGER, Paris 1821. Vgl. XIV, S. 366.

1) »RICHTER war BOYER's Leit-Stern,« nach H. K. A. PAGENSTECHER, der 1819/20
die Pariser Kliniken besuchte. (Mittheil. z. Gesch. d. Medizin, XI, IV, S. 323, 1912.)

2) LOUIS JACQUES BÉGIN (1793—1859) war Lehrer der Chirurgie in Straßburg
1835—1840, dann am Militär-Spital Val de Grâce zu Paris, Apostel der BROUS-
SAIS'schen Lehren und Vf. eines berühmten Lehrbuchs der Chirurgie und der
Operations-Lehre (1824, 1838).

§ 551. Philibert-Joseph Roux[1]),

geboren am 26. April 1780 zu Auxerre, als Sohn eines Wundarztes, trat
schon mit 15½ Jahren als Gesundheits-Officier dritter Klasse in die Sambre-
et-Meuse-Armée, kam nach 1½jährigem Feldleben zum Studium der Medizin nach Paris, wurde Prosektor und Mitarbeiter von Bichat, Chirurg
am Hôp. Beaujon und, als er Boyer's Schwiegersohn geworden, 1810 an
die Charité.

Nachdem er 1812 im Konkurs für Sabatier's Lehrstuhl seinem Mitbe-
werber Dupuytren ruhmvoll unterlegen war und 1814 eine wissenschaftliche
Reise nach England unternommen und darüber berichtet, wurde R. 1820
Professor der Chirurgie; 1834, nach dem Tode von Boyer, Mitglied des
Instituts, 1835 Dupuytren's Nachfolger im Hôtel-Dieu. Hochbetagt ist er
am 23. März 1854 gestorben.

Obwohl vorzüglicher Operateur, erreichte er es doch nicht, die Führer-
schaft in der französischen Chirurgie, wie sie Dupuytren gehabt, zu behaupten, wegen der Eifersucht der Schüler des letzteren und wegen seiner
eignen Offenheit im Eingestehen von Fehlern, die zu der von Dupuytren
zur Schau getragenen Unfehlbarkeit den geraden Gegensatz bildete.

Die Freundschaft mit Kajetan Textor (§ 531) führte Roux öfter zu
den deutschen Naturforscher-Versammlungen.

Seine bedeutendsten Leistungen in der Chirurgie beziehen sich auf
die Resektion der Knochen (1812), auf die Gaumen-Naht (1825), auf die
Operation des Blasensteins (1846/47). Für die Augenheilkunde hat er
viel gethan und manches veröffentlicht.

1. Beobachtung eines Auswärts-Schielens, das bei einem Erwachsenen geheilt worden, 1814.
2. Bemerkungen über das Schielen, Comptes rendus de l'Acad. des sc.
   1840.
3. Mémoire et observations sur l'opération de la cataracte par extraction,
   lues à l'Acad. des sciences de l'Institut, le 21 avril et le 12 mai 1817,
   par M. Roux, chirurgien en second de l'hôpital de la Charité, membre
   résidant etc. (Journal général de médicine, de chir. et de pharm. frç.
   et étr. ou recueil périod. de la Soc. de méd. de Paris, rédigé par
   J. Sédillot, IIe Serie, I Vol., S. 289—337, 1818.)
4. Cours complet des maladies des yeux, 1820.

In I. beschreibt Roux die Heilung seines eigenen Schielens durch
bloße Orthopädie. Die Heilung war wohl nicht ganz vollständig. Denn
L. Stromeyer, der 1828 in Paris seine chirurgischen Kenntnisse vervollkommnete, hat uns die folgende Beschreibung hinterlassen[2]: »Roux war

---

1) Biogr. Lex. V, 100—102.

2) In seinen »Erinnerungen eines deutschen Arztes«, Hannover 1875. Vgl.
XIV, ii, S. 140 und 359.)

Operateur, Boyer Chirurg in höherem Sinne. Roux war ein kräftiger, äußerst determinirter Mann, dessen Gesichts-Ausdruck durch ein leichtes Schielen beeinträchtigt wurde. Seine Operations-Geschicklichkeit war sehr bedeutend. Er machte vortrefflich den Hornhaut-Schnitt, mit der linken so gut wie mit der rechten.«

(II). Da Roux sich selber durch friedliche Übungen vom Schielen geheilt zu haben meinte, so hat er 1840 in der Akademie der Wissenschaften Dieffenbach's Mitteilung über die blutige Heilung des Schielens etwas un- gnädig aufgenommen. (XIV, ii, S. 113.)

(III). Roux hatte das unleugbare Verdienst, in Frankreich während der zwanziger und dreißiger Jahre — mit Boyer, Demours, de Wenzel und Guillié — die Fahne der Star-Ausziehung hochzuhalten, trotz des über- wältigenden Einflusses von Dupuytren, der mit seinem ganzen Anhang, ebenso wie Dubois, lediglich die Verschiebung, neben gelegentlicher Zer- stückelung, empfahl und übte.

Roux erklärt, dass er bisher die Star-Operation, an 400 Individuen, mehr als 600 Mal ausgeführt und die Erfolge der von Andren gemachten Operationen in einer großen Zahl von Fällen hat beobachten können.

»Die Niederdrückung des Stares durch Lederhaut-Stich ist sehr alt. Die Niederdrückung durch Hornhaut-Stich soll wieder in Vergessenheit ver- sinken. Die Ausziehung hatte sofort den Beifall aller Praktiker, bis Scarpa wieder die Verschiebung einführte, die in diesem Augenblick mehr Anhänger zählt, als die Ausziehung. Bis zum Beginn des vorigen Jahres habe ich die Operation von Scarpa und die Ausziehung gleichgestellt und der vergleichenden Untersuchung unterzogen, öfters an demselben Individuum.

Die Niederdrückung liefert nicht eine so große Zahl von Erfolgen, wie die Ausziehung. Der Augenblick ist nicht mehr fern, wo die Ausziehung wieder so allgemein in Anwendung kommen wird, wie vor 20 Jahren. Nur bei häutigen, angewachsenen Staren, bei (adhäsiver) Verengerung der Pupille, bei Kleinheit und Einsenkung des Auges, bei Kindern verdient die Niederdrückung den Vorzug.«

Den Lappenschnitt macht R., mit Richter's Starmesser, nach außen unten, die Kapselöffnung mit demselben oder häufiger mit einem schmalen, am Rücken abgerundeten Messerchen (déchaussoir).

Um die Entzündung zu verhüten, wird am Operations-Tage eine Blasen- pflaster auf den Nacken gelegt.

Im Jahre 1816 machte er im Hospital und bei Privat-Kranken zu- sammen »75 Ausziehungen, davon waren 26 erfolglos«. (34$\frac{1}{2}$ % Verluste!) »Von 10 Kranken sind nur 8 blind geblieben. — Das sind meine gewöhn- lichen Erfolge. Ich glaube nicht, dass man diese durch Niederdrückung erreichen kann.«

Am 12. Febr. 1818 lasen die Herren Deschamps und Percy in der Akademie den Bericht über Roux's Mittheilung.

Ihre geschichtliche Einleitung ist ganz verfehlt. Von der Sache verstehen sie selber nur wenig. Sie setzen der Statistik Roux's eine von 65 Blinden entgegen, »die zu verschiedenen Zeiten im Hôtel-Dieu durch Verschiebung operirt worden und von denen 48 gut gesehen haben«. (Die Herren Bericht-Erstatter scheinen mit Dupuytren zu sehr befreundet gewesen zu sein, um unparteiisch urtheilen zu können. »Von den Wunderthaten, die italienischen, deutschen und schwedischen Operateuren zugeschrieben werden, wollen sie nicht reden: sie haben sich in der Ferne zugetragen; aber fast täglich sieht man ähnliche in Paris.«)

Schneider[1]) berichtet 1838, Roux pflege seinen Kollegen zu sagen. die Ausziehung des Stares sei nicht schwerer, als der Aderlass-Schnitt; er habe sie das erste Mal so gut gemacht, wie jetzt. »Sie glücke ihm immer.«

Marjolin sagt in seinem Nachruf an Roux: »In gewissen Dingen hat er nie seine Ansicht geändert . . . . Dazu gehörte seine Vorliebe für die Star-Operation . . . . Die Zahl seiner Operationen soll sich auf mehr als 3000 belaufen haben[2]. «

Roux selber hat sich mehr damit beschäftigt, den Star zu operiren, als die Erfolge zu veröffentlichen. Seine eignen Statistiken erstrecken sich nur über kleinere Reihen und sind für uns unbequem, da die Erfolge nach Operationen mit denen nach Individuen verflochten sind. Durchsichtiger und brauchbarer sind die Berichte, die Andre von Roux's Star-Ausziehungen veröffentlicht haben.

J. Cloquet und A. Bérard (Dict. de méd. en 30 vol., VI, S. 566) bringen die folgende Statistik von Prof. Roux. Nachdem derselbe 700 Star-Operationen verglichen, hat er sich überzeugt, dass die Ausziehung eine größere Zahl von Erfolgen und bessere Erfolge liefere, als die Niederdrückung.

In vier Jahren lieferte seine Privat-Praxis 306 Ausziehungen bei 117 Individuen. In Bezug auf die operirten Augen war die Zahl der Erfolge 188 : 306, also etwa 3 : 5; (in Bezug auf die Individuen 132 : 177, ungefähr 3 : 4). Diese Erhebung ist vom Jahre 1816. Seitdem hat R. fast ausschließlich die Ausziehung geübt und hatte in seinen 3000 Operationen Erfolge in Bezug auf die Augen 3 : 5, (in Bezug auf die Individuen 7 : 10).

Im Jahre 1838 hat Th. Mauxoin d. j. (Hist. de la cataracte, Mém. de la Soc. méd. d'observ., I, S. 64) eine genaue Statistik der damaligen Operationen von Roux gegeben: 179 Ausziehungen wurden an 117 Individuen verrichtet, davon waren erfolgreich 97, d. h. 54 : 100. Von den 82 Mißerfolgen hatten 30 Nachstar, in 14 Fällen war das Auge durch Eiterung zerstört worden, 19 Mal bestand vollständige Trübung der Hornhaut, 1 Mal Pupillen-Sperre.

---

1) Ammon's Monats-Schrift, 1839.
2) Nach Terson. (Arch. d'Opht. 1910, S. 690.)

§ 552. Guillaume Dupuytren[1])

war am 5. Okt. 1778 zu Pierre Ruffière bei Limoges geboren, kam im Alter von 12 Jahren nach Paris, begann sehr jung das Studium der Anatomie und Chirurgie, wurde bereits 1794 Prosektor, erlangte durch einen berühmten Konkurs 1812 den durch Sabatier's Tod erledigten Lehrstuhl der Wundarzneikunst und wurde 1815 erster Wundarzt am Hôtel-Dieu.

Dupuytren hat es verstanden, diese Klinik zu einer der berühmtesten in der · Welt zu machen. Von seinen Leçons orales de clinique chirurgicale faites à l'Hôtel-Dieu de Paris (Paris, 1830—1834, 4 Bände) sind drei deutsche Ausgaben erschienen.

Fig. 1.

Der rastlos thätige Mann, bei dem die armen und Hospital-Kranken einen entschiedenen Vorzug vor den Privat-Kranken genossen, der die höchste Staffel des Ruhmes erklommen hatte. Leibwundarzt der Könige Ludwig XVIII. und Karl X., Baron[2]), General-Inspektor der Universität geworden, erlitt im Nov. 1833 einen leichten Schlag-Anfall, musste im Frühjahr 1834, nach mehr als dreißigjähriger ununterbrochener Tätigkeit am Hôtel-Dieu, eine Erholungsreise nach Italien unternehmen, die einem fortgesetzten Triumphzug glich, ist aber schon am 8. Febr. 1835 verstorben. Die 200 000 Francs, die er zur Gründung eines Lehrstuhls der pathologischen Anatomie vermacht,

Guillaume Dupuytren.

wurden zur Gründung des Musée Dupuytren verwendet. Im Oktober 1869 wurde eine in seinem Geburtsort ihm errichtete Statue eingeweiht.

H. K. A. Pagenstecher (1799—1869) der 1819/20 die Pariser Kliniken besuchte, hat uns die folgenden Aufzeichnungen hinterlassen[3]): »In den kolossalen

---

1) Biogr. Lex. II, 240—243.

2) »Paris zählte damals drei Barone der Chirurgie, Boyer, Larrey, Dupuytren. Es läßt sich vieles gegen Standes-Erhöhungen einwenden; solchen Leuten, wie diesen drei, thun sie wohl keinen Schaden. · Jedermann setzt voraus. daß sie nicht danach gestrebt haben, sondern sich geduldig fügten, wenn das Staatsoberhaupt dasselbe zu thun versuchte, was der liebe Gott schon vor ihm gethan. Die Leute adeln, durch das Genie, welches er ihnen in die Wiege legte. Verderblich ist nur der Neid, den es · erweckt. Lisfranc wäre ein besserer Chirurg geworden, wenn er weniger neidisch gewesen wäre.« Erinnerungen eines deutschen Arztes von Dr. G. F. Louis Stromeyer. I, S. 404, 1875.

3) Mitth. z. Gesch. d. Med. XI, 4, S. 324 fgd., 1912.

Sälen des Hôtel-Dieu herrschte damals der große Dupuytren als Lehrer der Chirurgie und Direktor der chirurgischen Sektion. Ein kräftiger, gedrungen gebauter Mann von mittleren Jahren mit hartem, fast finsterem Gesichtsausdruck und ernster faltenreicher Stirn.

,Il est bon chirurgien, mais dur comme un cheval', sagten die Pariser von ihm. Er war mehr als das, war ein tiefer, umsichtiger Forscher, dem das Objekt seiner Forschung, der einzelne Kranke, dem Anschein nach vollkommen gleichgültig war .... Er erschien wie ein Imperator, wie ein Napoleon der Hospitäler, bei dessen Siegen man nach den Gefallenen nicht fragt .... Jeden Morgen vor 6 Uhr in der winterlichen Dunkelheit der schlafenden Hauptstadt war er schon auf seinem Posten im Hospital und eilte von Hunderten junger Ärzte umdrängt, von Bett zu Bett ....«

»Im Jahre 1828« berichtet L. Stromeyer aus Paris, »war Dupuytren 51 Jahre alt, sah aber noch sehr stattlich aus. Man sieht ihn gewöhnlich abgebildet mit einem breiten Ordensband auf der Brust. Für gewöhnlich ging er sehr einfach gekleidet. Im Hospital trug er eine weiße Schürze. Nach der Klinik sah man ihn davon gehen mit einem Brote unter dem Arm, welches zu seinen Deputaten am Hôtel-Dieu gehörte[1]). Auch mit diesen Attributen sah er wie ein vornehmer Mann, aber keineswegs hochmüthig aus.«

»Dupuytren galt für den ersten Chirurgen der Welt, seitdem Astley Cooper sich zurückgezogen .... Er war der erste, den ich in Paris kennen lernte und wird der letzte sein, den ich je vergesse .... Genie, Ausdauer, Beredsamkeit und operative Gewandtheit, das waren die Eigenschaften, mit denen er seine Zeitgenossen gewann und der Nachwelt ein leuchtendes Beispiel bleiben wird.«

Anders lautet das Urtheil des Republikaners Guépin aus Nantes, vom Jahre 1853 (A. d'O. XXX, S. 83,): »Ich verfolgte aus der Nähe den großen Diktator des Hôtel-Dieu, Herrn Dupuytren, und ich bin weit davon entfernt, die gewöhnlich von ihm geltende Meinung anzunehmen. Niemals sah ich ihn von 1824—1829 eine Pupillen-Bildung ausführen. Stets sah ich ihn scheitern in zwei Dritteln seiner Star-Operationen. Ich hörte, wie die Kranken ihm antworteten, dass sie sähen, unter dem Einfluss des Schreckens, den er ihnen einflößte; aber in Wirklichkeit konnten dieselben nicht meine Finger zählen. Die ganze Welt kennt seine Methode, die Tränenfistel zu operiren, glänzend für den augenblicklichen Anschein, beklagenswerth für die wirklichen Erfolge. Seine Ansichten über die Augen-Entzündungen waren sehr rückständig im Vergleich mit dem, was das Ausland machte.«

Für unser Fach verdient Dupuytren Erwähnung, erstlich wegen des goldnen Röhrchens, das er bei zahllosen Kranken in den Thränenkanal eingeführt, ein Verfahren, von dem wir schon (XIV, S. 38) gesprochen und auf das wir alsbald (§ 556, III) noch einmal zurückkommen werden; und ferner dadurch, dass er die Star-Operation hauptsächlich durch Niederlegung[2]), an dem im Bette liegenden Kranken, auszuführen liebte.

---

[1]) D. hat seiner Tochter 4 Millionen Franken und ferner noch reiche Legate hinterlassen.

[2]) Auch Dupuytren's Vorgänger am Hôtel-Dieu, Philippe-Jean Pelletan 1747—1829), Prof. d. chirurg. Klinik seit der Gründung der Pariser med. Fakultät im Jahre 1806, 1815 Prof. der operativen Heilkunde, 1823 Honorar-Professor, empfahl die Niederlegung für die größte Mehrzahl der Star-Fälle, — zu einer

»Leider hatte der große Mann keine Neigung zu schriftstellerischen Arbeiten. Die von seinen Schülern herausgegebenen Leçons orales geben keine richtige Vorstellung von seiner Klinik[1].«

Diese klinischen Vorträge Dupuytren's enthalten denjenigen augenärztlichen Stoff, welchen die französischen Chirurgie-Professoren dieser Zeit den Studenten zu zeigen und vorzutragen pflegten. (Vgl. § 549.) Es ist von Interesse, ihren Inhalt mit der von den deutschen Chirurgie-Professoren ungefähr derselben Zeit vertretenen Augenheilkunde zu vergleichen. (§ 507.)

Der erste Abschnitt handelt vom Star. (III, S. 285—366.)

Über die Nothwendigkeit der Operation herrscht kein Zweifel, wohl aber über die Wahl des Verfahrens, ob Ausziehung, Niederdrückung, Zerstücklung. Cataracta nigra wird geleugnet. Ererbter Star in 3 Generationen wurde beobachtet und von D. operirt, an der Großmutter in den siebziger Jahren, an der Tochter in den dreißigern, am Enkel im Alter von 17 Jahren[2].

D. zieht die Niederdrückung der Ausziehung vor.

Ein 58j. wurde am 21. Juni 1816 durch Niederdrückung operirt. Am 3. Tag Röthung, Schmerz, Sehstörung. — Haarseil. Am 3. Tag danach Hospital-Brand[3]: binnen 14 Tagen war die Haut des Nackens und des oberen Rückens zerstört, es erfolgte tödlicher Ausgang. — Der Star befand sich unterhalb der Pupille im verdichteten Glaskörper; die Pupille war von einem weißen Ring geschlossen, ähnlich dem Star, nur in der Mitte durchscheinend.

Drei Tage nach der Niederdrückung des Stars bei einem 25jährigen trat Ruptur der Lederhaut ein.

D. operirt gewöhnlich nur ein Auge. Bei doppelseitiger Operation pflegt die Entzündung auf das eine von beiden sich zu concentriren. (Ähnlich Jüngken, 1829, vgl. XIV, II, S. 68.)

Bei einer 50j. mit guten Staren war, am 21. Nov. 1820, beiderseits die Niederdrückung gemacht worden. Am 2. Tag danach Schmerz und Erbrechen. Starker Aderlass, geringe Erleichterung. 40 Blutegel an den Hals. Am 23. Nov. ist das rechte Auge stark geschwollen, heftiges

Zeit als die Gebrüder Grandjean, Augenärzte des Königs, die dem Hôtel-Dieu überwiesen waren, gewöhnlich die Ausziehung verrichteten. (Fleury, Diss. sur la cataracte, Paris, 1803. — Nach A. Terson, Archiv. d'Ophth., Nov. 1910.)

1) Stromeyer, I, S. 397.
2) Eine ähnliche Reihe, wegen Schichtstar operirt (1874—1902), s. C. Bl. f. A., 1903, S. 381.
3) In den alten Büchern können wir Manches lesen, was wir heutzutage niemals beobachten. Die ehrliche Mittheilung seiner Misserfolge ist ein besondres Verdienst des Professor Dupuytren.
Die gleichen Miss-Stände in der Klinik, schlimme Erfolge und freimüthiges Bekenntniss fanden wir übrigens auch bei unsrem Blasius in Halle (1836, § 499, III, II) und bei unsrem Benedikt in Breslau (1838—1841, § 503, 13).

Fieber: 25 Blutegel um das Auge, Kalomel, Senf-Fußbad. Das linke ist frei
von Entzündung. Am 25. Nov. erfolgt der Tod. Das rechte Auge ist eiter-
gefüllt. Eitrige Hirnhaut-Entzündung.

Die begleitende Verengerung der Pupille nach Star-Stich hängt ab
von Iritis, die ihrerseits wieder von Retinitis bedingt wird. Die letztere
ist sehr häufig, besonders auch bei den skrofulösen Kindern, mit Licht-
Angst (Hemerophobie)[1].

Bei einem vollkommen angewachsenen Star mit stärkster Pupillen-
Verengerung, wo Belladonna unwirksam, bewirkte schon der Versuch der
Niederdrückung eine breite Ablösung der Regenbogenhaut, zunächst auch
einige Sehkraft; aber die künstliche Pupille schloss sich wieder, der Kranke
verfiel in seine alte Blindheit.

D. war genöthigt, gelegentlich 4 Mal im Laufe weniger Monate den
wieder aufgestiegenen Star niederzudrücken.

Fällt der Star vor in die Vorderkammer, so pflegt man ihn auszuziehen:
D. hat ein neues Verfahren dagegen erfunden, ihn mittels der Nadel in die
hintere Kammer zu bringen und in den Glaskörper zu versenken(!).

Die vergleichenden Statistiken über Ausziehung und Niederdrückung
sind unbefriedigend. Daviel's Zahlen (24 Verluste auf 206 Ausziehungen)
sind zweifelhaft, wegen der Bemerkungen von Caqué. Richter hatte
7 Erfolge auf 10 Operationen. Also spricht die Erfahrung zu Gunsten der
Niederdrückung.

Dupuytren hatte in den 7 Jahren (1815—21 einschließlich) bei 8 Ausziehungen 5 Heilungen, während von 201 durch Niederdrückung operirten
Personen 158 geheilt wurden, 43 die Sehkraft verloren haben. (Das sind
die Zahlen, die in den nächsten 10—15 Jahren den meisten französischen
Autoren maßgebend erschienen. — Wir zählen also 27⁰/₀ Verluste, bei
der für uns nicht recht annehmbaren Statistik nach Personen, statt nach
Operationen.) Vier Todesfälle kamen bei diesen 209 Personen vor, die
zwei genannten, durch Meningitis, durch Hospital-Brand, unmittelbare
Folgen der Operation bzw. Nachbehandlung; und zwei zufällige, bei
Heilung der Star-Operation, durch Gastritis und Indigestion.

Von D.'s Erfolgen bei der Keratonyxis wird sogleich die Rede sein.

Das zweite Hauptstück der Vorlesungen ist die blennorrhagische
Ophthalmie (S. 368 fgd.). Die venerische O. ist meist durch unmittelbare
Einimpfung des Tripperschleims bedingt, — selten durch plötzliche Unterdrückung eines Trippers. Häufig zerstört sie die Augen. Neben der Antiphlogose muss man feinstes Kalomel-Pulver auf die Bindehaut der Lider
und des Augapfels einblasen mit Hilfe eines Glasrohres oder einer Federspule

---

[1] Dieses überflüssige Wort (von ἡμέρα, Tag, und φόβος, Flucht, Furcht) findet
sich weder in alten noch in neuen medizinischen Wörterbüchern.

Graefe-Saemisch, Handbuch, 2. Aufl., II. Teil, XIV. Band, XXIII. Kap.

Tafel II.
Zu S. 25.

Verlag von Wilhelm Engelmann in Leipzig.

(vgl. XIV, 11, S. 378) und dazu Opium-Tinktur einträufeln. Zwei schwere Fälle wurden vollständig geheilt, ein dritter verlor beide Augen. Die Augen-Eiterung der Neugeborenen, welche durch Inokulation während der Entbindung entsteht, erheischt dieselbe Behandlung.

Über D.'s Behandlung der Hornhautflecke sowie der Thränenfisteln siehe § 556, III und XIV, S. 38.

Im Band VI (S. 205—228) der klinischen Vorträge von D. werden dann noch die Verletzungen der Orbita und des Augapfels behandelt, namentlich auch die Schuss-Verletzungen.

Eine linksseitige Amaurose nach starker Verletzung der Augenbrauen-Gegend soll durch Zerreißung des Frontal-Nerven bedingt sein. (Vgl. XIV, 11, S. 223.)

Hr. College A. Terson[1]) zu Paris hat im Museum Carnavalet ein Gemälde entdeckt, mit der Aufschrift: Opération de la cataracte par Dupuytren, en présence de Charles X, 1825. Vgl. unsre Tafel No. 2.

Die Aufschrift der Museums-Verwaltung ist ungenau und sollte lauten: D. zeigt seinem König eine Star-Operirte. Es fehlt dem prächtig gekleideten, mit Orden und Band geschmückten Professor nicht blos die chirurgische Schürze, es fehlt der Assistent, das Instrument; die Kranke steht, während D. sie zur Operation im Bett liegen ließ. _____

Von dem vierten Chirurgen dieses Zeitabschnitts, Jacques Lisfranc (1790 bis 1847), der 1824 a. o. Prof. und 1826 Wundarzt am Hôpital de la Pitié geworden, haben wir nur eine mittelmäßige Arbeit über die Amaurose, aus dem Jahre 1832, (im § 619, C) kurz zu berühren.

§ 553. Wenn auch dieser erste Abschnitt sein eigentliches Gepräge von den ausgezeichneten Chirurgen erhält, welche die Augenheilkunde lehren und üben: so gab es doch damals in Paris auch noch

Augenärzte.

1. Zuerst ist hier Antoine Demours[2]) zu nennen (§ 374), der noch bis zum Okt. 1836 gelebt und auch eine Zeit lang augenärztliche Vorlesungen zu halten versucht hat.

2. Sodann Jakob von Wenzel (§ 440), dessen letzte Schrift aus dem Jahre 1808 stammt, und dessen Todesjahr ich in den üblichen Quellen nicht aufzufinden vermochte. (Von seinem Vater, »dem Erfinder der Iridektomie mit doppeltem Lappen«, sagt Laurent, dass Frankreich ihn von Deutschland erobert habe.)

_____

1) Remarques sur l'opération de la cataracte dans la première moitié du XIXe siècle à propos d'un tableau historique, Archives d'Ophtl. 1910, S. 685—693. Ich bin Herrn Kollegen Terson zu besondrem Dank verpflichtet, dass er mir die Wiedergabe des merkwürdigen Gemäldes freundlichst gestattet hat.
2) Am Schluss des § 374 ist hinzuzufügen: A. Demours starb hochbetagt am 4. Okt. 1836, aus Kummer über den Tod seines Sohnes, der bei einer Fahrt auf der Seine verunglückt war.

3. Auch der irrende Ritter Lusardi (XIV, S. 323) lebte noch und wirkte, wie er uns in seinen Schriften mittheilt, erst rue St. Lazare 118, später Boulevard St. Denis 9.

Ja, noch im Jahre 1844 hat er zu der Frage, welchen Einfluß die Star-Operation auf das Leben der Operirten ausübt, das Wort ergriffen, um urbi et orbi anzukündigen, dass er bis dahin etwa zehntausend[1]) Star-Operationen ausgeführt habe. (A. d'Oc. XI, S. 145.) Und 1843 hatte er zur Frage des Sonderfaches sich hochtrabend geäußert. (§ 581.)

4. François Delarue[2]),

1785 zu Mauzot (Puy-de-Dome) geboren, studierte zu Paris, wurde 1810 Doktor, dann Armenarzt, hielt freie Vorträge über Heilkunde und hat vieles geschrieben, einerseits über venerische Krankheiten, über Höllenstein, über Lebensverlängerung, andrerseits auch einen

Cours complet des maladies des yeux, suivi d'un traité d'hygiène
    oculaire, Paris 1820,

der allerdings sehr incomplet ist. Die Mängel seiner Darstellung sucht er durch Rede-Ergüsse zu ersetzen. Doch enthält das Buch auch einiges Gute; z. B. wird das Vorhandensein der Morgagni'schen Feuchtigkeit in der Linse bestritten.

D. hielt auch Vorlesungen über das Fach der Augenheilkunde, »fast unter den Augen der berühmten medizinischen Fakultät von Paris«.

Anm. Einen Mann, den die französischen Darstellungen fast ganz vergessen haben, muss ich hier noch erwähnen, da er, wenn auch nicht Augenarzt, doch für die Augenheilkunde einiges geleistet hat: Jean-François Jacques Roussille de Chamseru[3]).

Geboren 1750 zu Chartres, promovirte er 1772 zu Paris, diente als Arzt bei der ersten Armee, hielt sich mit dieser 1807 in Posen auf und hat später in Paris, namentlich auch schriftstellerisch, gewirkt. Doch ist über sein weiteres Leben nichts bekannt.

Seine augenärztlichen Veröffentlichungen sind drei an der Zahl: 1. Über Nyktalopie. (1786, Mém. de la Soc. royale de méd. Auszug aus den Beobachtungen des französischen Flottenarztes Dupont, unter Hinzufügung eigner.) 2. Bericht über Demours' Pupillen-Bildung. (Recueil périod. de la Soc. de méd. 1800, [VIII]. Vgl. unsren Band XIII, S. 157.) 3. Recherches

---

1) Das ist die größte Zahl, die bis dahin veröffentlicht worden. — Allerdings der irrende Cavaliere Marezzi aus Caïro ließ 1844 zwanzigtausend Operationen des Stares, 5000 der künstlichen Pupille und zehntausend des Schielens — drucken! (A. d'O. XI, S. 192.)

2) Biogr. Lex. VI, 686.

3) Biogr. Lex. V, 99.

sur l'ophthalmie d'Egypte, par R. Chamseru[1]. (Recueil périod. de la Soc.
de méd. 1801, X, 151 S.}

Aus einem Bericht an die medizinische Gesellschaft über das Werk des
französischen Militärarztes im Orient Savaresi (Descrizione dell' ottalmia
d' Egitto, Caïro 1800) ist Chamseru's Arbeit hervorgegangen. Er sammelt
alle Nachrichten über die Ophthalmie Ägyptens aus Prosper Alpinus, Volney
und den andren Reisenden, den gedruckten und schriftlichen Nachrichten
der französischen Militärärzte: vergleicht sie, forscht nach der besten
Ätiologie und Therapie und schließt mit dem Satz, dass durch Verbesserung
der Hygiene, sowie die Pest, auch die andren endemischen Krankheiten aus
Ägypten ausgetilgt werden können.

Der »Bürger Chamseru« war ein klarer Kopf und thatkräftiger Menschen-
freund.

§ 354.   Eine ehrenvolle Erwähnung verdient

5. Sébastien Guillié (1780—1865)[2],

der wohl als Augenarzt bezeichnet werden könnte. Am 24. Aug. 1780
zu Bordeaux geboren, war er 1808 als Feldarzt thätig und erhielt 1811
die Leitung des Blinden-Instituts, da er ein Verfahren erfunden, dass
Blinde mit Taubstummen sich verständigen können. Er schrieb auch über
die Unterweisung der Blinden (Paris 1817) und einen Bericht über
das Königl. Blinden-Institut (Paris 1818).

Aber er gründete auch 1818 eine Augenklinik zu Paris — die erste,
wenn gleich sie keine große Bedeutung erlangte[3], — und verfasste 1821
einen »Bericht an die Mitglieder und Gönner der Augenklinik zu Paris,
für die Jahre 1820 und 1821«; ferner »neue Untersuchungen über Star und
Amaurose« (1818). Er hielt auch eine Zeit lang Vorlesungen über Augenheilkunde (Cours publiques), in denen er, wie er sagt, »einer analytischen
Eintheilung« der Augenkrankheiten sich bediente.

Endlich gründete er die Bibliothèque ophtalmologique, die zwar
nur von 1820 bis 1822 bestand, aber doch den ersten Ansatz zu einem
französischen Journal der Augenheilkunde darstellte und seinen
Landsleuten, welche, der fremden Sprachen unkundig, die fremden Literaturen ganz vernachlässigten, doch einige Fortschritte der deutschen Augenheilkunde zugänglich gemacht hat.

Seine wichtigsten Veröffentlichungen, z. B. seine Versuche über
Ansteckungsfähigkeit des Eiters der Augen-Blennorrhöe, finden sich in
dieser Bibliothèque ophtalmologique und sollen sogleich erörtert werden.

1) Während der Zeit der ersten Republik läßt er seinen Adels-Titel unerwähnt.
2) Biogr. Lex. II. S. 697.
3. Vgl. § 556, II.

Leider hat GUILLIÉ seinen Ruf befleckt durch einen Traité de
l'origine des glaires[1]), dem er bis 1854 nicht weniger als 31 Auflagen
zu Theil werden ließ, um die von ihm erfundene »Drogue antiglaireuse«
zu vertreiben und damit ein Vermögen zusammenzuraffen. »GUILLIÉ hat
die erste gute Arbeit in Frankreich über die ansteckende Augen-Eiterung
geschrieben; aber er hat die Augenheilkunde aufgegeben, um ein Elixir zu
entdecken, das man, nebst seiner Abhandlung, auf den Anschlag-Zetteln der
Parfümerie-Läden angezeigt sieht.« (GUÉRIN, A. d'O. XXXV, S. 158, 1856.)

1805 war von HIMLY und SCHMIDT die ophthalmologische Bibliothek, die erste Zeitschrift für Augenheilkunde in der Welt-Literatur,
begründet worden. (XIV, II, S. 14.) Vierzehn Jahre später erschien die
erste Zeitschrift unsres Faches in französischer Sprache:

Bibliothèque ophtalmologique[2]) ou recueil d'observations sur les
maladies des yeux, faites à la clinique de l'institution royale des jeunes aveugles,
par M. GUILLIÉ, Directeur-général et médecin en chef de l'Institution r. des jeunes
aveugles de Paris, Chevalier de la Légion-d'honneur, Médecin oculiste de S. A. R.
Madame Duchesse d'Angoulème, de S. A. S. Mgr le Duc de Bourbon, membre
de la Société r. Académique des Sciences et celle de Médecine pratique de
Paris etc.[3]), avec des notes und additions par M M. DUPUYTREN, ALIBERT, PARISET,
LUCAS, NAUCHE. I, 1. Paris, 30. Nov. 1819. (Das zweite und dritte Heft erschien
1820, das 4. ist ohne Datum [1820], das 5.[4]), das in meinem Exemplar
fehlte, machte 1822 den Beschluss.)

In der Einleitung bemerkt Hr. G., dass mehrere seit einigen Jahren
veröffentlichte Werke über Augenkrankheiten sich nicht mehr im Einklang
befinden mit den neuen Fortschritten und mit dem heutigen Geist der
Strenge und der Analyse. Darum will er Thatsachen sammeln und davon
Grundsätze ableiten.

1. Keratonyxis, d. h. Hornhaut-Stich nebst Zerschneidung der Kapsel
und der Linse behufs Auflösung der letzteren, wird häufig in Deutschland
gemacht, hat aber in Frankreich keine günstige Aufnahme gefunden. (Vgl.
XIII, S. 524.)

Man darf ihr Gebiet nicht ausdehnen. Aber für die weichen Stare
ohne harten Kern, sowie für die flüssigen, der jungen Kinder, ist sie fast
immer erfolgreich. Die Niederdrückung ist nur ein Palliativ-Kur für die
harten Stare. Die letzteren erfordern die Ausziehung.

---

1) Schleim, auch Eiweiß, aus clarum ovi + glarea, Leim. (Littré, Dict.
de la langue française, II, S. 1878, 1889.)

2) Zum ersten Mal finde ich hier die Schreibweise ohne das zweite h. die
von der Académie Française erst 1877 sanktionirt worden ist.

3) Die von den Franzosen so viel berufene »Titelsucht der Deutschen« ist
auch ihnen selber damals nicht fremd geblieben.

4) F. v. AMMON. J. d. Ch. u. Augenh. VII, S. 46, und Dict. de méd., Paris 1840,
S. 214, kennen 5 Hefte, von 1820—1822.

Von 10 Fällen der Keratonyxis gaben 3 vollen Erfolg, bei 4 musste die Operation wiederholt werden, einer war mit Amaurose complicirt gewesen, 2 wurden von heftiger Entzündung gefolgt. Von 10 Fällen der Niederdrückung hatten 5 Erfolg. von 33 Fällen der Ausziehung 21.

Dupuytren hat in 21 Fällen (darunter waren 11 über 50 Jahre,) die Keratonyxis gemacht, theils zur Zerschneidung, theils zur Niederdrückung des Stars, und Erfolg in zwei Dritteln der Fälle gehabt. — Große Schwierigkeit fand er bei der Operation des kleinen Auges mit angeborenem Star, wo das zweite schon (nach Ausziehung) geschrumpft war; und noch größere. um das Kind zur Benutzung des Sehsinns zu zwingen, durch Festbinden der Hände auf den Rücken, Verstopfen der Ohren u. s. w.

2. Blepharoblennorrhoea contagiosa[1]. »Das französische ⟨Sklavenhandels-⟩Schiff le Rôdeur, von 200 Tonnen, verließ Hâvre am 24. Jan. 1819 für die Küste von Afrika. erreichte seinen Bestimmungsort am 14. März und ankerte vor Bonny, im Kalabar-Fluss. Die Bemannung, aus 24 Köpfen, erfreute sich einer guten Gesundheit während der Überfahrt und während des Aufenthaltes zu Bonny, der sich bis zum 6. April ausdehnte. Man hatte keine Spur von Augen-Entzündung unter den Küsten-Bewohnern bemerkt. Erst 14 Tage nach der Abfahrt, als das Schiff beinahe den Äquator erreicht hatte, merkte man die ersten Anfälle der schrecklichen Krankheit. Man beobachtete, dass die Neger, 160 an der Zahl und zusammengedrängt im Zwischendeck, eine beträchtliche Röthung der Augen zeigten, die sich rasch unter ihnen ausbreitete. Anfangs schenkte man dieser Krankheit keine große Aufmerksamkeit, in der Meinung, dass Mangel an frischer Luft in dem Schiffsraum und Spärlichkeit des Wassers daran schuld seien; denn die Ration war bereits auf 8 Unzen täglich für den Mann gesunken, später konnte man nur $1/2$ Glas vertheilen. Man hielt es für ausreichend, Umschläge auf die Augen mit Hollunderblüthen-Thee zu machen; und ließ, nach dem Rath von Herrn Maignan, dem Schiffskommandant, die Neger, welche bisher im Schiffsraum geblieben waren, der Reihe nach auf das Verdeck steigen, um sie reinere Luft athmen zu lassen. Aber auf diese so heilsame Maßregel musste man verzichten, da viele der Neger, vom Heimweh ergriffen, einander sich umarmend, in's Meer sich stürzten.

Die Krankheit, die unter den Afrikanern so schrecklich und schnell sich entwickelt hatte, zögerte jetzt nicht, alle anzustecken und die Mannschaft in Angst zu versetzen. Die Gefahr der Ansteckung und vielleicht die veranlassende Ursache wurde gesteigert durch eine heftige Ruhr, die man dem Gebrauch des Regenwassers zuschrieb. Der erste von der Mannschaft, der angesteckt wurde, war ein Matrose, der unter Deck schlief, dicht an dem vergitterten Eingang zum Schiffsraum. Am folgenden Tage wurde ein Schiffsjunge von der Augen-Entzündung befallen, und in den drei darauf folgenden Tagen auch der Kapitain und fast die ganze Schiffsmannschaft.

[1] Diese in unsrer Fach-Literatur berühmte Geschichte ist in Mackenzie's diseases of the eye (1830, S. 350) mitgetheilt und daraus von Arlt (Kr. d. Auges. I. S. 47, 1851) übernommen worden. Meine Übersetzung ist natürlich nach dem Original angefertigt.

Beschreibung des Krankheitsverlaufes.

Am Morgen, beim Erwachen, spürten die Kranken ein leichtes Prickeln und Jucken an den Lidrändern, welche roth wurden und anschwollen. Am folgenden Tage war die Lidschwellung gewachsen, heftige Schmerzen gaben sich kund. Um diese zu mildern, wurden Brei-Umschläge aus Reis aufgelegt, so heiß die Kranken es ertragen konnten. Am 3. Tage zeigte sich Ausfluss einer Materie, die gelb und wenig dick war, aber später zäh und grünlich wurde, und so reichlich, dass nach jeder Viertelstunde, wenn die Kranken ihre Lider öffneten, einige Tropfen hervordrangen. Vom Anfang der Krankheit an machte sich beträchtliche Lichtscheu und Thränenschuss bemerkbar. Als der Reis ausging, wurden gekochte Nudeln zu den Umschlägen benutzt. Am 5. Tage legte man einigen Kranken Blasenpflaster auf den Nacken. Da die spanischen Fliegen bald zu Ende waren, versuchte man ihre Wirkung durch Senf-Fußbäder zu ersetzen und durch heißen Wasserdampf, den man auf die geschwollenen Lider einwirken ließ.

Aber die Schmerzen, weit entfernt, durch diese Behandlung sich zu verringern, nahmen von Tag zu Tag zu, ebenso wie die Zahl der Blinden; so dass die Mannschaft, schon von Furcht vor einem Aufstand der Neger[1]) befallen, noch von der Angst ergriffen wurde, das Schiff nicht nach den Antillen steuern zu können, wenn der letzte Matrose, der von der Ansteckung frei geblieben und auf dem die ganze Hoffnung beruhte, auch noch seine Sehkraft verlieren sollte. Ein solches Unglück war an Bord des spanischen Schiffes Léon eingetreten, das vor dem Rôdeur kreuzte und dessen ganze Mannschaft erblindet war, die Lenkung des Schiffes hatte aufgeben müssen und die Mildherzigkeit des Rôdeur anflehte, der beinahe ebenso unglücklich geworden. Die Matrosen des letzteren konnten weder ihr Schiff verlassen, um an Bord des Spaniers zu gehen, wegen ihrer eignen Ladung von Negern, noch die Spanier bei sich aufnehmen, da ihre Vorräthe kaum für sie selber ausreichten. Die Schwierigkeit, eine so große Zahl von Kranken in einem so engen Raum zu behandeln, der Mangel an frischen Nahrungsmitteln und an Arzeneien, ließen sie das Loos derer beneiden, die schon gestorben waren, da allen der Tod unvermeidlich schien. Die Niedergeschlagenheit hatte alle ergriffen.

Einige Matrosen träufelten Branntwein zwischen die Lider, was ihnen einige Erleichterung gewährte. Am 17. Tage stiegen etliche Matrosen, deren Zustand sich gebessert, auf das Verdeck, um ihren Kameraden zu helfen. Einige waren dreimal von der Krankheit befallen worden. Als die Schwellung der Lider nachließ, bemerkte man auf der Augapfel-Bindehaut einige Bläschen, welche der Wundarzt unvorsichtig eröffnete. Dieser Eingriff wurde ihm verhängnissvoll, denn er ist unheilbar erblindet.

(Dieser junge Mann, welcher 1816 die Klinik des Königlichen Instituts für die jungen Blinden besucht und die Einzelheiten mir mitgetheilt hat, erklärte, dass fast alle Erkrankten, sowie auch er selber, heftige Schmerzen nur an den

---

1) »Dieser Aufstand erfolgte nicht, da die Neger, mehreren einander feindlichen Stämmen angehörig, weit davon entfernt, die Umstände und ihre Überzahl zur Eroberung der Freiheit zu benutzen, ihren gegenseitigen Hass in den Ketten fortsetzten.« Es ist ja schwer begreiflich, wie die Franzosen, 28 Jahre nach der großen Revolution, auf deren Denkmälern wir den Genius der Freiheit mit der zerbrochenen Kette bewundern, diesen grausamen Menschenhandel noch duldeten. Gesetzlich war er seit 1816 aufgehoben.

beiden ersten Tagen des Befallenseins verspürten, und dass er es deshalb für
zweckmäßig gehalten, der zwischen den Schichten der Hornhaut und unter die
Bindehaut ergossenen Materie einen Ausgang zu eröffnen, was später die dicken
Weißflecke bewirkt, die seine Augen bedeckten. Er hatte diese Entzündung für
eine rosenartige gehalten und, da ihm von örtlichen Mitteln nur Theerdämpfe
oder heißes Wasser zur Verfügung standen, das letztere vorgezogen, das aber
augenscheinlich alle Zufälle verschlimmerte.)

Bei der Ankunft in Guadeloupe, am 21. Juni 1819, befand sich die Mannschaft in einem traurigen Zustand. Aber bald erfolgte sichtliche Besserung,
einerseits durch den Genuß frischer Nahrungsmittel, und andrerseits durch
Waschungen mit frischem Wasser und Citronen-Saft, welche von einer Negerin
angerathen worden. Drei Tage nach der Landung wurde der einzige Mann,
welcher während der Fahrt dem Einfluß der Ansteckung widerstanden und den
die Vorsehung geschützt zu haben schien, um seinen unglücklichen Landsleuten als Führer zu dienen, von denselben Krankheits-Erscheinungen heimgesucht; ... doch war der Ausgang weniger schlimm, weil kein Irrthum in
der Behandlung begangen wurde.

Von den Negern sind 39 blind geworden, 12 einäugig, 14 hatten mehr
oder minder beträchtliche Hornhautflecke. Von der Mannschaft verloren 12 ihre
Sehkraft, darunter der Wundarzt; 5 wurden einäugig, unter ihnen der Kapitän,
der mitten in der größten Gefahr nicht aufhörte, seine Sorgfalt den Negern
und den Matrosen zu widmen, mit einem Eifer und einer Selbstverleugnung, die
über jedes Lob erhaben sind. Vier hatten beträchtliche Hornhautflecke und
Verwachsungen der Iris mit der Hornhaut.«

Zusatz. 1. Über Augen-Eiterfluß auf spanischen Sklavenschiffen vgl.
§ 568, XV. (CARRON DU VILLARDS.)

2. GUÉPIN aus Nantes berichtet 1842 (A. d'O. VII, S. 98): »Alle Seeleute,
die Augen-Eiterung an der afrikanischen Küste durchgemacht und sich bei mir
vorstellten, waren einäugig; einer doppelseitig erblindet. Nie ist die Augen-
Eiterung in Nantes eingeschleppt worden, auch nicht durch Schiffe, die direkt
von Afrika nach Nantes gekommen sind.«

3. »Nichts ist schrecklicher, als manche Ausschiffungen von Negern in Sierra
Leone, die alle von der eitrigen Augen-Entzündung befallen sind und diese nach
Afrika einführen; die Zusammendrängung auf den Schiffen verschlimmert
die Entzündung und vermehrt die Ansteckung.« (A. d'O. XII, S. 219; 1844.) —
Dies waren die englischen Schiffe, die den Sklavenschiffen ihre Beute abjagten!

Ich habe diesen Gegenstand wegen des kulturgeschichtlichen Interesses
ausführlich besprochen. Noch nicht drei Generationen trennen uns von jenen
Zuständen.

3. Versuche über die ansteckende Blepharoblennorrhöe[1]). Die
Krankheit ist ansteckend, obwohl die meisten französischen Ärzte
es nicht glauben, im Gegensatz zu den englischen, deutschen, italienischen.

»Im Dez. 1819 nahm ich, in dem (unter GUERSENT's Leitung stehenden) Kinder-Krankenhaus[2]), bei Kindern, welche bis zum zweiten Grad

---

1) Die Priorität der Veröffentlichung (1816) kommt FRIEDRICH JÄGER zu. Vgl.
XIV, 554 sowie 577 fgd.
2) CASPER (Charakter d. frz. Med. 1822, S. 303) berichtet, dass damals in diesem
Krankenhaus »einhundertvierzig Kinder an einer sehr heftig wüthenden cou-

der kontagiösen Ophthalmie gelangt waren, von dem Eiter, der reichlich aus ihren Lidern sich ergoß, und führte ihn ein unter die Lider von vier jungen Blinden. Alle vier wurden, vom 2. bis 4. Tag nach der Einimpfung. von Blennorrhöe befallen, die am 13., 32., 38., 40. Tage geheilt war.

Diejenigen, welche mit schwächendem Verfahren (Aderlass, Abführungen, Blasenpflaster) behandelt worden, heilten viel später. Haarseile und Reizmittel auf den Schädel sind geradezu schädlich bei Augen-Entzündungen.

Inokulationen desselben Eiters auf ein Saug-Ferkel, zwei Hunde und einen Star-Vogel waren wirksam, mit Ausnahme des letzteren. Der an der Luft getrocknete und mit Speichel aufgelöste Eiter war wirksam an einem Hunde und einem Kaninchen. Aber der von dem einen der 4 Versuchs-Kinder entnommene Eiter, in die Urethra eines Kindes von 12 Jahren und in die eigne des Versuchs-Anstellers eingeführt, war unwirksam.

4. Über Trichiasis von M. HARDEGG, Dr. der Univ. Tübingen. Empfiehlt JÄGER's[1] Operation. (XIV, S. 554.)

5. Über den Star der Kinder, von Dr. NAUCHE, consultirendem Arzt des Blinden-Instituts. (Redens-Arten.)

6. Cadmium sulfur. gegen Hornhautflecke, von ROSENBAUM. (Aus HIMLY's Bibl. I, 2, S. 408. Vgl. XIV, II, S. 49.)

7. Folgen einige Referate über ausländische Arbeiten[2]: über Thränen-Steine nach PH. v. WALTER (XIV, II, S. 215); über die ägyptische Ophthalmie nach ADAMS und OMODEI; über die syphilitische Iritis von Dr. MÜLLER in Wien; über die Pupillen-Verziehung von HIMLY; über ein neues Instrument zur Koredialysis von LANGENBECK.

8. Schließlich über Antimon-Pflaster von GUILLIÉ.

9. Niederdrückung des Stars bei einem 16jähr. mit Iris-Mangel, von Hrn. L... Eine Brille + 3½″, bei der nur ein centrales Loch frei blieb. erlaubte gute Sehkraft.

10. Über Exophthalmie von G.

Steatom hinter dem rechten Augapfel wurde entfernt bei einer 40jähr., und die Sehkraft wieder hergestellt. Bei einem zweiten Fall der Art erfolgte Tod durch eitrige Meningitis.

11. Salzsaures Natron gegen Hornhautflecke, nach dem Verfahren von RUST in Berlin.

---

tagiösen Ophthalmie litten«. — BOUVIER hat 1839 als Bericht-Erstatter über CAFFE's »Ophthalmien der Armeen« (§ 574) im Schooße der Königlichen Akademie der Medizin zu Paris das Folgende ausgesprochen: »Die eitrige Augen-Entzündung besteht dauernd zu Paris im Kinder- und im Waisen-Krankenhaus. bald milder, bald stärker, und mit derselben Gefährdung der Sehkraft, wie bei der militärischen Form. (Bericht von JADELOT, Annuaire médico-chir. des hôpitaux, 1818.) Ihr Berichterstatter war 1832 Zeuge einer ähnlichen Epidemie in dem zeitweiligen Krankenhaus für die Cholera-Waisen. Mehrere Wärterinnen wurden angesteckt, eine blind; ein Student verlor ein Auge.« (Bull. de l'Acad. R. de méd., IV, 1840.) Vgl. auch § 570, S. 125.

1) Der FAGER gedruckt wird.

2) Es war nur ein Tropfen auf den heißen Stein.

12. Über eine in die Vorderkammer vorgefallene und wieder in den Glaskörper niedergedrückte Katarakt von DUPUYTREN. (S. oben § 552, S. 22.)

Das ist der hauptsächliche Inhalt dieses ersten französischen Journals der Augenheilkunde, das immerhin eine längere Lebenszeit und ersprießlichere Wirkung verdient hätte.

§ 555. Die folgenden sind gewinnsüchtige Marktschreier, Quacksalber, Betrüger.

I. Die Franzosen nehmen natürlich den Militär-Arzt LEFÉBURE (1744—1809) als ihren Landsmann in Anspruch, zumal er 1801 in Paris zwei Schriften erscheinen ließ: 1) Histoire anatomique, physiologique et pathologique de l'œil; 2) Traité de la paralysie du nerf optique. Diesen irrenden Ritter der Augenheilkunde, der auch in München prakticirt und in Budapest docirt hat, haben wir schon (XIV, S. 590) gebührend gewürdigt.

II. Etwas besser zu beurtheilen ist ALEXANDRE-CYR.-AMBROISE MARTIN GALLE-REUX[1], der 1812 zu Paris Doktor wurde und die folgenden Arbeiten veröffentlicht hat: 1) Über Behandlung der Star-Operirten, Paris 1816. 2) und 3), in SÉDILLOT's Recueil period. I und VIII: A) Über zwei Veränderungen des Sehnerven, die man bisher mit der Amaurose verwechselt hat; B) Über die örtliche Anwendung von Opium-Lösungen gegen Augen-Entzündungen.

Bedenklich aber scheint sein Avis au peuple sur la cataracte, 1826.

III. »M. G. DE LA CHANTENIE, célèbre médecin oculiste«, pflegte um 1822 seine Ankündigungen in die Kaffeehäuser und Restaurationen zu senden; sie enthielten die Namen und Wohnungen seiner glücklich am Star Operirten und die groß gedruckte Bitte: »Man wird gebeten, dieser Nachricht die größte Verbreitung zu verschaffen.« (F. v. AMMON, J. d. Ch. u. Augenh., VII, S. 42, 1825.)

IV. LATTIER DE LA ROCHE will Heilung des Stars durch pharmaceutische Mittel bewirkt haben. Seine Schrift wurde von SICHEL 1833 (Gazette des hôp., 30. Mai) gebührend abgefertigt.

C. F. GRAEFE, der in Zeitungen, ja selbst in amtlichen Blättern viel über die zu Paris ohne Operation ausgeführten Star-Heilungen gelesen, erbat und erhielt darüber von Prof. BRESCHET in Paris 1835 einen Brief, den er im J. d. Chir. u. Augenb. XXII, S. 656—658, wörtlich abgedruckt. »Hr LATTIER DE LA ROCHE ist ein gemeiner Charlatan ohne Titel und Rang . . . Paris und London wimmelt von solchen. Er verwendet Abführmittel, Haarseile, Ätzung des Hinterhauptes. Die Kur dauert lange. Die Hälfte des Honorars wird vorauf bezahlt. Es giebt noch einen zweiten Mann der Art zu Paris, das ist Hr. GONDRET. Er hat ein Diplom, das ihn aber nicht hindert, ebenso zu schreiben und zu reden, wie der erstgenannte. Auch er behauptet, Star ohne Operation zu heilen.«

WARLOMONT (Annales d'Ocul., LXI, S. 93, 1869) sagt von der Zeit, wo J. SICHEL in Paris sich niederließ, d. h. vom Jahre 1829: »Man sah noch hausirende Augenärzte auf der neuen Brücke (Pont-neuf) ihre Marktschreiereien auskramen.«

1841 erklärt GUÉPIN aus Nantes (A. d'O. VI, S. 240): »Wir empfinden es übel, Kollegen derjenigen Charlatane zu heißen, welche das Publikum ausbeuten mit ungeheuren Anschlag-Zetteln und mit den Reklamen, für soviel die Linie, in den nicht wissenschaftlichen Zeitungen. — der Charlatane, die für 75 Franken

---

[1] Biogr. Lex. II, 484.

60 Gramm Ammoniak verkaufen und für 300 Franken eine kleine Kruke Bella-donna-Salbe. «

Noch 1815 waren die Mauern in Marseille von den Wunder-Annoncen eines reisenden Augenarztes bedeckt. (A. d'O. XIII, S. 142.)

V. Über Hrn. FAURE, den Okulisten des Herzogs von Berry, konnte ich weiter nichts erfahren, als dass er eine Schrift verfasst, deren Titel schon den Marktschreier ankündigt: Description graphique des yeux de plusieurs aveugles jugés incurables qui ont recouvré la vue au moyen d'un instrument et d'un procédé inventé par l'auteur, Paris 1820.

Seine zweite Schrift ist: Observation sur l'iris, sur les pupilles arti-ficielles et sur la Keratonyxis ou nouvelle manière d'opérer la cataracte, Paris 1819.

In Fällen, wo der durchsichtig gebliebene Theil der Hornhaut schmal ist, soll man zur Pupillen-Bildung an der undurchsichtigen Stelle einschneiden.

Die neue Star-Operation ist die Zerstückelung der Linse.

VI. LOUIS FRANÇOIS GONDRET[1]), (1776—1855)

am 12. Juli 1776 zu Auteuil bei Paris geboren, 1793 DESAULT's Schüler, 1794/5 Feldarzt, 1803 Doktor zu Paris. Er war Arzt an der dritten Kranken-Ab-fertigung der »menschenfreundlichen Gesellschaft« und erfand eine ableitende Salbe, welche auch bei Augenkrankheiten und sogar zur Heilung des Stars nütz-lich sein sollte.

Trotz seiner vielen Schriften und zahlreichen Beschwerden gegen die Mit-glieder der Akademie der Medizin, gegen LISFRANC und SICHEL, ist seine Ammo-niak-Salbe nicht im Stande gewesen, sich Geltung zu verschaffen, oder gar Star ohne Operation[2]) zu heilen. Sein »Traitement syncipital« des grauen Stares, (Kauterisation des Hinterhauptes mittelst des glühenden Kupfers oder mittelst seiner Ammoniak-Salbe) hat durch V. STOEBER 1832 (AMMON's Zeitschr. II, 405) eine herbe Abweisung erfahren.

Die zahlreichen Schriften, in denen GONDRET seine Ansichten vortrug, sind 1. Considérations sur l'emploi du feu en médicine, suivies de l'exposé d'un moyen épispastique propre à suppléer la cautérisation et à remplacer l'usage des cantharides, Paris 1818 (2. Aufl. 1819, 3. 1820,; 2. Observations d'amaurose, 1821; 3. Obs. sur les maladies des yeux, 1823; 4. Mém. sur le traitement de la cataracte, 1825, (1826, 1828, engl. Übersetz. 1838); 5. Sur les maladies cérébro-oculaires 1831 (1832, 1833, 1834, 1835, 1837); 6. Du traitement de la cataracte sans opération (1839). In den Jahren 1831—33 hatte er zeitweise im Hôtel-Dieu eine Klinik[3]) für cerebro-okuläre Krankheiten, über die er auch eine Reklamation geschrieben. G. starb im Sept. 1855. Es ist schwer zu sagen, ob er mehr sich selbst oder andre betrogen.

Prof. BRESCHET erklärt ihn 1835 für einen Schwindler. Prof. VIDAL citirt 1840 seine Star-Heilung, ohne eine Wort der Kritik hinzuzufügen.

---

1) Biogr. Lex. II, 597.

2) Auch der große LARREY, der aus Ägypten eine besondere Vorliebe für die Moxen mitgebracht, erklärte ernsthaft: »la cataracte commençante indique véritablement l'application du moxa.« (Recueil de Mémoires de chir. par le Baron J. LARREY, Paris 1821, S. 13.)

3) Die Königliche Akademie hatte sich dagegen erklärt. (AMMON's Z., II, S. 107.)

JOHN WILLIAMS.

Oculist (honᵣᵉ) to Wᵐ. M.C. Majesty LOUIS THE XVIII.
ET AUSSI DU ROI CHARLES X. *Member (corrᵗ) of the*
COLLEGES OF PHYSICIANS *at* PARIS, MARSEILLES, TOULOUSE
CAMBRAY. EVREUX, *and several other Medical and Literary*
Societies Proprietor and Director of the Royal Genˡ Dispensary
LONDON.

Actuellement à Bruxelles 1820.

Verlag von Wilhelm Engelmann in Leipzig.

Beger[1] will Gondret's Bestrebungen eher aus einer Art von Einseitigkeit und aus mangelnder Übung im Erkennen der Augenkrankheiten, als aus Charlatanerie erklären.

Das Pariser Tribunal hat G. 1832 mit seinen übermäßigen Honorar-Ansprüchen abgewiesen[2].

VII. Theophile Drouot[3]

geb. 1803 zu Bordeaux, wurde 1832 Doktor zu Paris und prakticirte dort als Augenarzt. Seine Schriften sind die folgenden: 1. Recherches sur le cristallin et ses annexes, 1837. 2. Nouveau traité des cataractes . . . traitement sans opérations chirurgicales, 1840 (4. Ausg. 1845). 3. Des maladies de l'œil, confondus sous les noms d'amaurose, goutte séreine . . . 1841. 4. Des erreurs des oculistes sur la cataracte, l'amaurose etc., 1843. Diese Schrift hat ihm von seiten Sichel's den Vorwurf der Unwissenheit, der Unredlichkeit und der Quacksalberei gezogen. 5. La vérité sur le traitement médical des cataractes et sur les résultats des opérations chirurgicales, 1848. Das ist eine heftige Anklage gegen Sichel, worin dessen Operations-Statistiken zerpflückt oder verworfen werden. Drouot will die Operation des Stares nur in Ausnahme-Fällen, als heroïsches Mittel, zulassen. 6. Traité médical des cataractes, des neuralgies, des amauroses, 1857.

Die Annales d'Oculistique haben es verschmäht, seinen Namen dem Register einzuverleiben. Nur in dem Referat über Star (Ier Vol. supplém. 1842, S. 148 fgd.,) sind seine Redensarten über die Heilbarkeit des Stares ohne Operation wörtlich wiedergegeben.

D. empfiehlt eine allgemeine Behandlung nach den Ursachen und Symptomen (mit Chinin, Quassia, Jodkali, Nachtschatten, Sturmhut), und eine örtliche mit Jod- und Ammonium-Präparaten. In seinem neuen Traktat verheißt er, damit binnen 2$\frac{1}{2}$ Monaten einem Kranken mit Greisen-Star soviel Sehkraft zu verschaffen, dass er allein umherzugehen und ohne Brillen seine Handschrift zu lesen vermöge.

Sein Landsmann Chabé befürwortet mildernde Umstände für Drouot, da ja auch heutzutage berühmte Fakultäts-Professoren Jodkali gegen Star empfehlen. Aber, wenn zwei dasselbe thun, ist es drum noch nicht dasselbe.

VIII. John Williams

wird von Truc und Pansier unter den Praktikern, welche die Augenheilkunde pflegten, erwähnt und als ein Charlatan, wie Taylor, bezeichnet.

Aber den sollten sie seinem Vaterland nicht rauben, wenngleich er auch in Paris einen Laden hielt und in französischer Sprache veröffentlicht hat:

Traité des maladies des yeux, avec des observations pratiques, constatant les succès obtenus, tant à Paris qu'à Londres, par l'usage d'un topique inventé par J. Williams, propriétaire et directeur du dispensaire royal et général de Londres, Chevalier du lys, Oculiste honoraire de feu S. M. très-chr. Louis XVIII, . . . Membre des Soc. de méd. de Paris, Marseille, Clermont Ferrand, Évreux, . . . Cambrai etc. Paris 1814, et à Londres. (151 S.) Angebunden sind meinem

---

1. Ammon's Z., IV, S. 422, 1835.
2) Ammon's Z., II, S. 407.
3) Biogr. Lex. II, S. 218 u. VI, S. 713. Chabé, Hist. de l'ophthalm. à Bordeaux, 1908, S. 149. Wenn D. auch zeitlich in den zweiten Abschnitt hineinragt, so gehört er doch sachlich in den ersten.

Exemplar: 1) Compte rendu des cures faites des maladies des yeux reputées incurables, avec un topique inventé par J. WILLIAMS, Oculiste de Londres et du Dispensaire Royal et General . . . Paris 1815 (60 S.). Ferner 2) Observations nouvelles. (44 u. 16 S.)

JOHN WILLIAMS war ein schamloser[1]) Betrüger, dem die Restauration — er hatte sein Buch »Louis dem Vielgeliebten« gewidmet, — 1814 die Praxis in Frankreich gestattet, die Juli-Revolution 1830 aber wieder entzogen hatte. Er operirte nicht den Star, verkaufte aber für 500 Franken sein Mittel, »das die Operation vorbereitete und sicherer machte«. (Annal. d'Ocul. 1845, B. XIV, S. 81.)

§ 556. Reiseberichte

von jungen, urtheilsfähigen und unbefangenen Ärzten und Forschern sind wohlgeeignet, das Bild dieses ersten Zeitabschnitts zu vervollständigen und abzurunden; sie sind aber, mit Ausnahme der Briefe A. VON GRAEFE's, von keinem der französischen Darsteller benutzt worden.

1. Über den Zustand der Augenheilkunde in Frankreich, nebst kritischen Bemerkungen über denselben in Deutschland von JOH. BAPT. WENZL[2]), der Med. u. Chir. Doktor, und prakt. Arzt in München. Nürnberg 1815. (128 S.)

»Während das Versorgungshaus für dreihundert Blinde, les Quinze-Vingts, unter Napoleon jährlich 150000 Livres, unter den Königen fast noch einmal so viel erhielt; fehlt es in den Pariser Hospitälern an besonderen Abtheilungen kleinerer Zimmer für Augenkranke. Die Augenheilkunde ist in Frankreich seit mehreren Jahrzehnten stehen geblieben.

Von unsren Unterscheidungen der verschiedenen Ophthalmien und namentlich ihrer Behandlungsweisen ist dort keine Rede.

Bezüglich der Star-Operation herrscht noch die Vor-Richtersche Zeit.

Indem die französischen Wundärzte ihr Augenmerk großentheils auf Gegenstände der militärischen Chirurgie gerichtet und wegen ihrer Gewandtheit in solchen Dingen allen übrigen als Muster voraufgegangen, haben sie das Zarte und Kleine, welches stille und lange Forschung erfordert, gänzlich vernachlässigt. SCARPA's Lehre[3]) und Star-Operation haben sie mehr

---

1) Wiederholentlich druckt er »Chevalier de la légion d'honneur«, und hat es in meinem (1828 dem Curé Archiacre de St. Quentin überreichten) Exemplar mit Tinte wieder ausgestrichen. — Sein Reklame-Zettel: A Mr le Président et Mrs les autres Membres de la société de Médecine de la Ville . . . . schließt mit den Worten: Si vous me jugez digne d'être admis comme membre correspondent de votre société, il me serait agréable d'en recevoir le Diplôme . . .

2) 1785 zu Schlehdorf am Kochelsee geboren, in Landshut ausgebildet, 1810 zum Doktor promovirt, ging er 1811—13 mit einem Staats-Stipendium nach Wien, Prag, Berlin, Göttingen, Paris, wurde 1816 Sekundar-Arzt der chir. Abth. des allg. Krankenhauses zu München, 1819 Hofstabswundarzt, 1831 Ob.-Med.-Rath und ist am 10. April 1844 gestorben. (Biogr. Lex. VI, 243.) — Obige Schrift war sein erster Versuch.

3) Sein Werk ist schon 1802, 1807, 1811 französisch erschienen. Vgl. XIV, S. 366.

angenommen, als geprüft. Ich habe niemals in den verschiedenen Lehrsälen
eine schärfere Kritik über die verschiedenen Star-Operationsmethoden ver-
nommen ... Von der Pupillen-Bildung habe ich in einem Jahre nur einen
Fall gesehen, — ein Zerfetzen der Iris. Ist es in den leichten Graden
der Thränenfistel erlaubt, an der Herstellung der natürlichen Kräfte zur
Ableitung der Thränen zu verzweifeln und jedesmal gleich das Dupuytren-
sche Röhrchen einzusetzen? — Übrigens will ich mich feierlich vor
aller Beeinträchtigung ihres chirurgischen Ruhmes verwahren.«

II. Charakteristik der französischen Medizin mit vergleichenden Hin-
blicken auf die englische. Von Joh. Ludw. Casper[1]), Doct. d. Med. u. Chir.,
pr. Arzt zu Berlin. Leipzig 1822. (608 S.) Kap. VII. Ophthalmologie
(S. 293—307).

Das Missverhältniss zwischen der Ausbildung der Wundarzneikunst i. A.
und ihres besonderen Zweiges, der Augenheilkunde, ist in Frankreich nur
zu auffällig und bemerkbar. Für Augenkranke existirt in Paris kein Zu-
fluchts-Ort. Guillié's Privat-Augenklinik mit sechs Betten war vollkommen
leer, als C. sie besuchte; die Poliklinik wurde von zwei jungen Deutschen,
Beer's Schülern, abgehalten!

Die Keratonyxis wird 1819 der Akademie der Medizin als ein »neues
Verfahren« vorgelegt. Guillié's Ergebnisse der Star-Operation sind nichts
weniger als glänzend.

Larrey und Roux leugnen die Ansteckungsfähigkeit der ägyptischen
Augen-Entzündung; der letztere meint, dass vielleicht Frankreichs Klima
dieser Krankheit ungünstig sei.

Die École de médecine besitzt eine unvergleichliche Sammlung von
Email-Nachformungen der Augenkrankheiten.

III. Friedrich August von Ammon, geb. 1799, hat 1823 eine »Parallele
der französischen und deutschen Chirurgie, nach Resultaten einer in den
Jahren 1821 und 1822 gemachten Reise« veröffentlicht und im Jahre 1825
(J. d. Chir. u. Augenh., VII, S. 38—124) eine »Prüfung der französischen
Augenheilkunde in Vergleichung mit der deutschen«.

Der jugendliche Vf., dem lebhaftes Vaterlandsgefühl eigen, aber Gerechtigkeitsgefühl nicht abzusprechen ist, erklärt zunächst: der alte Ruhm
der französischen Augenheilkunde ist hin, auf deutschem Boden hat diese
Kunst eine Höhe erreicht, die als Kulminations-Punkt bezeichnet werden
könnte. Aber der Deutsche ist parteiisch gegen sein Vaterland. Noch
wandern jährlich Hunderte von jungen deutschen Ärzten nach der Seine,
ohne zu bedenken, was am Rhein, an der Spree, an der Leine zu finden ist.

1) Damals 26 j., 1824 Privat-Dozent, 1825 a. o., 1839 ordentlicher Professor
der Staats-Arzneikunde zu Berlin. Starb 1864. Vgl. Biogr. Lex. I, 677. Ich habe
noch, als junger Student, seine Vorlesung einige Male besucht und seinen Scharfsinn bewundert.

Seit dem Anfang dieses Jahrhunderts hat die deutsche Augenheilkunde
sich von der Chirurgie mehr getrennt und an die allgemeine Pathologie
und Therapie angeschlossen und dadurch an Tiefe und Gründlichkeit gewonnen. Wenn Roux triumphierend ausruft, dass in Frankreich das Reich
der Okulisten sich dem Ende zuneigt, und dass die Chirurgen bald im
Besitz der Augenheilkunde sein werden, so reichen »die Kenntnisse der
französischen Chirurgen nicht hin, um diesen wichtigen Zweig der Medizin
zu fördern«.(?)

Übrigens bilden die Augenärzte dort noch eine Sekte, voll von Charlatanerie. An den Straßen-Ecken findet man ihre Anschläge, ihre Anzeigen
in den Kaffeehäusern, ja sie werden den Fremden in die Wohnungen
gesendet.

Zur Förderung des Studiums der Augenheilkunde fehlen in Frankreich
bis jetzt alle Vorbereitungen. Vorlesungen über Augenheilkunde sucht man
umsonst im Katalog der berühmten medizinischen Fakultät zu Paris; einige
frühere Versuche der Art misslangen gänzlich. Es fehlt an einem neuen
brauchbaren Lehrbuch. Die 1819 begründete Zeitschrift (Bibliothèque ophth.)
erfüllt ihren Zweck nur unvollkommen[1]). Monographien über augenärztliche
Gegenstände fehlen fast ganz. Doch einige physiologische Arbeiten
erschienen, — von MAGENDIE über das Sehen (1812), von CLOQUET über die
Iris (1818).

Es giebt zwar Anstalten für Erziehung[2]) und Versorgung[3]) der Blinden,
— aber keine Augenheilanstalt, keine zweckmäßige Einrichtung für Augenkranke in all' den Hospitälern. Obwohl die französischen Invaliden-Häuser
von den durch contagiöse Augen-Entzündung Erblindeten wimmeln, ist
diese fürchterliche Krankheit nur wenig (von LARREY und DESGENETTES) besprochen worden.

Die »Ophthalmoskopie« (XIV, II, S. 13) wird vernachlässigt, die Zeichen
von Iris und Pupille werden nicht gehörig gewürdigt. Nur DUPUYTREN's
geübter Blick »vaticinirt« aus diesem einzigen Zeichen oft den späteren
Verlauf der Krankheit.

Von Entzündung der Wasserhaut, die in England und Deutschland bekannt ist, wird nie gesprochen. Zur Heilung der Hornhautflecken genießt
das DUPUYTREN'sche Verfahren den größten Ruf; Hunderte drängen sich zur
Pforte des Hôtel-Dieu. Das Pulver aus Tutia, Zucker, Kalomel zu gleichen
Theilen wird zwei Mal täglich eingeblasen[4]).

---

1) Vgl. oben § 551.

2) Institution royale des jeunes aveugles, Rue St. Victor No. 68. (XIV, S. 159.
Bericht darüber von GUILLIÉ, Paris 1818.

3) Hospice royal des quinze-vingts, rue de Charenton No. 68. Es werden
daselbst 420 Blinde verpflegt, die aus allen Teilen Frankreichs gewählt werden.

4) S. 63, Z. 6 v. u., lies Monate für Minuten.

Dupuytren wendet neben den örtlichen auch allgemeine Mittel an. Unter den ersteren wird die von Ware empfohlene, in Deutschland so viel verwendete Opium-Tinktur[1] vermißt. Aderlass, Blutegel, Brechmittel, starke Ableitungen, Blasenpflaster, Einreibung von Brechweinstein-Salbe, Haarseile usw. sind die Mittel, welche noch heute als tägliche Waffen zur Bekämpfung langwieriger Augen-Entzündungen, der Amaurose und selbst des beginnenden Stares von den französischen Ärzten benutzt werden. Dupuytren scheint, wie keiner, glücklich in der Behandlung der Amaurose zu sein. Aber v. Walther's Satz, dass die Ursache der Amaurose öfters im Unterleib liegt, findet wenig Beachtung. Ebenso nehmen sie seine Lehre von der Entzündung des Krystalls und der Kapsel nicht an.

Im Hôtel-Dieu übt Dupuytren die Niederdrückung (abaissement) aller Stare durch Lederhaut-Stich; in der Charité macht Roux nur die Ausziehung.

Dupuytren lässt alle zu operierenden Star-Kranken horizontal im Bett liegen, wie es bekanntlich schon, für die Ausziehung, Pott und Petit (in Lyon) vorgeschlagen hatten. (Vgl. Sabatier, Nouv. méd. operat., IV, 152, 1824 und unsren Band XIV, S. 59, wo Z. 3 noch hinzufügen Rowley 1790, Fabini 1823.)

Handelt es sich um weichen oder Milch-Star, so übt D. die Zerstückelung (le broiement) durch die Lederhaut. Eine der gewöhnlichsten und gefährlichsten Folgen der Niederdrückung oder Zerstückelung sei die Entzündung der Netzhaut, die aber von Vielen als Entzündung der Regenbogenhaut bezeichnet werde.

Der Erfolg der Star-Operationen im Hôtel-Dieu verhält sich ⟨zur Zahl derselben⟩, wie 7 : 8[2].

(Die »guten« Erfolge schreibt Ammon der kräftigen Antiphlogose zu. Gewöhnlich wird am Tage der Operation ein vorbeugender Aderlaß verrichtet. Als Dupuytren einmal das sehr unruhige Auge bei der Star-Operation mehr als billig geschädigt zu haben glaubte, verordnete er gleich für den Lauf des Tages zwei Aderlässe.)

Bei der Keratonyxis hatte Langenbeck in 40 Fällen 39 Erfolge; Dupuytren unter 21 nur 16: er fordert zur genauen Beobachtung und Statistik auf.

---

1) Noch von A. v. Graefe angewendet (E. Michaelis, augenärztl. Therapie, 1883, S. 235; besonders auch beim trocknen Katarrh der Bindehaut. Vgl. J. Hirschberg, A. v. Graefe's Vortr. über Augenh., 1871, S. 37. Siehe ferner Casey A. Wood, Ophth. therapeut. 1909, S. 453 u. 513. (Unser Handbuch II, Kap. III, hat nicht darüber gehandelt.)

2) Das wären also 88% Erfolge, 12% Verluste, wie in der ersten Veröffentlichung von Daviel. Vgl. XIII, S. 489. Aber Dupuytren's eigne Statistik (§ 552) ergab 27% Verluste!

Die Extraktion übt Roux in der Charité mit Geschicklichkeit und Behendigkeit. Er erklärt in seiner Parallele der englischen und französischen Chirurgie (S. 219): »Ich bin kein so erklärter Gönner der Ausziehung, dass ich die Niederdrückung niemals verrichten sollte; ich gestehe, dass es Fälle giebt, wo das letztere Verfahren vorzuziehen ist. Jedes Mal aber, wenn nicht ein besondrer Umstand für die Niederdrückung spricht, oder die beiden Verfahren gleich zulässig erscheinen, wähle ich die Ausziehung, weil sie mir immer besser, als die Niederdrückung gelungen ist, und noch fortwährend die schönsten Erfolge gewährt. Roux hatte schon 600 Ausziehungen verrichtet, schweigt aber von seinen Erfolgen [1].«

»Behandelt Roux das Auge während der Operation schonender, als seine Kollegen; sind seine Instrumente auch feiner und nicht verrostet, wie wir dies im Hôtel-Dieu . . . sahen, bestreicht er dieselben auch nicht, wie es Dupuytren macht, mit dem dort bei der Operation vor das Auge gehaltenen Talglicht[2]; so trifft doch . . . . das Hospital der Vorwurf, dass alle Erfordernisse zur guten Nachbehandlung fehlen . . .« Auch Demours macht nur die Ausziehung, falls nicht eine besondere Anzeige zur Niederdrückung vorliegt.

Als Pupillen-Bildung verwendet Demours nur die Zerschneidung der Regenbogenhaut (Iridentomia) und scheint Cheselden's Verdienst sich selber zuzuschreiben. »Durch jene blinde Anhänglichkeit an das Demourssche Verfahren, das ja unendlich oft nicht gelingt, lässt es sich allein erklären, dass viele Erblindete in Frankreich für unheilbar erklärt werden, die, wenn auch ein unvollkommenes, doch das Gesicht wieder erhalten würden.«

»Die Einbringung eines goldnen oder silbernen Röhrchens in den Nasenkanal durch einen in den Thränenkanal gemachten Einschnitt sah ich Dupuytren sehr oft verrichten. Er nennt Foubert den Erfinder, sich selbst den Erneuerer.« (XIV, S. 38.)

»Dupuytren macht die Operation mit großer Kunstfertigkeit und sehr häufig und, wie ich selber gesehen, meistens mit bestem Erfolge . . . Ehe Dupuytren das Verfahren Foubert's auszuüben begann, ließ er mehr als 200 Leichen öffnen . . . Er fand, dass der Kanal bei Erwachsenen beinahe immer dieselben Längen- und Breiten-Durchmesser besitzt . . . Fällt die Kanüle wirklich nach einiger Zeit in die Nasenhöhle, so ist dies gewöhnlich das Zeichen eingetretener Heilung der inneren Schleimhaut des Nasen-Kanals. Bleibt die Kanüle unverändert an ihrem Platze, so bringt sie nur selten Nachtheile hervor.«

---

1) Vgl. aber § 551.
2) Das wäre also der schüchterne Anfang der heute so vielfach geübten Hinzufügung der künstlichen Beleuchtung zur natürlichen, bei der Ausführung feinerer Augen-Operationen.

Einmal mußte D., wegen wiederholter Gesichts-Rose, die Röhre nach 18 Monaten wieder herausnehmen. Nach der Einschneidung des Thränensacks lässt D. die Nase zuhalten und den Kranken stark ein- und ausathmen. Dringt bei letzterem Luft, mit etwas Blut, durch die Wunde des Thränensacks, so gilt der Nasenkanal als frei geworden. Hierbei entsteht manchmal eine große, den Kranken erschreckende Luftgeschwulst (Emphysema), die aber durch kalte Umschläge in 24 Stunden wieder schwindet. Unter 20 Kranken werden 16 radikal geheilt, ohne dass die Kanüle sich je verschiebt; bei zweien ereignet es sich, dass sie in die Nase herabfällt oder gegen den Thränensack zurückgeht, so dass man sie auszichen muss: doch kann die Operation später wiederholt werden. »Möchte deutsche Chirurgen diese Bereicherung der Augenheilkunde nicht übersehen!« Der Wittenberger Professor Titius, dem Henckel in Berlin 1778 das Röhrchen eingesetzt, hat es 22 Jahre lang getragen.

»Möchten Frankreichs Ärzte mehr die Nothwendigkeit des Studiums englischer und deutscher augenärztlicher Schriften erkennen!«

IV. Sehr lesenswerth ist der betreffende Abschnitt aus den Erinnerungen eines deutschen Arztes von Dr. Ge. Fr. Louis Stromeyer, früherem Professor und Generalstabsarzt, 1875, I. B., S. 393—417.

Stromeyer war, als er in Paris studirte, 24 Jahre alt; er hatte, außer Göttingen, schon Berlin, Wien, München, Würzburg, Bonn und London besucht und war voller Begeisterung.

»Es war 1828 eine schöne Zeit für die Pariser Gelehrtenwelt .... Die Wissenschaft ist unparteiisch und lehrt die Völker, dass sie auf einander angewiesen sind.«

Seine Charakteristiken von Boyer, Roux, Dupuytren haben wir schon kennen gelernt.

§ 557. Zum zweiten Zeitabschnitt
leitet uns hinüber
der V. Reisebericht:

Über die Wiedergeburt der Augenheilkunde in Frankreich. Ein Schreiben des Herrn Dr. Beger zu Paris an den Herausgeber. (Vom 10. Februar 1835; v. Ammon's Z. f. O. IV, S. 412—427.)

Der damals 27jährige Augenarzt Dr. Beger aus Dresden berichtet 1835 an seinen Meister v. Ammon jubelnd über die Wiedergeburt der Augenheilkunde in Frankreich.

Frankreichs Ärzte beginnen diese Wissenschaft von Neuem lieb zu gewinnen. Unsrem Landsmann Julius Sichel gebührt der Ruhm, durch Wort und Tat die Jünger Äskulap's für die Augenheilkunde zu interessieren und von Neuem den Grund zum Weiterbau des zerrütteten Gebäudes gelegt zu haben. Seine 1832 gegründete Augenklinik ist nicht nur für die Studenten lehrreich, die bisher aller Leitung in dem weiten Gebiete der Augenkrankheiten entbehrten, sondern auch für die Ärzte; doch sind es mehr Ausländer, als einheimische, die man antrifft. Sichel's Bestreben geht dahin, ein naturgeschichtliches System der Augenkrankheiten aufzustellen. Es sind schon 1834 einige bemerkenswerthe Dissertationen seiner Schüler erschienen.

So wie Sichel die Augenheilkunde in Frankreich von Neuem begründet hat, so gebührt Carron du Villards das Verdienst, die Lehren seines Meisters Scarpa nach Frankreich zu verpflanzen und zu erweitern. Auf dem Gebiet der Star-Operation hat er sich von der Einseitigkeit seines Lehrers losgesagt und erkennt die Wichtigkeit der Wahl zwischen den verschiedenen Verfahren an: Himly's Einleitung in das Studium der Augenheilkunde hat er neu bearbeitet und beabsichtigt, gleichfalls öffentliche Sprechstunden über Augenkrankheiten zu halten.

Erfreulich ist das innige Freundschafts-Verhältniss zwischen Sichel, Carron[1]) und Sanson.

Sanson geht allen Spital-Ärzten in der großen Frankenstadt mit rühmlichem Beispiel voran, indem er einen Theil seiner chirurgischen Abtheilung im Hôtel-Dieu der sorgfältigen Behandlung von Augenkrankheiten widmet. Die Werke der Deutschen liest er in ihrer Sprache. Seine Artikel über Amaurose, Katarakt, Glaukom im Dict. de méd. et chir. pratique geben Zeugniss von seinem Streben. Ebenso haben Velpeau im Hôp. de la Pitié und Jules Cloquet in der neu errichteten Clinique de la Faculté angefangen, der Augenheilkunde Aufmerksamkeit zu schenken und wöchentlich ein oder mehr Mal über die vorhandenen Augenfälle zu sprechen. Doch besteht weder eine besondere Abtheilung noch eine Lehrkanzel für Augenkrankheiten.

Roux in der Charité und Lisfranc in der Pitié zeigen kein besonders Interesse für Augenheilkunde. Bei ersterem kann man die Ausziehung als ausschließliche Star-Operation beobachten. Dupuytren ist durch Krankheit außer Thätigkeit gesetzt; sein Verfahren der Einführung einer Kanüle in den Thränensack unterliegt jetzt einer strengen Kritik.

Ricord im Hôp. des Vénériens bemüht sich über die Augenblennorhöe das nöthige Licht zu verbreiten.

VI. Das Sendschreiben des Dr. Schneider in Paris an Dr. Pauli in Landau, vom 28. Dez. 1838 (Ammon's Monats-Schr. II, S. 252—263, 1839) enthält einige bestätigende Bemerkungen.

---

1) Aber ich finde in Carron's Lehrbuch vom Jahre 1838 keine Spur von Freundschaft mit Sichel, sondern nur theils offene, theils versteckte Angriffe gegen denselben.

VII. Mehr, als ein Reisebericht, wenn auch das Werk eines Fremden, ist

Das medizinische Paris.

Ein Beitrag zur Geschichte der Medizin und ein Wegweiser für deutsche Ärzte von S. J. OTTERBURG[1], Doctor der Medizin und Chirurgie, Mitglied der Gesellschaft für Anatomie von Paris, des Vereins der praktischen Ärzte etc., wirkliches Mitglied der Pariser Gesellschaft für Sprachforschung etc. »Ubi lux, ibi umbra.« Carlsruhe und Paris 1841.

In dieser Schrift heißt es, S. 261: »Die Ophthalmologie blieb früher hinter den andern Disciplinen zurück. Sie hat ihre Würde wieder eingenommen und diesen Impuls verdankt sie unserem Landsmann, dem talentvollen SICHEL; er verpflanzte deutsche Wissenschaft nach Frankreich, er machte die Franzosen mit den Ansichten eines JAEGER, eines JÜNGKEN etc. bekannt. In einer bedeutenden Klinik hat SICHEL täglich an Hunderten von Augenkranken Gelegenheit, diesen wichtigen Zweig der Chirurgie zu fördern. Große diagnostische Kenntniss, eine verständige, einfache Therapie zeichnen aber auch SICHEL aus und machen sein Urtheil in ophthalmologischen Fällen bei allen Ärzten von Paris achtbar. Und wenn auch VELPEAU unbegreiflicherweise die von SICHEL vertheidigten Ansichten über die specifischen Entzündungen leugnen will (siehe dessen neueste Schrift) und ihm Andre nachreden; so konnte dies doch keineswegs den Werth des SICHELschen Wirkens schmälern. Mögen unsere Collegen diese reich ausgestattete Klinik nicht versäumen.

Gleichzeitig mit SICHEL sehen wir einen nicht minder bekannten Namen auftreten: CARRON DU VILLARDS. Er hat durch Schriften von anerkanntem Werthe das verlassene Feld wieder bebaut; er trägt in seinen Ansichten das Gepräge seines Lehrers, des großen Meisters SCARPA. Auch er giebt in seiner Klinik (Rue de l'Observance) den Jüngern Gelegenheit zur Ausbildung ihrer Kenntnisse in der Ophthalmologie. CARRON hat eine gesunde Diagnose, erfreut sich des Verdienstes ein guter Operateur zu sein und besitzt im Allgemeinen Kenntnisse in allen Theilen der Medizin.

SANSON, der uns erhalten werden soll, verlässt das Krankenlager und wirkt auf's Neue für das Studium der Ophthalmologie. Noch andre Ophthalmologen treten auf und alle tragen mehr oder minder zur Förderung der Wissenschaft das ihrige bei.«

---

1) SALOMON JONAS OTTERBURG, geboren 1810 zu Landau, studirte in München und in Heidelberg, als Schüler von NAEGELE; wurde 1835 zu München Doktor. besuchte 1837/38 die Kliniken von Frankreich, ließ sich in Paris nieder, erhielt 1841 die Erlaubniss zur Praxis, promovirte daselbst noch einmal 1852 mit der These: Aperçu historique sur la méd. contemp. de l'Allemagne. hatte eine große Praxis. namentlich auch als Geburtshelfer, und ist zu Paris am 21. Febr. 1881 gestorben. (Biogr. Lex. IV, S. 449.)

VIII. Das merkwürdigste, wenn auch nicht gleich das wichtigste Dokument liegt uns vor in den Briefen, die ALBRECHT VON GRAEFE, damals 21 Jahre alt, Mitte Mai 1849 aus Paris an einen Jugendfreund und Fachgenossen in Berlin gerichtet und die uns E. MICHAELIS (in seinem ALBRECHT VON GRAEFE, Berlin 1877, Seite 20—22) überliefert hat:

»Obenan steht das Augenfach. Die Kliniken von SICHEL und DESMARRES besuchte ich beide regelmäßig. Die erstere ist drei Mal wöchentlich (jedesmal 4 Stunden), die letztere fünf Mal (jedesmal 3 Stunden). Bei SICHEL ist das Material enorm. Jedesmal kommen circa 40—50 neue und 200—300 alte Kranke. Diese Fülle des Materials giebt allein seiner Klinik Werth, denn seine Vorträge sind breit, langweilig, inhaltleer und gleichen mehr dem Geschwätze eines alten Weibes, als wissenschaftlichen Expositionen. Von Operationen sieht man beinahe nur Extraktionen von Katarakt (2—3 pro Woche) und von fremden Körpern bei ihm. Als Diagnostiker ist er firm, hat viel Routine, gehört aber sowohl in seinen nosologischen als therapeutischen Ideen ganz der alten BEER-JÄGER'schen Schule an. — Bei DESMARRES ist das Material weit geringer; es kommen jedesmal 6—8 neue und 50—60 alte Kranke. Dagegen sind seine Vorträge interessanter, seine Ideen und Verfahrungsweisen neu und lehrreich. Früher Schüler von SICHEL, ist er jetzt sein Gegner und Rival; Apostat der BEER'schen Schule nimmt er dem Auge die ganze esoterische Verfassung, die alte Heiligkeit und Unantastbarkeit, um mit ihm auf das allerkühnste und stellenweise roheste umzugehen. Er glaubt der Schöpfer der örtlichen Chirurgie des Auges zu sein; Cauterisiren, Scarificiren und Paracentesieren sind die Faktoren seiner Behandlung, und in der That sind die Resultate oft überraschend. Die Lehre von den spezifischen Ophthalmien verpönt er; alle Vorsichten nach Operationen hält er für unnütz. Die künstlichen Pupillen, deren er in der Woche 10—12 macht, werden poliklinisch verrichtet, so dass die Kranken ganz fröhlich nach Hause spazieren. Überhaupt wird bei ihm rasend operirt. In der letzten Woche verging kein Tag ohne 3 bis 4 Operationen. Sein déchirement centrifuge ist allerdings eine prachtvolle Methode. Er hat eine große manuelle Fertigkeit, und einige Operationen, wie das Umwenden der Augenlider und das Katheterisiren der Thränenpunkte, macht er wirklich mit taschenspielriger Fertigkeit. Ein gediegenes Urtheil über den ganzen Menschen würde mich zu sehr aufhalten; so viel aber steht fest, dass man bei ihm und seinen Methoden außerordentlich viel beobachten und praktisch gewinnen kann, und dass man hier eine Frechheit erlangt, mit dem Auge umzugehen, wie wohl an keinem zweiten Orte. Außerdem hat seine Klinik gegen die SICHEL'sche noch andere wesentliche Vortheile: sie ist bequemer eingerichtet, weniger gefüllt, man sitzt hier, während man dort steht u. s. w. Sodann ist man bei ihm weit selbstthätiger; alle Diagnosen, Kurvorschläge werden von den Zuhörern gemacht; die geübteren verrichten Operationen und vertreten ihn, da er gewöhnlich fortgeht, ehe ³/₄ der Kranken absolviert sind. Ich gehöre seit einer Reihe von Wochen zu seinen Auserwählten, weil ich Interesse für die Sache habe. Somit bekomme ich viele Operationen zu verrichten und vertrete ihn beinahe regelmäßig, wobei ich mich natürlich sehr zusammennehmen muss, da die Anwesenden beinahe alle Specialisten sind. — So viel vom Augenfach.«

Wie man sieht, ist der Brief nicht ganz so schmeichelhaft für DESMARRES, als ein oder das andre kurze Citat desselben ahnen ließen.

IX. Das neunte Schriftstück, das schon aus dem Beginn der Reform-Zeit stammt und nicht frei von Übertreibungen ist, entnehme ich der Relation d'un voyage scientifique par le Dr. A. QUADRI (de Naples), A. d'O. XXXVII, Mai und Juni 1857, S. 239—245.

»Paris besitzt ⟨1856⟩ keine officiellen Einrichtungen für die Behandlung von Augenkrankheiten. Man findet dort nur zwei ganz private Polikliniken, welche SICHEL und DESMARRES auf ihre Kosten gegründet haben und wo sie jeden Vormittag ihren Besuch abstatten. Jede dieser Polikliniken hat 5—6 Betten für Operirte, der Besuch von Kranken ist sehr reichlich . . . . In den Hospitälern und Kliniken behandelt man die Krankheiten der Augen, wie alle andren, und oft nach Grundsätzen, die von der Wissenschaft durchaus verurtheilt werden. Paris findet sich also bezüglich der Augenheilkunde in einer ganz ausnahmsweisen Lage.

Ohne den guten Willen, den Eifer, die Beharrlichkeit und die wunderbare Geschicklichkeit dieser beiden Doktoren, von denen der eine nicht Franzose ist, und die einen unerschütterlichen Muth entwickeln, um den Kampf gegen eine ganze Fakultät auszuhalten, würde Paris, rücksichtlich der Augenheilkunde, in einem Zustande unverzeihlicher Inferiorität sich befinden . . . . In Paris hat dieser Kampf riesige Verhältnisse angenommen. Weil dieser oder jener Chirurg eine unvollkommene Zusammenstellung der augenärztlichen Gedanken des vergangenen Jahrhunderts gemacht . . . ; weil ein andrer, ein wirkliches Talent missbrauchend, Unordnung in die augenärztliche Wissenschaft gebracht, durch Leugnen der Grundthatsachen, obwohl er sich unentrinnbar in seinen eignen Netzen gefangen:. so halten sie sich alle für Augenärzte und zwar für sehr geschickte.

Ja, sie glauben durch den Sturz ihrer Gegner zu steigen und sich einen Ruf zu verschaffen, indem sie den der andren zerstören. Daher ihr Massen-Aufgebot zum Krieg gegen die Specialität. Es ist wahrhaft schmerzlich und bemitleidenswerth, dass Talente ersten Ranges, berühmte und der Wissenschaft theure Namen, fast unbewusst sich auf diese schiefe Ebene haben schleppen lassen, von der sie nicht wieder emporklimmen können.

Dieser Krieg hat seine Früchte gezeitigt. Paris besitzt für die Behandlung von Augenkrankheiten keine Sonder-Einrichtung, die den Bedürfnissen

des Landes und den Fortschritten der Wissenschaft entspricht; und, während
es in allen Hauptstädten Europa's besondere Lehrstühle und Anstalten für
diese Krankheiten giebt, besitzt Paris, das an der Spitze des Fortschritts
zu marschiren glaubt, nicht einmal einen Lehrstuhl.

Man erblickt in den chirurgischen Kliniken und in den Krankenhäusern
die Kranken mit Augen-Entzündung und die Star-Operirten mitten unter
den andren Kranken, — eine Praxis, deren traurige Folgen zur Genüge
bekannt sind . . . .

So viel Nachlässigkeit ist Verschulden. Doch steht zu hoffen, dass die
französischen Wundärzte, überdrüssig, die Leiden so vieler Unglücklichen,
denen sie nicht helfen können, zu sehen, endlich ihre eignen Augen öffnen
und endlich Institute gründen werden, die würdig sind ihrer selbst und
des Jahrhunderts, in dem wir leben.

Ihr Grund-Irrthum hat schon traurige Folgen bewirkt. Müde des er-
bitterten Kampfes, haben die hervorragenden Specialisten endlich den Muth
verloren und sich zurückgezogen. Heute giebt es in Paris nicht mehr
einen vollständigen Kurs der Augenkrankheiten. Die Specialisten beschränken
sich darauf, einigen klinischen Unterricht an den ambulanten Kranken zu
geben. Zurückgezogen in ihre Privatpraxis, entmuthigt, fühlen sie nicht
mehr die Kraft in sich, dem Fortschritt der Wissenschaft in der Anatomie
und Physiologie des Auges zu folgen . . . . Ihre Polikliniken werden mit
ihnen sterben . . . . Die Leidenden müssen, in Ermanglung von Instituten,
ihre Zuflucht zu Charlatanen nehmen, welche die Augen der an Entzündung
wie an Erblindung Leidenden mit Höllenstein versilbern.«

X. Um den Kreis zu schließen, gebe ich noch den Anfang meiner
Bemerkung »Über die Pariser Augenkliniken« vom Jahre 1876, also
aus dem Reform-Zeitalter. (Berl. klin. W., No. 43.)

»Wenn im Théâtre français ein Schauspieler neben der Rolle des ersten
Liebhabers noch die des Intriguanten auf sich laden wollte, so würden die
Habitués dieses Muster-Theaters darin keinen Beweis von Genie und Viel-
seitigkeit erblicken, sondern im Gegentheil gegen ein solches ‚forcer la nature‘
ihren bittersten Tadel aussprechen.

Wenn aber ein Arzt, nach Vollendung seiner allgemeinen Studien, auf
ein bestimmtes Gebiet, z. B. die Augenheilkunde, sich beschränkt, um hier
eine größere Schärfe der Diagnostik und Sicherheit der operativen Technik
zu gewinnen: so findet er keine Gnade vor den Augen der Pariser Fakultät
und officiellen Medicin, welche mit Strenge verlangt, dass ein Chirurgien des
hôpitaux, ein Universitätsprofessor die Amputation des Oberschenkels, die
Extraktion der Katarakt, die Vereinigung der Blasenscheidenfistel mit gleicher
Kühnheit und Eleganz zu leisten habe. Für das Genie giebt es keine Regel,
aber für die Menschen mittlerer Begabung erfordert die neuere Augenheilkunde mit ihrer mathematisch-physikalischen Basis ein specielles, jahrelanges

Studium; für sie gilt noch immer das alte Dichterwort: »»Wer etwas Treffliches leisten will, Der sammle still und unerschlafft, Im kleinsten Punkt die
größte Kraft.«« Unsre v. Langenbeck, Bardeleben, Wilms haben nach jahre-
langer Ausübung hochherzig auf die operative Augenheilkunde verzichtet;
nachdem das deutsche Österreich um zwei Menschenalter uns in dieser
Hinsicht voraus gewesen, giebt es jetzt fast auf jeder deutschen Universität
eine officielle Lehrkanzel der Augenheilkunde.

Paris hingegen besitzt keine Universitäts-Augenklinik; jeder der zahlreichen und gewiss vortrefflichen Chirurgen docirt mit der den Franzosen
eigenthümlichen, mustergültigen Beredsamkeit gelegentlich Ophthalmologie
und operiert gelegentlich Augenkranke[1]). Dass hierbei gelegentlich auch
Unzuträglichkeiten mit unterlaufen, konnte ich schon bei meinem kurzen
Aufenthalt beobachten.

Die eigentlichen von Patienten zur Heilung, von Studenten und Ärzten
zum specielleren Studium der Ophthalmologie frequentirten Augenkliniken
sind private Institute, ihre Leiter meist vom Ausland nach Paris, diesem
wirklichen Centrum eines der reichsten Länder, eingewandert.« . . .

XI. Eine freundschaftliche Schilderung des heutigen Zustandes der Pariser
Augenheilanstalten hat Sydney Stephenson aus London in seiner Zeitschrift
The Ophthalmoscope im Juni 1912 veröffentlicht und durch Abbildungen
erläutert.

§ 558. Julius Sichel

kann als Wiedererwecker der französischen Augenheilkunde, als Großvater
der neuen französischen Schule der Augenheilkunde betrachtet werden, sein
Schüler Desmarres als ihr Vater.

1. Julius Sichel par le Dr. Warlomont. (Annales d'Ocul. LXI., S. 92—111,
   1869.)
2. Julius Sichel, Nekrolog von L. Wecker. (Zehender's Klin. Monatsblätter,
   VII, S. 33—48, 1869.)
3. Notice sur les travaux scientifiques de M. Sichel, Paris 1867. (Diese
   Notiz ist kurz vor Sichel's Tode erschienen und führt 147 Arbeiten auf.
   Sichel selber hat sie verfasst, da er um den durch den Tod von
   Civiale freigewordenen Platz in der Akademie der Wissenschaften zu
   Paris sich bewarb. Etwa 108 Arbeiten gehören der Heilkunde und ihrer
   Geschichte, die übrigen der Zoologie und Archäologie an.)
4. Biogr. Lexikon, V, S. 386—387, 1887. (W. Stricker.)
5. Gesch. d. Medizin von H. Haeser, II, S. 1004, 1881.
6. A. Hirsch, Gesch. d. Ophth., 1877, im VII. Band der ersten Aufl. unsres
   Handbuches, S. 400—401.

---

1) Freilich ist ein a. o. Professor der Chirurgie mit dem Unterricht in der
Augenheilkunde besonders betraut.

Fig. 2.

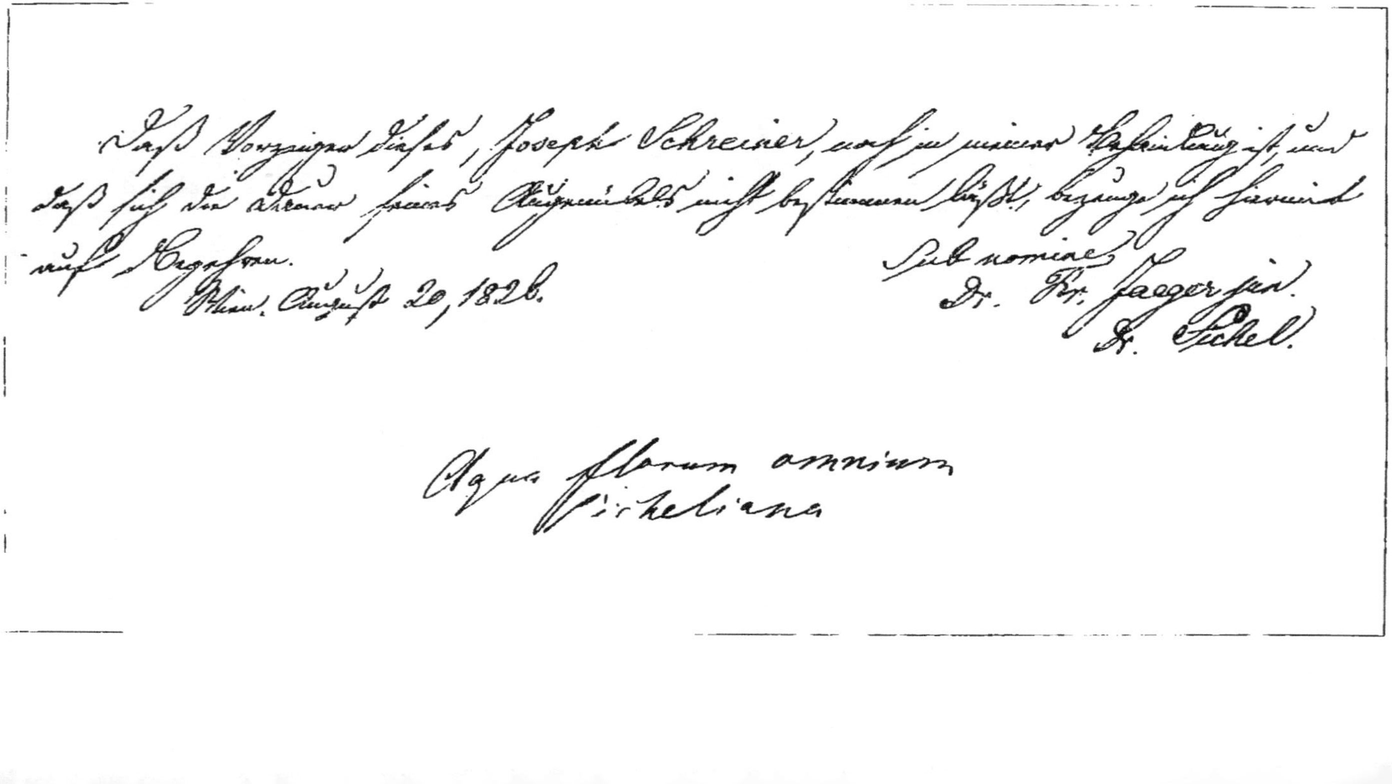

Julius Sichel wurde am 14. Mai 1802, als Sohn eines jüdischen[1] Kaufmanns zu Frankfurt a. M. geboren. Den trefflichen Lehranstalten und dem freien und unabhängigen Geist, der in denselben herrschte, hat er noch als Greis eine dankbare Erinnerung bewahrt.

Im Jahre 1820 begann er das Studium der Heilkunde zu Würzburg, setzte dasselbe fort in Berlin und promovirte daselbst 1825 mit der Dissertation: Historiae phthiriasis internae fragmentum.

Sofort nach dem Doktor-Examen wurde er von Prof. Schoenlein nach Würzburg berufen und blieb als Assistent an der inneren Klinik bis zum Jahre 1827. Hier hat er mit dem Geist der naturhistorischen Schule sich durchtränkt und auch die allgemein-ärztliche Bildung erworben, die ihn in seinem späteren Wirken so auszeichnete.

Von Würzburg ging Sichel nach Wien, der Heimstätte moderner Augenheilkunde, und wirkte zwei Jahre lang als Assistent an Friedrich Jäger's Klinik[2]).

Auf den Rath seines Lehrers und Freundes Fr. Jäger, der wohl wusste, dass in Paris die Augenheilkunde damals wenig gepflegt wurde, und der dort die deutsche Augenheilkunde einführen wollte, ließ sich Julius Sichel am Ende des Jahres 1829 in der Hauptstadt Frankreichs nieder.

Ausgerüstet mit umfassenden Kenntnissen, aber auch mit großer Vorsicht und diplomatischer Begabung, suchte er gerade den Eindruck zu vermeiden, als ob er eine fremde Wissenschaft nach Frankreich bringe. Er erwarb den französischen Doktor der Philosophie (licencié ès-lettres) und machte 1833 das französische Staats-Examen der Heilkunde, bei welcher Gelegenheit er als Dissertation seine »Propositions générales sur l'ophthalmologie« herausgab.

Dupuytren, als Haupt des Prüfungs-Ausschusses, erklärte ihm, dass die Fakultät stolz sei, einen solchen Gelehrten sich anzugliedern.

Auch sonst hat Sichel zunächst freundlichen Empfang erfahren. August Bérard (1802—1846), damals a. o. Professor der Chirurgie und Wundarzt am Hôpital St. Antoine, gewährte ihm 1833 und 1834 Gastfreundschaft in diesem Krankenhause und Gelegenheit, Vorlesungen über Augenheilkunde zu halten.

---

1) Im Jahre 1827 trat er zur protestantischen Kirche über. Sein Sohn Arthur ließ bereits seine Töchter in einem katholischen Kloster erziehen, um sich die Gunst der mächtigen kirchlichen Partei zu sichern, wie er persönlich mir 1878 eingestanden.

2) Vgl. § 472; XIV, S. 551. ,Der Anmerkung auf dieser Seite ist noch hinzuzufügen: Auch Friedrich's Bruder Karl war Augenarzt in Wien; vgl. § 537.) — In meinem italienischen Scarpa fand ich ein vergilbtes Blatt, das ein Andenken an Sichel's Wiener Zeit darstellt und gleichzeitig seine Handschrift uns vergegenwärtigen mag. Fig. 2.) Auf der Rückseite des Blattes stehen Übersetzungen italienischer Vokabeln aus Scarpa's Lehrbuch.

Im Jahre 1832 hat Sichel »die erste Augenklinik zu Paris«[1]), natürlich eine Privat-Anstalt begründet, und dieselbe bis zu seinem Tode (1867) verwaltet[2]).

In demselben Jahre 1832 half Sichel, aufopferungsvoll und unermüdlich bei der Bekämpfung der Cholera, die damals Paris entvölkerte, und empfing auch später die beiden Erinnerungs-Preismünzen.

Im Jahre 1834 wurde er französischer Bürger, 1840 erhielt er das Ritterkreuz der Ehren-Legion persönlich vom König Louis-Philipp[3]).

Während eines Zeitraumes von 20 Jahren hatte er den Ruf des größten Augenarztes von Frankreich, stand an der Spitze einer der bedeutendsten Augenkliniken; und war auch im Besitz der größten augenärztlichen Privat-Praxis in der ganzen Welt, bis A. v. Graefe ihn überstrahlte.

Unermüdlich muss Sichel an sich selbst gearbeitet haben, um das zu werden, was er geworden ist.

Denn im Jahre 1826 hat L. Stromeyer[4]), der allerdings nicht immer durch mildes Urtheil sich auszeichnet, von dem damaligen Assistenten Jäger's zu Wien das folgende ausgesagt: »Wir hielten Sichel für eine ehrliche Seele mit großem Wissensdrang; er zeichnete sich sonst nur aus durch manuelle Ungeschicklichkeit und wenig angenehme Manieren.« Hingegen schreibt Dr. Th. Gross, Sichel's Übersetzer, im Jahre 1840: »Sichel hat sich eine diagnostische Sicherheit errungen, die neben seiner operativen Geschicklichkeit jeden überraschen muss, der den deutschen Meister zu Paris in seinem Berufe wirken sah.« Warlomont, der ja oft genug in Paris gewesen, giebt folgende Darstellung: »Sichel war ein geschickter und glücklicher Operateur. Seine Hand war ruhig, geleitet von einem sicheren Geist, mehr begeistert für den Erfolg, als für die Schönheit.« (W. rühmt die große Sorgfalt in der Nachbehandlung und die Genauigkeit in der Diagnose und Peinlichkeit in allen Vorschriften.)

Wie behutsam Sichel von vorn herein vorging, erfahren wir am besten von seinem andren Übersetzer, Dr. P. J. Philipps, der gleichfalls längere Zeit

---

1) Von Guillié's schwachem Versuch (§ 554) ist nicht mehr die Rede.

2) Die Klinik wurde von seinem Sohn Arthur fortgeführt; 1876 habe ich sie besucht (rue Jacob): sie war, nach unsren Begriffen, recht mangelhaft eingerichtet, wie damals alle privaten Augenkliniken der französischen Hauptstadt. Auf dem Hofe, vor dem gemietheten Hinterhause der Klinik, wirkte eine Matratzen-Fabrik. — Alle Privat-Augenkliniken zu Paris befanden sich südlich von der Seine, meist ohne Assistenz-Arzt im Hause; alle Leiter wohnten weit entfernt, in den feinen Vierteln nördlich von der Seine.

3) Im Jahre 1847 wurde er Offizier des Ordens der Ehrenlegion; außerdem erhielt er noch Orden von Portugal, Spanien, Belgien, Russland und liebte sie zu tragen. »Auf dem Kongreß zu Brüssel 1859 erschien Sichel mit allen seinen Orden; aber alle Augen wandten sich dem unbesternten Albrecht von Graefe zu.« Stromeyer, Erinnerungen, 1875.)

4) Erinnerungen, I, S. 267, 1875.

in Paris verweilt hat, und 1834 in der Vorrede zu Sichel's »allgemeinen Grundsätzen der Augenheilkunde« folgendermaßen sich äußert:

»Sichel ist ein Deutscher und hat in Deutschland sich zu dem Berufe als Augenarzt ausgebildet, dem er jetzt mit so vielem Glanz in der Hauptstadt Frankreichs vorsteht. . . . Sichel ist auch ein Schüler Schönlein's. . . . Der Meister hat ihn gelehrt, das, was man Specialitäten in der Medizin nennt, von dem hohen Standpunkt aus zu betrachten, der im Einzelnen den Schlüssel zum Ganzen suchen lässt.

Fig. 3.

Julius Sichel.

Sichel nahm sich vor, das früher Beobachtete als nicht beobachtet anzusehen, bis er es dort seinen Kollegen, seinen Schülern habe zeigen können. Eine solche Verification aller augenärztlichen Erfahrungen vor dem französischen Publikum entfernte den Verdacht, den letzteres so leicht gegen deutsches Wissen fasst, dass dasselbe zwar aus dem tiefen Gehirn eines Ideologen hervorgegangen sei, aber keineswegs der Wirklichkeit entspreche; sie beugte auch einer Verletzung des so zarten Nationalgefühls vor . . . . Für uns bleibt Sichel der Apostel der deutschen Augenheilkunde in Frankreich.«

4*

Sichel selber hat, in dem wissenschaftlichen Streit mit Velpeau und dessen Schule, 1845 Verwahrung eingelegt gegen den Vorwurf, ausschließlicher Vertheidiger deutscher Gedanken zu sein: »Franzose[1]) durch Einbürgerung und von Gesinnung, habe ich es als Pflicht erachtet, mein neues Vaterland mit den kostbaren Vortheilen zu beschenken, welche es aus den Fortschritten einer Wissenschaft gewinnen muss, die bei unsren Nachbarn mehr entwickelt ist, als bei uns selber[2]).«

Aber das half ihm nicht. Er konnte es weder zu solchen Ehren[3]) bringen, wie A. Demours, der Mitglied der Akademie der Medizin geworden, noch seinem Fach die gebührende Geltung in Frankreich erobern, da die maßgebenden Chirurgen in Paris, Velpeau, Jobert de Lamballe, Malgaigne, dem Sonderfach in der Heilkunde und namentlich in der Chirurgie jegliche Berechtigung absprachen.

Über Sichel's Klinik wollen wir sowohl durch einen Eigenbericht wie auch durch Schilderung eines fremden Beobachters uns zu unterrichten suchen.

A) Vor mir liegt die Revue trimestrielle de la clinique ophthalmologique de M. Sichel (Oct., nov. et déc. 1836), redigée par le Professeur, Paris 1837. (76 S. — Extrait de la Gazette méd. de Paris.)

»Vor 4 Jahren war in Frankreich[4]) der Sonder-Unterricht der Augenheilkunde unbekannt . . . . Keine Abtheilung in den Hospitälern war den Augenkrankheiten besonders gewidmet . . . . Unter den vielen Berühmtheiten und hervorragenden Talenten von Paris schien Niemand an diesen Zweig der Medizin zu denken . . . . Ich wurde durch das Wohlwollen der Ärzte des Krankenhauses von St. Antoine und namentlich von Herrn Bérard d. j. unterstützt und begann Okt. 1832 in der Abtheilung des letzteren klinische Vorlesungen über die Augenkrankheiten. Wenige Wochen später eröffnete Hr. Sanson d. ä., damals Wundarzt im Hôtel-Dieu, in seinen Sälen eine Augenklinik.

---

1) Journal des Connaissances médicales. Wörtlich wieder abgedruckt in den Annales d'Ocul. XIV, S. 189. — Abtrünnige des Glaubens und des Vaterlandes haben wir auf unsrem Gebiete schon angetroffen. Das reiche Frankreich des 19. Jahrhunderts hat Viele angezogen. In wissenschaftlichen Schriften sollten sie ihren neuen Eifer mäßigen.

2) Offener sprach er sich 1859 aus, in s. Iconographie, nachdem einerseits sein Ruf fest begründet, andrerseits ihm endlich die Überzeugung sich aufgedrängt, dass all' sein Liebesmühen umsonst gewesen. (§ 567.)

3) Auf dem Titel seiner großen Abhandlung vom Jahre 1837 zeichnet er: J. Sichel, Dr. en méd. et en chir. des facultés de Berlin et de Paris, Licencié ès-lettres, Professeur de clinique des maladies des yeux, médecin oculiste du Bureau de Bienfaisance du XIe arrondissement de Paris, ancien chef de clinique ophth. de Vienne, membre de plusieurs sociétés savantes. Im Jahre 1859 hat er den selbstgewählten Titel Professeur wieder abgelegt, da es ihm eben nicht geglückt war, »à la Faculté« hinzuzufügen. Vgl. den ausführlichen Titel seiner Iconographie.

4) Straßburg wird von Herrn Sichel nicht berücksichtigt.

Im Juni 1833 schuf ich eine eigne Poliklinik (dispensaire) für Augenkrankheiten, mit unentgeltlicher Behandlung, erst rue Cloître St. Benoit, dann rue Hautefeuille, schließlich rue d'Observance No. 10, gegenüber der École de Médecine .... Einige Betten erlauben, Unbemittelte an Star und andren Augenleiden zu operiren und auf unsre Kosten zu verpflegen. Hr. Carron du Villards hat vor 2 Jahren eine ähnliche Einrichtung begründet und ganz vor kurzem Hr. Bournjot St. Hilaire.

Vier Einrichtungen zur Ausübung und zum Unterricht der Augenheilkunde haben sich binnen vier Jahren in der Hauptstadt meines Adoptiv-Vaterlandes erhoben. Die eingetretene Umwälzung trägt täglich neue Früchte. Der alte Schlendrian wird aufgegeben .... In allen chirurgischen Kliniken beginnt die gesunde Augenheilkunde wieder aufzuleben.

Es ist nicht meine Aufgabe, den Antheil, den ich selber in dieser beginnenden Umwälzung genommen habe, zu würdigen. Doch war ich einer der ersten in Frankreich, der Vorlesungen über Augenheilkunde gehalten und veröffentlicht, eine Klinik begründet und in die französische Augenheilkunde eine Reihe von Mitteln eingeführt, die vorher wenig oder gar nicht gebraucht waren, wie die graue Salbe und Kalomel in kleinen Gaben bei den Augen-Entzündungen, die Tinktur von Colchicum, Belladonna in großen Gaben... Treu dem Grundsatz, die Thatsachen reifen zu lassen, habe ich in den drei Jahren nichts veröffentlicht, trotz der Aufforderung meiner Freunde, mir die Priorität einiger Untersuchungen und Ideen nicht entgehen zu lassen.«

B) Dr. A. Quadri (A. d'Oc. XXXVII, S. 242) hat uns einen Bericht über Sichel's Augenklinik aus dem Jahre 1856 überliefert.

»Jeden Tag werden die Kranken behandelt. Zwei Mal in der Woche hält Sichel den jungen Ärzten eine Vorlesung über äußre Augenkrankheiten. Sein Lieblings-Verfahren ist auch die Ausziehung. Für die Pupillen-Bildung bevorzugt er, im Gegensatz zu Desmarres, die Ablösung. Der Augenverband wird mit großer Sorgfalt geübt. Sichel erklärt große Erfolge zu erzielen durch den innerlichen Gebrauch des Chlor-Baryum und durch den äußerlichen einer Salbe von kohlensaurem Kupfer. Sichel ist ein großer Gelehrter. Die Augenspiegelung wird bei ihm gut gepflegt, weniger die Histologie.«

Julius Sichel ertrug alle Widerwärtigkeiten, die ihm aus dem Widerstand der Fakultät erwuchsen, ebenso wie sein häusliches Unglück, den Tod seiner Gattin im ersten Wochenbett. Vermögensverlust, mit philosophischer Ruhe und fand seinen Trost in unermüdlicher, staunenswerther, wissenschaftlicher Arbeit, die nicht blos auf die Heilkunde, sondern auch auf Geschichte derselben, auf alte und orientalische Sprachen und auf die Entomologie sich erstreckte.

Seine geschichtlichen Studien über ʿAlī ben ʿĪsā (30) sind bereits
in unsrem § 268 (XIII, S. 44) berührt worden. Seine Arbeiten über die
Siegelsteine der römischen Augenärzte (34) sind in § 194 (XII, S. 304)
erwähnt. Sehr wichtig sind auch seine Arbeiten über Aussaugung des
Stares (52 u. 106) und auch in unsrem § 284 (XIII, S. 230) anerkannt
worden. Die in der hippokratischen Sammlung uns überlieferte Schrift
»von der Sehkraft« hat Sichel für Littré's Hippokrates-Ausgabe bearbeitet.
(Vgl. XII, S. 137.) »Der Leser,« sagt Littré, »wird keinen Nachtheil haben
in Bezug auf den griechischen Text und großen Vortheil in Bezug auf
Geschichte und Krankheitslehre, wie sie nur ein Meister in der Augenheilkunde zu geben vermag.« Tüchtige Sprachkenntnisse, nicht blos im
Lateinischen und Griechischen, sondern auch im Arabischen, Scharfsinn,
Fleiß, gesundes Urtheil zeichnen diese geschichtlichen Studien aus.

Sichel war ein planmäßiger Arbeiter und Forscher, der jede
wichtige Beobachtung sorgfältig verzeichnete, um sie zur rechten Zeit zu
benutzen. Seine Darstellung ist immer genau und eingehend, klar, aber
wortreich und subjektiv und erinnert in dieser Hinsicht an Galen aus dem
Alterthum und an Virchow aus der Neuzeit. Immer legt er großen Werth
auf seine Prioritäten[1]), meistens mit Recht, stets in großer Ausführlichkeit.

Sichel liebt es, in seinen Veröffentlichungen von Beschränktheit
der Zeit und des Ortes zu sprechen, ausführlichere Darstellungen für
die Zukunft zu versprechen. Seine Abhandlung über Iritis hat er wegen
zahlreicher Geschäfte erst nach dem geforderten Termin den Preis-
richtern einsenden können. Seiner Sonderschrift über Glaukom hat er die
nöthige Zeit zu widmen nicht vermocht. »Ich habe jetzt«, schreibt er
1855, »nicht einmal die Zeit, die Handschrift über Chorioïdeal-Staphylom
aus dem Jahre 1841 durchzusehen und den Styl etwas zu glätten.« (A. f. O.
III, 2, S. 213, 1857.) Seine Notiz über den Druckverband hat er
(März 1860) »in Eile und auf ausdrückliches Verlangen« abgefaßt.

Das sind aber nicht bloße Redensarten. Wegen seiner bedeutenden
Praxis hat er in der That wohl Mühe gehabt, alle seine Schriften fertig
zu stellen.

Begeisterte Hingabe an jede Neuerung war ihm fremd, wirkliche Verbesserungen der von ihm angebeteten Wissenschaft nahm er neidlos und
mit Freuden an.

Zahlreiche wissenschaftliche Fehden hatte er auszufechten, mit
Mackenzie, Malgaigne, Velpeau. In diesen Veröffentlichungen finden wir

---

[1] »Aus meiner Abhandlung über Amaurose vom J. 1837 haben diejenigen,
welche nach mir denselben Gegenstand behandelt, reichlich geschöpft, bis zur
Erfindung des Augenspiegels.« (Iconogr. § 851.) — Das ärgste ist die Anklage
wegen Plagiats, die er gegen seinen früheren Assistenten Desmarres geschleudert.
(Iconogr. S. 449. Vgl. § 591.)

viel Subjektives, auch eine gewisse Portion von Eitelkeit, nicht blos bei der Wahrung der Prioritäten. Hält er sich doch darüber auf, dass MACKENZIE in einem offenen Brief (Annal. d'Ocul. VIII, S. 283, 20. I. 1845,) ihn mit Monsieur anredet; statt, wie früher, mit mon cher Monsieur! Er fügt hinzu: »Mais je tiens trop à ma réputation de bonne foi scientifique, de justice et d'urbanité en matière de critique, pour laisser pèser sur moi le soupçon d'avoir pu manquer de l'une ou l'autre vis-à-vis d'un collègue . . . .«

Als er seine Iconographie, der er über 25 Jahre seines Lebens und einen großen Teil seines Vermögens geopfert, zu neun Zehntheilen fertig gestellt, ging der neue Stern des Augenspiegels auf: SICHEL musste sich damit begnügen, ihn zu verkünden und einige kleine Zusätze seinem Werke einzufügen.

Er wusste auch den Glanz der neuen Größen in der Augenheilkunde, die in dieser Epoche des Augenspiegels auftraten, mit Würde zu ertragen.

Die Iridektomie gegen Glaukom erklärte er für eine der schönsten Errungenschaften; aber gegen zu weite Ausdehnung der Iridektomie und gegen ihre regelmäßige Anwendung bei der Star-Ausziehung verhielt er sich ablehnend, da er die runde, centrale Pupille zu erhalten sich bestrebte und mit seinen Erfolgen bei dem klassischen Lappenschnitt zufrieden war.

Sein schmerzhaftes Blasenstein-Leiden hatte er zehn Jahre lang mit Geduld getragen. Doch als dasselbe ihn von der Arbeit abhielt, entschloss er sich, trotz seines hohen Alters und gegen den Rath seiner Freunde, zu der Stein-Zertrümmerung, die einen so ungünstigen Ausgang nehmen sollte. Zwei Wochen vor seinem Tode schrieb er an A. v. GRAEFE in einem Briefe, dem er den Korrektur-Bogen seiner letzten Arbeit (über die Aussaugung des grauen Stares) beifügte[1]:

»Es geht mir au fonds herzlich schlecht: aber so lange der Kopf noch klar ist, bin ich oben auf; denn ich kann arbeiten, und das war stets das Glück meines Lebens.«

Am 11. Nov. 1868 erfolgte der tödliche Ausgang. »Die Ophthalmologie hatte einen ihrer treuesten Arbeiter verloren, welchen begeisterte Liebe zur Wissenschaft durch alle Phasen des Lebens geleitet[2].«

»SICHEL war eine der großen Gestalten in der Augenheilkunde des Jahrhunderts. Sein Verlust ist unersetzlich[3].«

Sein Edelsinn wird von allen gerühmt, die ihm näher getreten sind, so namentlich auch von seinem Schüler L. WECKER. »Gut, hochsinnig, großmüthig war sein Charakter.« (WARLOMONT.)

---

[1] A. f. O., XIV, 3, S. 1—28, 1868.
[2] A. v. GRAEFE, A. f. O. XIV, 3, Inhalts-Verzeichniss: »Zu den hervorragenden Eigenthümlichkeiten SICHEL's gehörte die innige Durchdringung eines umfassenden empirischen Wissens und einer historischen Gelehrsamkeit, wie wir sie unter unsren Fachgenossen nur selten vertreten finden.«
[3] WARLOMONT, 1869, a. a. O.

SICHEL hatte ungewöhnlich große Einkünfte und, obwohl er einfach lebte, ist er fast arm gestorben. Die Herstellung seiner Iconographie soll ihm 250 000 Franken gekostet haben. Er zahlte fabelhafte Summen für Siegelsteine der römischen Augenärzte, für seine Hymenopteren-Sammlung, für die ihm das Britische Museum eine hohe Summe vergeblich geboten, die er aber an ein Museum seiner neuen Vaterstadt verschenkte; für seine damals einzige und unvergleichliche Bibliothek der Augenheilkunde, die er allen Fachgenossen zur Benutzung freistellte[1]). Als er während der Klinik ein unerwartetes Honorar von 4000 Franken erhielt, verwendete er dasselbe augenblicklich für ein Freibett.

Erst mit 31 Jahren ist SICHEL in die Literatur eingetreten, hat aber große Fruchtbarkeit bewiesen. Seine wichtigsten Veröffentlichungen sind die über Ophthalmie, Katarakt und Amaurose, über Glaukom, seine Iconographie ophthalmologique. Er schrieb meist französisch. Sein Styl ist klar und einfach.

(Dass er 1838, als er DESMARRES einlud, sein Assistent zu werden, ihn auch aufforderte »l'aider à mettre en français sa cuisine allemande«, wie es in der von BURQ überlieferten Anekdote heißt, ist wohl nicht wörtlich zu nehmen, da er bis dahin schon so vieles in französischer Sprache veröffentlicht hatte. Vgl. übrigens § 567.)

Sein wissenschaftliches Glaubensbekenntniss hat S. auf der Höhe seiner Wirksamkeit, als 50jähriger, im Jahre 1853, niedergeschrieben und in seiner Iconographie (S. 133—135) veröffentlicht:

»Zwei Schulen haben, seit dem Beginn des 19. Jahrhunderts, die Augenheilkunde, welche sie nach einer langen Periode der Verlassenheit und des Vergessens wieder neu entstehen ließen, unter sich verteilt: die eine, chirurgisch und ein wenig empirisch, von SCARPA begründet und in Frankreich von L. J. SANSON fortgesetzt; die andre, medizinisch und ganz grundsätzlich, von J. BEER gestiftet[2]).

Mitglied dieser zweiten Schule, welche niemals die rechtmäßige Betheiligung der Chirurgie geleugnet hat, habe ich mich jederzeit bestrebt, aus der Augenheilkunde jenen ausschließlich chirurgischen Geist und den Empirismus zu bannen, der in ihr, vor einem Viertel-Jahrhundert, in Frankreich herrschte und dessen Spuren noch heute nicht vollständig verwischt sind. Wie konnte es anders sein, da die Lehre und Übung der Augenheil-Kunst — mit Ausnahme eines Theiles, der in den Händen der meisten rückständigen und quacksalbernden Okulisten blieb, — ausschließlich den Wundärzten überlassen war; da die inneren Ärzte, selbst Krankenhaus-Leiter und

---

1) Sein Sohn hat sie verkauft.

2) Aber schon A. G. RICHTER in Göttingen hat erkannt, »dass die Augenheilkunde ebenso sehr mit der inneren Medizin zusammenhängt«. (XIV, S. 216.)

Professoren der Klinik, offen ihre Unzuständigkeit eingestanden und die
Augenleidenden an die Wund- und die Augen-Ärzte verwiesen, da die Augenkrankheiten, die, in der großen Mehrzahl der Fälle, zu dem Bereich der
inneren Krankheitslehre gehören, fast ohne Ausnahme in den Kursen
der äußeren Krankheits-Lehre und in den chirurgischen Kliniken gelehrt
wurden?

So ist es gekommen, dass die Chirurgie ungestört ihre Herrschaft über die
Augenheilkunde begründen und sie überfluthen konnte mit ihren Strebungen,
Lehren, Heilanzeigen und Behandlungsverfahren. So kam es, dass die
ärztliche Ätiologie, d. h. die Bewerthung der konstitutionellen Ursachen der
Augenkrankheiten, vernachlässigt wurde, dass die scheinbaren, örtlichen und
mechanischen Ursachen nur allein in ihren Wirkungen berücksichtigt wurden;
dass die örtlichen, chirurgischen Mittel, der ausschließliche Gebrauch der
örtlichen Anwendungen, von Salben und Augenwässern, von Ableitungen,
bei den Augen-Entzündungen und Amaurosen mehr und mehr Boden gewonnen haben, und dass es schwer geworden, sie auf ihre rechtmäßigen
Grenzen zu beschränken.

Die Ätzung der Hornhaut-Geschwüre, von SCARPA zu einer
Methode erhoben, obwohl die gesunde Beobachtung sie als sehr schädlich
für die Mehrzahl der Fälle nachgewiesen, wurde unbedingt befolgt von
SANSON, seinen Schülern und noch heute von der Mehrzahl der Chirurgen.
Das Ausschneiden und Schröpfen der Augapfelbindehaut-Gefäße, das
von den ältesten Augenärzten angewendet und seit langer Zeit von einer
erleuchteten Praxis verworfen worden, hat wieder seit einiger Zeit Gunst
gewonnen. Die Ätzung, selbst die kreisförmige, der erweiterten Blutgefäße,
bei den gefäßhaltigen Hornhaut-Entzündungen und den verschiedenen Formen
des Pannus, die Ausschneidung der Bindehaut bei Chemosis und eitriger
Augen-Entzündung sind zu Allgemein-Verfahren erhoben, im Gegensatz zu
dem rationellen Heilverfahren durch die entzündungswidrigen und die specifischen Mittel, — zum großen Schaden der Kranken.

Die Punktion des Hypopyon, welche im Alterthum sehr beliebt gewesen und welche die gesunde Chirurgie auf eine kleine Zahl hartnäckiger
und wohlbegrenzter Fälle beschränkt hatte, ist von neuem als ausnahmslos
nützlich gepriesen worden.

Die Augenwässer, besonders die aus salpetersaurem Silber,
sind unterschiedslos, wie eine Art von Allheilmittel, auf alle Augen-Entzündungen angewendet worden, trotz der unzähligen Fälle, wo ihre schlimme
Wirkung augenscheinlich hervortritt.

Die Lehre von den spezifischen Augen-Entzündungen, welche
ihre Behandlung auf rationelle Grundsätze der inneren Therapie zurückführt,
so die Dauer dieser Leiden beträchtlich abkürzt und ihren verhängnissvollen
Ausgängen vorbeugt, hat erbitterte Gegner gefunden, zu deren Reihen

aus Beweggründen, die hier aufzuklären nicht schicklich wäre, auch eine
große Zahl meiner eignen Schüler sich gesellt hat, die vor kurzem noch
vollständig von der Logik jener Thatsachen überzeugt gewesen und ihre
Wichtigkeit laut verkündet hatten.

Die Körnerkrankheit, deren örtliche und chirurgische Behandlung
ich beschrieben, erfordert sehr häufig innere Mittel gegen ihre allgemeinen
Ursachen oder ihre konstitutionellen Begleit-Erscheinungen; die Anwendung
dieser Mittel wird zu allgemein vernachlässigt[1].

Seit dem schon lange zurückliegenden Zeitpunkt, wo ich angefangen,
meine Lehren auseinanderzusetzen, habe ich gegen die Willkühr und gegen
die falschen Grundsätze gestritten, von denen ich soeben gesprochen; ich
habe sie bekämpft durch meinen Unterricht, durch meine Untersuchungen,
durch meine Veröffentlichungen.

Gegründet auf gerechter und gesunder Würdigung der Thatsachen,
befestigt durch die Erfahrung von dreißig Jahren, können meine Überzeugungen in Zukunft nur noch in Nebenfragen geändert werden, aber nicht
in ihrer wesentlichen Grundlage.

Chirurgie und Empirismus auf ihre gesetzmäßigen Grenzen zu beschränken und der inneren Heilkunde ihre Rechte und ihre Wichtigkeit für
die Augenkrankheiten wiederzugeben, eine Diagnose und Ätiologie aufzu-
bauen, die in Übereinstimmung sind mit den Gesetzen einer exakten allgemeinen Krankheitslehre, indem man hauptsächlich die anatomischen Kennzeichen (die objektiven Symptome) benutzt . . . ; die Differential-Diagnose
zu lehren und auf dieser festen Grundlage eine planmäßige Differential-
Therapie zu begründen; beharrlichen Widerstand zu leisten gegen den
Empirismus, gegen das Eindringen allzu mechanischer Grundsätze und gegen
den Missbrauch der örtlichen und chirurgischen Heilmittel, die durch ein
altes Herkommen herausgestrichen werden: das sind unsre Grundsätze, das
ist der Zweck unsrer Bestrebungen.

Sogar in dem chirurgischen Theil der Augenheilkunde, der übrigens sehr
wichtig ist und unsre ganze Aufmerksamkeit gefesselt hat, werde ich, wie
man finden wird, nach rationellen Anzeigen der Operations-Verfahren suchen,
ohne einen absoluten und unüberlegten Vorzug dem einen oder andren der
gebräuchlichen Verfahren zu verstatten.

Es ist die wahrhaft heilkundige Tendenz, die in meinem Werke herrschen
soll und nach diesen vernünftigen und philosophischen Grundsätzen ver-
lange ich beurtheilt zu werden.«

---

[1] Der heutige Leser vernimmt diesen Erguss mit Staunen, da manches
von dem, was Sichel so überzeugt bekämpfte, in Worten, die der Kritiker der
Iconographie, Dr. Fallot (Ann. d'Oc. XXXI, S. 200—203, 1854) »vollständig wieder
abgedruckt hat, um nicht die Kraft dieser Sätze abzuschwächen«, in unsrer
heutigen Wissenschaft vollkommenes Bürgerrecht gewonnen hat.

§ 559. Die vollständige Liste

von Sichel's augenärztlichen Arbeiten[1]), wie sie, nach seiner eignen Notiz (3) in Zehender's klin. Monatsbl. f. Augenheilk., 1869, S. 39—48 abgedruckt ist, lautet folgendermaßen:

1831 1. Lettre adressée au docteur Canstatt. sur le fongus médullaire (l'encéphaloide) et le fongus hémalode de la rétine, le glaucôme et la cataracte verte opérable. — En allemand aux pages 62—93 de la thèse (allemande) de Canstatt: Sur le fongus médullaire de l'œil et l'œil de chat amaurotique.

1833. 2. Leçons orales de clinique des maladies des yeux, faites à l'hôpital Saint-Antoine, dans le service d'Auguste Bérard, pendant les années 1833 et 1834 à partir du 9. février 1833 et publiées dans la gazette des hôpitaux à partir du no. 22 19. février 1833, p. 85.

3. Propositions générales sur l'ophthalmologie, suivies de l'histoire de l'ophthalmie rhumatismale. Paris 1833. 49 pages in 8.

4. Du chalazion et des glandes de Meïbomius (follicules sébacés des paupières). Gazette des hôpitaux, 1833, no. 55, p. 206, et no. 53 et 57.

1836. 5. Leçons cliniques sur les maladies des yeux. Gazette des hôpitaux 1836, no. 131, 132, 135.

6. Mémoire sur la choroïdite ou inflammation de la choroïde. Journal hebdomadaire de médecine, décembre 1836.

7. Revue trimestrielle de la clinique ophthalmologique de M. Sichel, (Octobre, novembre et décembre 1836,) mars 1837 in-8. Publiée d'abord dans la gazette médicale de Paris.

8. Sur le cancroïde épithélial (épithélioma) avec une observation de cancroïde épithélial de la paupière inférieure droite, ayant exigé l'amputation de l'hemisphère antérieure du globe et l'ablation de la paupière inférieure. La France médicale, journal des écoles et des hôpitaux, 1836, no. 9, 3 décembre.

1837. 9. Traité de l'ophthalmie, de la cataracte et de l'amaurose, Paris 1837, XI et 752 pages in-8 avec quatre planches coloriées, représentant les ophthalmies spéciales et les différentes espèces de cataracte. — Traduction allemande 1838. — Traduction espagnole: Tratado de la Oftalmia etc. por D. José Zurita y D. José Bartorelo, 2 vol. Cadix 1839, in-8.

1838. 10. De la paralysie de la troisième paire ou nerf moteur oculaire. Recueil des travaux de la société médicale du département d'Indre et Loire, 1838, p. 56—64, 69—83.

1840. 11. Mémoire sur l'iritis syphilitique. Journal des connaissances médicales, décembre 1840, p. 65 et suivantes, janvier 1841, p. 97 et suivantes.

12. Des amauroses chlorotiques et asthéniques et de leurs complications. Journal des connaissances médico-chirurgicales, 1840, p. 221 et suivantes.

13. Méthode simple et facile de faire des cataractes artificielles. Gazette des hôpitaux, 1840, et Annales d'Oculistique, 1840, t. IV, p. 147.

1841. 14. Leucoma central adhérent de la cornée droite. Iridectomie latérale externe pratiquée avec succès. Bulletin général de thérapeutique, 1841, mars.

---

1) In der Iconographie (S. 192, Dez. 1853) verspricht er noch eine Sonderschrift über die Linsen-Verschiebung, eine Erweiterung seiner deutschen Veröffentlichung '41) aus dem Jahre 1846. In seinem Briefe vom 16. Aug. 1866 an seinen Sohn Arthur spricht J. Sichel von mehreren noch nicht veröffentlichten Abhandlungen über die Iridektomie, die er allmählich veröffentlichen wolle.

1841. 15. Études sur l'anatomie pathologique de la cataracte. L'Esculape, Gazette des médecins praticiens, 1841, no. 9 et 10.

16. Discussion avec M. Malgaigne, sur la nature et le siège de la cataracte. Gazette des hôpitaux, 1841, no. 29, 1848, no. 145 et Annales d'Oculistique, t. VI, p. 62 et suivantes.

(Zu 15. u. 16. vgl. Malgaigne, § 582.)

17. Opération d'iridodialysie (décollement de l'iris), pratiquée avec succès, dans un cas d'oblitération complète de la pupille par une fausse membrane et un staphylôme ancien. Bulletin général de thérapeutique, 1841, 4 mars, et Iconographie ophthalmologique, p. 480, p. XLIII, fig. 2.

1842. 18. Mémoire sur le glaucôme, Bruxelles, 1842, in-8 de 260 pages. Publiée d'abord dans les Annales d'Oculistique, t. V à VIII, 1841 à 1842.

19. Mémoire sur le staphylôme pellucide conique de la cornée (conicité de la cornée), et particulièrement sur sa pathogénie et son traitement, avec quelques remarques sur les staphylômes en général. Bulletin de thérapeutique, 1842, t. XXIII, p. 181—190, 269—276, 364—373, et Annales d'Oculistique, 2e vol. supplémentaire, 1843, p. 125—167.

20. Études cliniques et anatomiques sur quelques espèces peu connues de la cataracte lenticulaire. Gazette des hôpitaux 1842, décembre, no. 148, 155; 1843, janvier et mars, no. 4, 13, 28 et 34; et Annales d'Oculistique, 1842 et 1843, t. VIII, p. 127, 169, 242, 281.

21. Note complémentaire sur la cataracte corticale. Annales d'Oculistique loc. cit. p. 287.

1843. 22. Note sur le chémosis séreux comme symptôme des tumeurs furonculaires des paupières. Journal des connaissances médicales pratiques 1843, et Annales d'Oculistique 1843, t. IX, p. 217 et suivantes.

23. De quelques accidents consécutivs à l'extraction de la cataracte, et en particulier de la fonte purulente de la cornée et du globe oculaire: des moyens de prévenir ces accidents. Bulletin général de thérapeutique, 1843, t. XXV, p. 256 et suivantes, 354 et suivantes, 419 et suivantes.

24. Sur la formation spontanée de pupilles artificielles. Journal des découvertes en médecine, chirurgie et pharmacie, 1843, t. 4, p. 331.

25. Mémoire pratique sur le cysticerque, observé dans l'œil humain. Journal de chirurgie, par Malgaigne, décembre 1843, p. 401—409; janvier 1844, p. 12—17; février, p. 44—48; et Annales d'Oculistique. 1847, t. XVIII, p. 223.

1844. 26. Aphorismes pratiques sur divers points d'ophthalmologie. Annales d'Oculistique, 1844, t. XII, p. 185 et suivantes; 1846, t. XV, p. 231 et suivantes; 1846, t. XVI, p. 91 et suivantes.

27. Mélanose de l'orbite consécutive à une mélanose cancéreuse du globe oculaire droit, laquelle avait nécessité l'exstirpation de cet organe, avec des considérations sur les mélanoses du globe et de ses annexes. Gazette des hôpitaux, 1844, no. 132 et 1845, no. 33.

1845. 28. Du danger de l'emploi de certains collyres mal formulés ou mal préparés. Annales d'Oculistique, 1845, t. XIII, p. 222.

29. Sur les idées, prétendues allemandes, dans l'enseignement ophthalmologique de M. Sichel. Journal des connaissances médico-chirurgicales, 1845 et Annales d'Oculistique, 1845, t. XIV, p. 189.

30. Compte-rendu et analyse, par M. Sichel, de l'opuscule suivant: ALII BEN-ISA MONITORII OCULARIORUM SPECIMEN, edidit Car. Aug. Hille, M. D., Dresde, 1845. Journal asiatique, août 1847, et Annales d'Oculistique, 1847, t. XVIII, p. 230.

31. Sur la sortie du corps vitré pendant et après l'extraction de la cataracte. Bulletin général de thérapeutique, 1845, t. XXIX, p. 32 et suivantes.

1845. 32. De la méthode opératoire qu'il convient de choisir, quand des cicatrices de la cornée compliquent la cataracte. Journal de chirurgie, par Malgaigne, juillet 1845, p. 193 et suivantes.

33. Considérations pratiques sur l'extraction des corps étrangers, et particulièrement sur celle des morceaux de capsule fulminante, qui ont pénétré dans l'intérieur du globe oculaire. Annales d'Oculistique, 1845, t. XIII, p. 193 et suivantes.

34. Cinq cachets inédits de médecins oculistes romains, Paris 1845. D'abord publié dans la gazette médicale de Paris, 1845. — Traduction allemande. par Leuthold. Journal für Chirurgie von Walther und Ammon, 1845, B. V, Heft 3.

1846. 35. Recherches sur la formation de paillettes mobiles et luisantes dans le corps vitré. Journal de chirurgie par Malgaigne, décembre 1845, p. 356, et Annales d'Oculistique, t. XV. 1846, p. 167.

36. Note complémentaire sur le synchisis étincelant. Annales d'Oculistique, 1846, t. XV, p. 248.

37. Réflexion sur la note de M. Stout, relative à ces recherches. Annales d'Oculistique. 1846, t. XVI, p. 79.

38. Recherches cliniques et anatomiques sur l'atrophie et la phthisie de l'œil. Annales d'Oculistique, t. XVI, 1846, p. 171 et suivantes, 166 et suivantes.

39. Remarques sur l'emploi des préparations iodurées dans les ophthalmies et sur les médicaments, qui peuvent leur être substitués. Journal des connaissances médicales pratiques. 1846, p. 86 et suivantes.

40. Mémoire sur les kystes séreux de l'œil et des paupières, appelés vulgairement hydatides ou kystes hydatiques. Archives générales de médecine, août 1846, p. 430 et suivantes.

41. Sur la dislocation et l'abaissement spontanés du cristallin. — Oppenheim, Zeitschrift für die gesammte Medicin. Hamburg 1846, novembre et décembre, t. XXXIII, p. 280—309, 409—431. En allemand. Extrait français dans plusieurs journaux de médecine.

42. Poëme grec inédit, attribué au médecin Aglaïas, publié d'après un manuscrit de la bibliothèque royale de France. Paris 1846. Publié d'abord dans la revue de philologie. 1846.

1847. 43. Mémoire sur quelques maladies de l'appareil de la vision (le clignotement. la nevralgie oculaire et l'héméralopie), considérées surtout au point de vue de leur complication avec la conjonctivite. Gazette médicale de Paris, 1847, no. 32 et suivantes, p. 624 et suivantes.

44. Sur une forme particulière de l'inflammation partielle de la choroïde et du tissu cellulaire sous-conjonctival et sur son traitement. Bulletin général de thérapeutique, 1847, t. XXXII, p. 269 et suivantes.

45. Du cysticerque dans le tissu cellulaire sous-cutané des paupières. Revue médico-chirurgicale de Malgaigne, avril 1847, p. 224 et suivantes.

46. Études cliniques sur l'opération de la cataracte. Gazette des hôpitaux, 1845, no. 88, 93, 107; 1846, no. 62, 66; 1847, no. 24; et Annales d'Oculistique, 1845, t. XIV, p. 75, 111, 155; 1846, t. XVI, p. 50 et 84.

47. Étude sur la cataracte grumeuse ou sanguinolente. Gazette des hôpitaux, 1847, no. 113 et 127.

48. Considérations anatomiques et pratiques sur le staphylôme de la cornée et de l'iris. Archives générales de médecine, 1847, t. XIV, p. 315 et suivantes, 459 et suivantes, et Annales d'Oculistique, 1847, t. XVIII, p. 182 et 265.

49. Considérations sur l'introduction dans l'œil de corps étrangers non métalliques. Bulletin général de thérapeutique, 1847, t. XXXIII, p. 357 et suivantes, et Annales d'Oculistique, 1847, t. XVIII, p. 250.

50. Sur les corps étrangers métalliques, introduits dans l'œil. Bulletin général de thérapeutique, 1847, t. XXXIII, p. 449.

1847. 51. Considérations sur l'emploi des inhalations d'éther en chirurgie oculaire. Journal des connaissances médico-chirurgicales, mai 1847, no. 5, p. 205. (A. d'Oc. XVIII, 40.)

52. Recherches historiques sur l'opération de la cataracte par succion. Annales d'Oculistique, 1847, t. XVII, p. 104 et suivantes.

1848. 53. Leçons cliniques sur les lunettes et les états pathologiques consécutifs à leur usage irrationnel. Première et deuxième partie (Presbytie et Myopie), Bruxelles 1848, 142 pages in-8. Publiées d'abord dans les Annales d'Oculistique, t. XIII à XVIII, 1845—1847. (XIII, p. 5, 49, 109, 169; XIV, 14, 193; XVI, 41; XVII, 189; XVIII, 85, 193.) Traduction anglaise par le Dr. Henry W. Williams. Boston 1850, 202 pages in-8.

54. De la spinthéropie ou synchisis étincelant. Lettre sur un topique antiophthalmique chinois. Gazette médicale de Paris, 1848, no. 11, p. 193.

55. Des principes rationnels et des limites de la curabilité des cataractes sans opération. Bulletin général de thérapeutique, 1848, t. XXXV, p. 112 et suivantes.

56. Sur une espèce de diplopie binoculaire musculaire, non encore décrite. Revue médico-chirurgicale de Paris, par Malgaigne, t. III, mai 1848, p. 280 et suivantes.

57. Sur une affection verruqueuse des paupières et du voisinage, liée à une diathèse lymphatique. Journal des connaissances médicales pratiques, 1848, p. 352 et suivantes, et Annales d'Oculistique, 1848, t. XX, p. 45 et suivantes.

58. Du coloboma iridien ou iridochisma.

59. Recherches sur la manière dont se fait la cicatrisation de la plaie, après l'opération du staphylôme de la cornée et de l'iris par l'amputation totale ou partielle. Annales d'Oculistique, 1848, t. XIX, p. 21.

1850. 60. Synchisis étincelant; extraction et examen microscopique des paillettes brillantes amoncelées dans la chambre antérieure. Annales d'Oculistique, 1850, t. XXIV, p. 49.

61. Note sur la spinthéropie ou synchisis étincelant. Annales d'Oculistique, 1850, t. XXIV, p. 143.

1851. 62. Rectification relative à l'historique de la spinthéropie. Annales d'Oculistique, janvier à mars 1851, t. XXV, p. 9.

63. Note complémentaire sur la spinthéropie. Annales d'Oculistique, juillet à septembre 1851, t. XXVI, p. 3.

64. Mémoire sur l'épicanthus et sur une espèce particulière et non encore décrite de tumeur lacrymale. Union médicale, 1851, no. 116—120; Annales d'Oculistique, 1851.

65. Note sur le traitement de l'ectropion sarcomateux. Bulletin de thérapeutique, 1851, t. XLI, p. 225.

66. Mélanose de l'œil, exstirpation; considérations sur cette maladie. Gazette des hôpitaux, 1851, et Annales d'Oculistique, 1851, t. XXVI, p. 148 et suivantes.

1852. 67. Sur une espèce de tumeur lacrymale, non encore décrite. Gazette des hôpitaux, 1852, no. 98; Annales d'Oculistique, 1856, t. XXXVI, p. 82, et Iconographie ophthalmologique, p. 684, § 788, pl. LXX, fig. 5.

68. Note sur le pince-tube pour l'extraction scléroticale des cataractes capsulaires et des fausses membranes. Annales d'Oculistique, 1862, p. 142.

69. Iconographie ophthalmologique ou description, avec figures coloriées, des maladies de l'organe de la vue, comprenant l'anatomie pathologique, la pathologie et la thérapeutique médico-chirurgicales. — Texte de 823 pages, grand in-4. Atlas de 80 planches dessinées d'après nature, gravées et coloriées. Paris 1852—1859.

1853. 70. Observations d'amblyopie presbytique, réunies surtout sous le rapport des variétés et des complications de cette maladie. Annales d'Oculistique, 1843, t. XXIX, p. 88 et suivantes, 165 et suivantes.

71. Note sur une espèce non encore décrite d'épicanthus, l'épicanthus externe. Union médicale, 1853, no. 89.

72. D'un appareil ou bandage contentif, destiné à diminuer le danger de l'écartement du lambeau après l'extraction de la cataracte par la kératomie; avec des considérations sur les autres modes opératoires. . Gazette des hôpitaux, 1853, no. 54; Iconographie ophthalmologique p. 260, § 381, pl. XVI, fig. 9 et p. 255, § 358.

73. Du symblépharon, de l'ankyloblépharon et de leur opération. Gazette des hôpitaux, 1853, no. 63, et Annales d'Oculistique, 1857, t. XXXVIII, p. 99.

74. Du milium palpébral. Moniteur des hôpitaux, 1853, no. 55 et 63.

75. Observation de tumeur orbitaire, annulaire des deux yeux. Gazette des hôpitaux, 1853, no. 86, et Annales d'Oculistique, 1855, t. XXIV, p. 277.

1854. 76. Excroissance fongueuse, causée par un crin implanté dans la conjonctive palpébrale. Gazette des hôpitaux, 1854, no. 22. et Annales d'Oculistique, 1855, t. XXXIV, p. 280.

77. Observation de gangrène de la paupière supérieure droite avec gonflement sarcomateux de la conjonctive palpébrale, survenue sans cause connue. Annales d'Oculistique, 1854, t. XXXI, p. 219 et suivantes.

78. Du pseudencéphaloïde de la rétine. Moniteur des hôpitaux, 1854, no. 108—124.

79. De la curabilité de l'encéphaloïde de la rétine par l'atrophie et les moyens atrophiants. Moniteur des hôpitaux, 1854, no. 108.

1855. 80. Quelques observations nouvelles de spinthéropie. Annales d'Oculistique, 1855, t. XXXIV, p. 253 et suivantes, 291 et suivantes.

81. Tableau des entozoaires, observés jusqu'ici dans l'œil de l'homme et des animaux. Journal de chirurgie, par Malgaigne, 1855 (?) 1).

82. Mémoire sur la cataracte noire, par M. Sichel. Archives d'ophthalmologie par H. Jamain, 2e année, 1855, p. 31 et suivantes.

1857. 83. Note sur la cataracte noire, par les docteurs Ch. Robin et Sichel. Gazette médicale de Paris, 19 décembre 1857.

84. Abhandlung über das Staphylom der Chorioidea. Archiv für Ophthalmologie, von Arlt, Donders und Gräfe, 1857, B. III, Abthl. 2, p. 211 bis 257. — En extrait: Annales d'Oculistique, 1860, t. XLIV, p. 128.

85. De l'enucléo-exstirpation du globe, méthode mixte .... avec une observation de mélanose oculaire. Gazette médicale de Paris 1857.

1858. 86. De l'ectropion, de son opération et de la blépharoplastie. — Annales d'Oculistique, 1858, t. XXXIX, p. 51.

1859. 87. De la choroïdite, ou mieux rétino-choroïdite postérieure. Gazette des hôpitaux, 1859, no. 81 et suivantes, p. 322 et suivantes.

88. De la corectopie ou déplacement de la pupille. La France médicale, 1859, no. 35, p. 273.

89. Cas d'épicanthus congénital interne, et de ptosis atonique complets doubles compliqués de strabisme convergent, plus fort à l'œil gauche, et exigeant des modifications du procédé opératoire. Union médicale 1859.

90. De la ponction sclérienne ou paracentèse scléroticale du globe oculaire, appliquée surtout à la guérison des hydrophthalmies postérieure et totale. La clinique européenne, 1859, no. 2, p. 13 et suivantes.

1) Verfasser besaß nur noch ein einziges Exemplar ohne Titel und Jahreszahl.

1859. 91. Remarques et observations cliniques sur la curabilité du décollement de la rétine. La clinique européenne, 1859, no. 29, p. 228 et suivantes. Allgemeine Wiener Medizinische Zeitung, 1859, no. 33 et 35, p. 250 et suivantes, p. 265 et suivantes.

92. Du traitement chirurgical des granulations palpébrales, exposé dans un des livres hippocratiques. Annales d'Oculistique, 1859, t. XLII, p. 219, extrait du tome IX de l'édition d'Hippocrate de Littré.

1860. 93. Note supplémentaire sur l'ectropion sarcomateuse. Bulletin de thérapeutique, 1860, t. LVIII, p. 533.

94. Note sur un procédé mécanique, simple et facile de remédier à une espèce fréquente d'entropion. Bulletin de thérapeutique, juillet 1860, p. 59, et Annales d'Oculistique, 1860, t. XLIV, p. 146.

95. Remarques pratiques sur l'opération de la cataracte congénitale et sur le céphalostate, appareil servant à fixer la tête pendant les opérations. qu'on pratique sur les enfants.

1861. 96. Matériaux pour servir à l'étude anatomique de l'ophthalmie périodique et de la cataracte du cheval. Annales d'Oculistique, 1861, t. XLVI, p. 181 et suivantes.

97. Tumeur sous-conjonctivale, causée par deux cils, logés sous la conjonctive oculaire, après l'avoir traversée. La France médicale, 1861, p. 8.

98. Note complémentaire sur le traitement chirurgical des granulations palpébrales, réservé dans un des livres hippocratiques. Annales d'Oculistique, 1861, t. XLV, p. 67, extrait du tome IX de l'Hippocrate de Littré.

99. ΠΕΡΙ ΟΨΙΟΣ. Hippocrate, de la vision. Dans le tome IX de l'Hippocrate de Littré, p. 122—161.

1863. 100. Sur une espèce particulière de délire sénile, qui survient quelque fois après l'opération de la cataracte. Union médicale, 1863, no. 1, et Annales d'Oculistique, 1863, t. XLIX, p. 154.

1865. 101. Mélanges ophthalmologiques. Bruxelles, 1865, in-8, extrait des Annales d'Oculistique.

Cet opuscule comprend deux mémoires:

a) Nouvelles recherches pratiques sur l'amblyopie et l'amaurose, causées par l'abus du tabac à fumer, avec des remarques sur l'amblyopie et l'amaurose des buveurs. Annales d'Oculistique, 1865, t. LIII, p. 122 et suivantes, et Événement médical, 1867, no. 37.

b) De la coëxistance de la cécité avec la surdité, et surtout avec la surdimutilé. Annales d'Oculistique, 1865, t. LIII, p. 187, et Événement médical, 1867, no. 35.

102. Tumeur fibreuse cloisonnée (cystosarcôme de Virchow) très volumineux de l'orbite droite, ayant déplacé et atrophié le globe. Exstirpation de celui-ci et de la tumeur. Guérison. Annales d'Oculistique, 1865, t. LIII, p. 60.

1866. 103. Lettre sur les indications de l'iridectomie et sa valeur thérapeutique. Dans la thèse du docteur A. Sichel: Des indications de l'iridectomie. Paris, 1866, in-8, p. 9—14.

104. Nouveau recueil de pierres sigillaires d'oculistes romains, pour la plupart inédits. Paris, 1866, 119 pages in-8. Extrait des Annales d'Oculistique, septembre à décembre 1866.

1867. 105. Considérations sur les kystes pierreux ou calcaires des sourcils. Annales d'Oculistique, 1867, t. LVII, p. 211, et Gazette des hôpitaux, 1867. Du relâchement de la conjonctive. L'abeille médicale, 1867.

106. Historische Notiz über die Operation des grauen Staars durch die Methode des Aussaugens oder der Aspiration. Arch. f. Ophthalm. B. XIV, Abthl. 3, p. 1.

§ 560. (3) In seinen allgemeinen Grundsätzen[1] bekennt Sichel rückhaltslos die naturhistorische Lehre Schönlein's..

I. Es wäre wünschenswerth, dass man in der Medizin dahin käme, ein System zu gründen, ähnlich dem, das heute allgemein in der Naturgeschichte angenommen ist.

II. Ein solches System, das die Definitionen der Krankheiten ausschlösse, und nur die Beschreibungen zuließe, würde auf die vereinigten Charaktere einer jeden Krankheit gegründet sein.

III. Die Charaktere der Krankheiten sind anatomische, chemische, physiologische.

IV. Die vereinigten Charaktere geben eine reine und vollständige Idee der Krankheit.

V. Am lebenden Körper geben sich die Charaktere durch Symptome kund.

VI. Diese sind objektiv, wenn sie durch die Sinne des Beobachters aufgefasst werden können, und zerfallen VII. in Phänomene, die an sichtbare, organische Veränderungen anknüpfen, und in Zeichen, die sich auf Funktions-Störungen beziehen.

VIII. Subjektiv sind die Symptome, wenn sie nur in Empfindungen der Kranken bestehen; hierzu gehören auch die mündlichen Mittheilungen des Kranken und seiner Umgebung.

Die Augenheilkunde ist berufen, über die wichtigsten Fragen der Physiologie, der allgemeinen und speciellen Pathologie Licht zu verbreiten. In Folge der Lage nach außen und der Durchsichtigkeit erkennt man in dem Auge anatomische Charaktere, die bei der Mehrzahl der andren Organe allein durch die Leichen-Untersuchung aufgedeckt werden.

Man kann sichere Verhältnisse zwischen organischen Veränderungen und Funktions-Störungen feststellen. Fast die ganze Nosologie ist im Auge, wegen der Vielfältigkeit seiner Gewebe, vertreten.

Es giebt complicirte Krankheiten und combinirte, in Folge der organischen Verwandtschaft, die ähnlich der chemischen ist. Es giebt sogar mehrfache Combinationen. Combinirte Ophthalmie ist das, was man specifische O. genannt hat.

Die objektiven Unterscheidungen der verschiedenen combinirten Ophthalmien beruhen hauptsächlich auf den verschiedenen Formen der Gefäß-Injektion.

---

[1] Übersetzt und herausgegeben von Prosper Johann Philipps, Dr. der Med. und Chir., pr. Arzt und Wundarzt in Berlin, Berlin 1834. (38 S. — Ph. hat größere wissenschaftliche Reisen unternommen: er verfasste das erste deutsche Buch über Auskultation und Perkussion, Berlin 1836, war in den 40er und 50er Jahren Gehilfe Schönlein's und starb 1869.

Kein Organ zeigt so deutlich, wie das Auge, die Wirkung pharma-
ceutischer, sowie chirurgischer Mittel, auch die Heilkraft der Natur.
Folgt eine Skizze der rheumatischen Augen-Entzündung.

(9). Sichel's große Abhandlung vom Jahre 1837, die er seinen Lehrern
Friedrich Jäger in Wien und Lucas Schönlein in Würzburg gewidmet, —
und die in gewisser Beziehung mit H. Heine's Buch d'Allemagne verglichen werden kann, — gliedert sich in drei Abtheilungen[1]).

A) »Bieten die verschiedenen Arten der Augen-Entzündung ana-
tomisch-pathologische Veränderungen dar, welche ihnen eigenthümlich
sind? und kann man auf diese Basis den Unterschied ihrer verschiedenen
Arten gründen? Diese Frage war der Gegenstand einer der jüngsten Kon-
kurs-Prüfungen in der Chirurgie und sollte in zehn Tagen erschöpft werden!«

Sichel behandelt zuerst die einfachen Augen-Entzündungen. Die Conjunctivitis ist entweder serös oder phlegmonös. Die Sclerotitis zeigt den
strahlenförmigen Gürtel der tieferen Gefäße, rings um den Hornhaut-Rand;
dabei Lichtscheu, die von Reizung des Ciliar-Ligaments abhängt und der
Belladonna-Einträuflung weicht. Die Keratitis ist entweder Keratoconjunctivitis oder reine Keratitis oder Aquocapsulitis. Die Iritis ist entweder
eine vordere seröse oder mittlere, parenchymatöse, oder eine hintere (Uveïtis).
Bei der parenchymatösen Iritis soll man mit Blut-Entziehung (Aderlassen)
nicht bescheiden sein, reizende Fußbäder, Senfpflaster, Abführmittel hinzufügen, Merkur verabreichen, Belladonna einträufeln. Von Periphakitis hat
S. nur die vordere beobachtet. Die Phakitis ist noch weniger aufgeklärt,
als die Periphakitis. Die als Hyalitis beschriebene Form ist Chorioïditis.
Von der letzteren hat Mackenzie mehr die Folgen beschrieben, z. B. das
Staphylom. Eine bestimmtere Anzeige der Chorioïditis liefert zuerst die
bläuliche Verfärbung der Lederhaut, durch Verdünnung. Die erweiterte
Pupille wird beinahe immer nach oben verrückt. Die grüne Farbe des
Augengrundes entsteht durch Mischung der gelblichen Farbe des alternden
Krystalls und der bläulichen Farbe der congestionirten Aderhaut. Von
Retinitis (Amphiblestritis) ist die chronische Form häufiger, die akute seltner,
als man annimmt. Ophthalmitis ist Entzündung des ganzen Augapfels.

Die verschiedenen Arten von Augen-Entzündungen, welche
durch ihren Sitz sich unterscheiden, zeigen anatomische Charaktere, die zu ihrer Diagnostik dienen.

Aber die Entzündung derselben Haut zeigt nicht immer dieselben

---

1) Nur die erste ist in's Deutsche übertragen: Über die Augen-Entzündungen,
den grauen und schwarzen Staar, von J. Sichel, Prof. d. Augenh. in Paris. Deutsch
bearbeitet von Th. Gnoss, Dr. med. et chir. I. Bd. mit 3 Tafeln, Stuttgart 1840,
464 S. Die Übersetzung ist mittelmäßig, ihr 2. Band nie erschienen. Auch wir
wollen uns hier nur mit der Ophthalmie beschäftigen, da wir auf Sichel's
Ansichten über Katarakt und Amaurose sehr bald genauer eingehen werden.

Charaktere. Der Unterschied der Charaktere steht in Verbindung mit dem Unterschied der Ursachen. Oft können mehrere Häute zugleich unter dem Einfluss specieller Ursachen sich entzünden.

Die katarrhalische Ophthalmie ist die gewöhnlichste, sie hat ihren Sitz in der mukösen Augenhaut, der Bindehaut; entspricht der katarrhalischen Affektion der Bronchial-Haut und hat auch die Erkältung zur Haupt-Ursache. Sie erfordert Senf-Fußbäder, örtlich Adstringentien (Blei, Zink), schweiß-treibende Mittel.

Die blennorrhoische Ophthalmie ist für Sichel eine außerordentliche Entwicklung der katarrhalischen. Er empfiehlt starken Aderlass, 20 bis 30 Blutegel, Brechweinstein, Senf-Pflaster, warme Bähungen und Einträuflungen concentrirter Adstringentien (Blei, Zink, Kupfer, Höllenstein, alle halbe Stunden, nach sorgsamer Reinigung der Augen), — nicht kalte Umschläge, nicht Ausschneidung der Chemosis, nicht Kauterisation mit Höllenstein-Stift, welche Vereiterung der Hornhaut begünstigt. Zu den Varietäten der katarrhalischen und blennorrhagischen Ophthalmie gehört zuvörderst die Gefäß-Keratitis durch Granulationen der oberen Lidbindehaut: Heilung erfolgt durch Kauterisation der letzteren mit dem Stift aus schwefelsaurem Kupfer, oder aus salpetersaurem Silber. Zweitens die morbillöse und scarlatinöse Ophthalmie. Drittens die Augen-Eiterung der Neugeborenen, für welche Einimpfung des leukorrhoischen Schleimes nur ausnahmsweise (!) die Ursache darstelle. Viertens die gonorrhoische Ophthalmie, bei der Besudlung als Ursache auftritt, aber nicht immer nachzuweisen ist, Metastase seltner in Betracht kommt.

Die rheumatische Ophthalmie hat ihren Sitz in den fibrös-serösen Häuten, am gewöhnlichsten in der Lederhaut, in den Aponeureusen der Augenmuskeln, in dem serösen Theil der Bindehaut, welcher der Hornhaut nahe ist, in der Haut der wässrigen Feuchtigkeit und dem serösen Blatt auf der Vorderseite der Regenbogenhaut. Zuerst bildet sich ein rother Ring um die Hornhaut.

Erysipelatöse Ophthalmie soll auch vorkommen ohne Rothlauf des Gesichts und der Lider.

Als venöse Ophthalmie bezeichnet Sichel die arthritische und die Abdominal-Ophthalmie der Schriftsteller. Immer nimmt die Aderhaut Theil. Man sieht einen karminrothen Gefäßgürtel in der Lederhaut, der 2—3''' vom Hornhautrand beginnt, aber stets durch einen bläulichen oder weißen ($1/2'''$ breiten) Ring von letzterem getrennt bleibt. Beer hat ihn den arthritischen Bogen genannt, S. den venösen. Die Anastomose der Gefäße der Lederhaut mit denen der Aderhaut giebt die Veranlassung zur Bildung dieses Bogens. Dazu zeigt die arthritische Ophthalmie noch öfters die Abdominal-Injektion von vereinzelten, dunklen, variküsen Gefäßen. (Vgl. XIV, II, S. 24 und 63.)

Bei der lymphatischen oder skrofulösen Ophthalmie, deren Unter-
Arten ausführlich geschildert werden, kommt mitunter ein rother Gürtel
im Weißen rings um die Hornhaut vor, der unten im Zellgewebe unter
der Bindehaut zu sitzen scheint und der als dyskrasischer Ring bezeichnet wird; er findet sich auch bei syphilitischen und psorischen Ophthalmien.

Die syphilitische Iritis ist meist parenchymatös. Der kleine Kreis der
Iris bildet einen erhabenen Ring, der aus dicken und haarigen Flocken besteht. Die tomentöse[1]) Verdickung der Iris findet vielleicht ihre Erklärung in
einer besonderen Gefäß-Entwicklung und einem eigenthümlichen fibrin-
eiweißartigen Erguss. Die Pupille wird unregelmäßig und nimmt sehr häufig
die Gestalt eines schiefen Eirunds an, von unten nach oben und von außen
nach innen. Dies Phänomen ist nicht pathognomonisch und nicht
konstant. Der dyskrasische Ring umgiebt gewöhnlich die Hornhaut. Die
syphilitische Iritis kann das erste Zeichen der allgemeinen Ansteckung
sein; sie kann auch entstehen, lange nachdem die erste Spur des Giftes
verschwunden ist. Zur Behandlung sind allgemeine und örtliche Blut-
entziehungen nothwendig, die Abführungen, die Ableitungen sowie kräftige
Anwendung des Quecksilbers (Sublimat innerlich oder die Einreibungs-Kur).

Die variolöse Ophthalmie ist selten geworden. Die flechtenartige
Lid-Entzündung ist Folge von Haut-Ausschlägen im Gesicht.

Skorbutische Ophthalmie hat S. nie gesehen[2]), sondern nur Blut-
Austritt in die Bindehaut, ohne Entzündung, bei Skorbutischen. Auch intermittirende Ophthalmien hat er nie beobachtet.

»Die eingangs gestellte Frage ist bejaht, die darin gestellte
Aufgabe als gelöst zu betrachten.«

(Aber, wenn auch v. Ammon 1838 [Zeitschr. I, S. 670] diese Abhandlung
zu denjenigen rechnet, welche die Augenheilkunde durch Originalität und
Geist wahrhaft gefördert haben; so können wir doch nicht zugeben, dass
Sichel zu einer so uneingeschränkten Bejahung bereits berechtigt war.

Die Annal. d'Oculist., welche 1838 begründet wurden und über manche
mittelmäßige Dissertation aus dem Jahre 1837 berichten, haben es nicht
für nöthig erachtet, die Schrift von Sichel zu erwähnen[3]).)

Sichel selber rechnete 1867 zu den von ihm 1837 in seiner Abhandlung erörterten Punkten, die damals in Frankreich wenig bekannt gewesen
oder die er überhaupt zum ersten Mal erörtert habe, die Keratitis punctata,
die Behandlung der exsudativen Augen-Entzündungen durch Quecksilber,
die Diagnose der speciellen Augen-Entzündungen, die vasculären Hornhaut-

---

1) tomentum, Polsterung.
2) Vgl. XIV, S. 335.
3) Dabei schreibt Hr. Warlomont 1869: Les Annales d'Oculistique ont toujours été l'enfant gâté de Sichel. — Vgl. noch § 567.

Entzündungen durch Granulationen, die operable grüne Katarakt, die nicht
glaukomatös sei, die rationelle Eintheilung der Amaurose in retinale, ophthalmische, optische, cerebrale, spinale, ganglionäre, während die vom
Trigeminus abhängende verworfen wird.

Diese Eintheilung hatte den Beifall von Chelius gefunden. (Lehrbuch,
1843, I, S. 289.)

(XIII.) Das Leichen-Auge, an welchem man die Star-Operation ein-
üben will, wird in Wasser gelegt, bis es seine natürliche Form und Run-
dung wieder erlangt, und danach, für 3—4 Stunden, in Alkohol von 36%.

(Andere Verfahren s. XIV, S. 159. Einlegen des Auges in verdünnte Sal-
petersäure [Troja, 1777]; Einspritzung von Sublimat in die Linse, nach Lederhaut-Stich [Ritterich, 1859]. Dazu kommt noch die Discission an Kaninchen-
Augen. [Serre d'Uzès, § 619.] Deval hat in seinem Lehrbuch (1862, S. 178)
einen besonderen Artikel über den künstlichen Star zur Einübung der Operation,
hält den letzteren aber, nach seinen Erfahrungen, für überflüssig. Ich auch
für die Übungen an dem [einen] Auge des lebenden Kaninchens.)

§ 561. (XVI.) Über Glaukoma.

Sichel's Abhandlung über Glaukom ist die erste Sonderschrift
über diesen Gegenstand in der Welt-Literatur[1]); sie stellt ein Werk von
bleibendem Werthe dar, sowohl wegen der geschichtlichen Einleitung
(§ 525), als auch wegen der sehr genauen und vollständigen klinischen
Darstellung.

Sichel gelangt zu den folgenden Schluss-Sätzen[2]):

1. Das Glaukom ist eine Entartung der Aderhaut, in Folge ihrer
akuten oder chronischen Entzündung.

2. Eine einfache Blut-Überfüllung der Aderhaut kann mitunter Gelegen-
heits-Ursache des Glaukoms werden. Dann hat entweder die Aderhaut-
Entzündung vorher bestanden, im chronischen Zustand, und ist unbemerkt
geblieben; oder sie bildet sich später aus, und die nämlichen organischen
Veränderungen treten ein.

Das nervöse Glaukom ist lediglich eine Blut-Überfüllung der Art, die
plötzlich eintritt, bei Personen von nervöser Anlage.

---

1) Sie erschien 1842; die Abhandlung von Warnatz war allerdings im August
1841, als Sichel in den Annales d'Oc. (V, S. 177) seine Veröffentlichungen über
das Glaukom begonnen, bereits in die Hände des Herausgebers der Annal. d'Ocul.
gelangt, ist aber erst 1844 gedruckt worden. (Vgl. § 521.)
Einige Sonderschriften über Katarakt und Glaukom haben wir freilich
bereits aus dem 18. Jahrhundert, von Brisseau (1709), von Heister (1713) eine
über Katarakt, Glaukom und Amaurose. (Vgl. § 326 und § 331.) Aber, was sie
vom Glaukom bringen, ist dürftig oder wesenlos.
2) Ich glaube, dass sie eine genauere und vollständigere Übersetzung verdienen, als sie in den neueren Darstellungen gefunden haben.

3. Die Netzhaut und die andren inneren Häute nehmen immer mehr oder weniger Theil an der Entzündung und an der darauf folgenden Entartung.

4. Aus diesem Grunde müssen Stockblindheit und mehr oder minder vorgeschrittene Entartung der inneren Häute immer das wahre Glaukom begleiten.

5. Das Glaukom zeigt sich nur im Beginn des kritischen Alters beider Geschlechter, und später; aber niemals [1]) früher.

6. In dieser Lebenszeit zeigt die Linse eine mehr oder weniger ausgesprochene Bernsteinfarbe, die im Kern gesättigter ist. Diese Färbung stört nicht ihre Durchsichtigkeit. Der Glaskörper nimmt, ohne trüb zu werden, manchmal auch eine gelbliche Farbe an. Die Aderhaut, welche im Glaukom entartet und vor allem verdünnt ist, entfärbt sich und gewinnt eine mehr oder minder veilchenfarbene Tünchung. Die Mischung dieser Tünchung des Aderhaut-Hohlflaches, welche in's Veilchenfarbige und mitunter in's Blaue spielt, mit der gelben Tönung der brechenden Mittel, besonders der Linse, bewirkt die Erscheinung einer hohlen, tiefen und ausgedehnten Trübung, die für diese Krankheit kennzeichnend ist; oder, um den Gesetzen der Optik gemäßer zu sprechen, die Aderhaut, welche blass, veilchenfarbig und fast bläulich geworden ist und von einer etwas weniger durchsichtigen und leicht gefärbten Netzhaut bedeckt wird, sendet das ⟨einfallende⟩ Licht zu dem vorderen Theil des Auges zurück, indem sie ihm eine bläuliche Tünchung verleiht, welche beim Durchtritt durch den Glaskörper und die Linse, die mehr oder weniger gelb geworden, nothgedrungen sich ins Grünliche umändern muss . . .

7. Das angeborene Glaukom der Lämmer [2]) unterscheidet sich nicht wesentlich von dem erworbenen der Menschen. Hier genügt das Tapet [3]), das eine blaue, leuchtende, schillernde Farbe besitzt, und in gewissen Stellungen einen ins Grüne spielenden Glanz darbietet, um im Verein mit der brechenden Kraft der durchsichtigen, sogar ungefärbten Mittel und mit der veilchenartigen Entfärbung des Aderhaut-Pigments den kennzeichnenden Anblick einer grünen, tiefen und hohlen Trübung hervorzurufen.

8. Der Glaskörper kann im Glaukom sich theilweise trüben; aber seine Trübung ist weder vollständig noch grünlich. Sie würde übrigens die so

---

[1]) »Niemals« sollte man niemals in der?Heilkunde sagen.

[2]) Beschrieben von Prof. Prinz zu Dresden, v. Ammon's Z. f. d. Ophth., III. XIX, S. 367—403. Dies war wohl kein Glaukom. — Über Glaukom bei Thieren vgl., im Handb. der thierärztl. Chirurgie und Geburtshilfe von Bayer und Fröhner, die Augenheilk. von Prof. Dr. Jos. Bayer in Wien, 1906, S. 334—338; und über Experimente an Thieren zur Erzeugung von Glaukom unser Handbuch, VI, I. § 59 (Schmidt-Rimpler). Endlich Bd. X, Kap. xxi unsres Handbuches.

[3]) Von Tapetum (τάπης), der Teppich. (Vgl. in unsrem Handbuch II, 1, Pütter, § 101.)

konstante Stockblindheit keineswegs erklären. Die Autoren sind, trotz der
großen Verschiedenheit ihrer theoretischen Ansichten, ganz einig über die
Ergebnisse der Anatomie, — obschon sie i. A. noch nicht genügend ihre
Aufmerksamkeit auf die Entartung und Verdünnung der Aderhaut, in Folge
ihrer Entzündung, festgelegt haben: es giebt keine einzige verbürgte Beobachtung von vollständiger und grünlicher Trübung des Glaskörpers.

9. Jedes Mal, wenn die Linse und der Glaskörper ungefärbt bleiben,
zeigt der Augengrund nicht den trüben und grünen Schein, trotz der voll-
ständigsten Vereinigung aller andren physiologischen und anatomischen
Zeichen des Glaukoma. Ein weiterer, unwiderleglicher Beweis der Richtigkeit unsrer Erklärung jener besonderen und charakteristischen Verfärbung
liegt darin, dass die Krankheit dann, ohne sich wesentlich vom Glaukom
zu unterscheiden, nur die Form der einfachen Amaurose annimmt, die
bewirkt wird von der Entartung der Ader- und Netzhaut.

10. Nach dem Gesagten ist die grüne Färbung im Glaukom Wirkung
ständiger Veränderungen in den brechenden Mitteln und in der Aderhaut,
und nicht eine optische Einbildung. Sie verschwindet nicht nach dem Tode.

11. Die Regenbogenhaut der glaukomatösen Augen bietet immer mehr
oder minder ausgeprägte Zeichen von Entartung. Sie zeigt sehr häufig
mehr oder weniger ausgedehnte Flecke von schiefriger, oder selbst perl-
mutterähnlicher Farbe, die von Entartung ihres Gewebes abhängen. Sie
sind bisher noch nicht erwähnt worden [1]) und haben doch die größte
Wichtigkeit. Werden sie begleitet von einfacher Pupillen-Erweiterung
oder von neuralgischen Schmerzen oder von amaurotischen Zeichen, so
genügen sie zur Vorhersage des Glaukoma.

12. Die Form der Pupille hat nichts Beständiges und Wesentliches in
dieser Krankheit.

13. Der Name glaukomatöse Amaurose ist eine schlechte Bezeichnung
des Glaukoma. Wollte man ihn beibehalten, so müsste man ihn beschränken
auf diejenigen Amaurosen, welche anfangen, in Glaukom sich umzubilden.

14. Zum Glaukom i. A. können neuralgische Schmerzen hinzu-
treten, nicht nur wenn die Krankheit mit deutlicher Aderhaut-Entzündung
beginnt, sondern auch wenn kein Zeichen gegenwärtiger Entzündung vorhanden ist, ja lange Zeit vor dem Auftreten der letzteren. Diese Neuralgie,
welche in dem Augen-Ast des fünften Nerven sitzt, geht manchmal lange dem
Glaukom vorauf, nur begleitet von einem oder mehreren schiefrigen Flecken
der Regenbogenhaut oder von einiger Erweiterung oder Unregelmäßigkeit
der Pupille.

---

1) Kurz erwähnt in unsrem Handbuch VI, 1, S. 53, 1908, (Prof. Schmidt-
Rimpler) und in der Encycl. française d'O. V, S. 133, 1906, (Prof. Gama Pinto);
ausführlicher erörtert, mit Abbildungen, von mir im Centralblatt f. Augenheilk.
1907, S. 162—166.

15. Glaukomatöse Katarakt ist nichts als Glaukom, begleitet von Linsen-trübung, die meistens weich ist. Die Kapsel ist selten betheiligt.

16. Der anatomische Zustand der Arteria ophthalmica, der Nerven des Auges, des Gehirns und seiner Arterien bei den Glaukom-Kranken ist noch nicht genügend erforscht und verdient besondere Beachtung . . .

17. Die Ursachen des Glaukoms sind die der Aderhaut-Entzündung. Die Gicht (Arthritis) ist eine häufige, aber nicht die einzige; die Menopause gehört zu den gewöhnlichen Ursachen.

18. Die Behandlung des beginnenden Glaukoms ist die der Aderhaut-Entzündung.

19. Es giebt kein beglaubigtes Beispiel einer Heilung dieser Krankheit . . .

(Wenn auch in dieser Darstellung des Glaukoma manches noch ver-worren erscheint, namentlich die Erklärung der Pupillen-Färbung; so bricht doch hie und da schon die Klarheit hervor: mehrere der von Sichel be-obachteten klinischen Thatsachen sind von der höchsten Wichtigkeit.)

§ 562.   (XIX.) Operation des Hornhaut-Kegels.

Im Jahre 1835 fasste Sichel den Gedanken, bei Keratokonus »die Trü-bung selber an der Spitze des Kegels mit Höllenstein zu ätzen, um die Vorwölbung abzuplatten, und eine Narbe hervorzurufen, die fähig wäre, der weiteren Ausdehnung zu widerstehen«. Die Ätzung geschieht alle drei Tage, für 1—2 Monate. Ist keine Trübung vorhanden, so wählt man die-jenige Stelle des Kegels, wo eine zarte Sonde am wenigsten Widerstand bei Eindrücken findet.

Ein Fall, den er auf dem einen Auge 1835 operirt, kehrte 1839 wieder, »vollständig geheilt, mit außerordentlich verbesserter Sehkraft«.

Anm. Als A. v. Graefe 1866 (A. f. O., XII, 2, S. 215—222) seine Ab-handlung »Zur Heilung des Keratokonus« verfasste, war ihm die Arbeit von Sichel unbekannt geblieben; denn er sagt, dass »er eine methodische, zur Nach-ahmung einigermaßen einladende Verwendung ⟨des künstlichen Hornhautgeschwürs⟩ bei Keratokonus nicht vorgefunden habe«.

Und doch war sein eignes Verfahren ganz ähnlich: Abtragung eines winzigen, oberflächlichen Hornhautlappens und Ätzung der Mitte der entblößten Partie mit gemildertem Höllenstein-Stift, was in Zwischenräumen von 3—4 Tagen wiederholt wurde; in der 4. Woche ward an der tiefsten Stelle punktirt und in der nächsten Woche der wieder verharschende Geschwürsgrund täglich oder alle zwei Tage mit dem Stiletchen wieder aufgebrochen. Besserung der Seh-kraft in einem Falle.

Auch, als er 1868 in seinem Vortrag »über Keratokonus«, den er am 28. Jan. in der Berl. med. G. gehalten und in der Berl. klin. W. (No. 23, 1868) veröffentlicht, genauer auf sein Verfahren zurückkam, das ihm schon in drei Fällen erfreuliche End-Ergebnisse geliefert und in zwei Fällen sichtliche Anfänge einer Besserung, hat er wiederum hinzugefügt: »Von einer rationellen Anwen-

dung der Kaustika, um durch Narben-Kontraktion die Abflachung der konischen
Hornhaut-Ektasie mit Wiederherstellung der Seh-Funktion herbeizuführen, habe
ich in der Literatur nichts vorgefunden.«

Pu. Panas dürfte sich also wohl irren, wenn er anführt (Malad. des yeux,
1894, I, S. 291), dass Graefe das Verfahren, welches seinen Namen trägt, in
Erinnerung an Sichel's Versuche ausgebildet. A. v. Graefe hat das zweite Er-
gänzungsheft der Annal. d'Ocul., vom Jahre 1842, nie zu Gesicht bekommen
und in Desmarres' Lehrbuch, das ihm Hauptquelle für die französische
Literatur jener Zeit gewesen, die kurze Bemerkung übersehen (S. 348,
1847), mit welcher dieser das Verfahren seines Lehrers und — Gegners
Sichel, eingehüllt in das der methodischen Kompression, soeben angedeutet
hat. (»Von Zeit zu Zeit wird die Mitte der Vorwölbung mit Höllenstein
kauterisirt.«)

In seiner Iconographie ophth. (1852—1858, S. 404) ist Sichel auf seinen
Heil-Gedanken zurückgekommen und erklärt: »die methodisch wiederholte Höllenstein-Ätzung der dünnsten Stelle des Hornhaut-Kegels, um dieselbe in eine solide
Narbe umzuwandeln, hat sich seitdem (1835) als das einzige und sichere Mittel
einer vollständigen Heilung bewährt.« Auch diese Stelle hat A. v. Graefe
übersehen.

Ich zeige an diesem Beispiel, wie schwer es ist, selbst für den wohl-
wollenden und sorgsamen Schriftsteller, seinen Vorgängern immer geschichtliche Gerechtigkeit angedeihen zu lassen. Sichel hat zweifellos die
Priorität.

Auf die Verbesserungen der Ätzung, mit der schwach rothglühenden
Olive meines Brenners, mit Hinzufügung der Hornhaut-Färbung, auf die Rund-
Brennung um die Kegelspitze herum und die Rund-Färbung will ich hier nicht
weiter eingehen. (Vgl. m. 25jähr. Bericht, 1895, S. 38—39 und C.-Bl. f. A.
1902, S. 199—203. Vgl. auch den Bericht d. Heidelberger G., 1912.)

(XX und XXI. 1842/3.) I. Cataracta dehiscens[1]), von Friedrich
Jäger zuerst am Lebenden beobachtet, von Sichel genauer 1837 beschrieben.
Die oberflächlichen Schichten der Linse scheinen in drei dreieckige Stücke
sich zu theilen und bilden zunächst einen dreistrahligen Stern. Denselben
beobachtet man auch am ausgezogenen Star. (Und an dem künstlich, durch
Eintauchen des Leichen-Auges in Alkohol, bewirkten.) Bei älteren Kranken
passt die Ausziehung, bei jüngeren die Zerstücklung.

II. Der Linsen-Star soll im Kern beginnen; aber er beginnt jenseits des
40. Jahres in der Rinde (Cataracta lenticularis corticalis). Man hat
diese Formen früher für Kapsel-Stare gehalten, und hält sie noch dafür,
wenn man sich nicht durch Dissektionen geübt hat. Es giebt eine vordere
und eine hintere Rindentrübung und eine combinirte.

---

1) Aufplatzend. Das Wort wird in der Botanik von den Samen-Kapseln
gebraucht, die zur Zeit der Reife von selber sich in mehrere Stücke theilen. —
Sichel erinnert an Hoin's cataracte radiée (1760). Vgl. XIV, S. 65. Seitz (Augenheilk. von Desmarres, 1852, S. 424) erklärt die Streifen für Sprünge, wie in einer
Eisdecke, also nur für scheinbare Trübungen. (Wir wissen, dass beides vorkommt,
die scheinbaren und die wirklichen Trübungs-Streifen.)

Die Diagnose ist nicht so leicht. Der presbyopische Arzt muss sein
eignes Auge für die Nähe einrichten. Künstliche Erweiterung der Pupille
des kranken Auges ist sehr nützlich, auch die Lupe. (Doch soll letztere,
wegen der größeren Entfernung, die Trübung in der Mitte der hinteren Rinde
nicht zeigen! Als ob es nicht Lupen von etwas längerer Brennweite gäbe!)

Geschichte des Rinden-Stars.

Morgagni hat ihn zuerst erwähnt, nämlich in s. Epistol. anatom. perti-
nentes ad scripta Valsalvae (vgl. XIII, S. 430), XVIII, § 41 hervorgehoben:
»Die tiefen, leuchtenden Trübungen sitzen nicht immer im Glaskörper: sie
können auch die hinteren Schichten der Linse einnehmen oder . . .
ihrer Kapsel . . .« Hoin hat sie 1769 beschrieben. (XIV, S. 65.)

(Hier vergisst Sichel zweierlei anzumerken: St. Yves hatte schon [II, xv,
1722] die Stern-Trübung der hinteren Schichten beobachtet, sie allerdings in die
Kapsel oder den vorderen Teil der Glashaut versetzt; Daviel hatte 1760 bei der
Ausziehung gefunden, dass die strahligen Streifen, die er vorher durch die
Pupille beobachtet, lediglich der hinteren Schicht der Linse angehören.
[XIII, S. 512.])

Aber diese Beobachtungen blieben unbeachtet. Die Gebilde wurden
für Kapsel-Trübungen gehalten, von Benedikt (1829), Rosas (1830—34),
Middlemore (1835), Mackenzie (1835), Jüngken (1838).

Sichel fand den Rinden-Star zuerst 1832 bei der Zergliederung der
Leiche einer sehr alten Frau und dann weiterhin bei Leichen-Öffnungen,
hauptsächlich in Bicêtre und der Salpetrière, bei Greisen beiderlei Ge-
schlechts. Bei Individuen unter 40 Jahren findet man nur selten Rinden-
streifen; bei diesen beginnt der Linsen-Star entweder im Centrum oder
als gleichförmige, leicht milchige Trübung der ganzen Linse. Die Zahl
der Zergliederungen betrug mehr als hundert. »Wenn ich davon 1837 in
meinem Werke nur sehr kurz gesprochen habe, so geschah dies, weil ich
bis dahin in der Leiche noch keine Cataracta capsularis posterior gefunden
und ich immer darauf wartete, damit kein Bestandteil der Differential-Diagnose
des Rinden-Stares mir fehle[1].«

Auch nach 1837 wird der Rinden-Star übergangen von Andreae (1837
bis 39), Carron du Villards (1838), Chelius (1839), Jüngken (1842). Dagegen hat Tyrrel (1840, II, S. 357) die strahligen Trübungen genau beobachtet und nach der Ausziehung der entkapselten Linse in dieser selber
nachgewiesen. Ebenso Mackenzie in seiner 3. Aufl. (1840)[2].

Im Jahre 1841 hat Malgaigne[3] bei der Zergliederung von 25 Greisen-
Augen folgendes gefunden: »Die Trübung beginnt immer in den weichen

---

1) Es ist doch sehr schade, dass er dies nicht damals schon ausgeführt hat.
2) Nicht 1842, wie Sichel angibt.
3) Lancette française 1841, Nr. 26.

Schichten nahe der Kapsel und gewöhnlich gegen den Umfang der Linse. In der Mehrzahl der Fälle ist, wenn die Trübung an der Vorder- und Hinterfläche vollständig geworden, der Kern ganz klar geblieben. In andren, seltnen Fällen nimmt der Kern eine braune Färbung an, wird trocken, zerreiblich, und dann wirklich getrübt. Der Star besteht in einer krankhaften Absonderung der Kapsel, die selber durchsichtig bleibt; in den meisten Fällen nekrosiert der Kern inmitten der krankhaften Absonderung.«

Diese Sätze Malgaigne's bekämpft Sichel auf das lebhafteste.

(XXII) Sichel erklärt, dass die den Furunkel begleitende Chemosis einen Unerfahrenen zum Aderlass verleiten könne, während warme Umschläge u. dergl. genügen[1].

(XXV) Aus der systematischen Arbeit

über Cysticercus des Seh-Organs

ist hervorzuheben, dass von den bis damals (1847) bekannt gewordenen zehn Fällen vier auf Paris und zwar auf Sichel kamen, nur drei auf Deutschland, was gegenüber einigen chauvinistischen Behauptungen hervorgehoben werden soll[2].

Ferner hat Sichel die Organ-Kapsel genauer beschrieben, die sich aus dem Bindegewebe des Wirthes um den Wurm bildet, wie eine Schale oder ein Nest; die also nachweisbar ist, wenn der Wurm unter der Bindehaut sitzt, aber fehlt, wenn er frei in der Vorderkammer lebt.

§ 563. (XXIII) Über den Augenverband.

Um nach der Star-Ausziehung das Abstehen der Wundlefzen und die daraus hervorgehende Vereiterung zu verhüten, ist ein immobilisirender Verband unerlässlich.

»Das Hauptverdienst«, erklärt A. v. Graefe (A. f. O. IX, 2, 116, 1863), »für die Einführung des Druckverbandes nach der Extraktion kommt ohne Zweifel Sichel zu; und müssen wir dasselbe um so höher stellen, als Sichel sich von den herrschenden Anschauungen über die Ursachen der Nichterfolge, vermeintlich durch Iritis, frei machte, welche Anschauungen gerade

---

[1] In der That gehört dieses Leiden zu denen, welche mehr scheinen, als bedeuten. Gewöhnlich sitzt der Furunkel im Schläfentheil des Oberlides. Ich fasse das letztere, was einige Schwierigkeit macht, zwischen Daumen und Zeigefinger der Linken und schneide von der äußeren Haut ein.

[2] Vgl. Cysticercus im Auge, Eulenburg's Real.-Encykl. II. Aufl. Bd. IV, S. 1885, und Berl. Klin. Wochenschr. 1892, Nr. 14. Bei uns ist durch die Fleisch-Schau die Finnenkrankheit des menschlichen Auges ganz beseitigt; im Ausland noch nicht so vollständig.

durch Sichel's Lehrer, Friedrich v. Jäger, besonders unterstützt worden
waren. Sorgfältige, und bei dem damaligen Stand der Principien kühn zu
nennende Beobachtungen des Heilverlaufs lehrten Sichel, die Wund-Eiterung
als hauptsächlichsten Ausgangspunkt der bösen Zufälle zu betrachten, und
brachten ihn folgerichtig zu der methodischen Anwendung eines energischen
Druckverbandes. Seine ersten Versuche fallen in das Jahr 1844, die ersten
Publikationen erfolgten fast 10 Jahre später.«

Sichel hat in einem März 1860 (auf ausdrückliches Verlangen von
A. v. Graefe) abgefassten Briefe (A. f. O. IX, 2, 116—118) das folgende mitgetheilt: . . . »So oft ich ein nach Star-Ausziehung im Vereitern begriffenes,
aber noch nicht völlig vereitertes Auge öffnete, fand ich den Sitz der Eiterung zwischen den Wundlippen und in dem mehr oder minder abstehenden
Hornhaut-Lappen. Sobald ich aber zur Regel angenommen, das operirte Auge zu öffnen, so wie sich die ersten Zeichen der ver-
meinten Entzündung zeigten . . . [1]), so fand ich jedesmal nur ein
Abstehen des Randes des Hornhautlappens, mit beginnender oder schon
vorgerückter Eiterung zwischen den Wundlippen, ohne Iritis . . . Neues
Anlegen von stärker gespannten Streifen von englischem Pflaster, welche
einen gewissen Druck ausübten und die Wundränder einander von neuem
annäherten, nach vorhergehendem Andrücken des Hornhautlappens ver-
mittelst der auf das Augenlid angelegten Finger, brachte mehrmals eine
Verminderung der Symptome zu Stande. Dies veranlasste mich, vor 15
oder 16 Jahren einen Druckverband auszudenken, um die abstehenden
Wundlefzen kräftiger und dauernder einander zu nähern. Dieser Druckverband, den ich zuerst in der Gazette des hôpitaux (1854, Nr. 54)
geschildert und dann in meiner Iconographie ophthalmologique (Tafel XVI,
Fig. 9 und Text der Extraktion) beschrieben und abgebildet, besteht in gra-
duirten Kompressen, von denen die schmalste mit ihrer Mitte gerade dem
Hornhautschnitte entsprechen soll, welche über das Augenlid angelegt und
durch eine Binde fest angedrückt gehalten werden . . . «

---

[1]) Wir haben schon kennen gelernt, wie sehr die ersten und klassischen Aus-
führer der Star-Ausziehung dies scheuten. (Daviel, § 350; Richter, § 424, XIV, S. 226.)
Aber doch nicht alle! J. Beer schreibt 1799, Repertor. III, S. 147: »Bei vielen,
wenn ich am folgenden Tage (nach der Star-Ausziehung) das Auge öffnete,
fand ich die Wunde völlig und kaum sichtbar vereinigt . . .« C. F. Graefe hat das
star-operirte Auge täglich besichtigt. Auch der treffliche Zeuschner (Zusatz 1 zu
diesem Paragraphen) verlangte, dass die Starschnitt-Wunde »täglich wenigstens
einmal genau untersucht werde«. (Rust's Magazin, XIX, S. 394, 1825.) Sanson
(Dict. de méd. et de chir., V, 1830, Cataracte) fordert auch die Untersuchung, aber
mit größter Vorsicht, bei schrägem Lichteinfall von der Kerze. — Aber, wenn, nach
der Niederlegung, Dupuytren jeden Tag die Lider öffnete und bei Kerzen-
licht das Auge betrachtete, so hat Vidal dies nicht gebilligt. (Pathol. ext. I,
412, 1840.)

Geschichte der Augenverbände[1]).

I. Die alten Griechen gedenken des Augenverbandes.

1. Die in der hippokratischen Sammlung aufbewahrte Schrift von der Werkstatt des Wundarztes zählt (im 7. Kapitel) unter den Arten der Verbände an dritter Stelle den Augenverband auf, der einfach ὀφθαλμός, d. h. Auge, genannt wird. (Littré, III, S. 292.)

Dieses klare Wort ist in die Sprache der neueren Ärzte nicht übergegangen, sondern vielmehr Monoculus (von μόνος, allein, und oculus, Auge), — ein Wort, das schon im späten Latein (in des Julius Firmicus math. 8, 19 u. a. a. Stellen, 334—337 n. Chr., sowie in den nach-Isidorischen Mythogr. Lat.) für μον-όφθαλμος, einäugig, in Gebrauch gewesen, und bei uns die Bedeutung des Verbandes über ein Auge gewonnen. Es findet sich noch nicht in den ursprünglichen Ausgaben der Wörterbücher von Castelli und Blancard, aber schon in der Isenflamm'schen Übersetzung von Blancard's arzneiwissensch. Wörterbuch, 1788, II, S. 382, und in G. Kühn's Lex. med., 1832, II, S. 957; natürlich in allen medizinischen Wörterbüchern unsrer Tage. Wer zuerst dem Wort diese Sonderbedeutung zuertheilt hat, vermag ich nicht anzugeben.

In dem Commentar des Galenos zu der genannten Schrift der hippokratischen Sammlung heißt es (Galen's Werke XVIII[6], S. 732): »Die Art des Verbandes, die wir Auge nennen, wenden wir auf den Augapfel an, sei es, dass derselbe vorzufallen droht, sei es um die ihm aufgelegten Arzneien festzuhalten[2]).«

Über den Druckverband bei Hervordrängung des Augapfels ist etwas ausführlicher Aëtios, VII c. 57: »Auf das Auge lege man einen Wolle-Bausch, der mit Honig und einem wenig Safran bestrichen ist, und darüber eine Kompresse und verbinde mit sanftem Druck.«

2. Die alten Griechen kannten unter dem Namen ὀφθαλμός mehrere Verbände[3]).

»Soranos beschreibt zwei, einen einfachen, c. XVI, und einen doppelten, c. XXI und XXII. Galenos beschreibt vier Arten, einen schrägen, der entweder einfach ist, c. XXXIX, oder doppelt, c. XLI; und ferner einen graden, der bald einfach ist, c. XLIV, bald doppelt, c. XLV. Heliodoros beschreibt zwei, wie Soranos, den doppelten, c. II, und den einfachen, c. X: der letztere, der unsrem Monoculus ähnlich scheint, ist der hippokratische, wie das Oreibasios (l. XLVIII, c. XXIX) ausdrücklich hervorhebt[4]).«

---

1) In A. v. Graefe's Arbeit über den Druckverband (A. f. O. IX, 2, 111—152, 1863) findet sich »§ 1, Geschichtliches über den Druckverband bei Augenkrankheiten«, der viel werthvolles Material zusammenstellt, aber für die älteren Zeiten nicht genügende Klarheit schafft.

2) Dergleichen liest man noch in Schriften des 19. Jahrhunderts: »Man hat gerathen, die Kollyrien in Salbenform unter die Lider zu bringen und diese Deckel genähert zu halten.« (Hairion, A. d'Oc. XXI, S. 60, 1849.)

3) Vgl. Chirurgie d'Hippocrate par J. E. Pétrequin, Paris 1878, II, S. 29.

4) Das Buch von den Verbänden (περὶ ἐπιδέσμων) des Soranos, eines älteren

Vielleicht den besten Text finden wir bei Oreidasios XLVIII, c. 28—30 (wohl nach Heliodoros).

Der gespaltene Augenverband (c. 28) ist ziemlich complicirt und ohne Abbildungen·kaum zu verstehen. (Die Binde wird in zwei Schenkel zerrissen, die beiden Enden schließlich in einen Knoten vereinigt. — So etwas haben wir auch gelegentlich mit einer dünnen Gaze-Binde gemacht.) Leicht verständlich sind c. 29 und 30.

»A) der einfache Augenverband, den Einige als den hippokratischen bezeichnen.

Von einer Binde, die zu dem Zweck genügt (an Breite und Länge), wird das eine Ende an der Seite des Kopfes festgehalten, vom Hinterhaupt unterhalb des benachbarten Ohrläppchens schräg geführt über das Bedeckung heischende Auge, darauf zur Stirn emporgeführt, von der der Stirn zum Scheitelbein, vom Scheitelbein zum Hinterhaupt; vom Hinterhaupt macht man eine kreisförmige Runde um die Stirn und macht schließlich den Knoten am (hinteren) Ende des Scheitelbeins.

B) Der doppelte Augenverband.

Hat man den einfachen Augenverband vollendet ohne die kreisförmige Runde um die Stirn, so führt man vom Hinterhaupt die Binde schräg zum Scheitel, vom Scheitelbein zur Stirn und zum andren Auge, um dies zu bedecken, so dass eine Kreuzung auf der Stirn gemacht wird; dann führt man die Binde weiter unter dem Läppchen des dem zweiten Auge benachbarten Ohres zum Hinterhaupt, und, vom Hinterhaupt wieder aufsteigend, vollendet man eine kreisförmige Runde um die Stirn. Den Knoten macht man wieder an dem hinteren Theil des Scheitelbeines. Dieser Verband passt zum Verbinden beider Augen.«

(Man sieht also, dass diese einfachen, aber wichtigen Handgriffe, die wir heute noch fast ebenso üben, nahezu vor 2000 Jahren, vielleicht schon viel länger, den griechischen Ärzten ganz geläufig gewesen sind.)

Oreidasios beschreibt auch noch einen Pallisaden-Verband des Amyntas zum Verband eines Auges und der Nase; sowie einen eignen für einseitiges Thränensackleiden (Ägilops und Anchilops).

Beiläufig sei noch erwähnt, dass schon in jener hippokratischen Schrift reine Verbände dringend empfohlen werden; und mit der Reinlichkeit beginnt auch die Schrift des Galenos.

Zeitgenossen von Galenos, ist abgedruckt in Charterii Hippocr. et Galen. opp. XII, S. 505—517. Die Schrift des Galenos über den gleichen Gegenstand findet sich in der Ausgabe seiner Werke von Kühn Bd. XVIII a, S. 769—827. Heliodoros war Zeitgenosse des Trajan und ist wohl der bei Juvenal (VI, 372) erwähnte Arzt; von seinem Buch über Verbände finden sich Auszüge bei Oreidasios, in dessen Sammelwerk das Buch XLVIII den Binden und Bandagen gewidmet ist.

Über die Anzeigen zum Augenverband haben wir einige Angaben kennen gelernt, wenn gleich keine methodische Darstellung. Jedenfalls wurde das durch Star-Stich operirte Auge verbunden. »Wir legen auf das Auge Wolle, die mit Eigelb und Rosenwasser befeuchtet ist, und verbinden; verbinden auch gleichzeitig das gesunde Auge, um Mitbewegung auszuschließen ... und lassen den Operirten bis zum 7. Tage verbunden, wenn nicht eine Hinderung eintritt.« (PAULOS VI, XXI; vgl. XII; S. 416. Ähnliches hat auch CELSUS; vgl. XII, S. 284.) Dass auch nach der Staphylom-Operation und nach Lid-Operation (z. B. nach der Empornähung und nach der Entfernung von Balg-Geschwülsten) ein Augenverband angelegt wurde, erfahren wir aus AËTIOS (VII, VIII, XXXVII) und PAULOS (VI, XIX und XIV). Ersterer empfiehlt auch (LI) gegen Augen-Lähmung die Brechkur bei verbundenen Augen anzuwenden.

Gegen Iris-Vorfall, der erst bis zum Fliegenkopfe gediehen, empfiehlt PAULOS (XII, S. 382), fest, aber ohne Druck, einen Schwamm aufzubinden (σπογγοδετεῖν ἀθλίπτως), indem man mit Essigwasser oder zusammenziehendem Wein oder einer Rosen-Abkochung den Schwamm oder einen Verbandbausch benetzt.

Bei tieferen Augenverletzungen empfiehlt AËTIOS (VII, XXIV), neben Bähungen und Einträuflungen, den leichten Verband. (Ἐπιδείσθω δὲ ὀφθαλμὸς κούφως.)

II. Die Araber folgten im allgemeinen auch auf diesem Gebiete den Lehren der Griechen; das ersehen wir aus dem kanonischen Buch von ʾALĪ BEN ʿĪSĀ. (Vgl. XIII, S. 121—146.)

Aber statt der von den Griechen (XII, S. 284 u. 416) verwendeten Wolle benutzten die Araber (XIII, S. 193) hauptsächlich Baumwolle, die ja offenbar dem Auge weit angenehmer ist und die auch heutzutage für uns den hauptsächlichsten Verbandstoff liefert. (Übrigens hat auch schon DAVIEL die Baumwolle zum Verband nach der Star-Ausziehung angewendet. [XIV, S. 492].)

Zur Star-Operation pflegten die Araber die Baumwolle mit einem frisch geschlagenen Ei und etwas Rosen-Öl zu befeuchten, oder mit Veilchen-Öl, was ʿAMMĀR vorzieht. (Arab. Augenärzte II, S. 123.) Derselbe fügt hinzu: »Du verbindest das Auge mit einer langen Binde, die zwei Mal das Auge umgiebt, und machst den Knoten gegenüber der Schläfe.« ḪALĪFA empfiehlt beide Augen zusammen mit einer starken Binde zu verbinden und den Knoten bei dem einen der beiden Ohren zu machen, damit derselbe nicht unter dem Kopfe sei, wenn der Patient schläft. (Arab. Aug. II, S. 183.)

»Beim Iris-Vorfall soll der Verband andauern. Bei der 3. oder 4. Art laß in den Verband eine Bleiplatte von 5—10 Drachmen Gewicht ein.« (ʿALĪ BEN ʿĪSĀ, vgl. XIII, S. 136.) Auch bei dem Vorfall des Auges kommt Verband mit Kompressen oder mit einer Bleiplatte in Anwendung. (Ebend., S. 143.)

Die Thränenfistel hat Rāzī bei einem Knaben, ohne Operation, durch Ausdrücken und den Druckverband geheilt. (Ebend. S. 104. — Druck-Apparate gegen Thränensack-Leiden hat Fabric. ab Aquapendente eingeführt: De aegylope, Lugd. 1628. Petit, Heister, Platner u. a. haben derartige Instrumente erfunden und angegeben.) Die Araber wussten auch, dass mitunter Thränensack-Eiterung nicht sogleich sichtbar ist und erst durch Verbinden des Auges deutlich wird (XIV, S. 32), — ein Verfahren, das wir heutzutage, um Eiterung nach dem Star-Schnitt zu verhüten, so erfolgreich anwenden.

III. Bei dem europäischen Mittelalter werden wir nicht unnütz verweilen. Es ist einfache Übersetzung aus dem Arabischen, wenn Guy de Chauliac (II, II, II, 1363, § 296) empfiehlt, nach dem Star-Stich, »que les deux yeux soient bandez à ce que l'un ne meuue l'autre, ains se repose«.

Fig. 4.

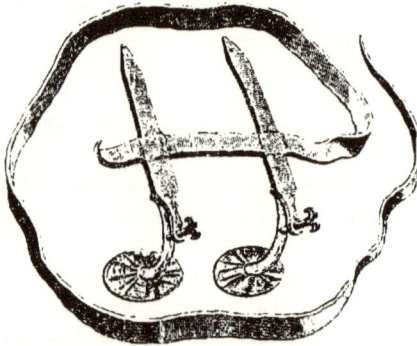

IV. Nach dem Wieder-Erwachen der Augenheilkunde finden wir zur Niederdrückung des Staphyloma eine neue Entdeckung von Th. Woolhouse (1711, Expériences des différents opérations ... § 329), die Wiedereinrenkung (remboitement) [1], die von dem Urheber, nach seiner Gepflogenheit, nur genannt, aber von seinen Schülern beschrieben ist.

Bei Woolhouse heißt es:

»IV, le remboîtement ou reduction de l'Uvée, dans toutes ses espèces, comme au Staphylome, au myocephalon ...«

Mauchart (de staphylomate, 1748; XIV, 188) meldet uns: »Eine Druck-Maschine hat Woolhouse erfunden, eine einfache aus einer Schale und eine doppelte aus zwei Schalen. Die letzteren haften an Armen, welche der Stirn aufliegen und hier durch eine kreisförmige Binde befestigt werden. Zwischen Schale und Lid werden weiche Kompressen gelegt. Durch eine Schraube kann der Druck allmählich gesteigert werden.«

J. Z. Platner (1745, inst. chir. § 589; XIV, 147) bildet diese Maschine ab (Taf. VI, xiii, vgl. unsre Fig. 4) und fügt hinzu, dass man auch eine Bleiplatte auf das Lid und einen Schnür-Verband darüber legen kann.

Gegenüber solchen Verirrungen berührt es uns angenehm, bei den eigentlichen Begründern der neuen Zeit recht gesunde Grundsätze zu

---

1) boîte. vom Accusat. πυξίδα, Büchse; Verrenkung, deboîtement.

finden. MAÎTRE-JAN (1708, S. 137, vgl. § 358) erklärt, dass die Augenverbände nur zusammenhaltend (contentif), nicht drückend sein dürfen; dass man bei durchbohrenden Augen-Verletzungen verbinden müsse [1]) und zwar beide Augen. St. YVES (II, xxix, 1722; vgl. § 359) hat bereits ein besondres Kapitel über den Augenverband[2]), das erste, das ich gefunden, und darin zwei wichtige Sätze: »1. Man hat es sich fast zur Regel gemacht, die Augen zu verbinden (bander), in der Mehrzahl ihrer Erkrankungen. Aber dadurch verursacht man ihnen häufig einen großen Schaden: man macht die Augen lichtempfindlich, hindert den erfrischenden Luftzutritt, sperrt die Absonderung ein. 2. Man muss sich wohl hüten, den Augenverband zu fest zu schnüren.«

Die wichtigste Thatsache aus dem 18. Jahrhundert ist die, dass DAVIEL bei seinem Hornhaut-Lappenschnitt zur Star-Ausziehung eines nur leicht schnürenden Verbandes sich bediente. (Vgl. XIV, S. 492. On applique les emplâtres, par dessus un peu de coton en pelote, et on contient le tout avec un bandeau sans le trop serrer.)

Von da ab bis auf unsre Tage dreht sich alles um die Frage, ob und wie man den Star-Schnitt, die andren durchbohrenden Augen-Operationen und auch die Verletzungen verbindet.

Die meisten Operateure befolgten DAVIEL's Grundsatz, nach dem Star-Schnitt einen Verband anzulegen, — Franzosen, Deutsche, Engländer, doch mit verschiedenen Abänderungen [3]).

JANIN (1772, III, 6; vgl. XIV, S. 88) verbindet mit trockner Charpie und hält dies für sehr wichtig. Einen trocknen Verband gebraucht auch PELLIER DE QUENGSY (1783, X; vgl. XIV, S. 93): Unmittelbar nach der Star-Operation, auch nach der einseitigen, legt er auf beide Augen kleine, halb gefüllte Kissen voll Baumwolle, heftet sie mit Nadeln an der Mütze und befestigt sie mit einer Binde aus gebrauchter Leinwand, die doppelt ist, — oder einfach in der heißen und dreifach in der kalten Jahreszeit, — und die um den Kopf gelegt und durch Nadeln festgehalten wird; eine zweite

---

1) Hundert Jahre früher, bei FABRICIUS AB AQUAPENDENTE (1620, vgl. § 316) war der Augenverband für Verletzungen gar nicht erwähnt worden. — Aber AËTIOS (VII, xxv) hatte schon des leichten Augenverbandes bei tiefen Augen-Verletzungen gedacht.

2) Doch bedeutet panser les yeux die ganze örtliche Behandlung. Panser, besorgen, verbinden, ist ursprünglich dasselbe, wie penser, denken, — vom lateinischen pensare, wägen. (Pour panser il faut y penser.) — Sitis est pensanda tuorum, heißt es schon bei CALPURN. SIC., eclog. 5, 111, um die Mitte des 1. Jahrh. n. Chr.

3) Über PIERRE DEMOURS's Gedanken, vor der Star-Operation einen Gyps-Abdruck des geschlossenen Auges anzufertigen, vgl. XIV, 69. Einen Gyps-Verband, mit einem Loch zum Abfluß der Thränen, hat auch SICHEL versucht (A. f. O. IX, 2, 118', und KÜCHLER (1868) über das Wattepolster nach der Star-Ausziehung gegypste Gaze-Binden gelegt. (XIV, II, S. 407.) Gestärkte Binden sind in unsren Tagen von Mehreren erfunden und verwendet worden.

Binde geht um das Kinn, steigt zu beiden Seiten an dem Kopf empor und wird gleichfalls überall durch Nadeln befestigt.

WENZEL JR. (1786, § 24) bedeckt das Auge nach dem Star-Schnitt mit einer trocknen Kompresse, die durch eine Binde festgehalten wird, oder mit einem Charpie-Bausch. Alle Tage wird der Verband gewechselt. In seinem Manuel de l'Oculiste (1808, I, 54) hat er den Verband genauer beschrieben und (ebendas. S. 184) hinzugefügt: »Indem man das star-operierte Auge mit der Binde leicht zusammendrückt, werden die Schnittränder einander angenähert und die Vereinigung derselben erleichtert; in der That, die sorgfältig geschlossenen Lider dienen, so zu sagen, als eine zweite Kompresse, die sicher die sanftere ist.«

GLEIZE (1786; XIV, S. 106) bedeckt das Auge nach der Ausziehung mit staffelförmigen Kompressen, die durch eine Binde befestigt und von Zeit zu Zeit mit stark gewässertem Weingeist befeuchtet werden.

A. G. RICHTER (1773, IV; XIV, S. 217) verbindet, sowie die Star-Linse aus dem Auge, und die Pupille ganz rein, das Auge sogleich und räth, das Auge nicht vor dem 10. oder 12. Tage zu öffnen; 1790 (Wundarzneikunst, § 333, 334) erklärt er es für das beste, das obere Augenlid mittelst eines Paares schmaler Streifen von Heftpflaster an das untere zu befestigen und eine Kompresse vorzuhängen: er erwähnt aber, dass man gewöhnlich eine weiche Kompresse auf beide Augen legt und dieselbe mit einer Binde gelinde andrückt; dass einige einen ausgehöhlten feinen Schwamm, der ja stets, ohne abgenommen zu werden, feucht erhalten werden kann, oder ein mit Baumwolle gefülltes Beutelchen auf dem Auge mit einer Binde befestigen.

JUNG-STILLING (1791, § 113; vgl. XIV S. 209) fand es bewährt, zwei Kompressen, die das Auge vollkommen decken, von einer Dicke, dass sie lange feucht bleiben, mit einer Aderlass-Binde so auf die Augen zu binden, dass diese nur zugehalten, ja nicht fest gedrückt werden.

JOSEPH BEER (1791, XI; XIV, S. 499) findet den Verband, je einfacher, desto besser: er legt, wenn die Augenlider geschlossen sind, einen sehr schmalen Streifen Heftpflaster zuerst auf die Mitte des oberen Augenlides und klebt dann, indem er das Pflaster etwas anzieht, das untere Ende desselben auf dem unteren Lid fest und lässt eine Doppelklappe von einer Stirnbinde vor beiden Augen frei herabhängen. Dies schon von RICHTER empfohlene Verfahren, das eher einen Verschluss, als einen Verband des Auges darstellt, hat BEER auch noch 1817 vorgeschrieben, (II, S. 359, S. 373), aber hinzugefügt, dass englisches Heftpflaster zu wählen sei.

Auch JÜNGKEN (1829, II; XIV, vgl. S. 68) schließt nur die Augenlider durch ein, höchstens zwei Streifchen englischen Pflasters von 1½''' Breite und 1½'' Länge und hängt Kompressen vor.

Hingegen finden wir in England den Druckverband nach der Star-Ausziehung angewendet von ALEXANDER 1830 (J. d. Ch. u. Aug. XV, S. 265),

einen Schluss-Verband ohne festen Druck von MIDDLEMOORE 1835, — während
W. MACKENZIE (1830, S. 620) dasjenige Verfahren empfiehlt, das er bei
seinem Lehrer BEER gesehen hatte.

Auch F. ARLT hat noch 1853 (Kr. d. Aug. II, S. 367) ein durchaus ähnliches Verfahren nach der Star-Ausziehung vorgeschrieben.

Aber 1858 führte er den Charpie-Verband ein: die Augengrube wird leicht
mit Charpie ausgefüllt und die letztere befestigt mit Leinwandstreifen von 2 cm
Breite und 5 cm Länge, an jedem Ende mit etwas Diachylon-Pflaster bestrichen,
das eine Ende unter der Protuberanz des Oberkiefers, das andre am Stirnhügel
der entgegengesetzten Seite anzukleben. (Wiener Spitals-Zeitung, 1859, No. 3, S. 22.)
Einige Jahre später, nachdem A. v. GRAEFE's Druckverband bekannt geworden,
führte ARLT über diesen Verband, der größeren Sicherheit wegen, noch eine Binde,
bestehend aus einem elliptischen Flanell-Streifen, diagonal zum Faserverlauf ge-
schnitten, von 6 cm Breite in der Mitte und 20 cm Länge, an jedem Ende mit
leicht dehnbaren Baumwollen-Bändern von 2 cm Breite und 1 m Länge versehen. (Vgl. die erste Ausgabe unsres Handbuches 1874, III, S. 278.)

Auf diesem Boden erwuchsen SICHEL's Versuche, die wir im Anfang
dieses Paragraphen besprochen, und die A. v. GRAEFE, nachdem er sie 1850
zu Paris kennen gelernt, zum Ausgangspunkt seiner eignen Studien gemacht.

A. v. GRAEFE[1]) beginnt mit dem Satz:

Jeder Druck, welcher senkrecht auf einen Punkt oder Abschnitt der
Augapfel-Peripherie wirkt, ist mit der Empfindlichkeit des Organs nicht
verträglich. Alle Platten und Pelotten sind zu verwerfen. Das einzig richtige
Princip für den Druck bleibt, durch eine seitliche Anspannung des oberen
Lides nebst gleichmäßiger, elastischer Unterstützung der Außenfläche des-
selben die Lider im Schluss zu immobilisiren und so, wie WENZEL es ganz
richtig durchgeführt hat, aus dem Lide selbst eine zarte, elastische Druck-
Kompresse zu bilden. Dies erreichen wir, indem wir die anziehende Wirkung einer Rollbinde durch eine vollständig gleichmäßige Auspolsterung der
Orbita auf das Lid fortpflanzen.

Von den Druckverbänden sind zu unterscheiden die einfachen Schluss-
verbände. Zu den letzteren gehört auch der hermetische Schlussverband des gesunden Auges, bei Blennorrhöe oder Diphtherie des andren:
das gesunde Auge wird geschlossen, die Augenhöhle mit Charpie ausge-
polstert; darüber wird eine Wachstaffet-Decke gelegt. hierüber endlich eine
doppelte Leinwand-Decke, deren Rand zunächst mit Kollodium genau befestigt wird, während alsdann die ganze Außenfläche schichtweise mit
Kollodium bestrichen wird, bis ein vollkommen steifer Panzer das Ganze
abschließt[2]).

---

1) A. f. O., IX, 2, 141—152, 1863.
2) Einfacher finde ich es, von gut klebendem Heftpflaster ein passendes vier-
eckiges Stück zu schneiden, den Winkel, der auf die Nase kommt, abzurunden,
ein großes Loch in die Mitte zu schneiden und dieses von innen her durch ein
Marien-Glas, aus einer Schutzbrille, zu verschließen.

6*

»Das beste Material zur Auspolsterung geben meines Erachtens kleine, sorgfältig vorbereitete Charpie-Scheiben ab, von $3/4''$[1]) Durchmesser und sehr geringer Dicke.« Nach regelrechter Aufpolsterung darf die leicht angedrückte, flache Hand die Lage des Augapfels nicht mehr fühlen.

Bei dem provisorischen Verbande wird über das Charpie-Polster eine gestrickte, baumwollene Binde von etwa 15'' Länge und $13/4''$ Breite in Richtung einer aufsteigenden Monoculus-Tour hinübergelegt, zwei an den spitz auslaufenden Binden-Enden befestigte Bändchen vom Hinterhaupt zur Stirn zurückgeführt und hier mit einander verknüpft.

Bei dem regelrechten Druckverband geschieht die Befestigung des Polsters durch eine Flanell-Binde von 2 Ellen Länge und $1 1/2$ Zoll Breite, mittelst einer aufsteigenden Monoculus-Tour über das Auge. Der Schnür-Verband erhält drei aufsteigende Monoculus-Touren.

Die allerfruchtbarste Anwendung haben die Druckverbände bei der Lappen-Ausziehung gefunden. Vergleicht man die in der Klinik seit 1855 mit Druckverband behandelten 900 Lappen-Ausziehungen mit den 600 ohne Druckverband; so ist die totale Vereiterung von 7 auf 4 % gesunken.

Der Druckverband ist aber auch bei den andren Operationen im Augen-Innern nützlich, bei der Linear-Ausziehung, der Iridektomie mit Blutung, bei Glaskörper-Vorfall, bei der Staphylom-Operation; aber auch bei Schiel- und Lid-Operationen und bei Verletzungen des Augapfels. Endlich bei dem torpiden Eiter-Infiltrat der Hornhaut, abwechselnd mit warmen Kamillen-Umschlägen; bei durchbohrenden Hornhautgeschwüren, wenn nicht Binde-haut-Eiterung den Verband verbietet; bei neuroparalytischer Hornhaut-Ent-zündung.

Dem Druckverband ist A. v. GRAEFE auch für die von ihm erfundene modificirte Linear-Extraction treu geblieben. (A. f. O. XI, 3, S. 39, 1865, und XII, 2, S. 182, 1866.)

Diese rein mechanischen Grundsätze[2]) erfuhren eine Umänderung und Erweiterung, als die antiseptische Behandlung in den siebziger und die aseptische in den achtziger Jahren des 19. Jahrhunderts ihren siegreichen Einzug auch in das Gebiet der Augenheilkunde vollzogen. Charpie-Plätz-chen gehörten bald nur noch der geschichtlichen Vorvergangenheit an, durch heißen, strömenden Dampf sterilisirte Verbandwatte und Gaze-Binden kamen zur Verwendung, und zur Befestigung des ganzen Verbandes nach dem

---

1) Fuß (') statt Zoll ('') ist ein Druckfehler. (S. 127.)
2) Wie großen Werth man auf diese noch vor einem Menschen-Alter gelegt hat. lehrt mich eine Erinnerung. Im Sommer 1876 traf ich in A. SICHEL's Klinik zu Paris einen unglücklichen Fall von beginnender doppelseitiger Vereiterung des Hornhaut-Lappens nach Star-Operation. SICHEL ersuchte mich, genau nach GRAEFE's Grundsätzen den Verband anzulegen, und hat sich und dem Kranken davon etwas versprochen.

Star-Schnitt (für die ersten Tage) noch gestärkte Gaze-Binden, die durch trockne Heißluft (150°) keimfrei gemacht wurden[1]).

Aber der Fortschritt erfolgt in Wellenbewegungen, nicht gradlinig. Die offene Wundbehandlung des Star-Schnitts hat Czermak 1894 und 1896 und Hjort 1897 gepriesen[2]), gestützt einerseits auf die theoretische Erwägung, dass der Lidschlag günstig sei zur Reinigung der Augapfel-Oberfläche, und andrerseits auf gute Ergebnisse.

Gewöhnlich wird aber das Schutzgitter von Fucus vorgebunden. (Dasselbe ist schon 1883 versucht und 1893 beschrieben worden, Wiener Klin. W. VI, No. 2. — II. Snellen's Aluminium-Schale ist weniger angenehm.) Die werthvollen Lehren der offenen Wundbehandlung waren auch denen nützlich, die sich ihr nicht angeschlossen haben. C. Hess nimmt offen Partei für dieselbe (1911, unser Handbuch, K. IX § 149). Hingegen hat Elscunig weder durch theoretische noch durch praktische Erwägungen sich veranlasst gesehen, sie anzunehmen.

Auch ich habe stets nach dem Star-Schnitt einen Verband angelegt[3]), nie einen Nachtheil, immer Vortheil davon gesehen.

Viel hängt auch von der Art des Kranken-Materials ab. Solche Engel von Kranken die »erklären, dass sie nicht tief schlafen, dass das Bewusstsein von ihrem Zustand eher erwachen würde, als die Hand das Auge erreichen könnte«[4]), sind nicht Jedem vom Schicksal beschieden[5]).

Einer der ersten, der einem Lehrbuch der Augenheilkunde eine vollständige Abhandlung über Augenverband einverleibte, war Ch. Deval 1862. Wer sich über die heutigen Anschauungen und Maßnahmen unterrichten will, findet einen vollständigen Artikel on bandaging, mit guten Abbildungen, in Beard's Ophthalmic Surgery, Philadelphia 1910, S. 15—31; ebenso in Wood's System of ophthalmic. op. I, 243—265, 1911.
Die Grundsätze der offenen und gedeckten Wundbehandlung sind erschöpfend abgehandelt in unsrem Handbuch, Kap. IX § 149—151, von C. Hess; in den augenärztl. Operationen von Czermak-Elschnig, II, S. 55—113, 1908. Vgl. auch H. Snellen Sr. in unserm Handb. II, K. II, § 15.
Zusatz 1. Als erster Vorkämpfer für die offene Wundbehandlung wird, in unsrem Handbuch von H. Snellen sr. wie von C. Hess, und ebenso auch von Czermak-Elschnig, Hr. Dr. Zeusner, nach dem Zeugnis des Hrn. von Biakowski aus dem Jahre 1827 angeführt.
Aber der Mann schrieb sich Friedrich August Zeuschner, war Kreisphysikus in Meseritz (RB. Posen), zeichnete sich besonders als geschickter und glücklicher

---

1) Vgl. m. Einführung I, S. 46 fgd., 1892.
2) Cz. Wiener Klin. Wochenschr. 1894 Nr. 27, I. Aufl. d. Augenärztl.-Op. 1896. S. 93 fgd., S. 588 fgd.
Hj., C. Bl. f. A. 1897, S. 138—145.
3) Dessen Eigenheit ich hier nicht schildern will.
4) Hjort, a. a. O, S. 145.
5) Vgl. Berl. Klin. W. 1892 No. 26.

Augen-Operateur aus und ist, kaum 40 Jahre, als Opfer seines Eifers der Cholera erlegen[1]).

Die Quelle ist seine »Abhandlung über das Verfahren beim Ausziehen des grauen Staars«, in Rust's Magazin f. d. ges. Heilk. XIX, 3, Berlin 1825. Er wirkt die Star-Ausziehung, während der Gehilfe das obere Augenlid mit dem Richter'schen Augenlidhalter aus Silberdraht in die Höhe hält und das untere mittelst des Zeigefingers niederdrückt, mit dem Richter'schen oder Rust'schen Starmesser und dem Pamard'schen Spieß und hat »unter mehreren Hundert Star-Ausziehungen nur wenige missglücken sehen«. Aber die Operation wird nur dann erfolgreich sein, wenn man das folgende beachtet:

1. »In die Vorderkammer gedrungene Luftbläschen sind mit dem Daviel-schen Löffel behutsam herauszubefördern.

2. In den ersten Tagen nach der Ausziehung kann längs dem ganzen Hornhautschnitt ein plastischer Stoff sich bilden, welcher zottenartig vom Auge herunterhängt. Dieser muss behutsam mit einer feinen Augenpincette abgelöst werden. Dieser Stoff ist häufige Ursache des Missglückens der Star-Ausziehung. Es muss also das Auge täglich wenigstens einmal genau untersucht werden. 3. Das Auge darf nach der Operation nicht mit Heftpflaster verschlossen. sondern eher ein wenig offen gehalten werden, um der Thränen-Absonderung, sowie auch dem Abfluss der wässrigen Feuchtigkeit kein Hindernis in den Weg zu legen. 4. Damit der schon im Verheilen begriffene Hornhautlappen nicht durch den Druck des geschwollenen Unterlidrandes wieder aufklafft, wird das Unterlid durch Heftpflaster mäßig herabgezogen.

Der Vorwurf gegen das Geöffnetsein des operirten Auges fällt weg, wenn man nun annimmt, dass das obere Augenlid beim mäßigen Geschlossensein den Hornhautlappen genügend andrückt.

Der Verband besteht nur aus einer doppelt übereinander ge-legten Leinwand, die an die Mütze des Kranken angesteckt oder mittelst Bändern um den Kopf gebunden werden kann; ein jeder andre complicirte Ver-band befördert Andrang des Blutes, drückt und erwärmt das Auge und begünstigt dadurch Entzündung.

Der Kranke braucht das Bett nicht zu hüten, sondern kann sitzend auf einem Sopha in einem gleichmäßig verdunkelten Zimmer verbringen.«

Ich glaube, der Leser wird mir Dank wissen, dass ich ihn mit den Grund-sätzen dieses tüchtigen Mannes bekannt gemacht. Ein Zerrbild derselben würden diejenigen, die ihn falsch citirt, gefunden haben, wenn sie — das erwähnte Werk von Biakowski wirklich aufgeschlagen hätten.

Es heißt in der Erklärung der anatomisch-chirurgischen Ab-bildungen nebst Beschreibung der chirurgischen Operationen nach den Methoden von v. Graefe, Kluge und Rust, von Ludwig Joseph von Biakowski, Berlin 1827 (I S. 328 fgd.):

»Dr. Zeusner verschließt das Auge nach der Extraction nicht, weil er meint. dass das Licht für dasselbe nothwendig sei; das geschlossene Auge entzünde sich leicht und thräne beständig; ferner meint er, wenn das Auge geschlossen ge-halten werde, so sperre sich die Hornhautwunde leichter auf, es schwitze ein lymphatisches Exsudat aus, und in der Folge dieses gehe das Auge zu Grunde.

---

[1]) Rust's Chirurgie XVII, 799, 1836. — Im Biogr. Lexikon ist er nicht zu finden. Der würdige Mann hätte in unsrem § 490 eine Erwähnung verdient.

Rust hat beobachtet, dass nach dem Zeusner'schen Verfahren zwar leicht eine heftige Conjunctivitis entsteht, aber kein Auge verloren geht. Deswegen schlägt Rust den Mittelweg zwischen dem Zeusner'schen Verfahren und dem gewöhnlichen, das Auge zu schließen, ein. Es befiehlt nämlich dem Kranken gleich nach der Operation, das Auge zu schließen, überlässt dies darauf, in dem verfinsterten Zimmer, seiner Willkür, und erst nach 24 Stunden klebt er das Auge mit Streifen englischen Pflasters fest zu; von 3 zu 3 Tagen öffnet er das Auge wieder, besieht es, und schließt es dann wieder mit englischem Pflaster; auf diese Art ist schon am neunten Tage meist ohne Entzündung die Heilung geschehen.

C. F. Graefe hingegen verschließt das Auge mittelst Heftpflasterstreifen so lange, bis die Hornhautwunde sich vereinigt hat, was in ein Paar Tagen geschieht; es muss aber unter der Zeit wenigstens alle 24 Stunden einmal nachgesehen werden, ob nicht etwa das Hornhautlappen sich verschoben hat.«

(Herr Ludwig Joseph von Biakowski [1801—1862?] hat sein Werk schon vor der Promotion zusammengestellt, ist 1831 Chirurgie-Professor in Warschau geworden und hat auch augenärztliche Casuistik verfasst.) —

Als zweiter Vorkämpfer für die offene Wundbehandlung wird, bei Czermak-Elschnig (II, S. 56), IIr. Schönheyder in Kopenhagen aus dem Jahre 1859 angeführt. (Hospitals-tidende, S. 258. Vgl. Klin. Monatsbl. f. Aug. 1907, II, S. 258.) »Bei zehn Star-Operationen versuchte Sch. theils zwei doppelte Leinwands-Stückchen mit einem Band über der Stirn zu befestigen, theils das Zimmer so dunkel zu machen, dass die Kranken, selbst wenn sie die Augen öffneten, doch nicht sehen konnten.« (Aber Schönheyder bringt, so lange nach Zeuschner, weder Neues noch Bedeutendes.)

Dass Julian Chisolm in Baltimore 1886 den Verband fortgelassen und Pflasterstreifen angewendet, ohne das Zimmer erheblich zu verdunkeln, und dies als die nationale Methode bezeichnet hat, soll nur beiläufig erwähnt werden: Kritik ist unnöthig. (C. Bl. f. A. 1886, S. 201.)

Zusatz 2. In unsrer geschichtlichen Darstellung verdient kurze Erwähnung eine sonderbare Anwendung des Augenverbandes, die während der vierziger Jahre des vergangenen Jahrhunderts in Frankreich und Belgien viel Beifall gefunden: sie besteht darin, dass bei Augen-Entzündungen Kollyrien eingestrichen und danach der Schlussverband methodisch angewendet wird.

Der Ursprung des Verfahrens, bei Entzündung des Auges dasselbe zu verbinden, liegt bei den alten Griechen. (Siehe oben I, 1.) Die arabischen Augenärzte haben dies wohl von den Griechen übernommen. Wenigstens finde ich bei ʿAmmār (c. 86, vgl. § 269) das Folgende:

»Bei der dritten Art der Augen-Entzündung, die aus Blut und Schleim entsteht, träufle von dem Kollyr aus Aloë, Safran, Opium in's Auge, morgens und abends ... verbinde das Auge gut ...«

Aber nicht aus dem arabischen Kanon stammt das Verfahren, das Dr. Furnari (§ 569), der im Auftrag des französischen Ministeriums 1842 eine Studien-Reise nach Algier unternommen, daselbst bei den Arabern vorgefunden.

»So wie eine Augen-Entzündung anhebt, gleichgültig welcher Art: so
bringen die Araber trockne, heftig reizende Kollyrien in's Auge und bedecken dasselbe, um es der Luft und dem Licht zu entziehen: sie verbinden es mit Kompressen und Taschentüchern, die fest um den Kopf geschnürt werden. Für etliche Tage berühren sie den Verband gar nicht.
Nach acht Tagen nehmen sie ihn ab: mitunter ist der Kranke geheilt,
andre Male ist das Auge geschmolzen, man findet nur einen fleischigen
Stumpf[1]).«

(1. Analyse d'un mémoire manuscript de M. Furnari, intitulé »essai sur
les causes, la nature, et le traitement des ophthalmies en Afrique«.
    Aus welcher Zeitschrift dieser die S. 231—246 tragende Ausschnitt, der
in meiner Bibliothek sich findet, entnommen ist, vermag ich nicht zu sagen.
    2. Essai sur les causes, la nature et le traitement des ophthalmies en
Afrique, par le Dr. Furnari, A. d'O. X, S. 18 fgd., Jan. 1844.
    3. Voyage médical dans l'Afrique septentrional ou de l'Ophthalmologie con-
siderée dans ses rapports avec les différentes races . . . par le Dr. I. Furnari.
Paris 1845, S. 296.)

Es schien ja undenkbar, dass ein gebildeter Arzt diese arabische Pfuscherei
nachahmen könnte bei absondernden Bindehaut-Entzündungen!

Als Prof. Hairion in Loewen, in seinem am 27. Jan. 1847 in der König-
lich Belgischen Akademie der Medizin gehaltenen Vortrag[2]), gestützt auf die
günstigen Erfahrungen, die Pétrequin 1838 und H. Larrey 1845 bei Hornhaut-Geschwüren von dem Schluss-Verband gesehen, nicht blos gegen
Hornhautleiden, sondern auch gegen katarrhalische und aphthöse Bindehaut-Entzündung das Einstreichen von Höllensteinsalbe und die gleich darauf folgende Verschließung der Lidspalte durch aufgestrichenes Kollodium
gepriesen, musste er sich gefallen lassen, dass Fl. Cunier[3]) dies als Vereinigung des französischen Verfahrens von H. Larrey und des arabischen
bezeichnete und daran tadelte, dass die Zurückhaltung der Absonderungen
schädlich wirke.

Aber H. Larrey hat das Kollodium von Hairion angenommen, an Stelle
des Verbandes[4]).

In Amerika scheint man selbständig darauf gekommen zu sein, die
Ophthalmie mit Einstreichen von »Präcipitat-Salbe und dem Verband, der zwei

---

1) Nach Dr. Meyerhoff zu Kairo besteht dieser Missbrauch noch heute in
Ägypten. (Archives d'opht., Mai-Juni 1911.) »Im Volk ist die Ansicht weit verbreitet, dass man Kopf und Augen nicht waschen dürfe, so lange die Eiterung an
den Augen anhält. Man hat auch die schädliche Angewohnheit, die eiternden
Augen mit einem Lappen zu verbinden, am liebsten von blauer Farbe. Manche
Ärzte scheuen sich nicht, diese Praxis anzuwenden, die ebenso gefährlich ist für
die Augen der Kranken als für ihren eigenen Ruf.«
2) A. d'Oc. XXI, S. 57—69, 1849. 3) Eb. S. 69.
4) Ebend. XXIII, S. 176, 1850. — Das Kollodium wurde zuerst von Schön-
bein 1845 dargestellt und zur Wundbehandlung empfohlen. (κολλώδης, leimartig.)

3333

Mal täglich erneuert wird, zu behandeln«: wie QUINTARD nach FRANCIS MOORE aus Massachusetts und nach Prof. SEWALT aus Washington 1850 berichtet[1]).

In demselben Jahre 1850 empfiehlt DEVAL[2]) den Kollodium-Verschluss, nach HAIRION, 1. gegen granulöse Keratitis, 2. gegen beginnenden Iris-Vorfall und 3. nach der Star-Ausziehung. Im Jahre 1862 kommt er darauf zurück: sechs Jahre lang hatte er die Lidränder (mit den Wimpern) direkt verklebt; später indirekt durch ein Leinenstreifchen, dessen Ränder angeklebt werden. Sofort nach Skarifikation der Schleimhaut und Einbringen von Höllenstein- oder Quecksilber-Salbe, bei der von den Granulationen abhängigen Hornhaut-Entzündung, werden die Lider (immer für zwei Tage) verschlossen, im ganzen sieben Monate hindurch: so hat u. a. ein nahezu blinder Mann die Fähigkeit erlangt, wieder in seinem Beruf als Blei-Arbeiter zu wirken.

GUÉPIN aus Nantes[3]) behauptet, dass der Verschluss, verbunden mit zusammenziehenden Mitteln, fähig ist, die Krankheit geradezu abzuschneiden, — bei Bindehaut-Katarrh, bläschenförmiger Hornhaut-Entzündung, geschwüriger Keratoconjunctivitis.

BONNAFONT[4]) erklärt noch 1853, dass er etwa 20 Kranke mit akuter und chronischer Conjunctivitis, mit Keratitis, sogar im Stadium der Geschwürs-Bildung, binnen kurzem gebessert hat durch vollständigen Verschluss der Augen, den er mittelst des Heftpflasters bewirkte.

Mit Staunen liest man in dem amtlichen Bericht über die zwölfte Versammlung der Heidelberger ophthalmologischen Gesellschaft, Heidelberg 1879 (S. 156, Beilageheft zu den Klin. Monatsblättern,) den folgenden Ausspruch von Professor J. MICHEL: »Bei Blennorrhoea neonatorum und purulenter Ophthalmie pflege ich im Anfang einen Schluss-Verband anzulegen und 24 Stunden liegen zu lassen. Je öfter man zu dieser Zeit reinigt, desto schädlicher ist die Sache!«

Allerdings ist dieser Satz von O. EVERSBUSCH (1882, Mitth. aus der Univ.-Augenklinik, München, S. 143,) herb kritisiert worden: »Auch die streng antiseptische Occlusion, welche MICHEL auf dem vorletzten Ophtalmologen-Kongress so warm empfahl, haben wir versucht. Indes die trüben Erfahrungen, die wir dabei erlebt, sind nur zu geeignet gewesen, uns in unseren jetzigen Principien [der Kauterisation] zu bestärken.« MICHEL selber hat in seinem Lehrbuch vom Jahre 1890 nicht mehr davon gesprochen.

Etwas andres ist es allerdings, wenn VELPEAU gegen jede Art von Chemosis, nach dem Vorgang von PIORRY, den Druckverband empfiehlt, der schon nach 24 Stunden eine erhebliche Abschwellung der Bindehaut hervorrufe. (A. d'Oc. IV, S. 67, 1840.)

1) Ebend. XXIV, S. 48.
2) Ebend. XXIII, S. 176 u. Maladies des yeux, v. Jahre 1862, S. 197.
3) A. d'O. XXXV, S. 255, 1856.
4) Archiv. d'Ophth. I, S. 307, 1853.

§ 564. (XXXV.) Synchysis scintillans.

Ein unleugbares Verdienst hat J. Sichel um die Ausbildung der Lehre von der Synchysis scintillans. (Vgl. XIV, ii, S. 181 fgd.)

1. Sichel hat die erste Beobachtung dieses Zustandes[1], die ganz aus dem Gedächtniss der Ärzte geschwunden war, wieder an's Licht gezogen: Cas de pathologie oculaire, relatif à des corpuscules voltigeant dans la chambre postérieure de l'œil, et donnant lieu à des images fantastiques, par M. Parfait-Landrau[2], médecin-oculiste à Périgeux. (Revue méd. 1828, IV, S. 203. Wörtlich abgedruckt in Annales d'Ocul. XV, S. 171—173.)

Ein 70jähriger beobachtete seit mehreren Jahren eine Veränderung in seinem rechten Auge: dasselbe sieht bewegliche Körperchen, dunkle Punkte und andre Bilder von wechselnder Gestaltung. Dr. P.-L. bemerkte glänzende Körperchen in der hinteren Augenkammer, nur dieses Auges. Nach künstlicher Erweiterung der Pupille, mittelst Belladonna-Einträuflung, sah er sehr deutlich kleine Körper, wie feines Lakritzen-Pulver; in ihrer Zahl, die sehr beträchtlich war, fanden sich einzelne vom Glanz feiner Gold-Feilspähne. Diese Körperchen schwebten in der ganzen Ausdehnung der Hinterkammer; sowie das Auge ruhig war, senkten sie sich auf den Boden derselben, um bei der ersten kleinen Bewegung wieder sich zu erheben. Offenbar schwebten sie im Glaskörper. Man sah sie sehr deutlich mit bloßem Auge, nichtsdestoweniger prüfte man sie mit einer Lupe. Der Glaskörper muss dabei verflüssigt sein. Übrigens vermag das befallene Auge des Kranken ganz gut zu lesen. Also eine neue Ursache der imaginatio perpetua[3]; vielleicht ist sie häufiger, wenn man nach künstlicher Erweiterung der Pupille untersucht.

(Dies war also offenbar eine ganz vortreffliche Beobachtung.)

2. Die zweite Veröffentlichung, welche aber die erste Beobachtung von Cholestearin im menschlichen Auge darstellt, rührt her von J. A. Schmidt in Wien (§ 471), ist also jedenfalls vor 1809 (vielleicht schon vor 1791) angestellt; aber erst 1830, aus seinen hinterlassenen Papieren, in Ammon's Z. f. O. I, S. 382, veröffentlicht und sogar erst 1853 von Stellwag (Ophthalmologie vom wissensch. Standpunkt aus bearb., I, 717) wieder der Vergessenheit entrissen worden. »Ein 25jähr. Bauernmädchen zeigte in dem weichen Augapfel einen gypsartigen Star, bei dem die Vorderfläche in Form eines feinen, glänzend rothen, silbernen und goldenen Pulvers abstäubte, und einen liniendicken Satz von diesem farbigen Staube auf dem Boden der vorderen Augenkammer absetzte. Machte das Mädchen Bewegungen mit dem Kopfe, oder rieb man das Auge mittelst des oberen Augenlids; so vertheilte sich der glänzende Satz durch die wässrige Feuchtigkeit der

---

1) Dass die Araber ihn gekannt, ist eher zweifelhaft. (XIII, S. 137, Anm. 1.)
2) Vgl. über diesen Augenarzt unsern § 606.
3) »Imaginations perpetuelles.« So nannte Maître-Jan (I, c. XX, S. 255; S. 274 der zweiten Aufl.) die subjektiven Schatten in Form von Punkten, Linien, Mückenflügeln, Wollflöckchen u. dgl. Imaginatio ist Übersetzung von φαντασία. Vgl. dazu XIV, S. 265.

vorderen Augenkammer und setzte sich wieder nach einigen Minuten. Als Barth (§ 168) den Schnitt in der Hornhaut machte, floss mit der wässrigen Feuchtigkeit dieser Glanzstaub heraus, den man auf einem weißen Kartenblatt sammelte . . . Aber es floss auch der aufgelöste Glaskörper heraus, und das Auge fiel zusammen.«

3. und 4. Die dritte und vierte Beobachtung stammt von Dr. Jacob in Dublin (Dublin med. Press, 1843 No. 212 und 1844 No. 310), ist aber zunächst nicht beachtet worden, bis der Vf. (ebendas. 1851, No. 657) von neuem die Aufmerksamkeit darauf lenkte.

a) 6 Wochen nach Zerstückelung des complicirten Stares bei einem 33jähr., als die Star-Masse ziemlich geschwunden, war die Iris besät mit glitzernden Körperchen. Solche hatte J. auch schon öfters in alten Staren und in Kapsel-Staren gesehen.

b) Dasselbe sah er nach Zerstückelung des Verletzungs-Stares bei einem Kranken.

5. Die fünfte Veröffentlichung ist von Desmarres, Annal. d'Oc. XIV, S. 220—226, 1845: Synchysis étincelant. (Ramollissement du corps vitré avec étincelles apparentes au fond de l'œil.) Einer 58jähr., der 1838 durch Velpeau der Star auf dem l., 1842 durch Bérard auf dem r. Auge niedergedrückt worden, ohne sonderlichen Erfolg, zieht Desmarres am 2. Okt. 1845 auf beiden Augen, aus einem Lederhautschnitt, mittelst der Pincette die Kapsel-Stare aus, mit gutem Erfolg, so daß sie mit + 5″ fernsehen und mit + 2″ zu lesen vermochte. Auf dem linken Auge sieht D. durch die Pupille, die stark erweitert ist, auf dem dunklen Augengrund kleine Flitter sich abheben, glänzend wie Diamanten, beweglich, von Sandkorngröße. Sie finden sich in verschiedenen Ebenen, gewöhnlich 20—30 auf einmal, rücken von unten nach oben während der Bewegungen des Auges und gehen bei Ruhe desselben nach unten. Vorderkammer normal, Sehkraft gut: die Kranke klagt nur über einige fliegende Mücken, die sie immer gesehen.

Diese Veränderung sitzt offenbar im Glaskörper. Derselbe ist verflüssigt, die Iris flottirt. Kommt der Glanz von den weniger gespannten Glaskörperhäutchen? An Cholestearin, das Malgaigne im Auge gefunden, sei weniger zu denken, da die Körperchen nicht in die Vorderkammer fallen. Synchysis scintillans scheint der passende Name.

6. Die Mittheilung von Desmarres veranlasste J. Sichel seine eigne ältere Beobachtung sofort zu veröffentlichen (XXVI). Als er am 14. Dez. 1841 bei einem 13jähr. mit doppelseitigem Hydrophthalmus auf dem rechten Auge, das in Folge von Entzündung sich etwas verkleinert hatte, die dichte Kapsel-Trübung spaltet, stürzt ein Strom gelber, trüber Flüssigkeit mit einer Menge von feinen, goldgelb leuchtenden Flittern in die Vorderkammer[1]). Nach drei Jahren sah man in dem etwas geschrumpften Augapfel am unteren

1) »Es ist erstaunlich, dass Hr. Desmarres, der 1841 und 1842 mein Assistent gewesen und mehrmals mit mir diesen Fall gesehen, jede Erinnerung an ein so eigenartiges Ereigniss verloren.« Das kann man zugeben; muss aber auch das Verfahren von Sichel bemängeln, dass er über die von Desmarres operirte Frau, die ihm ein junger englischer Arzt am 18. März 1846 in die Klinik brachte, eine Mittheilung veröffentlicht hat. (XXXVI.)

Itande der Regenbogenhaut einen weiß-grauen Streifen und, darin versintert, die goldgelben Flitter. Es handelte sich in der That um Cholestearin im Glaskörper, wie S. es auch schon in Kapsel-Staren beobachtet hatte. (XXXVI.) Am 18. März 1846 sah Sichel den Fall von Desmarres. Eine beträchtliche Zahl der glänzenden Punkte war jedes Mal verschwunden, bevor sie zu dem Grund oder den Seiten der hinteren Augenkammer, hinter die Iris, gelangten. In der That, die Flitter wirken wie kleine Spiegelchen, die das Licht durch ihre Fläche zurückwerfen; sowie sie dem Beobachter den Rand zuwenden, hört die Reflexion auf.

Am 24. Juli 1846 hat Dr. Stout aus New York, durch Desmarres' Güte, dessen Fall mit dem von Oberhäuser für diesen Zweck verbesserten Mikroskop[1]) geprüft und gefunden, dass es sich um krystallinische und durchsichtige Körperchen im Glaskörper handelt, die wie Prismen wirken, da ihr glänzender Reflex bisweilen prismatische Farben (Gelb und Blau) zeigt; dass es Cholestearin sei, ist nicht bewiesen. (Annal. d'Oc. XVI, 74—79, 1846.)

Die Prismen-Wirkung war ein Irrthum, dem aber Sichel (XXXVII) zunächst beigestimmt. Es handelt sich ja vielmehr um Interferenz-Farben dünner, durchsichtiger Plättchen.

Jedenfalls stoßen wir hier auf eine kleine, aber lebhafte Fehde um einen neuen Fund der Augenheilkunde, der in den folgenden Jahren noch weitere Erörterungen hervorrief.

7. Desmarres (Ann. d'Oc. XVIII, 23—26, 1847) beschreibt einen neuen Fall, wo nach Niederdrückung und Zerstückelung des Stars bei einer 37jähr. das Funkeln sichtbar wurde; und bleibt dabei, dass nur eine Reflexion an eingesunkenen, aber durchsichtig gebliebenen Lappen der Glashaut hier im Spiele sei.

Tavignot in Paris widerspricht dieser Deutung und meint, dass es von der Krystall-Linse abgelöste Theilchen seien. Bouisson zu Montpellier glaubt, dass es sich um krystallinische Ausscheidung des von ihm im Glaskörper nachgewiesenen Fettes handle. (Ann. d'Oc. XVIII, S. 26—27, 1847.)

8. In demselben Jahr beobachtete Dr. Robert, Wundarzt am Hospital Beaujan zu Paris, einen neuen Fall. Bei einer 67jähr. mit Brustkrebs ist seit einem Jahr, ohne Reizung, die Sehkraft des rechten Auges geschwunden: Pupille mäßig erweitert und unbeweglich; die Linse nach unten verschoben; leuchtende Flitter im Glaskörper, von denen einige bei Bewegung des Auges sich zeigen, um gleich wieder zu verschwinden, andre hinter der Pupille denselben Platz inne halten und bei den Bewegungen des Auges nur kurze Schwingungen machen. Es handelt sich um Cholestearin-Plättchen, die theils frei, theils auf den Resten der Glashaut niedergeschlagen und, wie diese, im Glaskörper aufgehängt sind.

---

[1]) Diese erste Anwendung des Mikroskops auf das lebende Auge ist bemerkenswerth. Eine zweite (1850) s. XIV, ii, 181.

MALGAIGNE findet seine Hypothese der Cholestearin-Plättchen bestätigt. (Ebendas., S. 80, Anm. 3.)

9. Dr. GUÉPIN zu Nantes beobachtete nach der Niederdrückung des Stars bei einem 34jähr., als die Nadel noch im Auge war, eine gelbe Masse hinter der Pupille, zerstörte dieselbe mit einer Bewegung der Nadel und sah sofort goldglänzende Flitter in der hinteren Augenkammer sich bewegen, 2 oder 3 auch in der vorderen. Nach 8 Tagen hatten sie sich vermindert und nach 2 Monaten sind sie verschwunden. (Ann. d'Oc. XIX, 117, 1848.)

10. Eine neue Art der Synchysis scintillans hat, aus der Klinik von PÉTREQUIN zu Lyon, J. GAUTIER veröffentlicht. (Ann. d'Oc. XX, 69, 1848.) Ein 48jähriger hatte im Alter von 32 Jahren durch einen großen Haken eine starke Verletzung an der äußeren Seite des linken Auges erlitten; die Sehkraft desselben sank sofort und war nach 18 Monaten erloschen. GENSOUL fand Star, rieth aber nicht zur Operation. Vor etwa 18 Monaten ist der Star von selber gesunken, ohne Wiederherstellung der Sehkraft. Vor 14 Tagen flog dem Kranken ein Stück Holz gegen das Auge, das seitdem schmerzhaft geblieben. Bei Bewegung des Auges erhob sich in der Vorderkammer eine glänzende Garbe wie von Gold-Pulver, die gleich wieder niederfiel und sich zerstreute.

11. Im Band XXIII, S. 3 der Ann. d'Oc., 1850, findet sich die Arbeit von BLASIUS in Halle, du scintillement de la pupille. (Vgl. XIV, 2, 180.)

12. (LX.) In dem linken, von Geburt blinden, aber erst seit 10 Tagen veränderten und gereizten Auge eines 29jähr. fand SICHEL die Vorderkammer bis oberhalb des wagerechten Durchmessers von einer glimmerartigen Plättchen-Anhäufung erfüllt; er öffnete am 22. August 1850 die Vorderkammer und entleerte die Masse, die nach der mikroskopischen Untersuchung des Prof. LEBERT in der That, wie angenommen wurde, aus Cholestearin-Krystallen bestand. Nach der Operation schwand der Reiz-Zustand.

(LXI.) Jetzt (Okt. 1850) geht SICHEL an den Bestand-Nachweis der neuen Krankheit. Zu den 9[1] erwähnten Fällen kommen noch 2 von DESMARRES, wo derselbe flottirende Massen aus der Vorderkammer ausgezogen, — bei dem ersten am 24. August 1849[2], und wo die chemische und mikroskopische Untersuchung Cholestearin nachgewiesen[3].

[1] In der That sind es mehr als 12.
[2] Also Prioritäts-Forderung gegenüber SICHEL, LX. SICHEL's Arbeit ist Okt. 1850 gedruckt, DESMARRES hat seinen Brief am 10. Sept. 1850 an die Akademie der Medizin gesandt. Übrigens ist in DESMARRES' Fall vom 24. August 1849 »die mikroskopische und chemische Untersuchung von Dr. GRAEFE aus Berlin und Dr. MIALHE, a. o. Prof. zu Paris, angestellt worden«.
[3] Auch BECKER, (Norsk Magazin for Lägevidenskaben 1843, 3, S. 782, vgl. Schmidt's Jahrb. 1851, 1, S. 14) hat in dem abgelassenen Kammerwasser die flimmernden Körperchen mit Bestimmtheit als Cholestearin-Krystalle nachgewiesen.

Sichel will die Affektion jetzt Spintheropie[1]) nennen und unterscheidet die eigentliche (hintere, vordere, gemischte) und die uneigentliche, wo die Cholestearin-Plättchen an einem Punkt des Auges festsitzen. Zur letzten Klasse gehört der Fall von Robert, den, mit dessen Erlaubniss, Sichel prüfen konnte, und wo er die Plättchen in der vorderen Linsenkapsel festsitzend fand.

Die Cholestearin-Krystalle bilden sich meistens im Glaskörper, aber auch in der Linse, in der Vorderkapsel; sie werden auch in der Vorderkammer gefunden.

(LXII.) Die erste anatomische Untersuchung eines Auges, bei dem Funkeln während des Lebens beobachtet wurde, ist von Dr. A. G., med. Z. d. V. f. Heilk. i. Pr. 1899. (Vgl. XIV, II, 181.)

Malgaigne will die Spintheropie eintheilen in die bewegliche und die feste. (Revue médic. chir. de Paris, 1851, S. 40.)

(LXIII.) Chassaignac will die Veränderung als Cholestérie bezeichnen und sie in freie und anhaftende eintheilen. Ein 27jähr. zeigte, nach Verletzung vor 22 Jahren, leichte Schrumpfung des rechten Auges; unten eine wagerechte Narbe der Hornhaut, mit der Iris verwachsen; bis auf eine kleine Lücke in der Mitte, Pupillen-Enge und Sperre durch gelbgrüne Masse; kleine goldgelbe Körperchen auf der Hinterfläche der Hornhaut, der Vorderfläche der Iris, die beweglich sind, gewöhnlich aber im unteren inneren Theil der Vorderkammer sich anhäufen.

Sichel fand hier Verbindung zwischen vorderer und hinterer Kammer und sah 1851 bei einem 48jähr., dem ein reisender Star-Stecher auf beiden Augen den Star niedergedrückt, mit Ausgang in Stockblindheit, im rechten Auge Cholestearin-Körperchen auf der Iris, auf der Hinterfläche der Hornhaut und bewegliche in der Vorderkammer, später solche auch in der Hinterkammer, die von da in die vordere vordringen.

Die erste Sonderschrift »über Cholestearin-Bildung im menschlichen Auge« ist von Schauenburg (Erlangen 1852); darin werden 23 Fälle gezählt; von Blasius (Deutsche Klinik 1852, S. 185) vierundzwanzig.

W. Rau (A. f. O. II, 2, S. 212—218, 1855) fügt der Liste von Schauenburg noch einige Fälle hinzu, so die von Günsburg und Fischer, von Kanka (Med. Jahrb. d. k. k. österr. Staates 1847, S. 66), von Desmartis (Revue thér. du Midi, März 1853).

Rau selber sah in einem lange erblindeten Auge, mit Iris-Schlottern und Aphakie (Linsen-Senkung), nach Pupillen-Erweiterung im Augengrunde zahllose goldsand-ähnliche, bewegliche Körperchen, die, durch die Bewegungen des Auges emporgeschnellt, unter kleinen Schwingungen sich wieder senkten. Seltsamer Weise spricht er 1855 noch nicht von der Anwendung des Augenspiegels! (Vgl. auch die Bemerkung XIV, II, S. 182.)

---

1) XIV, II, S. 180.

§ 565. Star-Operation.

a) Die erste Star-Operations-Statistik von J. Sichel, aus dem Jahre 1845, können wir übergehen, da er diese 100 Fälle aus einer großen Zahl ähnlicher herausgegriffen (pris au hasard).

b) Die Statistik von Dinge (A. d'Oc. XXXI) über die 1846—1851 von Sichel vollzogenen Star-Operationen ist in die folgende mit aufgenommen.

c) Docmic, de l'opération de la cataracte par kératomie supérieure. (Paris 1855, 52 S. Auch in dem Arch. d'ophth. IV, S. 209—272, 1855.) Von Jan. 1846 bis Dez. 1854 verrichtete Sichel 1026 Star-Operationen an 641 Personen (313 M., 328 W.)[1] nach verschiedenen Verfahren, 780 mal Extraktion, 136 mal Discission, 98 mal Depression. Es waren die Erfolge der Extraction 79 %, der Discission 73 %, der Depression 67 %.

1845 kamen auf 83 Star-Operationen 42 Ausziehungen, 41 Niederdrückungen und Zerstückelungen. Damals huldigte S. einem wohl überlegten Eklekticismus, wie er (A. d'Oc. XVI, S. 50, 1846) ausdrücklich hervorhebt. Aber die Zahlen der Statistik aus dem Jahre 1854 beweisen hatsächlich, dass er späterhin die Ausziehung mehr und mehr bevorzugte.

Seine gereiften Überzeugungen über die Wahl der Star-Operation hat er in seiner Iconographie (§ 405 fgd.) überliefert. »Jeder harte Linsen-Star kann niedergedrückt werden; jedoch bei Greisen ist die Ausziehung häufig vortheilhaft. Jeder weiche oder halbweiche Linsen-Star bei Kranken unter 40 Jahren soll zerstückelt werden; jenseits dieses Alters passt nur die Ausziehung. Die Gegenanzeigen gegen die letztere, wie Enge der Vorderkammer, Kleinheit des Augapfels u. s. w. gelten nicht für den geübten Wundarzt.«

Anm. 1. Furnari, der allerdings schon 1837 für eine genaue und wissenschaftliche Statistik der verschiedenen Star-Operationen eingetreten (A. d'O. XXIII, S. 131), hat 1845 eine Fehde gegen Sichel vom Zaun gebrochen. In einer Kritik von Cunier's Star-Erfolgen erklärt Furnari (Gaz. des hôp. 1845, No. 106): »Ich bestreite, dass Sichel auf 99 Star-Operationen 83 volle Erfolge, 7 halbe Erfolge und 9 Misserfolge vorweisen kann.« Natürlich hat Sichel sich gewehrt (A. d'O. XVI, S. 50) und nachgewiesen, dass Furnari gar keine Handhabe für seine Behauptung besitzt. »Seit acht Jahren hat F. die Klinik von S. nicht besucht, Dokumente über die Erfolge sind nicht veröffentlicht. Kollegialität und Nachbarschaft hätten ihn mehr als jeden andern in Stand gesetzt, genaue Zahlen zu finden und zu erhalten.«

Im Jahre 1850 (A. d'O. XVI, S. 131) druckt Furnari: »Hr. S. fährt fort zu behaupten, dass er auf 100 Star-Operationen 85 Erfolge, 8 halbe Erfolge und 7 Misserfolge erzielt: um so besser für ihn, um so besser für seine Kranken; denn die Statistiken der übrigen Chirurgen zu Paris unterscheiden sich wesentlich von den seinigen.« (Natürlich können wir Sichel's Erfolge darum allein

---

1) Auf die Dekaden des Lebensalters vertheilt: I = 26, II = 19, III = 14, IV = 13, V = 50, VI = 136, VII = 229, VIII = 139, IX = 15. — Unter 1026 Staren waren Linsen-Stare 930, Kapsel-Linsenstare 77, Kapsel-Stare 19.

noch nicht in Zweifel ziehen, weil sie besser waren, als die der übrigen Pariser Chirurgen. In Paris hat MALGAIGNE noch 1861 FR. JÄGER's Erfolge gegenüber denen von ROUX und DUPUYTREN[!] für ganz unglaublich erklärt. Manuel de méd. opérat., 7. Ausg. 1861, S. 408. Vgl. XIII, S. 529 und XIV, S. 105.)

Anm. 2. In seiner bemerkenswerthen Arbeit über die Star-Operation in der ersten Hälfte des 19. Jahrhunderts (Arch. d'Opht. Nov. 1910) bemängelt Hr. A. TERSON meinen Satz aus XIII, S. 528: »Die österreichische Schule . . . Ihre Lehre, ihr Beispiel verbreitete die Star-Ausziehung nicht blos über Deutschland, sondern führte sie zurück nach Frankreich.«

Ich bitte zu bemerken, dass ich dort nur eine kurze Übersicht beabsichtigt habe, wie ich auf S. 547 ausdrücklich hervorgehoben; und will Hrn. A. TERSON gern zugeben, dass es in Frankreich jeder Zeit, von DAVIEL an bis heute, unter den größten Chirurgen und den größten Augenärzten treue und entschlossene Anhänger der Ausziehung gegeben, und dass J. SICHEL, der aus der österreichischen Schule hervorgegangen, keineswegs ein ausschließender Anhänger der Ausziehung gewesen; ja dass DESMARRES[1] mit größerer Entschiedenheit die Ausziehung empfohlen hat.

Aber das erste in Paris erschienene Lehrbuch der Augenheilkunde, das überhaupt nach dem von DEMOURS in Betracht kommt, nämlich das von CARRON DU VILLARDS aus dem Jahre 1838, erklärt ausdrücklich, dass die Niederlegung der Ausziehung grundsätzlich vorgezogen werden müsse. (§ 568.) Im Jahre 1840 behauptet JEANSELME, das Sprachrohr von VELPEAU, dem Hauptgegner SICHEL's, dass gegenwärtig in Paris die Majorität der Praktiker häufiger durch Niederdrückung als durch Ausziehung den Star operire. (§ 578.)

In demselben Jahre betont VIDAL DE CASSIS, dass die fast vollständige Übereinstimmung der Hospital-Wundärzte von Paris zu Gunsten der Niederdrückung in die Wagschale fallen muss. (§ 583.)

Im Jahre 1850, als NÉLATON seine Konkurs-Arbeit über Star-Operation schrieb, übten von den Professoren der chirurgischen Klinik zu Paris CLOQUET, VELPEAU und LAUGIER nur die Niederlegung (der letztere daneben noch die Aussaugung); — nur der alte (damals 70jährige) ROUX war stets der Ausziehung treu geblieben.

Da verdient doch der freie Lehrer und Praktiker J. SICHEL eine ehrenvolle Erwähnung, als Verfechter der Ausziehung.

Im Jahre 1851 schreibt COURSSERANT[2], docteur-médecin à Paris, A. d'O. XXVI, S. 160: »Ce dernier procédé (d'extraction à lambeau supérieur), employé d'abord en Allemagne par le professeur JÄGER, importé en France et mis souvent en pratique devant de nombreux élèves et en présence de nombreux médecins par notre excellent maître et ami M. le docteur SICHEL, offre d'immenses avantages sur tous les autres procédés d'extraction.« C. fügt hinzu, dass ein fran-

---

1) Aber ganz entschieden ist auch DESMARRES nicht. »J'ai opéré«, heißt es in seinem Lehrbuch (1847, S. 657) »par abaissement un grand nombre de vieillards atteints de cataractes lenticulaires dures, et j'ai toujours vu l'opération mieux réussir que lorsque j'avais préféré l'extraction.«

2) G. A. COURSSERANT, von 1842 ab Leiter einer privaten Augenklinik (Dispensaire) zu Paris, Vf. mehrerer Arbeiten über den Vorzug der Star-Ausziehung, über den Vorzug des oberen Lappenschnittes, über die Behandlung der Granulationen, ist nach mühseliger und bescheidener Laufbahn, im Alter von 63 Jahren, 1873 zu Paris verstorben. (A. d'O. LXX, S. 122. Der Herausgeber hat den von A. SICHEL eingesendeten Nachruf — aus Mangel an Raum nicht abgedruckt.)

zösischer Augenarzt aus der Provinz, Anhänger der Niederdrückung, der nach Paris gekommen war, um die Star-Operation in den Pariser Hospitälern zu studiren, die Hauptstadt verließ mit den Worten: »Wenn ich unglücklicher Weise von Star befallen würde, so ließe ich mir die Ausziehung machen, mit oberem Lappen.«

Malgaigne, der diese Zeit thätig mit erlebt hat, da er 1850 die Professur der operativen Chirurgie erhalten, und dem man Vorliebe für die deutsche Augenheilkunde gewiss nicht nachrühmen kann, erklärt ausdrücklich: »Après Dupuytren, les ophthalmologistes allemands ont repris l'extraction et entrainé la plupart de nos chirurgiens.« (Manuel de méd. op. 1861, S. 408.)

Also war doch gegen die Mitte des neunzehnten Jahrhunderts zu Paris, nach dem Urtheil von zeitgenössischen Franzosen, die Tradition der Star-Ausziehung so ziemlich unterbrochen gewesen und ist erst durch Sichel und seinen Schüler Desmarres wieder aufgenommen worden. Das stimmt doch ziemlich gut mit dem überein, was ich XIII, S. 528, kurz angedeutet.

§ 566. (XLIX.) Den Einstellungsfehlern

pflegte Sichel in der Klinik einen Tag der Woche zu widmen und sich persönlich mit den Gläsern zu beschäftigen. Aber seine Veröffentlichungen über diese Gegenstände, so sehr er auch selber von ihrer Vortrefflichkeit und Wichtigkeit durchdrungen scheint, gehören zu seinen schwächsten Arbeiten.

A. Bei der Sehschwäche (hebetudo visus, amblyopie par presbytie) verordnet er Ruhe, Unterbrechung der Nahe-Arbeit alle 2—10 Minuten, Einreibung von Balsam, ferner Blasenpflaster, endlich noch Brillen, die er aber sofort wieder abschwächt, sowie es möglich scheint. (Er hat auch akute Fälle, sowohl bei Erwachsenen wie Kindern, beobachtet; aber noch nicht richtig gedeutet.)

B. Von den schädlichen Wirkungen der zu starken Konvexgläser, zumal wenn sie für das Fernsehen gebraucht werden. Zu scharfe Gläser sind nur zu bald unentbehrlich geworden für den Gebraucher. Ja, es giebt eine Amblyopie, die manchmal sehr vorgeschritten ist, gelegentlich selbst zur Amaurose vorrückt, und lediglich durch den Gebrauch zu starker Gläser hervorgerufen wird: man entdeckt keine andre Ursache im Auge oder im Gehirn oder in der Konstitution der Befallenen. (Folge und Ursache sind hier verwechselt. [Vgl. XIV, II, S. 165, Anm.] Weller [1821], Ph. v. Walther [1841], vollends Böhm [1845] hatten, trotz aller Mängel, doch schon weit richtigere Anschauungen. Vgl. XIV, II, S. 322, S. 244, S. 165.)

Sichel kämpft heftig gegen den verbreiteten »Irrthum« von Laien wie von Ärzten, z. B. auch von W. Mackenzie, dass Presbyten (d. h. für uns, Hypermetropen) jemals für die Ferne Konvex-Gläser nöthig hätten. Sehr genau schildert S. die erworbene Myopie und ihre Komplication mit Amblyopie. Gegen die letztere empfiehlt er Blutegel, Belladonna-Einträuflung und Schonung der Augen. Unter den Arten der Myopie erwähnt er auch diejenige, wo feine Schriften in 30—50 cm gelesen, aber ein entferntes Haus nicht deutlich unterschieden wird. (Myopia in distans, XIV, 2, 372.) Die angeborene Kurzsichtigkeit ist meist nur Anlage oder erster Beginn. Fernsehen sei zu üben, der Lese-Abstand zu vergrößern.

Bei stärkerer Kurzsichtigkeit sind Gläser nicht zu entbehren, aber nur solche von 24—18″ zu gestatten (!). Das Alter vermindert die Kurzsichtigkeit, obwohl Prof. Rudolphi, nach seiner eignen Selbstbeobachtung, es nicht zulassen wollte.

Sichel selber, der kurzsichtig war, aber im Gegensatz zu Rudolphi der Brille meist sich enthalten, liest jetzt auf doppelte Entfernung, als in der Jugend. Zum Fernsehen braucht er —16″. Benutzt der Kurzsichtige für Fern und Nah dasselbe starke Glas, so erfolgt Amblyopie. Hornhautflecken bewirken zwar nicht ausnahmslos, aber doch meistens Kurzsichtigkeit.

(Es ist klar, dass Sichel trotz seines Eifers und Scharfblicks, trotz seiner großen Erfahrung, Wahres mit Falschem vermischt hat: es fehlte eben noch die Messung der Sehschärfe, der Refraktion und Akkommodation; es fehlte der Augenspiegel. Allerdings war das Maaß der Refraktion schon längst von de la Hire [1685, 1730], das der Akkommodation von Porterfield [1759] angegeben worden; aber die Ärzte hatten dies immer noch nicht sich zu eigen gemacht.)

(XXXIII.) Über die Ausziehung von metallischen Körpern und besonders von Zündhut-Fragmenten.

Seit der Verbreitung der Zündkapseln[1]) hat die Häufigkeit der durch sie bewirkten Augen-Verletzungen in beklagenswerther Weise sich gesteigert, nicht nur bei Jägern, sondern auch bei Kindern, die ein Zündbütchen aufschlagen. Die Wunde ist oft winzig klein. Findet sich das Stückchen in der Vorderkammer oder in der durch die Verletzung getrübten Linse, so muss man es ausziehen, aus einem Linearschnitt, mit einem Zänglein. Zwei schwierige Operationen, mit doch günstigem Erfolge, werden mitgetheilt.

(Die Wichtigkeit des Gegenstandes erhellt aus den zahlreichen Mittheilungen in den Annal. d'O.: von Laurent, I, S. 433; von Stiévenart, I, S. 439; von Cunier, I, S. 440; von Pamard, VII, S. 203; von Guépin, X, S. 260; von Furnari, XVIII, S. 272; von Dixon, XXII, S. 17; von Heidenreich, XXVI, S. 209.

Dass Ammon nach Zündhut-Verletzung sympathische Entzündung des andren Auges beobachtet und 1835 (1838) beschrieben, haben wir schon XIV, ii, S. 269 gesehen.

Die neueren Sonderschriften über Augen-Verletzungen haben natürlich dieser Art ihre besondere Aufmerksamkeit zugewendet, so Praux [S. 250 fgd. und a. a. O.]. Vgl. auch Wagenmann, in IX, v unsres Handbuches.]

----

1) Die Perkussions-Gewehre kamen erst nach den Befreiungskriegen auf, im Anfang des 19. Jahrhunderts.

(XXXIV.) Die Scleritis hat zuerst von Ammon 1829 und nach ihm Sichel 1847 genauer beschrieben; irrthümlich hat allerdings der erstere den Ausgangspunkt des Leidens in den Strahlenkörper und der letztere in die Aderhaut versetzt. (Vgl. § 594.)

(LI.) Äther-Betäubung verwirft Sichel für die Star-Operation und für die Pupillen-Bildung, außer für seine Ausziehung von dicker, angewachsener Kapseltrübung aus einem Lederhautschnitt; auch für die Schiel-Operation, abgesehen von sehr jungen oder sehr furchtsamen Kranken; und sogar auch für die Ausschälung des Augapfels. (Vgl. § 489.)

(LV.) Heilbarkeit des Stares ohne Operation. »Jedes Mal, wenn wir auf die Einwirkungen, die man gepriesen, um den Star ohne Operation zu heben, unsre Untersuchungen richteten, fanden wir nur Ohnmacht und Täuschung, Quacksalberei, Betrug, Lüge, Unwissenheit oder Irrthum, der auf falscher Diagnose beruhte, seitens aller der Erfinder.«

(LXX, LXXIX.) Encephaloïd und Pseudencephaloïd. Alle krebshaften Leiden im Augen-Innern, mit Ausnahme der melanotischen, sind Encephaloïde, die von der Netzhaut oder dem Sehnerven ausgehen. (In Deutschland[1]) nennt man das Leiden Markschwamm der Netzhaut, in England missbräuchlich Fungus haematodes.) Hinter der Linse zeigt sich eine konkave, gelappte Geschwulst, weiß oder orangegelb oder blassroth, von Blutgefäßen, Ästen der Central-Schlagader, überzogen, ohne Fluktuation. Der metallische Reflex vom Augengrunde (das amaurotische Katzenauge) kommt ihm zu, aber ihm nicht allein.

Bei weiterem Wachsthum der Geschwulst wird der Augapfel hart und gespannt. Diese zweite Periode endigt mit der Durchbohrung des Augapfels. Die dritte mit dem Tode des Befallenen, oder mit der Exstirpation des Augapfels, nach der allerdings, im Fall des Recidivs, die Krankheit ihren Gang fortsetzt.

Die mikroskopischen Kennzeichen sind weniger scharf, die »Krebszellen« schwer zu erkennen. Deshalb hat Ch. Robin an der Existenz der Netzhaut-Encephaloïds gezweifelt, — mit Unrecht.

Die Exstirpation (Enucleation) des Augapfels ist von vorn herein angezeigt. — Es giebt eine Spontan-Schrumpfung[2]. »In meiner Sammlung befinden sich die beiden Augen eines Kindes, bei dem ich unmittelbar nach der Geburt das Encephaloïd der Netzhaut auf beiden Augen erkannt habe und das nach einem Jahre etwa seinem Leiden erlegen ist. Der Gang der Krankheit war zunächst der gleiche auf beiden Augen. Später war das eine aufgebrochen und geschrumpft. In diesem fand ich bei der

---

1) Vgl. Lincke, XIV, ii, S. 337. Ferner, im folgenden Bande, § 627, ii. — Über die englischen Arbeiten werden wir später berichten.

2) Vgl. Ammon, XIV, ii, S. 275; Ammon und Weller, XIV. ii, S. 338.

Dissektion keine Spur der hirnmark-ähnlichen Masse. Das andre, das erheblich vergrößert war, bot alle anatomischen Zeichen eines Netzhaut-Markschwamms in seiner letzten Periode.«

Sichel hat auch versucht, in der ersten Periode, die Schrumpfung künstlich herbeizuführen, durch ein entzündungswidriges, umänderndes und ableitendes Verfahren, und glaubt, den Erfolg in einigen Fällen beobachtet zu haben. Von seinen klinischen Beobachtungen verdient Beachtung ein Fall, wo, nach der Exstirpation in der dritten Periode, ein gewaltiger Rückfall in der Orbita eintrat, und vier Kinder derselben Familie vom Netzhaut-Markschwamm hinweggerafft wurden.

Als Pseudencephaloïd bezeichnet Sichel eine Krankheit, die nur auf Entartung und Verdickung der Netzhaut beruht, ohne Geschwulstbildung. Die Farbe ist mehr weißlich, die Form weniger lappig.

Robin hat 1854 (Iconographie de Sichel, S. 568) in einem Augapfel, den Sichel wegen Encephaloïd der Netzhaut einem 2jährigen entfernt hatte, 1. eine neue gutartige Krankheit entdeckt, die Hyperplasie der Myelocyten (oder Körner) der Netzhaut und 2. überhaupt die Existenz von krebsartigen Geschwülsten der Netzhaut geleugnet.

Der erstgenannte Befund war schon seit 18 Jahren bekannt: Bernhard Langenbeck hatte 1836 mit dem Mikroskop den Nachweis geliefert, dass der Netzhaut-Markschwamm aus einer Hyperplasie der normalen Netzhaut-Kügelchen besteht. (XIV, II, S. 37.)

Gegen die zweite Behauptung Robin's legte der erfahrene Sichel sofort »feierliche« Verwahrung ein.

Aber durch Robin's Behauptung war die alte Lehre vom Netzhaut-Markschwamm, die von Wardrop, Panizza, Lincke u. A. begründet worden, in höchste Verwirrung gerathen. Man glaubte doch zunächst an das Vorhandensein solcher gutartigen Netzhautgeschwülste und musste für die unter neuem Namen beschriebene Krankheit leider die von dem Markschwamm seit langer Zeit festgestellten Eigenschaften, namentlich die Bösartigkeit, allmählich und mühsam von neuem entdecken. (Hirschberg, Markschwamm der Netzhaut, 1869, S. 84.)

In der Literatur des Netzhaut-Markschwamms kann man zwanglos vier Zeitabschnitte unterscheiden:

1. Der erste, alte (prähistologische) Zeitabschnitt umfasst die klassischen Sonderschriften von Wardrop (1809), Panizza (1826), Lincke (1834) und zahlreiche kasuistische Mittheilungen. Derselbe schließt ab mit B. Langenbeck, der 1836 die Erkrankung als Hyperplasie der Netzhautkörner mit dem Mikroskop festgestellt hat.

2. Der mittlere Zeitabschnitt umfasst einige mikroskopisch untersuchte Fälle von Sichel und Robin, Schweigger und A. v. Graefe, Horner und Rindfleisch u. A.

3. Der neue Zeitabschnitt wird begründet durch Virchow's Onkologie, 1864—1865, und bringt die monographischen Arbeiten von A. v. Graefe, Knapp, Hirschberg. (1864—1869.)

4. Der neueste Zeitabschnitt bringt die Werke von Gama Pinto 1886, Wintersteiner 1897, Lagrange 1901 u. A.
(Vgl. Hirschberg, Augengeschwülste, Eulenburg's Real-Encycl. d. Heilk., 1885, V, S. 177.)

Bezüglich der Namen ist folgendes zu bemerken:

Encephaloid kommt von ἐγκέφαλος, im Kopf befindlich, aus ἐν, in, und κεφαλή, Kopf. Ὁ ἐγκέφαλος (d. h. μυελός, Mark) heißt bei den Griechen das Gehirn, — von Homer an; auch bei Rufos, Galenos, Oreibasios u. A.

Das Wort encephaloïdes, hirnartig, (von ἐγκέφαλος und εἶδος, Art) kommt bei den Griechen nicht vor. Laënnec (1781—1826) hat es gebildet (Dict. des scienc. méd. II, S. 55), um die hirnartige Geschwulst zu bezeichnen, tumeur encephaloïde ou cérébriforme. Sichel hat es auf den Markschwamm der Netzhaut angewandt und als Pseudencephaloïd (von τὸ ψεῦδος, die Täuschung) diejenige Veränderung des Augen-Innern bezeichnet, die einigermaßen wie Markschwamm aussieht, ohne es aber zu sein.

Der Name Gliom stammt von R. Virchow. Der bindegewebigen Zwischensubstanz des Gehirns und Rückenmarks hatte er den Namen Neuroglia, d. h. Nervenkitt, beigelegt. (Ges. Abh. S. 890, Cellularpath. III. Aufl., S. 257, 1861, Onkologie I, S. 400, 1863.) Natürlich ist es der Autorität von Virchow gelungen, diesen Namen durchzusetzen; er ist allgemein angenommen worden, aber trotzdem ist er nicht gut gebildet.

Der Leim heißt κόλλα bei den Griechen, z. B. bei Aristoteles, der auch κολλᾶν, leimen, ferner κόλλησις, das Leimen, und κολλώδης, leimartig, uns überliefert.

Erst und nur bei Suidas, dem Verfasser oder Compilator eines umfangreichen griechischen Wörterbuches, aus dem X. Jahrh. n. Chr., finden wir: γλία· κόλλα. Aber woher er das hat, was das überhaupt für ein Wort ist[1]), bleibt uns verborgen. Der andre Wörterbuch-Verfasser, Hesychios, aus dem V. Jahrh. n. Chr., hat γλοία· κόλλα[2]).

Von dem Wort Glia hat Virchow nun das Wort Glioma gebildet, um eine Geschwulst zu bezeichnen, die aus Hyperplasie der Neuroglia besteht. (Onkolog. II, S. 123.) Also giebt es auch ein Gliom der Netzhaut. (Ebendas. S. 151.)

Nachdem durch Virchow für das Encephaloïd der Name Gliom eingeführt worden, schuf ich leider für das Pseudencephaloïd im Jahre 1872 den Namen Pseudo-Gliom, der bis heute sich erhalten hat. Mit Virchow verabscheue ich »die falschen Krankheiten« und ihre Namen; wir sind aber auf dem besten Wege, als Seitenstück zur »echten Pseudoleukämie« auch noch ein »echtes Pseudo-Gliom« zu bekommen und dies von den unechten zu unterscheiden. Vgl. J. Hirschberg, C.-Bl. f. A. 1897, S. 212, und Klin. Beob. 1874, S. 11. R. Greeff, Verh. d. Berlin. med. G. 1897, XXVIII, S. 222. (»Neben der häufigsten, so zu sagen typischen Form des Pseudoglioms kommen in seltneren Fällen andre Processe vor.«)

---

1) G. Curtius (Griech. Etymol., 1879, S. 367) stellt γλία (γλοιά), Leim, und das lateinische glus, zu dem Stamm λι (γλι), glatt. Prellwitz (Etymol. W. d. griech. Spr. 1893) vergleicht γλία mit ahd. chleimen, nhd. kleiben, kleben, und nimmt eine Wurzel glei (= klebrig sein) an.

2) Davon neuerdings Zooglöa, belebter Schleim. (F. Cohn.)

Die Melanose des Augen-Innern entsteht fast immer an der konkaven Seite der Aderhaut. S. theilt auch diese Geschwulst in drei Perioden und meint im Beginn durch Behandlung gleichfalls Schrumpfung des Augapfels[1]) erzielt zu haben. Er unterscheidet übrigens einfache und krebsige Melanose.

Ein heftiger Streit entbrannte 1853/4 zwischen VIKTOR STOEBER und PAMARD (dem fünften) über die krebsige Natur der Augen-Melanose, d. h. der melanotischen Geschwülste in und auf dem Auge. (Vgl. § 610, xv).

Der Name Melanosis stammt von LAËNNEC: μελάνωσις (von μέλας, schwarz) heißt die Schwärzung, μελάνωμα die Schwärze.

CARLSWELL (1836) wollte jede melanotische Geschwulst als Melanoma bezeichnen.

VIRCHOW (Geschwülste II, 119, 1864/5) braucht den Namen Melanoma für die einfachen Geschwülste mit Pigmentirung und unterscheidet davon die Melano-Sarkome und Melano-Carcinome. (II, S. 278.)

§ 566a. (XC und XCI.) Über Punktion der Sclera. Über Heilbarkeit der Netzhautablösung. (Allg. Wiener med. Ztg. 1859, S. 41 und 49, S. 250 und 265 fgd.)

A. »Als mein Freund A. v. GRAEFE wieder einmal nach Paris kam, war ich sehr verwundert, in einer unsrer Besprechungen von ihm zu erfahren, dass er die Paracentese des Augapfels in der Lederhaut[2]) niemals vornehme, auch nicht einmal in Fällen von hinterem oder totalem Hydrophthalmos, und dass ihm kein Fall von Heilung einer Netzhautablösung bekannt geworden sei.«

Bei dem Hydrophthalmos mit starker Vergrößerung beider Augen eines 11jähr. Mädchens bewirkte die Punktion vorübergehende Besserung des Sehvermögens. JÄGER's Lanze wird 2—4 mm unterhalb des Querdurchmessers des Augapfels eingesenkt.

B. Von der Netzhautablösung hat S. in zwei Fällen Spontan-Heilung beobachtet. Die Punktion der Lederhaut hatte er bei dieser Krankheit bisher nur vorgenommen, um die Heftigkeit der Entzündung und der Schmerzen zu mildern. Jetzt, da er von der Heilbarkeit der Ablösung

---

1) Schrumpfung des Aderhaut-Sarkoms durch Nekrose tritt häufiger ein, als man geglaubt hat. E. FUCHS (A. f. O. LXXVII, S. 362, 1910) fand unter seinen 150 Präparaten 62, in welchen Nekrose verschiedener Ausdehnung, vom kleinsten Fleck angefangen, bis zur Nekrose der ganzen Geschwulst, bestand. Und im Nachtrag zu dieser Arbeit (A. f. O. LXXI, 3, 1912) fügt er zu den 7 Fällen von Nekrose intraokularer Sarkome, bei denen die Schnitt-Serien nicht vollständig waren, noch 2 hinzu, bei denen die Schnitt-Serien lückenlos vorliegen, und kein lebendes Sarkomgewebe mehr enthalten. Es gibt also eine Selbstheilung des Aderhaut-Sarkoms, und sie kommt vermutlich häufiger vor, als bekannt ist; denn bei stärkerer Schrumpfung der Augäpfel ist es auch trotz sorgsamer anatomischer Untersuchung oft schwierig zu erkennen, was ursprünglich vorlag.

2) Über die ältere Geschichte dieser Operation vgl. XIV, S. 186.

überzeugt ist, beabsichtigt er die Operation auch in weniger vorgeschrittenen Fällen zu versuchen.

(Also, wie man sieht, handelt es sich nur um einen Vorschlag. Die Ausführung bei frischer Netzhautabhebung geschah durch KITTEL und ARLT [Wiener allg. med. Ztg. 1860, Nr. 22]).

(CI, A.) Tabaks-Amblyopie. Während SICHEL angiebt, den Missbrauch ·spirituöser Getränke als Ursache von Amaurosen schon 1837, als erster, angezeigt zu haben, glaubte er damals noch nicht an die von MACKENZIE[1] behauptete Tabaks-Amaurose, hat aber im Laufe der Jahre von ihrer Existenz sich überzeugt. Ein 40jähriger war ganz blind geworden: er rauchte Pfeife von morgens bis abends und hatte die gestopfte Pfeife stets am Bett zu stehen[2], um mehrmals nachts, wenn er aufwachte, zu rauchen. Er trank nur Wasser. Durch Aufgeben des Rauchens wurde er geheilt. Wenn andre Raucher lange der Vergiftung widerstehen, so ist ähnliches auch bei den Opium-Essern beobachtet. Bisweilen ist die Wirkung des Alkohols mit der des Tabaks vereinigt.

LIII. Indicationen der Iridektomie.

In der Dissertation »des indications de l'iridectomie« ... par le Docteur A. SICHEL fils, Paris 1866, findet sich (S. 9—13): Lettre du Dr. SICHEL à son fils Arthur[3]. Einige Sätze wollen wir daraus hervorheben.

Die Iridektomie zur Heilung des unvollständigen Glaukoms ist eine der schönsten Errungenschaften der modernen Chirurgie. Man verwechselt täglich mit dem wahren chronischen Glaukom das Pseudoglaukom, eine einfache cerebrale Amaurose mit nicht glaukomatöser Aushöhlung des Sehnerven-Eintritts. Gegen das Pseudoglaukom entfaltet die Iridektomie keine Wirksamkeit. Gegen chronische Iritis und Iridochorioiditis ist die Iridektomie ein unsicheres Mittel. Die Iridorrhexis[4] ist ein unvollkommenes Verfahren, das immer durch Iris-Ausschneidung oder Ablösung ersetzt werden kann.

Bei der Star-Operation hat ein Grundirrthum über die Ursachen des Nichterfolges einen erschreckenden Missbrauch der Iridektomie, als Hilfs- oder auch präparatorischer Operation, nach sich gezogen. Man sieht die Ausziehung nicht mehr ohne Iridektomie, als ob das centrale bewegliche Sehloch eine überflüssige Phantasie der Natur darstellte.

Die Iridektomie sollte gegen éine nach der Star-Operation auftretende Iritis schützen. Aber die primäre Iritis ist selten nach der Ausziehung.

---

1) 1830, Dis. of the eye, S. 835.

2) Dasselbe hat auch FÖRSTER beobachtet. (I. Ausg. unsres Handbuches VII, S. 201, 1877). — Über Nikotin-Amblyopie handelt UHTHOFF in unsrem Handbuch XI, 2ᵃ, § 14 und § 15, 1911.

3) »Mes opinions ne sont pas toujours les tiennes«, fügt der alte Philosoph hinzu.

4) Gegen DESMARRES.

Der Nichterfolg ist 19 Male von 20 durch Abstehen des Lappens und Eiter-
Infiltration desselben bedingt.   Dies wird durch den von mir erfundenen
Verband vermieden: 80—85 % Erfolge und 8—10 halbe Erfolge erhält man
so bei der Ausziehung.

Wenn die Pupille verschlossen ist, soll man eine künstliche Pupille
im Centrum erstreben. Heute macht man aber stets eine seitliche Pupille.
Seine Prioritäten bezüglich der Pupillen-Bildung (Iconographie, S. 449)
hält S. aufrecht[1]).

(CIV.) Delirium nach Star-Ausziehung. (Ann. d'Oc. XLIX, S.154,
1863.)   6—7 mal hat S. nach der Star-Ausziehung bei Hochbetagten ein
fieberloses Delirium beobachtet, auch bei Nicht-Alkoholikern.   Es
erfordert »moralische Behandlung« und schwindet mit dem Abnehmen des
Verbandes.

(Delirium nach Star-Operation hat FR. JÄGER 1842 zauberhaft durch
Morphium geheilt, aber das Auge ging verloren; das zweite wurde erfolgreich operirt.   Ann. d'Oc. VIII, S. 163, 1842.)

(CIV.) Zu den wenigen von SICHEL in deutscher Sprache veröffentlichten Abhandlungen gehört die

»über das Chorioïdal-Staphylom«:

1841 von ihm diktirt, 1855 an A. v. GRAEFE gesendet und 1857 in dessen
Arch. f. O. III, 2, S. 211—257 abgedruckt, ist sie also zu spät erschienen,
ebenso wie RITTERICH's Staphylom der Hornhaut. (XIV, II, S. 423.)

SICHEL bezeichnet das Leiden als Staphylom der Aderhaut, nicht der
Lederhaut, da in der Aderhaut die Krankheit ursprünglich ihren Sitz habe.

Das hintere Aderhaut-Staphylom (XIV, S. 374), das ohne beachtens-
werthe Entzündungs-Erscheinungen verläuft, sitzt stets an der äußeren Seite
des Sehnerven; außer der Vorwölbung findet man Verdünnung der drei
Häute und Verwachsung der Aderhaut mit der Lederhaut, auch mit der
Netzhaut.

§ 567.   Schließlich komme ich zu SICHEL's eigentlichem Lebenswerk:

Iconographie ophthalmologique

ou description, avec figures coloriées, des maladies de l'organe de la vue, comprenant l'anatomie pathologique, la pathologie et la thérapie médico-chirurgicale,
par J. SICHEL, Docteur en médecine et en chirurgie des Facultés de Berlin et
de Paris, Docteur en philosophie de la Faculté de Giessen, Licencé-ès-lettres
de la Faculté de Paris, Officier de la Légion d'Honneur, Commandeur des Ordres
de Christ (Portugal) et d'Isabelle la Catholique, Chevalier de plusieurs ordres,

---

1) ROGNETTA hatte in Paris (1834) 14 Pupillen-Bildungen erster Chirurgen veröffentlicht, mit 13 Miss-Erfolgen. J. SICHEL rühmt sich, in Frankreich zuerst
die rationellen Grundlagen dieser Operation aufgerichtet zu haben.

Médecin-Oculiste des Maisons impériales d'éducation de la Légion d'honneur, du
bureau de bienfaisance du onzième arrondissement et de plusieurs sociétés
philanthropiques, membre des Académies royales de médecine de Belgique et
de Madrid, d'Archéologie de Belgique, Léopoldino-Caroline des Curieux de Nature, dei Lincei de Rome, impériale des sciences et des lettres de Metz, et de
nombreuses sociétés savantes françaises et étrangères. Texte ⟨823 S., kl. Folio⟩
accompagné d'un Atlas de LXXX planches dessinées d'après nature, gravées et
coloriées. Paris, T. II. Baillère, 1852—1859.

J. SICHEL hat das Werk seinen Freunden und Lehrern FR. JÄGER und
J. L. SCHÖNLEIN sowie dem Andenken seiner Freunde DÖRNER und CANSTATT
gewidmet. Fast ein viertel Jahrhundert hat er daran gearbeitet. Die
wenigen Muße-Stunden, die er seiner ausgedehnten Praxis und dem klinischen Unterricht entziehen konnte, mussten zur Erfüllung seiner Aufgabe
genügen. »Unglücklicher Weise hat die Augenklinik in Frankreich noch
nicht einen genügenden Raum in dem officiellen Unterricht gefunden. Diese
Lücke suchte ich durch meine Iconographie auszufüllen. Ich wollte, dass
ein Arzt, der die Figuren und die Beschreibungen vergleicht, die dargestellte
Krankheit, wenn er sie in seiner Praxis anträfe, zu diagnosticiren und
heilen vermöchte[1].« Die Erfindung des Augenspiegels, die fast mit dem
Beginn der Drucklegung zusammenfiel[2], erforderte die Hinzufügung von
drei Tafeln mit ausführlichem Text.

Bezüglich der Abbildungen glaubt S. die letzten Grenzen der graphi-
schen Kunst schon berührt zu haben, auch nach der Ansicht von FR. JÄGER,
der früher ein nützliches Bildwerk über Augenheilkunde für unmöglich
gehalten, und von F. A. AMMON, der vor 20 Jahren ein ähnliches Werk
veröffentlicht hatte.

SICHEL selber erklärt in der Einleitung, dass er nach vielen kost-
spieligen Versuchen schließlich zum Kupferstich-Druck gekommen und die
Hoffnung hegt, sein Werk auf die gegenwärtige Höhe der Kunst und Wissenschaft erhoben zu haben. Der Maler Emil Beau, der mehrere Jahre hindurch seine Begabung ausschließlich in den Dienst dieses Werkes gestellt,
hat Bilder geschaffen, die nicht nur die treue Nachahmung, sondern »fast
das Äquivalent der Natur« darstellen. (Ich wage hinzuzufügen, dass das
Künstlerische der Darstellung auch in den neuesten Werken der Art,
von HAAB, RAMSEY, GREEFF, nicht übertroffen, ja vielfach nicht erreicht
worden ist.)

---

1) Das ist ein frommer Wunsch. Kein Buch kann die Klinik ersetzen.
2) Weniger genau sagt J. SICHEL: L'ophthalmoscope, brillante invention,
faite lorsque mon Iconographie était déjà en partie publiée. Die erste Liefe-
rung derselben ist am 1. August 1852 erschienen. Noch weniger genau ist PAN-
SIER (1904, S. 54): »De 1852—1859, il travailla à son iconogr. ophth.; mais, au
moment où il la termina, l'ophthalmoscope fut inventé; et les quelques adjonc-
tions tardives qu'il y fit, ne l'empechèrent pas d'être une œuvre déjà vieillie au
moment, où elle paraissait.« Jeder der drei Sätze ist unrichtig.

Fragen wir nach der Beurtheilung der Iconographie seitens der Zeitgenossen, so finden wir in den Annal. d'Oc. XXXI, S. 187—202, 1854 und XXXIV, S. 52—64, 1855, aus der Feder von Dr. FALLOT eine ausführliche, äußerst anerkennende Besprechung dieses prachtvollen Werkes. In CANSTATT's Jahresbericht (1854, III, S. 130) hat Dr. BEGER zu Dresden (§ 519) die Iconographie als eine sehr gediegene Leistung bezeichnet, mit Abbildungen, deren künstlerische Ausführung und Naturtreue kaum etwas zu wünschen übrig lässt. Und in SCHMIDT's Jahrbüchern erklärt ZEIS, dass die Abbildungen hinsichtlich der Deutlichkeit und des Künstlerischen das Vorzüglichste sind, was in dieser Art jemals erreicht worden ist.

Der Text besteht aus zwei Theilen, einem praktischen, der die zur Beschreibung der Bilder dienenden klinischen Beobachtungen enthält, und einem theoretischen, der jene einschließt und eine aphoristische und klinische Abhandlung über die Augenkrankheiten darstellt.

Die Ophthalmien betrachtet SICHEL zuerst nach ihrem Sitz in den verschiedenen Häuten des Augapfels. Ihre anatomischen oder objektiven Kennzeichen genügen zur Erkenntniss.

»Immerhin zeigt die Erfahrung, dass diese Kennzeichen beträchtliche Verschiedenheiten darbieten, während doch die Entzündung in derselben Haut ihren Sitz hat.   Diesen Verschiedenheiten in den anatomischen Kennzeichen entsprechen nicht minder große in den Funktions-Störungen, dem Verlauf, der Dauer, dem End-Ausgang dieser Augen-Entzündungen. Woher diese Ungleichheit bei gleichem Sitz? Jeder aufmerksame und vorurtheilsfreie Beobachter kann sich überzeugen: Diese Ophthalmien sind nicht einfach.   Ihre Natur ist verändert durch ihre Ursachen und ihre Verbindungen.

Bei den einfachen oder idiopathischen Augen-Entzündungen sind die Ursachen örtlicher Natur.   Bei den speciellen oder combinirten Ophthalmien sind die Ursachen weder einfach örtlich, noch ausschließlich das Blutsystem reizend [1]. Ihre Thätigkeit beschränkt sich nicht auf das betroffene Organ, sondern erstreckt sich auf andre organische Systeme, drückt ihnen tiefe Veränderungen auf und enthüllt durch ihre Wirkungen eine ganz besondere Natur. Ein fremdes Element, katarrhalisch, scrofulös, syphilitisch u. s. w., vereinigt sich innig mit dem entzündlichen, eine Vereinigung, die wir mit dem Namen der Verbindung (Combination) bezeichnen, da sie einer chemischen Verbindung ähnlich ist, um sie zu unterscheiden von dem bloßen Zusammentreffen (Complication), das einer mechanischen Mischung entspricht.

---

[1] Diese Lehre stammt von PH. V. WALTER, 1810 (§ 506, 2): »Die Augen-Entzündung ist entweder rein oder gemischt mit irgend einer Dyskrasie oder Schärfe. Die ganz reine ist selten.« — Nach CANSTATT (§ 579, 1840) kommen die reinen überhaupt nicht vor.

Ich habe nachzuweisen, für jede specielle Ophthalmie, differen-
tielle, anatomische Kennzeichen, erkennbar bei der bloßen Betrachtung des kranken Organs und fähig, die Grundlage einer vernünftigen Behandlung zu liefern. Besonders lenke ich die Aufmerksamkeit auf die
Injektion, die jeder Art von specieller Augen-Entzündung eigen ist (katarrhalische, lymphatische, rheumatische Injektion)[1].

Die Lehren über die speciellen Ophthalmien, die ich seit so langer
Zeit verkünde, finden heutzutage nicht mehr denselben Widerspruch wie
zu der Zeit, wo die physiologische Heilkunde von Broussais vorherrschte.
Was auch einige parteiische Gegner noch unlängst darüber erklärt haben,
— diese Lehren sind in Deutschland weder aufgegeben noch widerlegt. Im
Gegentheil, sie sind zum Theil angenommen, zum Theil bestätigt von den
neuesten Autoren jenseits des Rheins, während viele deutsche Augenärzte
noch heute die Ideen von Beer aufrecht erhalten, die bezüglich der Thatsachen größtentheils genau sind, aber nicht mehr in Übereinstimmung mit
dem gegenwärtigen Zustand der Krankheitslehre sich befinden.«

Sowie man zur Betrachtung der auf Tafel I dargestellten Fälle von
Eisensplitterchen in der Hornhaut sich wendet, sieht man, dass hier Äqui-
valente der Natur nicht vorliegen; dass es unmöglich ist, solche zu
schaffen, für diese Fälle. Befriedigender sind die Abbildungen der Granulationen und der Chemosis.

Die 4. Tafel giebt die normale Anatomie des Augapfels, nach Brücke
vom Jahre 1847.

Zinn's descriptio anat. oc. humani, vom Jahre 1755, deren Tafeln Rowley in
London 1790, ohne Angabe des Ursprungs, seinem abgeschriebenen Lehrbuch der
Augenheilkunde eingefügt hatte, wie ich im Jan.-Heft 1910 des C. Bl. f. A. nachgewiesen, wurde siegreich verdrängt durch das Meisterwerk von S. Th. Soemmering
aus dem Jahre 1801, das P. A. Demours seinem großen Werk über Augenkrankheiten im Jahre 1818 einverleibt, und aus welchem Prof. Cloquet zu Paris (§ 576),
für seine große Anatomie von 1821—1831, die Tafeln über das Seh-Organ
entnommen hat. Soemmering's Werk wurde wiederum überholt durch das von
Brücke aus dem Jahre 1847, das nunmehr J. Sichel 1852 für seine Iconographie
verwendete.

Es ist immerhin bemerkenswerth, dass auf dem Gebiet der feineren Anatomie des Auges das Jahrhundert 1750—1850 von den drei deutschen
Meisterwerken beherrscht worden ist: Zinn (1755), S. Th. Soemmering (1801),
Brücke (1847), — das sind die drei großen Staffeln der Anatomie des Auges
bis zur Zeit der Reform der Augenheilkunde, d. h. bis zur Neubearbeitung der
Anatomie des Seh-Organes in der ersten Ausgabe unsres Handbuches 1874,
von G. Schwalbe, 1885, und zu den Bearbeitungen unsrer Tage, in der 2. Ausgabe unsres Handbuches, in der Encyclopédie française.

Bezüglich der Physiologie des Seh-Organes ist eine ähnliche Thatsache
zu melden. Sowie das Handbuch der Physiologie des Menschen von Johannes

---

1) »Mit eiserner Hand hält Sichel an der alten Doktrin fest.« (Beger.'

Müller in Berlin, 1834—1837, erschienen war, finden wir bei wichtigen Fragen sein Werk in französischen Abhandlungen ganz regelmäßig angeführt. (Die französische Übersetzung, von A. J. L. Jourdan, ist 1845 erschienen, die zweite Auflage 1851; die englische, von W. Baly, 1840—1843. Zu bemerken ist ferner »Physiologie du système nerveux« . . . . traduit de l'Allemand, par A. J. L. Jourdan, Paris 1840. Dies Werk enthält auch die Sinnes-Physiologie.)

Die lymphatische Bindehaut-Entzündung mit ihren Knötchen (Phlyktänen) wird durch alle Stadien bis zur Heilung verfolgt; Keratitis punctata (»Aquocapsulitis der Autoren«) bei Lupenvergrößerung dargestellt.

Als akuter, lymphatischer Pannus wird diejenige Veränderung bezeichnet, die später (1863) J. Hutchinson als Lachsfleck der Hornhaut beschrieben hat.

Die venöse Ophthalmie, welche nach Sichel die arthritische und abdominale der Autoren in sich begreift, kann, im Übergang zum Glaukom, sogar schon in einer wenig vorgeschrittenen Periode, schiefergraue Flecke[1] in der Iris hervorrufen, die nie wieder verschwinden und den Beginn des unheilbaren Glaukoma anzeigen.

Bei der syphilitischen Iritis ist auch das gesunde Auge, um die Verfärbung der Regenbogenhaut des Kranken zu verdeutlichen, mit abgebildet.

Sichel unternimmt sogar den Versuch, die verschiedenen Consistenzen der Linsen-Stare durch Abbildung uns klar zu machen. Tadellos sind die Darstellungen des Star-Schnitts.

Der sogenannte schwarze Star[2] ist in Wirklichkeit der härteste Linsen-Star, von mahagoni-brauner Farbe. Er enthält weder Mangan, noch Eisen, weder Aderhaut-Pigment noch Melanin, noch Blut-Farbstoff, wie Bouchardat 1847 an einem von S. ausgezogenen schwarzen Star festgestellt[3]. Er kommt nur bei Greisen vor. Man kann ihn durch Niederdrücken operiren, doch giebt die Ausziehung bessere Aussichten.

Der Morgagni'sche Star[4], mit Kern-Senkung, ist auch bei künstlicher Pupillen-Erweiterung gezeichnet.

Unter den angeborenen Staren werden die centralen abgebildet, (d. s. Schicht-Stare!) und die mit angeborener vollständiger Mydriasis oder Iris-Zurückziehung. (Iris-Mangel der Autoren.)

Wertvoll sind die Abbildungen so seltner Zustände, wie der Verschiebung der klaren Linse in die Vorderkammer und ihrer schlimmen Folgen, da der Vorschlag der Ausziehung seitens der Eltern nicht angenommen wurde; wie das Wiederaufsteigen des $3^1/_2$ Monate zuvor nieder-

---

1) Sichel schreibt sich die Entdeckung dieser Veränderung zu. Vgl. § 561.
2) XIV, ii, S. 301.
3) Damit stimmen die neuesten Untersuchungen überein. Vgl. in unsrem Handbuch II, Kap. IX, § 30, sowie § 16. »Die Färbung der Cataracta nigra«, sagt C. Hess, »unterscheidet sich von der der normalen, senilen Linse nur dem Grade, nicht der Art nach.« Das hatte, wenn gleich nicht so klar, schon Prof. Jäger in Erlangen 1830 ausgesprochen. Vgl. unsren § 520.
4) Vgl. XIII, S. 408 und XIV, ii, S. 328.

gedrückten Stares in die Vorderkammer; wie endlich die Luxation der Linse unter die Bindehaut, nach schwerer Verletzung des Augapfels.

Das Bild des Glaukoms zeigt alle Kennzeichen, den venösen Kreis, die Pupillen-Erweiterung, die fleckweise Iris-Verfärbung, die grünliche Trübung des Augengrundes.

Flügelfell, Abscess, Geschwüre, Narben der Hornhaut. Staphylome sind gut abgebildet; aber bei dem durchsichtigen Hornhautkegel hat selbst ein Emil Beau versagt.

Ebenso, wie vorher die Star-Operation, wird auch die Pupillen-Bildung genau erläutert. Wir können uns glücklich preisen, dass wir die zusammengesetzten Werkzeuge und Eingriffe der andren Verfahren, als der Iridektomie, fast gar nicht mehr brauchen.

In einem Fall fast vollständiger Pupillen-Sperre durch ein centrales adhärirendes Leukom (nach Variola) bei einem 19jährigen wurde die ganze Iris herausgerissen, ohne Blutung und ohne spätere Entzündung, und »vollkommene Sehkraft« (!) erzielt.

Die Darstellung der Augen-Geschwülste bringen viel Bemerkenswerthes, z. B. ungeheure Recidiv-Geschwülste nach später Entfernung eines Augapfels mit Netzhaut-Markschwamm; Angiome des Lides und der Karunkel sowie der halbmondförmigen Falte; Krebs der Lider, auch mit Verbreitung auf die Augenhöhle; Geschwülste der letzteren mit starker Vorschiebung des Augapfels.

Folgen die angeborenen Fehler des Seh-Organs.

Drei Tafeln mit Augenspiegel-Bildern machen den Beschluss. Dieser Theil ist schwach, ebenso wie der begleitende Text, und hätte fortbleiben sollen; denn, als er herausgegeben wurde, im Jahre 1859, besaß unsre Wissenschaft schon die wundervollen Tafeln von ED. JÄGER, vom Jahre 1855 [1]; und ferner von R. LIEBREICH eine treffliche systematische Darstellung über die Untersuchung des Auges mit dem Augenspiegel, vom Jahre 1857 [2].

Über einige Äußerungen von SICHEL kann man wohl nicht umhin, den Kopf zu schütteln. »Mein einziger Zweck soll sein, meine Leser in den Stand zu setzen, dass sie sich, ohne Lehrer und fern von Kliniken, mit dem Gebrauch des Augenspiegels vertraut machen.« (§ 851.) »Der Augenspiegel von Coccius ist von A. v. GRAEFE verbessert, durch Hinzufügung eines gleitenden Streifens mit Konkav-Gläsern. Dieser Augenspiegel ist später von A. v. GRAEFE aufgegeben und von mir wieder aufgenommen worden: ich nenne ihn heute den meinigen [3].« (§ 858.)

---

1) Beiträge zur Pathologie des Auges, Wien 1855/6. 21 Taf. mit Text, Fol.
2) Maladies des yeux par W. MACKENZIE, 4me éd., Paris 1857, II, S. I—LXII.
3) »Je l'apelle aujourd'hui le mien.« (Schon viele Jahre zuvor, ehe ich mir die Iconographie kaufen konnte, vernahm ich, als junger Assistent, aus A. v. GRAEFE's Munde die briefliche Meldung SICHEL's an ihn: »Puisque vous le rejetez, je l'adopte et je le nomme l'ophthalmoscope de SICHEL.«)

Aber nicht mit so kleinen Dingen wollen wir die Schilderung dieses
großen Mannes beschließen. Wir wollen anerkennen, dass SICHEL nicht
blos für sein Adoptiv-Vaterland eine wichtige Mission erfüllt, sondern auch
auf den verschiedensten Gebieten der Augenheilkunde neue Gedanken, neue
Beobachtungen, neue Verfahren gefunden, veröffentlicht und verbreitet hat.

§ 568. Nicht so bedeutungsvoll, wie die Überpflanzung der deutschen
Augenheilkunde nach Paris, aber immerhin wichtig genug war die der
italienischen, durch

CHARLES JOSEPH CARRON DU VILLARDS [1]).

Im Jahre 1800 zu Annecy in Savoyen geboren, als Sohn des sardinischen Militär-Arztes und Turiner Professors J. L. CARRON, studirte er zu
Pavia unter dem berühmten ANTONIO SCARPA (§ 449), den er selber als
seinen Lehrer preist, erwarb den Doktor zu Turin 1820, ließ sich zuerst
in Annecy nieder, ging aber dann nach Paris, woselbst er 1828 Assistent
in LISFRANC's Operations-Kursen wurde, 1832 sich naturalisiren [2]) ließ und
1835 ein »Dispensaire« für Augenleidende gründete, das jedoch nicht lange
bestanden hat.

Sein rastloser Geist führte ihn in weite Fernen, überall war er als
Arzt und Augenarzt thätig. Die Geschichte dieser Reisen kann ich nicht
beschreiben, da mir keine Quellen darüber bekannt sind; ich finde nur in
C. D. V.'s eignen Abhandlungen die Angaben, dass er in Norwegen
gewesen, dass er Griechenland und die griechischen Inseln, ferner Tripolis,
Tanger, Liberia, Sierra Leone, Havanna, Puerto Rico, Mexico, Venezuela
besucht hat. (A. d'O. XXXII, S. 219 und 221; XXXVI, S. 145.)

Zwei Jahre hat er auf Kuba prakticirt. In Mexico wurde er während der Bürgerkriege an die Spitze des Sanitäts-Dienstes der Armee gestellt, mit dem Rang eines Generals und dem Titel Excellenz. Drei Mal
war er schiffbrüchig; wurde auch durch eine Schusswunde schwer verletzt.

Schließlich ging er nach Rio de Janeiro, wo er am 2. Febr. 1860
verstorben ist.

Sein Einfluss auf die französische Schule der Augenheilkunde war nicht
so eindringlich, wie derjenige des an Tiefe und Gründlichkeit ihm weit über-
legenen SICHEL; und auch nicht so nachhaltig, weil er eben sein Adoptiv-
Vaterland, das er 1838 so gepriesen, schon nach wenigen Jahren wieder
aufgab. (1841?)

---

[1]) Biogr. Lexikon I, S. 671—672. (Sehr unvollständig.) Die Ann. d'Oc. haben
keinen Nekrolog von C. gebracht. Daheim vergessen, ist er in der Ferne gestorben.
[2]) »Tous mes travaux se rattachent à cette nationalité dont je suis glorieux.«
(1, 1, S. 106, 1838.) Das hat ihn nicht gehindert, 6 Jahre später das folgende zu
schreiben (A. d'Oc. XII, 2, 24): »En 1843, désirant déposer aux pieds de mon sou-
verain, S. M. le roi CHARLES ALBERT (de Sardaigne), l'hommage de mon profond
dévouement.«

Während der abenteuerlichsten Zeit seines Lebens (1848—1854) hat seine vorher rastlose Feder gefeiert. Aber danach hat er sich bestrebt, seinen Aufenthalt in den heißeren Gegenden Amerikas für die Wissenschaft zu verwerthen. »Amerika ist ein großes Buch des Wissens, wo man viel lernen kann,« so sagt er 1854 (15); er wolle »seine wissenschaftliche Pilgerfahrt über die Meere für die Menschheit nutzbringend machen«.

So hat er denn in der That die in Europa gar nicht oder selten zu beobachtenden Augenkrankheiten, wie die Augen-Eiterungen der Neger, die Elephantiasis, die Lepra, die Wurm-Leiden des Seh-Organes, nach eignen Erfahrungen, immer recht subjektiv, aber doch nicht übel geschildert.

Überhaupt ist die Zahl seiner augenärztlichen Schriften nicht unbedeutend. Unter ihnen finden wir ein Lehrbuch und etliche Monographien. Übrigens hat er noch drei große Werke versprochen, von deren Erscheinen ich aber keine Kunde habe:

1. Historia ophthalmiae militaris omni aevo observatae, Taurini ex typis regiis, in 8°, cum tabulis aeneis[1]. (13.)

2. Im Jahre 1854 (17) verheißt er uns ein großes Werk »sur les difformités de la face«.

3. Im Jahre 1857 (19) verspricht er ein Werk »Trente huit ans de pratique ophthalmologique«.

Fürwahr ein seltsames Gemisch von Eitelkeit und Wissensdrang, von Chauvinismus und Weltbürgerthum, von Abenteuer-Lust und Thatkraft, von Härte und Menschenliebe tritt uns entgegen in den Schriften von CARRON DU VILLARDS, dessen Charakter wohl noch niemals in gebührender Weise gewürdigt worden ist.

CARRON DU VILLARDS augenärztliche Schriften:

1. Guide pratique pour l'étude et le traitement des maladies des yeux par Ch. J. F. Carron du Villards, docteur en médecine et de chir., professeur[2] d'ophthalmologie à Paris, membre de l'Académie royale des sciences de Turin, de la société d'émulation, et de la société de méd. pratique de Paris; associé correspondent de la société médico-chirurgicale de Bologne; des sociétés royales de Marseille, de Toulouse, du département de l'Ain; des sciences et des arts de l'Aube, du Bas-Rhin, de la Nouvelle Orléans, du cercle médico-chirurgical de Montpellier; de la société des sciences médicales et naturelles de Bruxelles; etc. Bruxelles 1838.
(Zwei Bände, 536 und 664 S., mit Abbildungen zur Lid- und Star-Operation sowie zur Pupillen-Bildung.) — Deutsch von Schnackenberg 1841/2. Hierin sind des Vfs. frühere Sonderschriften zur Augenheilkunde enthalten:

---

1) Der Titel ist dem des Werkes von TRNKA VON KRŻOWITZ nachgeahmt. (XIV, S. 588 und 250.)

2) Dies ist ein Titel, den er sich selbst zugelegt, ebenso wie auch SICHEL, DESMARRES, TAVIGNOT und manche von ihren Nachfolgern in Paris, bis zu unsren Tagen, — L. WECKER (1863), ED. MEYER (1879), GALEZOWSKI (1888): der letztere hat das Beiwort »libre« hinzugefügt.

    a) Mémoire sur l'iritis, couronné par la société médico-pratique de Paris,
1837[1].

    b) Quelques réflexions pratiques sur l'opération de la pupille artificielle,
Paris 1834.

    c) Recherches médico-chirurgicales sur l'opération de la cataracte et les
moyens de la rendre plus sûre, avec portrait du professeur Scarpa
et facsimile de son écriture, Paris 1837.

    d) Guide pratique sur l'exploration symptomatologique de l'œil et de ses
annexes, Paris 1835.

2. Brief an Pétrequin, Soll man bei der Niederdrückung des Stares gleichzeitig
die Vorderkapsel mit fortnehmen? A. d'O. I, S. 87.

3. Praktische Betrachtungen über die Blut-Ergüsse in das Auge und seine Umgebungen. Ebend. I, S. 127. (Vgl. unsren Band XIV, II, S. 295.)

4. Über Pupillen-Bildung. Ebend. I, S. 187.

5. Brief an Cunier, Über die Zufälle nach der Ätzung. Ebend. I, S. 356.

6. Einige Bemerkungen über künstliche Pupillen-Bildung. Ebend. II, S. 136.

7. Blut-Ergüsse unter die Aderhaut. Ebend. II, S. 250.

8. Übt die Star-Operation einen ungünstigen Einfluss auf den Geisteszustand
der Operirten aus? Ebend. III, S. 41.

9. Zwei besondere Pupillen-Bildungen. Ebend. III, S. 148.

10. Bericht über die Augenkrankheiten, die C. im Großherzogthum Luxemburg
beobachtet und behandelt hat. (Analyse von F. di Mathos.) Ebend. X, S. 289.
Es ist ein Bericht an den König-Großherzog.

    C. D. V. hat 3 Monate in Luxemburg verweilt, wo es keinen Augenarzt
gab, und 1483 Arme an Augenleiden behandelt, darunter 170 an Star, und
zwar 32 an angeborenem. C. D. V. liebte ja — das Reisen. Im Jahre 1841
befand er sich in Amsterdam, wo ihm die Stadtverwaltung ein Lokal für die
öffentliche und unentgeltliche Behandlung zur Verfügung stellte. (A. d'O.
XII, S. 32.)

    Von seinen damaligen Fachgenossen wurde ihm das Reisen nicht so übel
genommen. Guépin in Nantes (A. d'O. VI, S. 240, 1841) will in die augenärztliche Sektion des wissenschaftlichen Kongresses zu Straßburg auch diejenigen aufnehmen, »welche, wie Carron du Villards, auf Reisen gehen,
indem ihr ehrenvoller Ruf ihnen voraneilt; ihre Ratschläge sind immer nützlich, und ihre Reisen sind eine Quelle guter Beziehungen«.

11. Über Behandlung der Blutgefäß-Geschwülste der Lider. (Vaccine-Einimpfung.
nach dem Verfahren seines Vaters.) Ebend. XI, S. 83.

12. Über Onyx und Hypopyon. Ebend. XI, S. 257.

13. Geschichte der Augen-Eiterung in der sardinischen Armee. Ebend. XII, S. 22,
S. 110.

14. Über den Einfluss des Schielens auf gewisse Gewerbe. Ebend. XIX, S. 129, 1848.

15. Über die Häufigkeit der eitrigen Augen-Entzündungen auf Kuba. Ebend. XXXII,
S. 201, 1854.

16. Krankheits-Zustände des Auges und seiner Umgebungen durch Aufenthalt oder
Berührung lebender Thiere. Ebend. XXXIII, S. 241, XXXIV, S. 65, XXXVI, S. 109.

17. Elephantiasis des Oberlides. Ebend. XXXV, S. 129.

18. Lepröse Leiden des Auges und seiner Umgebungen. Ebend. XXXVI, S. 145, 1856.

19. Neue Verfahren gegen Staphylom und Flügelfell. (Aus Maracaïbo.) Ebend.
XXXVIII, S. 217, 1857.

20. Über die verschiedenen Arten der Augen-Entzündung. Ebend. XL, S. 97, 1859.

21. Eine Lucilia, die Menschen anfrisst. Ebend. XLII, S. 243, 1859.

---

[1]) Vgl. XIV, II, S. 266.

(I.) FL. CUNIER, der intime Freund von CARRON DU VILLARDS, erklärt
1838 (Annal. d'Oc. I, S. 38) dass, während 1837 noch, nach der Aussage
von SICHEL, das Bedürfniss nach einem guten Lehrbuch der Augenheilkunde in Frankreich lebhaft empfunden wurde, jetzt diese Lücke durch das
Werk unsres Vfs. ausgefüllt sei.

Nicht ganz so günstig lautet das deutsche Urteil, aus der Feder des
doch so milden F. A. v. AMMON (Monats-Schr. II, S. 493—495, 1839): »Das
Endurtheil bleibt das, dass es ein sehr beachtenswerthes Werk ist, vorzüglich für Frankreich; dass es dem deutschen Arzt interessant und lehrreich wird durch die Erfahrungen, die der Vf. aus eigner und fremder
Praxis mittheilt; dass es im Ganzen in logischer und wissenschaftlicher
Beziehung manches, selbst vieles zu wünschen übrig lässt, dass dagegen
im Einzelnen Fleiß, Belesenheit und Gründlichkeit nicht zu verkennen ist.
Möge der Vf., falls sich eine zweite Auflage geltend macht, eine wissenschaftliche Ein- und Vertheilung des Stoffes ein- und durchführen, die
Persönlichkeiten [1], die so häufig vorkommen, verbannen und dann denn auch
hier und dort die Quellen nennen, aus denen er schöpfte. Viele Figuren auf
Taf. I sind aus PETERS' Dissertatio de blepharoplastice, Lips. 1837, kopirt.«

CARRON DU VILLARDS selber bekennt: sein Buch sei nicht ein vollstän-
diges Lehrbuch oder eine didaktische Arbeit.   In der That, er hat seine
Sonderschriften (Ia—d) zu ausführlich, im Verhältniss zu dem sonstigen
Inhalt, wieder abgedruckt; es fehlt dem ganzen Werk an Gleichmaß.

Die Literatur der Augenheilkunde, von S. 1—68, ist aus BEER's
Bibliotheca ophthalmica (XIV, S. 518) abgeschrieben, was CARRON nicht
offen [2] zugestanden; woher er den Schlusstheil hat (1800—1837), konnte
ich nicht gleich feststellen.

In seiner Einleitung über Anatomie und Physiologie des Seh-Organs
will er noch die Accommodation durch Veränderung der Hornhautkrümmung
seitens der graden Augenmuskeln erklären.

Brauchbarer war der Abschnitt von der Untersuchung des Auges,
wo er sich vielfach auf die Deutschen (JÜNGKEN, und, ohne ihn zu nennen,
auf HIMLY), auch auf PIORRY [3] stützt, und ferner SANSON's Abhandlung über

---

[1] I, S. II. »Déjà plus d'une couronne a payé ma persévérance.« Vgl. ferner
die zahlreichen Anzapfungen SICHEL's; die Spöttereien über die deutschen Augenärzte, denen er doch so viel entnommen hat und die er gar nicht genug rühmen kann,
— wenn sie ihn einmal gelobt haben; die zahlreichen Krankengeschichten, in
denen seine Vorgänger falsche Diagnosen gestellt hätten, und er die richtige.

[2] Nur verschleiert (I, S. 105), so dass man ihm doch nicht beikommen könnte.

[3] PIERRE ADOLPHE PIORRY (1794—1879), seit 1840 Prof. der inneren Pathologie, von 1846—1866 Prof. der inneren Klinik, der Erfinder des Plessimeters, hat
einen dreibändigen Traité du diagnostic et de séméiologie, Paris 1836—1837,
verfasst, der von französischen Augenärzten dieser Zeit vielfach citirt wird. Er
gebrauchte eine sonderbare Nomenklatur: Hypersplenotrophie, Dysgastronervia
u. s. w. — Der jugendlich-übermüthige A. v. GRAEFE schrieb im Mai 1850 aus
Paris an einen Freund: »PIORRY ist ganz verrückt.« (MICHAELIS, a. a. O., S. 19.)

die drei Spiegelbilder (Purkinje's) wörtlich abdruckt. Bemerkenswerth ist sein § VIII, wenn gleich er keine wirklichen Funde bringt: »Für gewöhnlich lässt man das Licht von der Seite auf das Auge fallen ... Unter Umständen ist es passend, sich hinter den Kranken zu stellen, während er in den Augenspiegel (miroir oculaire) oder Ophthalmoskop[1]) blickt: auf diese Weise urtheilt man sehr gut über den Zustand des Auges, ohne die leuchtenden Reflexe fürchten zu müssen. Das künstliche Licht ist dem natürlichen nicht vorzuziehen, außer in den Fällen, wo man den Zustand des Glaskörpers und der Netzhaut studiren muss, indem man den leuchtenden Körper plötzlich in den verschiedenen Punkten der Augenbuchtungen (anfractuosités oculaires) reflektiren lässt.«

C. bringt auch einige Bemerkungen über erheuchelte Blindheit, über künstlich hervorgerufene Pupillen-Erweiterung, über künstliche Ätz-Geschwüre der Hornhaut bei Militär-Pflichtigen.

Die Darstellung der Augenkrankheiten ist belebt durch zahlreiche Beobachtungen. Die Ophthalmien theilt C. d. V., »nach Beer und seinen Nachfolgern« in idiopathische, specifische und symptomatische oder zusammengesetzte[2]). Die Conjunctivitis theilt er, nach Lobstein's Entzündungs-Theorie[3]), (mit Rognetta[4])) in vier Stufen: Taraxis, Epiphlogose, Metaphlogose, Hyperphlogose.

Zu den katarrhalischen Ophthalmien rechnet er die der Neugeborenen, über deren Ursache er Mittelmäßiges mittheilt, während die Behandlung, mit styptischen Mitteln besser scheint; und ferner die ägyptische. Gegen letztere empfiehlt er im Beginn Citronen-Saft, bei Eiter-Absonderung Höllenstein, aber in nicht zu furchtsamer Anwendung. Gegen die Körner empfiehlt er die Ätzmittel, weniger das Ausschneiden.

Keratitis[5]) ist, abgesehen von der durch Verletzung, selten primär. Die Symptome sind deutlich, wenn die Krankheit an der hinteren Fläche

---

1) Der Name ist hier schon in dem Sinne gebraucht, den er seit Helmholtz beibehalten sollte. Übrigens verwendet C. sonst das Wort Ophthalmoskopie in dem damals von Himly, Rüte, Warnatz und anderen gebrauchten Sinne, d. h. für systematische Untersuchung der Augen. Vgl. XIV, ii, S. 13, Anm.

2) Vgl. Jüngken, XIV, ii, S. 62.

3) J. G. Chr. Fr. Martin Lobstein der jüngere, aus Gießen, 1777—1835, seit 1819 Prof. d. path. Anat. zu Straßburg, Vf. des Traité d'anat. pathol., Paris und Straßburg 1829.

4) Vgl. § 570. — Φλόγωσις, Entzündung; ἐπί, dazu; μετά, danach; ὑπέρ, darüber hinaus.

5) Über die Geschichte der Hornhaut-Entzündung haben wir hier die Legende, die in fast allen folgenden Lehrbüchern französischer Sprache wiederkehrt: V. Bose 1767 (XIV, S. 248) habe zuerst von Entzündung der Hornhaut gesprochen: nihilominus tamen cornea suo quoque modo inflammationem suscipit ... in chemosi. Vetch 1807, Wardrop 1808, Hofbauer 1820, Mirault d'Angers, Velpeau und Sanson hätten sie weiter studirt. Auf die wirkliche Geschichte der Hornhaut-Entzündung werden wir in § 597 zurückkommen.

beginnt. Die Entleerung des Kammerwassers nach WARDROP ist ungefährlich, die Furcht einiger Deutschen (LANGENBECK und LECULA) übertrieben.

Die Iritis ist hauptsächlich von den Deutschen und später von den Engländern beschrieben, in Frankreich kaum erwähnt vor der Dissertation von EDWARDS DE LA JAMAIQUE: Sur l'inflammation de l'iris et de la cataracte noire, Paris 1815[1]). Sie ist einzutheilen in die einfache und in die complicirte (rheumatische, scrofulöse, syphilitische).

»Die Niederdrückung des Stars ist heute das am häufigsten angewendete Verfahren, wie man klar erkennt, wenn man die Schriften der heutigen Zeit durchsieht.«

»Nach den Grundsätzen, die ich aus den Lehren der großen Meister geschöpft und nach der Erfahrung, die ich in einer Praxis von 20 Jahren[2]) erworben, bin ich berechtigt, a priori zu schließen, dass die Niederlegung der Ausziehung[3]) vorgezogen werden muss, ohne darum das letztere Verfahren aus dem wissenschaftlichen Gebiet auszuschließen.«

Die Beschreibung der Pupillen-Bildung ist ausreichend, die des Glaukoma ganz ungenügend.

(XV.) Von den Arbeiten aus C.'s zweiter Epoche, die offenbar wichtiger und objektiver sind, als die der ersten, erwähne ich zuerst die über eitrige Augen-Entzündung in Kuba.

Natürlich hatten auch dort, wie früher in Luxemburg und in Amsterdam, Regierung und Geistlichkeit für das Lokal zur Behandlung und für jede Ankündigung (toute la publicité) gesorgt, so dass C. in zwei Jahren 2000 Augenleidende behandeln konnte, zur Hälfte Weiße, zur Hälfte Farbige.

Die eitrigen Ophthalmien vertheilen sich folgendermaßen:

bei Soldaten und Matrosen	400
» Neugeborenen	250
Afrikanische, durch den Sklavenhandel eingeführt, .	300
Gonorrhoische	260
frische nur 39!)	
Einfache, katarrhalisch-eitrige	50
Traumatische, durch den Saft von Manzanilla[4]) .	3
	1263.

1) Vgl. aber XIV, S. 542 (MAÎTRE-JAN, St. Yves).

2) Diese Bemerkung ist erstaunlich, da C. D. V. 1800 geboren, 1820 promovirt ist, und 1838 sein Werk veröffentlicht hat. Er hat drei Jahre zugelegt. Am 5. Sept. 1834 (A. d'Oc. XXXIV, S. 94) erklärt er eine 34jährige Praxis hinter sich zu haben. Das ist richtiger. — In der Einleitung seines Lehrbuchs sagt er, dass er zehn Jahre an der Spitze königlicher Institute, bürgerlicher und geistlicher Erziehungshäuser gestanden, in denen mehrere Tausend Personen ausschließlich seiner Sorge unterworfen gewesen.

3) Von den acht Fällen, wo nach ihm die Ausziehung angezeigt ist, lautet der siebente: Si le point, où l'on doit faire la ponction avec l'aiguille, est atteint de staphylome!

4) Hippomane, LINN., Euphorb. Dieser Saft wurde, ebenso wie ungelöschter

Die militärische Ophthalmie von 1813 hat Kuba nicht verschont, wüthet daselbst seit 17 Jahren und hat 7000 Soldaten betroffen und meist zu Invaliden gemacht.

Bezüglich des Augentrippers ist C. wieder zur Metastasen-Theorie zurückgekommen; die Chemosis schneidet er aus. Von den 250 Fällen der Augen-Eiterung der Neugeborenen wurden vorgestellt 112 mit vollkommener Schrumpfung beider Augen, 85 mit Schrumpfung eines Augapfels, 35 mit Staphylom, — nur 18 im akuten Stadium und diese alle vollständig geheilt.

Jene schrecklichen Folgen kommen von der Behandlung seitens der alten Negerweiber. »Die christlichen Sklavenhalter[1] sorgen weniger für die entbundene Sklavin, die nach 8 Tagen wieder arbeiten muss, als Pferdezüchter für ihre Stuten.«

Bei der Augen-Eiterung der Neger fehlen die Granulationen vollständig; sie ist sofort zu behandeln mit thatkräftiger Antiphlogose, örtlicher Entspannung und Ätzmitteln, nach dem ektrotischen[2] oder abortiven Verfahren.

(XVI.) Von den das Auge schädigenden Thieren[3] sind zwei Gruppen zu unterscheiden:

a) solche, die schon durch Berührung wirken;

b) solche, welche die Gewebe der Sehorgane verletzen und in dieselben eindringen.

A. Die mit Kanthariden-Saft besudelten Finger können durch bloße Berührung erysipelatöse Schwellung der Lider verursachen. Ebenso wirkt

Kalk, — ja sogar Tripper-Eiter in angeblich 80 Fällen! — zur Verstümmelung des rechten Auges von spanischen Soldaten benutzt, um von dem dort sehr grausamen Militärdienst freizukommen. Die drei Fälle der traumatischen Augen-Eiterung betrafen Personen, denen C. D. V. befohlen, ihm den giftigen Saft zu Versuchen zu beschaffen.

1) Unser Vf. erhebt sich würdig gegen den Sklavenhandel. 19 Jahre vor seiner Ankunft landete ein Sklavenschiff mit 19 Blinden unter der Besatzung und 300 blinden Negern, die, das Stück zu 4—6 Piaster (17—25½ Mark), verkauft wurden, um an Stelle von blinden Mauleseln in den Zuckermühlen die Räder zu drehen. (Vgl. übrigens § 554.) Im Jahre des Heiles 1880 haben die Spanier auf Kuba die Sklaverei aufgehoben.

2) Ἔκτρωσις, das Fehlgebären, von ἐκτιτρώσκω, ἐκτρωτικός (= abortivus), PLUTARCH., Mor. p. 974.

3) Vgl. hierzu I. die älteren Beobachtungen der Griechen über Lid-Läuse § 161 und § 239, die der Araber über Läuse in den Lidern XIII, S. 125, S. 112, über Zecken in denselben bei 'ALĪ IBN 'ĪSĀ II, c. 14, über die als Augensucher bezeichneten Mücken XIII, S. 111; über Filzläuse bei G. BARTISCH XIII, S. 346 und GUILLEMEAU XIII, S. 330. Vgl. ferner II: Kap XVIII unsres Handbuches, § 20 fgd., von Dr. KNAEMER, der im § 22 CARRON DU VILLARDS als Hauptschriftsteller für diesen Gegenstand bezeichnet. — Die Abhandlungen von C. D. V. sind sehr lebendig geschrieben und recht subjektiv; ich gebe hier nur die Thatsachen, die dem Vf. angehören.

die von Kröten aus dem After hervorgespritzte Drüsen-Absonderung.
Endlich die giftigen Schlangen, die auch ihr Gift hervorspritzen. Das
Gift der Klapperschlange, zwischen die Lider eines Kaninchens und
eines Hundes gebracht, bewirkte heftigste Augen-Entzündung. Der Saft
von Scorpio »acetius« ruft im Auge von Hunden heftigen Schmerz und
Thränen hervor.

B. Die Mücken spritzen beim Stechen einen reizenden Saft ein und
bringen die Augen von Hausthieren und Menschen in einen schrecklichen
Zustand. Der Vf. hat selber Furunkel an den Lidern davongetragen. Heilsam gegen den Schmerz wirkt die Hitze, z. B. einer brennenden Cigarre.

Die Larven der Bremse hat C. aus den Lidern ausgeschnitten; auch
die von Schlupfwespen. Er sah in den Vereinigten Staaten einen Bienen-
Jäger, der beide Augen durch Bienenstiche eingebüßt, und ferner ein Kind,
das eines verloren. Bei den Wespen-Stichen muss man stets nach dem
Stachel[1]) suchen. Ein norwegischer Schiffer zeigte in der Havanna eine
Geschwulst des linken Unterlids mit schwarzem Mittelpunkt; der Neger
von C. DE V. grub mit einer Nadel eine Zecke (Acarus) aus, von der Größe
einer Wanze, den geschwollenen Leib ganz mit Eiern vollgepfropft. Die
Neger beherbergen oft an den Wimpern einen Pediculus pubis, der
schwarz und größer ist, als der der Weißen. In Liberia wurde C.'s Sekretär,
der auf dem Verdeck des Schiffes die Nacht zugebracht, wo auch viele
Bürger des Neger-Freistaates schliefen, von diesen Thieren heimgesucht
und rasch durch Quecksilbersalbe wieder davon befreit.

Der Guinea-Wurm kann einen Thränensack-Abscess vortäuschen. Die
Filaria hat C. bei einem Weißen und bei einer Negerin beobachtet und
zuerst für eine erweiterte Bindehautvene gehalten; aber, da sie den Platz
wechselte, aus einem Bindehautschnitt mit Hilfe der Iris-Pincette ausgezogen.
Filaria oculi humani, monostoma lentis, distoma oculi humani
hat er nie gesehen, obwohl er mehr als 200 Star-Linsen nach der Ausziehung mit dem Mikroskop untersucht. (Vgl. XIV, ii, S. 314.) Cysticercus
und Echinococcus hat er in 34jähriger Praxis nie angetroffen.

Ein Mulatte wurde während des Schlafes von einem Scorpion in das
Unterlid gestochen; nach einigen Minuten war das Gesicht geschwollen, dazu
Erbrechen und Ohnmacht. C. D. V. sah ihn zwei Stunden später, verordnete Aderlass und Bedecken des Gesichts mit einer ammoniakalischen Quecksilbersalbe. Die Schwellung des Gesichts dauerte drei Tage. In Puebla
sah C. D. V. ein Kind sterben an Lid-Gangrän, in Folge des Stiches einer
großen giftigen Spinne. Er sah einen unglücklichen Neger, der wegen

<hr/>

1) Vgl. C.-Bl. f. A. 1911, Nov.-Heft: E. KRAUPA, Erosio corneae durch einen
Wespenstachel im Lid. (Mit Abbildung des Bienen- und Wespenstachels und Lite-
ratur-Nachweis.) LEPLAT, C.-Bl. f. A. 1894, S. 203. O. PURTSCHER, ebendas. 1895,
S. 142 und 1911, S. 360.

Zermalmung beider Unterschenkel hilflos im Walde gelegen und dem von
den großen Ameisen die Lider halb zerfressen waren. Man muss die
Wiegen der Neugeborenen gegen diese Thiere sichern. C. D. V. brachte
an jedem Fuß seiner Sammlungs-Tische ein kleines Trocken-Element aus
Zink und Kupfer an: »Es ist ein merkwürdiges Schauspiel, wie jede Ameise,
welche die Füße auf den magnetischen Kreis setzt, mit krampfhafter Bewegung zu Boden stürzt.«

Ein kleiner Käfer (Lucanus) fliegt nachts blind gegen die Augen der
Menschen und läßt dort seine beiden kleinen Hörner, die wie Eisensplitterchen aussehen und die man kennen muss. Blutegel nahe dem Auge
sind schädlich; die mexikanischen bewirkten Lidgangrän bei einem 3jäh-
rigen Kinde. Der Tausendfuß[1] (Scolopendra morsitans) wird in den
heißen Ländern 8—10″ lang; ein Franzose in der Havanna zeigte 10 Minuten nach dem Biss in's Lid eine erysipelatöse Anschwellung des Gesichts.
Er erhielt Quecksilbersalbe und zwei Aderlässe. Die ganze Gesichtshaut-
Oberfläche stieß sich ab.

(XXI.) Im französischen Guyana giebt es eine Fliege (Lucilia), die
in die Nase und die Stirnhöhle des schlafenden Menschen eindringt und
dort ihre Eier niederlegt. Die überaus zahlreichen Larven zerfressen die
Gewebe, dringen in die Orbita ein und zerstören das Auge. Viele Menschen
sterben daran; die davon kommen, gleichen denjenigen Leprösen, welche
der Tod noch nicht gewählt hat.

(XVII.) Elephantiasis der Oberlider hatte CARRON DU VILLARDS
sowohl bei einem holländischen Bauermädchen von 17 Jahren wie auch
bei einem indianischen Mestizen auf Kuba (A. d'O. XXXII, S. 252 fgd.) erfolgreich operirt.

(XVIII.) Lepra des Sehorgans[2].

Diese treffliche Arbeit, vielleicht die erste über die Augenleiden bei Leprösen,
deren Werth ich um so eher zu würdigen in der Lage bin, als ich selber Lepra-
Asyle in Japan, in Norwegen, auf Island besucht habe, ist in der gründlichen
Abhandlung, die GROENOUW über diesen Gegenstand in unsrem Handbuch geliefert (XI, 1, S. 651 fgd.), noch nicht erwähnt worden.

Das Wort λέπρα, der Aussatz, stammt von λέπω, abschälen; bedeutete aber
bei den Griechen eine harmlose, schuppende Hautkrankheit (impetigo), während die fürchterliche (bacilläre) Allgemeinkrankheit bei ihnen als Elephantiasis bezeichnet wurde. Die Araber beschrieben als Elephantia (dalfil,
Elephanten-Krankheit,) die unförmliche Verdickung der unteren Extremitäten und andrer Körpertheile, — Leiden, welche nach den neueren Untersuchungen großentheils durch Filarien bedingt sind. Hingegen bezeichneten

---

1) Über seine Anwendung gegen Sehstörung und andre Leiden vgl. XIV,
S. 236.
2) Leprosaria, nude, Domus leprosorum, in Charta anni 1237 p. Chr. (Glossar.
med. et infim. latinitatis, V, S. 67, 1887.) Übrigens bedeutet schon im neuen Testament und bei JOSEPHUS λέπρα den Aussatz!

sie als Lepra jene schreckliche Allgemeinkrankheit. (Vgl. ARET. m. chron., II, c. 13; AKT. m. m. II, c. XI; AVICENNAE libri Canonis, Venet. 1564, I, S. 129 und II, S. 952. Ferner GALEN, VII, S. 29, S. 727 u. a. a. O.) So ist die scholastische Formel Elephantiasis Graecorum = Lepra Arabum zu verstehen.

Für unser Gebiet kommen von diesen Krankheitsformen zwei verschiedene Dinge in Betracht: 1. Die Störungen des Seh-Organs bei dem Aussatz (Lepra). 2. Die Verdickungen der Lider durch örtliche Ursachen (Elephantiasis).

Auf 2000 schätzt CARRON DU VILLARDS die Zahl der Leprösen, die er gesehen, in Sphakteria, Carabussa (?)[1], Candia, Tripolis, Tanger, Liberia, Sierra Leone, Havanna, Puerto Rico und Mexiko.

Eines der frühesten Symptome ist Schwellung des Lides, wie von einem Mückenstich, die verschwindet, wiederkehrt, eine Härte des Lides zurückläßt, mit Verkümmerung, Bleichung und schließlichem Ausfall der Wimpern. Diese Alopecie der Lider ist eines der ersten und gewöhnlichsten Zeichen, es findet sich in 95%. Hieran hat C. D. V. die Krankheit erkannt bei dem schönsten und reichsten Mädchen von Santiago in Kuba[2], das bisher wegen »Blepharitis« vom Hausarzt behandelt worden. Die Lider können ganz hart und verhornt werden, wie bei den großen Schildkröten und Exen; oder sie werden zerfressen, so dass das Auge nur noch durch einen großen Schleimhautwulst geschützt ist: und doch kann die Hornhaut noch Jahre lang widerstehen. Natürlich nicht in jedem Fall. Die Bindehaut wird trocken; am großen oder kleinen Winkel oder an beiden, bildet sich ein Flügelfell.

Da die Nasenschleimhaut immer mit leidet, so kommt es zu vollständiger Verstopfung der unteren Öffnung des Thränenkanals. Im Beginn der Lepra sind alle Kranken mit Thränensack-Geschwulst behaftet; von ihrem Mittelpunkt geht die schreckliche Geschwürsbildung aus, welche allmählich auch die Lider ergreift.

Die Hornhaut trübt sich in den meisten Fällen bei der knotigen Form. (Im Anfang nützt Einträuflung eines Tropfens Leberthran für etliche Stunden.) Bisweilen kommt es auch zu schmerzlosen Verschwärungen mit Durchbruch und Vorfall. Iritis hat C. D. V. bei der elephantiastischen Form nicht gesehen; Chorioiditis ist häufig, Star sehr gewöhnlich. Die Orbita kann stückweise nekrosiren.

Wie kann man von Therapie reden? Gewisse örtliche Veränderungen bei Leprösen sind allerdings heilbar. So hat C. den Star operirt bei einem 50jährigen, der bereits alle ersten Phalangen der Hände und Füße

---

[1] Den Ort Karahissar in Klein-Asien finde ich in einem älteren Konversations-Lexikon Karabissar geschrieben.

[2] Lepra der Augen, nach Beobachtungen an dem Lepra-Krankenhaus auf Kuba von FR. M. FERNANDES. Ophthalmology, Jan. 1912, vgl. C. Bl. f. A. 1912, S. 249. Die Ergebnisse stimmen auffallend überein mit denen von CARRON DU VILLARDS.

und das Ohrläppchen eingebüßt hatte, und zwar mit vollem Erfolge. Die cutis-artige Verbildung der Bindehaut ließ sich nicht verbessern; die Ein-impfung von Tripper-Eiter bewirkte keine Eiterung. (Caracas, 1. Mai 1856.)

§ 569. Mitbegründer von CARRON DU VILLARDS' Augen-Poliklinik war

SALVATORE FURNARI[1]),

ein Sicilianer, der, 1830 zu Palermo promovirt, 1834 das Recht der Praxis in Frankreich erlangte und 1842 von der französischen Regierung nach Algier gesendet wurde. (Vgl. oben § 563, Zusatz 2.)

Bereits im Jahre 1848 kehrte FURNARI nach Palermo zurück, um an der dortigen Universität die Professur der Augenheilkunde zu übernehmen, die er bis zu seinem Tode (1866) verwaltet hat. Wir werden ihn also später in der Geschichte der italienischen Augenheilkunde zu wür-digen haben.

Drei Dinge sind noch aus FURNARI's Pariser Zeit zu erwähnen:

1. Er hat eine Fehde mit SICHEL vom Zaun gebrochen. (§ 565.)

2. Er hat, in ausgesprochenem Gegensatz zu seinem Landsmann ROGNETTA, ein kräftiges Wort zu Gunsten unsrer Fachwissenschaft ausge-sprochen. (A. d'O. XXIII, S. 140, 1850; vgl. § 581.)

3. Er hat ebenso, wie seine beiden andren nach Paris eingewanderten Landsleute, CARRON DU VILLARDS und ROGNETTA, ein französisches Lehr-buch der Augenheilkunde verfasst: Traité pratique des maladies des yeux, Paris 1841. (8⁰, 440 S., mit 4 Tafeln.) Darin hat es eine Lücke auszufüllen gesucht, nämlich den Einfluss der Gewerbe auf Erkrankungen des Seh-Organs und die daraus folgenden Vorbeugungs-Massregeln zu erörtern. In der Eintheilung folgt F. einigermaßen der Doctrina de morb. oc. von FABINI (XIV, S. 592); sein Werk zeichnet sich aus durch Klarheit und Kürze.

§ 570. Der dritte Italiener, der italienische Augenheilkunde nach Frankreich verpflanzt hat, war

FRANCESCO ROGNETTA[2]).

Geboren zu Reggio in Calabrien am 26. September 1800, studirte er in Neapel unter QUADRI, promovirte daselbst 1825, habilitirte sich als Privat-docent für äußere Pathologie, übersiedelte aus politischen Gründen nach Frankreich, erhielt 1833 zu Paris die Berechtigung der Praxis und eröff-nete einen freien Kurs der Augenheilkunde an der École pratique, war auch an der Leitung der Gazette méd. und der Gazette des hôpitaux betheiligt. Am 2. September 1857 ist er bei einem vorübergehenden Aufenthalt zu Neapel an Anthrax verstorben.

---

1) Biogr. Lex. II, S. 465. Vgl. XIII, S. 172.
2) Biogr. Lex. V, S. 62.

Dass er die operative Augenheilkunde in Frankreich eingeführt habe, wie PAGEL in dem Biographischen Lexikon behauptet, ist freilich ein Irrthum; er war überhaupt kein sonderlicher Operateur.

Gegen seine »Mitbewerber« in der Kunst hat R. nicht sehr liebenswürdig sich gezeigt. Sein Hauptwerk (3) wimmelt von Anzüglichkeiten. »Ein deutscher Augenarzt, der zu Paris prakticirt, hat eine Behauptung aufgestellt ... Ich kenne nichts Abgeschmackteres.« Es ist auch auf diese gemünzt, wenn er (3, S. 15) sein Glaubensbekenntniss über die Werthigkeit der Augenärzte verkündet.

ROGNETTA hat, außer zahlreichen Abhandlungen zur Chirurgie und Toxikologie, drei Werke zur Augenheilkunde verfasst:

1. Traité pratique des maladies des yeux par SCARPA, Paris 1839. (Vgl. § 449. Es ist dies die vierte französische Bearbeitung des italienischen Werkes, dessen letzte Ausgabe 1836 erschienen war.)

2. Cours d'ophthalmologie ou traité complet des maladies de l'œil, professé publiquement à l'École pratique de médicine de Paris, par M. ROGNETTA, docteur en méd. et en chir., professeur particulier de pathologie externe, sécretaire de la société méd. d'émulation à Paris, membre de l'Académie R. des sciences de Naples, de la société pontanienne de la même ville, rédacteur de la Gazette médicale de Paris etc., Paris 1839[1]. (500 S.)

3. Traité philosophique et clinique d'ophthalmologie, basé sur les principes de la thérapeutique dynamique, par M. F. ROGNETTA ... Paris 1844. (724 S.) Motto: J'ai vu par ma propre expérience combien les spécialités isolées étaient nuisibles aux progrès des arts ... GIACOMINI.

R.'s Traité complet (2) hat 1849 (A. d'O. III, S. 234—240) das uneingeschränkte Lob des Herrn DECONDÉ, Regiments-Arzt zu Lüttich, gefunden, obwohl dieser dem Vf. »sonderbare therapeutische Grundsätze« zuschreibt.

Weniger glimpflich hat unser v. AMMON 1839 in seiner Monatsschrift, II, S. 495—496, Herrn R. behandelt. »Der Leser erwarte keine gründliche, logische Darstellung nach deutscher Art. Auf diese zürnt der Vf.... Das Werk enthält manche geistreiche pathologische Ansicht und manche Wahrheit ... Wie viel mehr würde der Vf. geleistet haben, wenn er die großen Fortschritte berücksichtigt hätte, welche die Ophthalmologie in England, namentlich aber in Deutschland, gemacht hat.«

PANSIER (S. 54) findet in dem Werk »eine etwas verschwommene Mischung der positivistischen Schule und der von BROUSSAIS[2]; R. hat das Verdienst (!), die Lehren der deutschen Schule zu verwerfen und mit der englischen Schule dem Studium des anatomischen Sitzes der Augenkrankheiten sich zu widmen«.

---

1) Wie man an diesem neuen Beispiel ersieht, gab es damals Titelsüchtige nicht minder in Frankreich, als in Deutschland. In R.'s drittem Werk sind noch hinzugekommen »des sociétés médico-chir. de Turin, de Lisbonne, de Bruges«.

2) Das hat er aus HIRSCH, S. 400; es ist aber unrichtig.

Betrachten wir R.'s Hauptwerk (3), das derselbe gelegentlich als zweite Auflage des früheren bezeichnet, — obwohl er hier manches verwirft, was er vorher gepriesen hatte. (3, S. 282.)

Der Anfang ist ziemlich philosophisch. »Der Seh-Apparat kann als direkte Emanation oder Verlängerung des Gehirns betrachtet werden ... Eine der Hauptquellen der Augenkrankheiten liegt im Gehirn. Sanson sah auch eine direkte Verbindung zwischen gewissen Krankheiten des Herzens und denen des Auges; das ist ganz richtig, denn die hypersthenischen Krankheiten des Herzens wirken auf das Hirn und durch dies Mittelglied verbreiten sich die Kongestionen zum Sehorgan.« R. citirt zum Beweis zwei Fälle von Morgagni (de sedibus XVII, 21 und 31; XVIII, 8), dürfte also nur wenig eigne Erfahrung darüber besessen haben.

Auch die Erkrankungen der Brust- und Bauchorgane wirken auf das Auge, hauptsächlich durch Herz und Hirn. Bei heftigem Husten und Erbrechen erfolgt der Blutaustritt an der Verbindung zwischen Hornhaut und Lederhaut, weil dort die Blutgefäße am meisten zusammengedrängt sind. Diese Thatsache lässt schon ahnen, wie sehr die wahre Augenheilkunde von der Wissenschaft der Lokalisatoren, die sich Okulisten nennen, verschieden ist. Es handelt sich heute weniger darum, zu lokalisiren, als die Augenkrankheiten wieder mit der allgemeinen Wissenschaft der Heilkunde zu verknüpfen. (Lawrence.) Allerdings vermag das Studium der Augenkrankheiten auch Licht zu verbreiten auf andre, die nicht sichtbar sind: die Erkrankungen der Bindehaut auf die der Harnröhre, die Entzündungen der Wasserhaut auf die der Gelenke. (Tyrrel.)

Außerdem müssen wir aber pathologische Quellen im Auge selber suchen, abgesehen von den direkten Verletzungen, und zwar hauptsächlich in der Aderhaut. Das Auge ist (nach Blainville), wie ein häutiger Bulbus, analog denen, welche die Haare absondern; die dioptrischen Feuchtigkeiten sind hier die Absonderungen. Diese transcendente Auffassung verträgt sich mit der vorigen, denn jeder sensitive Bulbus besteht aus drei Theilen, einer fasrigen Kapsel, einer Gefäßhaut und einem Nerventheil. In der Aderhaut müssen die meisten der wichtigen Augenkrankheiten ausbrechen oder ihren Ursprung finden. Die Aderhaut bildet eine Art von gefäßhaltigem Ganglion. Jede Fluxion zum Sehorgan füllt die Maschen der Aderhaut; die Spannung, der tiefe Schmerz, die Lichtscheu bei den Ophthalmien ist darauf zurückzubeziehen. »Die Frage, ob man eine konstitutionelle Krankheit, die zur Zeit verborgen wäre, aus bestimmten Zeichen am Auge diagnosticiren könne, ist von einigen deutschen Augenärzten bejaht worden: aber darin liegt offenbar Übertreibung.«

Zu den dynamischen Augenkrankheiten, die also in den Lebenskräften der Gewebe haften, gehören die Ophthalmien, die einfachen Amaurosen, Lidkrampf, Lichtscheu u. dgl.

Nach Giacomini[1] unterscheidet R. hypersthenische und hyposthenische
Zustände. Zuweilen ist eine mechanische Erkrankung Folge einer dynamischen, z. B. Pupillen-Sperre Folge der Entzündung. Neun Zehntel aller
Augenkrankheiten sind Entzündungen und erfordern die hyposthenisirende
oder kontrastimulirende Behandlung.

Seit dem berühmten Broussais[2] ist fast jedes reizende Heilmittel geächtet, die Behandlung rein mechanisch, auf Blutegel, Aderlass und einige
Kollyrien beschränkt. Aber man muss von den Heilmitteln nicht blos die
örtliche Einwirkung studiren, sondern auch die allgemeine, nach ihrer Assi-
milirung. »Diese Studie ist ganz neu in Frankreich, aus Italien eingeführt
von Herrn Mojon und mir, durch die Übersetzung des wichtigen Werkes
von Giacomini und durch Abhandlungen, die wir veröffentlicht haben.«

Drei Arten von allgemeiner Behandlung werden in der Augenheilkunde verwendet, die tonische, die antiphlogistische, die revulsive. Die specifische verschwindet nach unsren Grundsätzen. In Wahrheit giebt es aber
nur eine Zweitheilung, in Erregung oder Abschwächung. Die ableitenden
(revulsiven) Mittel wirken nur durch Schwächung. Die dynamischen Krankheiten sind keineswegs isolirte Wesen, die man an einen andern Platz
bringen kann. Unter den örtlichen Mitteln wird die Silbersalpeter-Lösung
genauer behandelt (0,05 bis 0,20 : 30,0; gewöhnlich 0,1 bis 0,2 : 30,0).

Der Abschnitt von den Brillen bringt eine leidliche Geschichte (nach
Manni, vgl. XIII, S. 282, 436[3]), stützt sich aber hauptsächlich auf Chevalier. (XIV, S. 533, Nr. 33.) Merkwürdig sind die hohen Preise dieser
Zeit. Das Paar Gläser kostete 2—15 Franken, (cylindrische oder bifokale
gab es noch nicht,) das Gestell aus Silber 12, aus Gold 100—150 Franken.

Es ist schwierig, die Augenkrankheiten in ein System zu bringen.
Unter den Krankheiten des Augapfels wird zuerst das Schielen behandelt:
dann die Verletzungen des Auges, — genau, aber mit wenigen eignen Beobachtungen, hauptsächlich nach der französischen und englischen Literatur.

---

1) (1796—1849), seit 1824 Professor in Padua. Vf. des Trattato filosofico-
sperimentale dei soccorsi terapeutici, 1833—1838, worin die Lehren von
Rasori und Tommasini vertheidigt werden.

2) Vgl. XIV, 11, S. 71. François Joseph Victor Broussais (1772—1838), Oberarzt am Militär-Hospital Val de Grâce zu Paris, seit 1831 auch Professor der allgemeinen Pathologie an der medizinischen Fakultät zu Paris, der Gründer der
»physiologischen Heilkunde«. Die herkömmlichen Krankheitsformen erklärte er
für Phantasien, an Stelle der Brown'schen Reizung setzte er die Entzündung,
fand Gastroënteritis bei den meisten Allgemeinkranken und zog dagegen zu Felde
mit einer ungeheuren Zahl von Blutegeln. (Haeser, im Biogr. Lex. I, S. 586 und
in seiner Gesch. d. Med. II, S. 882, 1881.)

3) Leider ist an beiden Stellen irrthümlich Manzini gedruckt. Das Buch ist
jetzt in meiner Sammlung. C.-Bl. f. A. 1907, S. 26 findet sich folgende Ergänzung
zu unsrem Band XIII, S. 267, aus Manni: »Um 1697 wurde die Kunst, Brillen zu
machen, durch die Jesuiten nach China eingeführt«.

Als Ophthalmitis phlegmonosa bezeichnet R. die Entzündung aller äußeren und inneren Theile des Augapfels, in Folge von Verletzung, von Pocken, von Phlebitis; und fordert Aderlass Schlag auf Schlag.

Bei der Kurzsichtigkeit wird die Durchschneidung der schiefen Augenmuskeln[1], empfohlen von Philipps, angenommen von Bonnet, gepriesen von Guérin, als gänzlich wirkungslos verworfen.

Nach den Geschwülsten kommen die angeborenen Fehler des Augapfels, wo dann auch gelegentlich Deutsche (v. Ammon, Arnold u. A.) erwähnt werden.

Bevor R. zu den Krankheiten der einzelnen Theile des Augapfels übergeht, will er erst die ophthalmodynamischen Heilmittel erörtern.

Belladonna[2]) hyposthenisirt das Centralorgan des Blutkreislaufes und des Ganglien-Nervensystems, also auch der gefäßhaltigen Gewebe des Augen-Innern. Okulisten zu Paris verkaufen noch heute, zu hohen Preisen, gegen jede Art von Augenleiden, Tropfen und Pulver, die hauptsächlich Belladonna enthalten.

Opium mit Belladonna gleichzeitig zu verwenden ist thöricht. »Bei den inneren Entzündungen des Auges kenne ich, nach der Blut-Entziehung, kein heilsameres Mittel als Belladonna.« Es handelt sich um Bekämpfung des Reiz-Zustandes, nicht blos um Pupillen-Erweiterung. Zuweilen beginnt die Pupillen-Erweiterung erst, wenn die Entzündung absinkt. In sehr schweren Fällen muss man die Anwendung des Mittels bis zur Sättigung des Organismus treiben, zum Atropismus, der sich durch Schwindel kundgiebt.

Strychnin gegen Amaurose wurde gepriesen von Linton 1830 (The London med. Gaz., Febr.), von Short 1830 (Edinb. med. et surg. J., Oct.), von Middlemore 1832 (The midland med. Reporter). Das Strychnin ist für ein Erregungsmittel gehalten worden; es sei aber auch ein schwächendes, darum müsse es in jeder hyperämischen Amaurose, nach der Belladonna, angewendet werden[3]).

1) XIV, S. 138, 144.

2) Im J. général de méd. XLVIII hat Gauthier die durch Verzehrung von Belladonna-Früchten erfolgte Vergiftung von 180 Infanteristen genau beschrieben. Die Erscheinungen waren sehr bedrohlich, aber im Verlauf von 1—2 Tagen trat Heilung ein.

3) Die Strychnin-Behandlung der Amaurose ist neuerdings, d. h. vor 40 Jahren, wieder aufgenommen worden:
  I. Die Behandlung der Amaurosen und Amblyopien mit Strychnin von Prof. Albrecht Nagel in Tübingen, 1871. (141 S., mit geschichtlicher Einleitung.)
  II. Wirkung des Strychnin auf das normale und kranke Auge von A. v. Hippel in Königsberg, 1873.
  III. Wirkung des Strychnin auf amblyopische und gesunde Augen von H. Cohn in Breslau, Wiener med. Wochenschr. 1873.
Vgl. meinen Katalog 1901, § 93. In Wood's Ophthalm. Therapeutics 1909, S. 799, heißt es: Fuchs [Duane p. 258 remarks that strychnine was first recommended

»Auch Quecksilber kann in jeder hyperämischen Erkrankung des Sehorgans verschrieben werden.«

Jetzt kommt R. zu den Leiden der einzelnen Theile des Augapfels. Alle akuten Bindehaut-Entzündungen sind gleich und erfordern dieselbe Behandlung, — die antiphlogistische oder hyposthenisirende. Die gonorrhoïsche Bindehaut-Eiterung beruht nur auf Contagion. Sie erheischt die stärkste Antiphlogose, (PAMARD's Salivation ist wirkungslos,) ferner Eis-Umschläge, Einträuflung von Höllenstein-Lösung.

Die Augen-Eiterung der Neugeborenen hatte 1832 in dem Hospiz der Cholera-Waisen 299 von 300 befallen[1])! Außer der Inokulation wird Erkältung als Ursache zugelassen. Als neues Heilverfahren wird das von KENNEDY in Irland empfohlen, 3—4mal täglich von einer starken Höllensteinlösung (8:30) einzuträufeln.

An einer späteren Stelle (S. 394) empfiehlt R. gegen die eitrige Bindehaut-Entzündung, der Erwachsenen wie der Neugeborenen, dass der Arzt selber mindestens dreimal täglich die ärztliche Behandlung vornimmt. Der Kranke wird horizontal gelagert u. s. w. Von den beiden Augenwässern dient das eine, um reichlich auszuwaschen (lotionner à grande eau); das andre, um direkt das Leiden zu unterdrücken. Das erste enthält 0,25 bis 0,8 Sublimat auf 1 Liter destillirten Wassers; das zweite Höllenstein von 0,5 bis zu mehreren Gramm auf 30 Gramm Rosenwasser. (Hier haben wir einen Vorgänger von CHAISSAGNAC's Dusche [§ 577,] von KALT's grandes irrigations der Lösung von übermangansaurem Kali 1:5000, aus dem Jahre 1879, der ähnlichen Verfahren von BURCHARDT mit Höllenstein ½ °/₀₀, von CLARKE, PANAS u. A. Vgl. dazu TH. SAEMISCH, in unsrem Handbuch V, I, S. 255.)

Nach den eitrigen Augen-Entzündungen bleiben mitunter fleischige Wucherungen an der Innenfläche der Lider zurück, die Granulationen oder' die granulöse Ophthalmie. Das ist das Trachoma, dessen Arten: 1. Sykosis, 2. Tylosis, 3. Psorophthalmie (Abschuppung), 4. Flechte (mit krustigen Geschwüren[2]). (Wie man sieht, wirft R. die Krätze der Griechen mit der der Araber zusammen. Vgl. XIII, S. 174.)

Die chronische Conjunctivitis ist gekennzeichnet durch Mangel an Lichtscheu (»aphotophobique«[3]). Es gibt mechanische und dynamische; zu den letzteren gehört die katarrhalische.

—

by NAGEL for the treatment of lesions of the optic nerve. Das ist ja ein Muster von Quellen-Studium! Die ganze Literatur findet sich bei LEWIN und GUILLERY, Wirkung der Arzneimittel und Gifte auf das Auge 1, S. 437, 1905.)

1) Revue méd. 1832, III, S. 492. Vgl. § 554, 3.

2) R. hat auch die schönen Worte pachea blephara und Echinophthalmia. Über ersteres vgl. XII, S. 131. Das letztere besteht aus ἐχῖνος, Igel. und ὀφθαλμός, Auge, stammt von FORESTUS (observ. chir. VII. 20, 1610) und bezieht sich auf einen Zustand, wo die Wimpern den Stacheln des Igels ähnlich werden.

3. Von ά- privativum; φῶς, Licht; φόβος, Furcht.

Der Pannus granulosus beginnt stets von oben, der scrofulosus von allen Seiten, — nach Tyrrel in London 1840 (Diseas. of the eye, I, S. 126, 164), der die Sache zwar richtig beschrieben, auch sogar, wenn gleich unvollkommen, abgebildet, aber nicht so bündig dargelegt hat.

Die Lokalisation der Augen-Entzündungen ist eine wichtige Thatsache, der Wissenschaft seit 30 Jahren erworben; die pathologische Specificität ist ein Hirngespinnst.

Die Behauptung, aus gewissen Zuständen des Auges das Vorhandensein gewisser Veränderungen der Konstitution oder der inneren Organe abzuleiten, die sich sonst durch nichts enthüllen, war ebenso widersinnig wie wertlos in der Theorie und gefährlich in der Praxis, da sie zu irriger Behandlung führte. Von den vier Injektionen des Auges gehören die netzförmige und die bündelartige zur Bindehaut-Entzündung, die ringförmige und variköse zu den Entzündungen der Hornhaut, der Iris, der Aderhaut und der Lederhaut; oft vermischen sie sich miteinander.

Bei der Hornhaut-Entzündung unterscheidet R. vier Grade, je nachdem der Erguss in das Gewebe eiweißartig, oder fibrinös, oder blutig, oder eitrig [1]). Bei der Beschreibung stützt er sich hauptsächlich auf die Engländer (Wardrop, Mackenzie, Middlemoore, Tyrrel), ferner auf einige Franzosen (Mirault, ferner Stöber). Bezüglich der Therapie erklärt er: »Ich habe mich, mit den schweren Hornhaut-Entzündungen, immer wohl befunden bei Blut-Entziehungen, örtlichen wie allgemeinen, Kalomel innerlich, Fußbädern, lösenden Getränken; örtlich kommen kalte Umschläge, wiederholte Belladonna-Einträuflungen und leichte Augenwässer von Höllenstein, von Sublimat in Betracht«. (Diese örtliche Behandlung ist beachtungswerth.)

Sehr genau handelt R. von der operativen Behandlung der Hornhaut-Narben, durch Einschneiden, Abpräpariren (Kerektomie[2])) u. s. w.

Bei der Iritis verwirft R. die Eintheilung in oberflächliche und parenchymatöse, lässt aber vier Unterarten zu: die idiopathische, die rheumatische, die scrofulöse, die syphilitische, — während die merkurielle nicht existirt.

Bei Gelegenheit der Pupillen-Bildung und der Star-Operation erkennen wir deutlich, dass es dem Vf. an genügender, eigner Erfahrung mangelt.

Italienische Krankheits-Lehre und hauptsächlich englische und französische, selbst auch eigne Krankheits-Beobachtung hat Rognetta zu einer möglichst auf Anatomie und Physiologie begründeten Darstellung ver-

---

[1]) Er hat für die vier Grade (nach Lobstein, vgl. § 568, I) die vier schönen Namen Keratitis, Epikeratitis, Metakeratitis, Hyperkeratitis.

[2]) κέρας, Horn; ἐκ, aus; τομή, Schnitt; Kerektomie soll also Ausschneiden aus der Hornhaut bedeuten.

einigt, die in logischer Hinsicht gewiss viele seiner Zeitgenossen befriedigte und für das damalige Frankreich nicht werthlos war, die auch noch von seinen Nachfolgern, selbst von DESMARRES, reichlicher benutzt worden ist, als sie immer gleich angeben.

A. HIRSCH (S. 400) hat die erste Auflage des Werkes herb getadelt, die zweite gar nicht erwähnt. Keiner von den neueren Geschicht-Schreibern hat Bekanntschaft mit derselben verrathen.

§ 571. Die fremden Einwanderer, von denen die §§ 558 bis 570 gehandelt, fanden in Paris einerseits französische Mitstreber, andrerseits heftige Gegner.

Angefeuert durch das Beispiel J. SICHEL's, der 1832 zu Paris die erste (private) Augenklinik gegründet, haben die Professoren der Chirurgie L. J. SANSON im Hôtel-Dieu und A. BÉRARD in der Pitié Augenkliniken eingerichtet, von denen merkwürdiger Weise in den neueren französischen Darstellungen gar nicht gesprochen wird. Vor mir liegt: Résumé du compte rendu de la clinique ophthalmologique de l'Hôtel-Dieu et de l'hôpital de la Pitié, présenté au conseil général de l'administration des hôpitaux, par M. le Docteur CAFFE, Chef de la clinique ophthalmologique des hôpitaux de Paris. Paris 1837. (16 S. — Auszug aus der Presse médicale 1837, Nr. 42.)

Nach dem Wortlaut handelt es sich offenbar um eine amtliche Anordnung der Pariser Krankenhaus-Verwaltung, — von der Fakultät ist keine Rede. Wir erfahren aus dem Bericht, dass 1835 im Hôtel-Dieu und 1836 in der Pitié zusammen 2831 Augenfälle behandelt worden sind, darunter 122 Stare. Für beide Krankenhäuser war ein Assistent bestellt, Dr. CAFFE. (Derselbe erhielt übrigens 1837 von der Regierung den Auftrag, nach Belgien zum Studium der Augenkrankheit in den Armeen sich zu begeben. Vgl. § 574.)

In einem officiellen Bericht vom Jahre 1840 an den Minister erklärte Dr. CAFFE: »Frankreich hat keinen Lehrstuhl, kein Krankenhaus, speciell für Studium und Behandlung der Augenheilkunde, begründet. Prof. SANSON ist der erste in Frankreich, der einen klinischen Unterricht über Augenkrankheiten eröffnet hat; es ist mir eine Ehre, durch vier Jahre sein klinischer Assistent im Hôtel-Dieu und im Krankenhaus La Pitié gewesen zu sein«.

Über die Einrichtung der Augenabtheilung im Hôtel-Dieu, finde ich nur die folgende kurze Bemerkung in den Annal. d'Oc. II. S. 36 (1839, aus dem Bull. de Thérapeutique): »Eine seit langer Zeit geforderte Verbesserung ist von der Krankenhaus-Verwaltung für das Hôtel-Dieu bewilligt worden. Man hat in diesem Krankenhaus zwei kleine Säle eingerichtet, einen für Männer, eine für Frauen, die von Augenleiden befallen sind. Diese Säle sind grün gestrichen und haben grüne Vorhänge an den Betten und den Fenstern«.

SANSON ist bereits 1841, BÉRARD 1846 verstorben. Von letzterem finde ich noch[1]) die Nachricht, dass er 1842 in seinem Krankenhaus (Pitié) eine Kranken-Abtheilung (service d'ophthalmologie) besessen, die auch als Augen-klinik (clinique d'ophthalmologie) bezeichnet wird; und dass jährlich zwei bis drei Tausend Augenkranke sich daselbst vorstellten[2]).

(Erst zwei Menschenalter später [1899] hat die Pariser Krankenhaus-Verwaltung die Schaffung eines Körpers von Augenärzten an den Kranken-häusern beschlossen, nachdem 1881 die Augenklinik der Fakultät begründet wurde. § 549.)   —

Also zu den Beförderern der Augenheilkunde gehörte

AUGUST BÉRARD[3]) (le jeune).

Am 2. August 1802 zu Varrins bei Saumur geboren, begann er seine Stu-dien zu Angers, setzte dieselben zu Paris fort, unter kümmerlichen Ver-hältnissen, wiewohl unterstützt von seinem (um fünf Jahre älteren) Bruder Pierre-Honoré, der damals Prosektor der Fakultät war[4]).

Bereits 1830 außerordentlicher Professor der Chirurgie, 1831 Hospital-Wundarzt, wurde AUGUST BÉRARD 1842 zum Professor der Chirurgie am Hôpital de la Pitié ernannt. Er leistete Bedeutendes als Forscher, Lehrer und Praktiker auf dem Gesammtgebiet der Chirurgie, ist aber bereits am 14. Oktober 1846 an Magenkrebs verstorben.

In den Jahren 1833 und 1834 hat BÉRARD, damals außerordentlicher Professor und Wundarzt am Krankenhaus St. Antoine, dem Dr. J. SICHEL Gastfreundschaft gewährt und ihm Gelegenheit gegeben, Vorlesungen über Augenheilkunde zu halten. Überhaupt gewinnt man aus seinen Schriften den Eindruck einer liebenswürdigen Persönlichkeit.

Die augenärztlichen Veröffentlichungen von A. BÉRARD, die an Bedeutung den chirurgischen nicht gleichkommen, finden sich in den Annal. d'Ocul.

1. XI, S. 140 (1844). Note histor. sur la cure de l'entropion. Par le Professeur Aug. Bérard, chirurgien de l'hôpital de Pitié, membre de l'Académie royale de médicine, président de la Société de chirurgie de Paris etc.
2. XI, S. 179 (1844). Über die Operation des Stares auf einem Auge, ohne die Ausbildung desselben auf dem andren abzuwarten. (B. spricht sich dafür aus.)
3. XII, S. 162, 257 (1844). Über Orbital-Kysten. (Unter Mitarbeit von Tavignot, Assistenten an der Augenklinik.)

---

1) Zweiter Ergänzungsband zu den Ann. d'Oc. 1842, S. 168 u. 169.
2) A. d'Oc. XII, 1, 162.
3) Biogr. Lex. I, 401. (Der Vf. der Notiz, GURLT, hat mit keinem Wort die augenärztliche Thätigkeit von A. BÉRARD angedeutet.) — Die Nachricht in den A. d'Oc. XVI, 194 spricht nur von seinem Leichenbegängniss.
4) 1827 außerordentlicher Professor der Chirurgie und 1831 Professor der Physiologie.

4. XIII, S. 38 (1845). Exstirpation des Augapfels nach Bonnet. Vgl. XIV, II,
   S. 158.)
5. XIV, S. 149 (1895). Mydriasis des rechten Auges.
6. XV, S. 126 (1846). Ptosis des Oberlids.
7. Cataracte, Dict. de méd. (nouv. Édit.).
8. Über Cyclitis von Dr. Tavignot, Assistent der Augenklinik an der Pitié.
   (L'Expérience, J. de méd. et de chir. 1844, Nr. 359 u. 360. Aus dem Französischen übersetzt von Dr. Leuthold. (J. d. Chir. u. Augenheilk. XXXIII,
   S. 400—428, 1844.)

(III.) Die Kysten der Orbita sind selten (etwa 1 : 2500 Augenkranke), ihre Ursache dunkel, ihre Diagnose recht schwierig; die Behandlung besteht in der Fortnahme (Ablation)[1].

(VI.) Die isolirte Lähmung des Lidhebers ist selten. Janin
und Boyer erwähnen je einen Fall, Mackenzie hat mehrere gesehen. Aber
keiner spricht von der Erhebung der Augenbrauen, die dadurch bedingt wird, dass der Occipito-Frontal-Muskel die Thätigkeit des gelähmten
Lidhebers zu ersetzen strebt. Die palliative Behandlung besteht in
einer Klammer, die radikale in der Ausschneidung eines Stückchens der
Lidhaut.

(Die Klammer ist Vorläufer von Goldzieher's Lidkrücke. Das ist
ein einfaches Brillengestell, welches an seiner oberen Peripherie im rechten
Winkel eine gegen die Orbita zu geschweifte Hornplatte trägt. S. die
Therapie der Augenkrankheiten von Prof. Dr. W. Goldzieher in Budapest, Leipzig 1900, S. 459.)

(VIII.) Zur Geschichte der Kyklitis. Da der Vf. dieser Abhandlung, der Assistent Dr. Tavignot, erklärt, dass sein Professor, A. Bérard,
sowohl den Namen wie das Krankheitsbild der Kyklitis[2] geschaffen und
in seinen Vorlesungen vorgetragen; so wollen wir dem letzteren auch den
Inhalt der Abhandlung zueignen.

In dem Vorwort zu der Übersetzung bemerkt F. v. Ammon, dass er I.) 1829
(in Rust's Magazin XXX, S. 240—261) eine Abhandlung »über die Entzündung
des Orbiculus ciliaris« veröffentlicht, und II.) 3 Jahre später (in seiner Zeitschr.
f. d. Ophth. II, S. 195—221) noch »Beiträge zur Anatomie, Physiologie und
Pathologie des Orbiculus ciliaris in Menschen- und Thier-Augen« geschrieben
habe.

Zu I. erklärt v. Ammon, dass der Orbiculus ciliaris bisher noch nie patho-
logisch betrachtet worden. Es giebt 1. eine partielle Entzündung des Orbiculus
ciliaris und 2. eine totale.

1. Im Annulus conj.[3] entsteht, bald den vierten, bald den dritten Theil desselben einnehmend, ein hochrothes, ziemlich erhabenes, halbmondförmiges

---

1) In demselben Band der A. d'Oc., S. 44, wird ein Fall von Kerst (in Utrecht)
angeführt, mit Haaren im Innern.

2) Über den Namen s. XII, S. 195, Anm. 1. v. Ammon hat 1832 Ophthalmo-
desmitis vorgeschlagen, von δεσμός, Band, (Ligamentum ciliare).

3) Annulus conj. ist nach Ammon die Zellsubstanz zwischen Lederhaut-Saum
und Bindehaut; also außen da, wo innen der Orbiculus ciliaris liegt.

Gefäß-Convolut: das ist der äußere Reflex der Entzündung des Orbic. ciliaris.
Im zweiten Stadium verbreitet sich die Entzündung auf die Wasserhaut. Im
dritten Stadium entsteht an Stelle des Wulstes eine bläuliche Narbe.

2. Mit stärkerer Lichtscheu und Schmerzen wird der ganze Ring der
Lederhaut um den Hornhautrand geröthet, etwas geschwollen; die ganze Lederhaut in Mitleidenschaft gezogen, ebenso die Wasserhaut. Der Charakter
der Erkrankung ist rheumatisch. Die Behandlung besteht in Antiphlogose, Aderlass, Abführen. Kollyrien sind schädlich.

(Wir erkennen hier leicht das Bild der Scleritis. Auch Ammon hat die
Betheiligung der Lederhaut bemerkt; doch setzt er den Ausgangspunkt der von
ihm zuerst genauer beschriebenen Krankheit nach innen[1].)

In II. beschreibt Ammon pathologisch-anatomische Veränderungen des Orbiculus ciliaris.

1. Schwund, in den vergrößerten Augen einer 22jährigen, die an Schwind-
sucht verstorben. (Hier handelt es sich um die Vergrößerung und Entartung
des ganzen vorderen Augapfel-Abschnittes, die wir heute als tuberkulös[1] anerkennen.)

2. In sechs Fällen fand er Verdickung, neben Veränderungen der Hornhaut, Iris, Aderhaut.

1830 hatte Dr. Kuhn, der in Ferussac's Bulletin einen französischen Auszug der erstgenannten Arbeit Ammon's mitgetheilt, »über die kleine, niedliche
Krankheit« gespöttelt; und nun entsteht ihr dort in Paris ein neuer Vorkämpfer.

Was man in Deutschland rheumatische Augen-Entzündung genannt hat,
den Gefäßkranz um die Hornhaut, in Frankreich Scleritis, ist Entzündung
des Strahlenkörpers. Aber auch manches, was der Chorioïditis zugeschrieben worden, gehört der Kyklitis an.

v. Ammon hat zuerst eine selbständige Entzündung des Ciliarkörpers
beschrieben. In Frankreich hat zuerst A. Bérard die Entzündung des Strahlkörpers hervorgehoben. Die Lichtscheu sei, nach Dr. Cade, ein Symptom
der Kyklitis. Es giebt verschiedene Formen: 1. Die einfache akute Kyklitis
zeigt nur den Strahlenkranz von Blutgefäßen um die Hornhaut, Lichtscheu
und Schmerz. 2. Die einfache chronische Kyklitis. 3. Die einfache partielle Kyklitis, bei der nur ein Viertel oder die Hälfte der Hornhaut von
dem Gefäßkranz eingefasst ist. 4. Kerato-Kyklitis. 5. Irido-Kyklitis. 6. Irido-
Kerato-Kyklitis.

(Man kann nicht sagen, dass durch diese Darstellung von Bérard-
Tavignot viel gewonnen war. Weit lehrreicher ist die Beschreibung, die
3 Jahre später, nämlich 1847, Jos. Hasner, Edler von Artha, von der
Kyklitis geliefert. [Entwurf einer anatomischen Begründung der Augenkrankheiten, Prag 1847, S. 158—162.]

---

1) Multa renascuntur! Vgl. Verhoeff in Boston, C. Bl. f. A., 1911. S. 445
»Die meist für rheumatisch erklärte Form der Scleritis ist tuberkulösen
Ursprungs. Die Infektion nimmt ihren Ausgang vom Kammerwinkel. Die
infizierenden Bazillen stammen von den oberflächlichen Gefäßen der Ciliar-
fortsätze«.

Die Diagnose der Kyklitis am Lebenden ist schwierig; denn theils liegt ihr Organ verborgen im Auge, theils kommt sie selten für sich vor, sondern verbunden mit Entzündung wichtiger, zu Tage liegender Organe, deren Erkranktsein auch sodann leicht in den Vordergrund gestellt wird. Dagegen wird durch pathologisch-anatomische Untersuchung das häufige Erkranken des Ciliarkörpers nachgewiesen; und es dürfte kaum eine Iritis, Chorioïditis, selbst Keratitis ohne wesentliche Betheiligung des Ciliarkörpers vorkommen.

Es giebt eine plastische und eine seröse Kyklitis. Die Röthung stellt einen Saum um die Hornhaut dar. Eine Trübung der Hornhaut ist sehr häufig ... Die Iris nimmt sehr häufig Theil. Geschieht dies aber [Irido-Kyklitis], so wird die Iris-Peripherie gegen die Hornhaut gedrängt. Der Antheil der Aderhaut ist nicht immer ein wesentlicher. Gelegentlich sieht man ein vom Ciliarkörper bis über das vordere Drittheil der Aderhaut sich erstreckendes, hellgelbes, plastisches Exsudat deutlich durch die erweiterte Pupille. Die subjektiven Erscheinungen sind wechselnd und trügerisch. Der Verlauf der Krankheit ist immer schleppend.)

Die Wichtigkeit und Gefährlichkeit der hyperplastischen Kyklitis hat uns A. v. GRAEFE 1866 kundgegeben.

1906 lesen wir in der Encyclopédie française (VI, S. 8), dass die Entzündung der Iris sich ganz gewöhnlich, wenn nicht immer, mit einer ähnlichen des Ciliarkörpers verbindet: folglich fehlt daselbst eine besondere Darstellung der Kyklitis.

E. FUCHS hingegen hebt trotzdem die Fälle mit stärkerer Betheiligung des Ciliarkörpers besonders hervor, als Iridocyklitis, was wegen der Schwere dieses Zustandes doch von praktischer Wichtigkeit ist; und findet reine Cyklitis nur in der chronischen Form: ihre Zeichen sind lediglich Hornhaut-Beschläge und Glaskörper-Trübungen. (Lehrb. d. Augenh. 1910, S. 417.)

§ 572. Zu A. BÉRARD's Mitarbeitern gehörte also

FRANÇOIS LOUIS TAVIGNOT[1].

Derselbe war zu Paris im Jahre 1818 geboren, studirte daselbst und war mehrere Jahre (jedenfalls von 1842—1845) Assistent der Augenklinik am Krankenhause La Pitié; hat dann weiter in Paris, hauptsächlich als Augenarzt, gewirkt und auch für nahezu 20 Jahre eine sehr rege literarische Thätigkeit entfaltet: dann aber von Praxis und Wissenschaft sich zurückgezogen und noch lange in seiner Vaterstadt gelebt. (Sein Todesjahr vermochte ich nicht zu ermitteln.)

TAVIGNOT hatte eigne Gedanken, von denen einzelne (6, 22) wohl bemerkenswerth und fruchtbar; andre seltsam, verschroben und unbrauchbar waren. Von seinen »neuen Verfahrungsweisen«, die er

[1] Eine kurze Nachricht über T. bringt das Biogr. Lex. V. 622.

der Akademie der Wissenschaften zu Paris mitzutheilen liebte, aber
öfters·ohne die nöthigen Beweisfälle, waren einige nicht neu, einige unnütz
oder selbst schädlich (5, 16, 34, 43); nur weniges schien geeignet, einen
weiteren Fortschritt für die Zukunft anzubahnen.

Nach den Annales d'Oculistique, die von seinen Veröffentlichungen
einige im Original, die meisten nur in Auszügen bringen und vielfach eine ab-
weisende Kritik hinzufügen, gebe ich die Liste seiner Schriften. Dieselbe
umfasst vier größere Sonderschriften und 20 Abhandlungen, unter den letzteren
sind manche unbedeutende Kleinigkeiten.

A. 1. Quelques remarques sur les cataractes secondaires, Paris 1843.
    2. Études cliniques sur les maladies de la cornée, 1854.
    3. Traité clinique sur les maladies des yeux, par le Dr. Tavignot, professeur
        d'ophthalmologie à Paris, ex-chirurgien interne des hôpitaux et chef de
        clinique[1]) des maladies des yeux à la Pitié etc., Paris 1847. (12⁰, VI u.
        657 S.) — Vgl. die Analyse von Dr. Gouzée, A. d'Oc. XVIII, S. 187 fgd.
    4. Mémoires pratiques sur les maladies des yeux, 1857.
B. 5. Niederdrückung des Stares in seiner Kapsel. A. d'Oc. XIV, S. 33.
    6. Über Ciliar-Schmerz. Ebendas. XIV, S. 23.
    7. Strabismus, durch zufällige Pupillen-Verschiebung geheilt. Ebendas. XV,
        S. 22.
    8. Natur und·Behandlung des Glaukoma. Ebendas. S. 112.
    9. Orbital-Geschwülste. Ebendas. XVI, S. 233.
        (Außer Phlegmone und chronischem Abscess unterscheidet T. noch
        Lipome, Kysten, Krebse, Aneurysmen, Gefäß-Geschwülste.)
    10. Angeborene Hornhaut-Trübung. Ebendas. XVIII, S. 21.
        (Bei 18 monatlichem, beiderseits, mit Iris-Mangel, — wohl Folge einer
        intra-uterinen Hornhaut-Entzündung.)
    11. Synchysis scintillans.· Ebendas. S. 26. (Vgl. § 564.)
    12. Intermittirende Ophthalmie. Ebendas. S. 39.
        (Es ist keine Ophthalmie, sondern eine Neuralgie. — Vgl. die Mit-
        theilung von Dr. Wittke, aus dem Jahre 1836, in unsrem Band XIV, II,
        S. 180.)
    13. Salivation. Ebendas. S. 142.
        (Soll der Entzündung nach Star-Operation vorbeugen. — Vgl. § 580.)
    14. Punktirte Blepharitis. Ebendas. S. 199.
        (Es sind weißgelbe Körperchen, von Stecknadelkopfgröße, in der Binde-
        haut, nicht hervorragend, mittels der Ätzung zu beseitigen. — Heute all-
        gemein bekannt.)
    15. Pigmentirte Hornhaut-Trübung. Ebendas. S. 248.
    16. Orbital-Kyste, durch Jod-Einspritzung geheilt. Ebendas. XX, S. 68.
    17. Syphilitische Thränengeschwulst. Ebendas. S. 243.
        (Hyperostose des aufsteigenden Astes des Oberkiefers, durch tertiäre Lues.)
    18. Hydrops der Linsenkapsel. Ebendas. XXII, S. 97.
        (T. nimmt an den einfachen, mit durchsichtiger Linse; den mit Linsen-
        trübung, den traumatischen. — Star ohne diesen Hydrops ist hart und nicht
        voluminös, geeignet zur Ausziehung; Star mit dem Hydrops ist weich oder
        halbweich, geht vielleicht schwer durch die Pupille und erheischt Nieder-
        drückung oder Zerstücklung.)
    19. Kauterisation der Nasenschleimhaut bei chronischen Augen-Entzündungen.
        Ebendas. XXIII, S. 232.

_____

1) d. h. Assistent.

20. Behandlung der interstitiellen, gefäßhaltigen Hornhaut-Entzündung durch Skarifikation (mit schräg geführter Lanze). Ebendas. XXV, S. 83.
21. Reizende Kollyrien nach Star-Operation? Ebendas. XXVIII, S. 209.
(T. vergleicht ihre Anwendung mit einem Peitschenschlag. Er sah auch, dass man bei deutlicher Iritis Höllenstein-Kollyr einträufelte.)
22. Neue Schiel-Operation durch zeitweise Ligatur des Muskels. Ebendas. XXIX, S. 221, 1853.
23. Untersuchung des Auges. Archives d'ophth. IV, S. 10—31, 1855.
'Hier leistet sich Herr T. den folgenden Satz: »3. Untersuchung mit dem Spiegel. Man hat verschiedene Systeme von Spiegeln ersonnen, um gegen den Augengrund ein starkes künstliches Licht zu senden und genauer den Glaskörper und die Netzhaut zu erforschen. Von diesen Instrumenten, denen man die Namen des Augenspiegels gegeben, ist das einfachste das von Anagnostakis.« Aber, da wir ihm volle Gerechtigkeit schulden, — er empfiehlt auch die Untersuchung mit Tageslicht, um die wahre Färbung der Gewebe zu finden.
24. Ist Melanose Krebs? Ebendas. XXIX, S. 279.
(T. sah in zwei Fällen Recidiv, einmal nach Ausrottung des Augapfels, einmal nach Entfernung der auf dem Augapfel sitzenden Geschwulst.)
25. Wann soll man die Thränen-Geschwulst operiren? Ebendas. XXXIII, S. 239.
(Wenn der Thränensack Eiter absondert.)
26. Verbindung von Entzündung der Binde-, Horn- und Regenbogenhaut. Ebendas. XXXIV, S. 38.
27. See-Salz gegen Hornhaut-Geschwüre. Ebendas. XXXIV, S. 49.
28. Heilung einer Hemeralopie. Ebendas. S. 285.
29. Abhandlung über Star-Operation. Ebendas. XXXVI, S. 83.
30. Kopiopie, mit Gläsern behandelt. Ebendas. XXXVI, S. 90.
31. Amblyopie bei Diabetes. Ebendas. S. 273.
(Drei Fälle bei vorgeschrittenem Diabetes.)
32. Chronische Iritis bei Allgemeinkrankheit. Ebendas. S. 188.
33. Blutleere Ausrottung von Lid-Geschwülsten. Ebendas. XXXVII, S. 276.
(T.'s Druck-Pincette ist ähnlich der von Desmarres.)
34. Neue Pincette zum Ausschneiden der Lidhaut. Ebendas.
(Die Endbalken tragen 6—8 Löcher, durch die man gleich Karlsbader Nadeln steckt.)
35. Künstliche Pupillen-Bildung bei Nachstar. Ebendas.
36. Künstliche Pupillen-Erweiterung bei Hornhaut-Durchbohrung? Ebendas. S. 278.
37. Kopiopie. XXXVIII, S. 46.
38. Trichiasis durch Brennen geheilt. Ebendas. S. 99.
39. Pterygion. S. 100.
40. Künstliche Pupille durch galvanische Brennung. XLIII, S. 55.
41. Heilung der Thränenfistel durch Ausschneiden der Kanälchen. Eb. S. 58.
(Das zurückbleibende Thränen stört wenig.)
42. Glaukom. XLIII, S. 196. Empfiehlt Punktion der Iris und erklärt die Iridektomie für eine Erschwerung (aggravation) des Verfahrens.
43. Ophthalmie durch erste und zweite Zahnung. XLIV, S. 53.
(Die Zähne müssen von der Bindegewebs-Bedeckung befreit werden.)
44. Star durch Galvanokaustik beseitigt. Ebendas. S. 54.
45. Ciliar-Neuralgie, welche Bindehaut-Entzündung vortäuscht. Ebendas. S. 289.

(II.) Die akute Keratitis theilt T. in die folgenden Arten: 1. Die conjunctivale, wozu er auch die durch Reibung der Granulationen rechnet. 2. Die eruptive (scrofulöse). 3. Die purulente. 4. Die raketen-artige

(en fusée), die von dem Rande nach dem Centrum vorrückt, und deren
Fortschreiten er durch Berühren der abgekratzten Papel mit dem Höllen-
steinstift hemmen will. 5. Die ulceröse, gegen die er die Lösung von
Seesalz (4 bis 10:30,0), dreimal täglich einzuträufeln, dringend empfiehlt.
6. Die seröse, d. h. Entzündung der serösen Bedeckung der Hornhaut-
Hinterfläche.

Die chronische K. umfasst die plastische, die vasculäre und die
verschiedenen Endausgänge der Krankheit.

Gegen die vasculäre empfiehlt er ein Kollyr aus 15 Tropfen Kantha-
riden-Tinktur auf 4 Gramm Wasser, nebst soviel Gummilösung, um eine
Emulsion zu erhalten; das hält er für ebenso wirksam, als die Ätzung der
Granulationen auf den Lidern.

(III.) TAVIGNOT's Lehrbuch ist gleichzeitig mit dem von DESMARRES
erschienen, aber nicht gleichwerthig.

Die Eintheilung ist eigenartig. Nach der Ophthalmoskopie[1]), d. h.
der Untersuchung des Auges, folgt ein Kapitel über den Einfluss des Trigeminus auf Hornhaut, Iris, Netzhaut, auf den ganzen Augapfel. TAVIGNOT
vermeint, dass die Iris direkt empfindlich für Licht wäre. Dann folgen die
Nervenkrankheiten des Auges, die Amaurose, das Glaukom, die Muskel-
leiden, die Krankheiten der Lider, der Häute, der brechenden Theile, des
ganzen Augapfels, des Thränen-Apparates, der Orbita.

Der Haupt-Artikel im Abschnitt von den Nervenkrankheiten betrifft den
Strahlkörperschmerz (nevralgie ciliaire). Derselbe wird eingetheilt in
den akuten, den chronischen, den traumatischen.

Nach T. spielen die Ciliarnerven eine wichtige Rolle in der Pathologie
des Seh-Organs[2]). Die Schmerzen, die im Augapfel ihren Sitz haben, hängen
ab von einem neuralgischen Zustand des Strahlkörpers. Die Ciliar-Neuralgie
ist Ursache der Lichtscheu, der Spannung, der Schmerzen im Auge, der
Licht-Erscheinungen. Sie verbindet sich oft mit Neuralgie des Frontal- und
des Infraorbital-Nerven. Ihre schlimmsten Ausgänge sind Amaurose und
Übergang in den chronischen Zustand, der zum Glaukom führt.

Die Amaurose zerfällt in vier Klassen, je nachdem sie verursacht
wird durch eine Neurose, eine Neuralgie, eine Lähmung, eine organische
Störung der Nerven-Elemente.

Das Glaukom beruht auf einem krankhaften Zustand des Strahl-
körpersystems, den T. aber nicht genauer erklärt.

Die specifischen Ophthalmien kümmern den Vf. nur wenig, die
Lehren des Auslandes über die eitrige Bindehaut-Entzündung scheinen ihm

---

1) XIV, II, S. 13.
2) Schon DEMOURS (1818, Traité 1, S. 370) hatte diesen Gedanken ausgesprochen
und PH. v. WALTHER (1822, J. d. Chir. u. Augenh.) ihn weiter ausgeführt. Vgl. XIV,
II, S. 231.

unbekannt zu sein; was er von der Granulation sagt, zeigt wenig Erfahrung. Die Krankheiten der Netzhaut werden in drei Seiten abgehandelt.
Von specifischer Iritis kennt er nur eine Art, die syphilitische. Sehr genau
ist die Darstellung der Pupillenbildung und des Stars.

Das Werk verdient nicht den Titel eines klinischen Lehrbuches: es
enthält aber eigne Gedanken.

(V.) T. will, durch einen Schnitt von 5—7 mm am Schläfenrande
der Hornhaut, eine Platte so groß wie eine mittlere Pupille, an einem
rechtwinklig geknickten Stiel befestigt[1]), in die Vorderkammer einführen und
damit die ganze Linse nebst Kapsel niederdrücken (!). Die Ann. d'Ocul.
veröffentlichen dies wörtlich, »ohne jeden Kommentar«.

(VI.) Über die Ciliar-Neuralgie. Die kleinen Nervenfasern, welche
vom Ganglion ophthalmicum ausgehen, um in das Innere des Augapfels
einzudringen, bilden ein System für sich; sie sind sensitiv (motorisch) und
organisch, da ihr Ganglion mit dem 3. und 5. Nerven sowie mit dem Sym-
pathicus zusammenhängt.

Die Netzhaut . . . ist unfähig, Allgemein-Empfindungen zu leiten, was
man ihr früher zuertheilt hat[2]). Die Schmerzen, die im Auge ihren
Sitz oder Ausgangspunkt haben, hängen ab von einem neuralgischen Zustand des Strahlkörper-Systems.

T. nimmt drei Arten an. (Vgl. III.) Die Behandlung besteht in Blut-
entziehungen, Abführungen, Stirnsalben, Ableitungen, — im Chinin bei inter-
mittirendem Verlauf.

(VIII.) Das Glaukom ist ein Allgemein-Leiden des Seh-Organs. Sein
Ursprung liegt in einer Funktions-Störung des Ciliarnerven-Systems. Wird
das Glaukom von heftigen Schmerzen begleitet, so steht es unter dem Einfluss
eines neuralgischen Zustandes der Ciliarnerven. Durchläuft es seine
Perioden ohne Schmerzen, so ist es Folge einer vollständigen oder unvollständigen Lähmung derselben Nerven. Das Glaukom ist nichts
andres als eine chronische Entartung des Auges, analog der akuten, die
nach Durchschneidung des fünften Gehirn-Nerven bei Thieren auftritt. Die
Behandlung hat sich zu erstrecken auf die Neuralgie, wenn Schmerzen
bestehen; auf die Lähmung, wenn Schmerzen fehlen.

---

1) DESMARRES benutzt, für ein ähnliches Verfahren. ein Löffelchen oder
einen Spatel. (Traité 1847, S. 578.) Vgl. unseren § 593, S. 300.

2) Aber schon 1832 hatte BURKARD EBLE zu Wien, in seiner Abhandlung über
das Strahlenband des Auges (AMMON's Zeitschr. f. O. II, 191) erklärt: »Rücksichtlich
der consecutiven Erscheinungen, welche sich öfters nach Star-Operation (Niederlegung) einstellen, bemerke ich hier nur, dass namentlich die häufig eintretenden
nervösen Symptome wohl nicht so ganz auf die Beleidigung der Nervenhaut des
Auges zu beziehen, sondern mitunter auch der Quetschung, Zerrung und theilweisen Durchschneidung eines oder des andren Ciliarnerven innerhalb des Strahlenbandes zuzuschreiben sein möchten.«

(1862 schreibt HAFFMANS-DONDERS [A. f. O. VIII, 2, S. 162]: »Der Grund des Glaukoms ist in einem gereizten Zustand der Sekretions-Nerven des Auges zu suchen«. TAVIGNOT's Gedanken vom Jahre 1846 können als Vor-läufer dieser Hypothese betrachtet werden. Sekretions-Nerven sind erst 1851 gefunden worden. Vgl. XIV, ii, S. 224.)

(XV.) Einer 70jährigen wurde der Star niedergedrückt, mit gutem Erfolg. Aber die Nadel hatte das untere Fünftel der Iris verletzt und einen Pigment-Lappen abgestreift. Am unteren Drittel der Hornhaut-Hinterfläche sieht man fünf schwarze Punkte; der größte hat die Ausdehnung eines Stecknadelkopfes.

XIX. MORAND (de Tours) hat empfohlen, bei scrofulöser Augen-Ent-zündung die Nasengruben zu ätzen, da hier der Ursprung des Leidens sei. Doch der Schnupfen fehlt oft bei scrofulöser Augen-Entzündung, und die letztere ist nicht katarrhalisch. So hat man sein Verfahren wieder auf-gegeben. Aber man hätte besser gethan, das Verfahren anzunehmen und die Theorie zu verwerfen.

Seit 1844 haben A. BÉRARD und TAVIGNOT als revulsives Verfahren die Ätzung der Nasenschleimhaut, bei scrofulösen Augenleiden und andren chronischen, oft und mit Erfolg angewendet. Sie verwenden den Höllen-stein-Stift oder die Salbe 1:10 oder ein Schnupfpulver. (Veilchenwurz-Pulver 30,0, Zinksulfat 2,0, Campher 1,0.)

(XXII.) Statt den für verkürzt gehaltenen Muskel zu verlängern, will T. den thatsächlich zu langen Muskel verkürzen und seine Wirk-samkeit vergrößern.

Sein zweites Verfahren besteht in einer Faltung des Muskels durch Naht. (Dasselbe ist also als Vorläufer desjenigen von A. WEBER und L. WECKER aus dem Jahre 1873 zu betrachten. Vgl. die erste Ausgabe unsres Handbuches, III, S. 415, und A. d'Oc. LXX, S. 225.)

TAVIGNOT's erstes Verfahren ist — DIEFFENBACH's Faden-Operation: XIV, ii, S. 120 und 133. Von Anwendung seiner Vorschläge auf den lebenden Menschen hat übrigens T. damals nicht gesprochen.

(XXXIX und XLIII, 1859.) Sonderbare Vorschläge macht T., die Galvanokaustik im Augen-Innern anzuwenden, nachdem er mittelst eines Messers mit drei Klingen einen dreistrahligen Schnitt am Hornhaut-rande angelegt.

Erstlich will er bei aphakischer Pupillen-Sperre, wenn die Verhältnisse für die gewöhnliche Pupillen-Bildung ungünstig liegen, eine neue Pupille mit dem galvanokaustischen Brenner herstellen. Zweitens will er mit einem passenden, email-gedeckten Brenner einen Kanal von 3 mm Breite durch die Achse des Stares anlegen. Der Rest des letzteren erweiche sich und werde aufgesogen.

(Das wurde 100 Jahre nach DAVIEL's Auftreten in seinem Vaterland den Ärzten zur Nachahmung empfohlen!)

§ 573. Louis-Joseph Sanson [1], der Ältere,

geboren zu Nogent-sur-Seine am 24. Januar 1790, promovirte 1817 zu Paris, war Schüler und Vertrauter von Dupuytren, wurde 1825 zweiter Wundarzt am Hôtel-Dieu, 1830 außerordentlicher Professor an der Fakultät, leitete die im Hôtel-Dieu neu errichtete »Augen-Klinik« und wurde 1836 nach Dupuytren's Tode dessen Nachfolger. Er ist schon am 2. August 1841 verstorben.

Malgaigne bezeichnet Sanson (A. d'O. IV, S. 68, 1841) als Haupt der Schule, welche, nach dem Eindringen der deutschen Lehren, aus ihrer Vereinigung mit den französischen sich gebildet hat.

Magne, Sanson's Schüler und Freund, hat in seiner Hygiene des Sehens (1847, 4. Aufl. 1866, S. 298) seinem Lehrer ein Denkmal der Erinnerung gesetzt: »Sanson hat der Augenheilkunde hervorragende Dienste geleistet, durch seinen Unterricht und durch seine Schriften.

1. Er schuf eine Augenklinik am Hôtel-Dieu, die von vornherein glänzende Erfolge zeitigte und, nach der Pitié verlegt, zu einer wirklichen Pflanzschule von Assistenten geworden ist.

2. Er veröffentlichte vollständige Sonderschriften über Augenkrankheiten, von 1829—1836, im Dictionnaire de médecine et de chirurgie.

3. Er entdeckte die drei Lichtbilder, — nach Cruveilhier die schönste klinische Thatsache ... Er marschirt an der Spitze der Augenärzte der ersten Hälfte des 19. Jahrhunderts.«

(Ich bin der letzte, der einem Schüler die Überschätzung seines Meisters übel nimmt.)

Außer zahlreichen Aufsätzen und Werken chirurgischen Inhalts hat Sanson uns im Dict. de méd. et chir. pratiques [2] die Artikel Amaurose, Katarakt, Glaukom, Ophthalmie überliefert.

---

1) Biogr. Lex. V, S. 173. Vgl. § 557, V.

2) Fünf großartige Encyklopädien der ärztlichen Wissenschaft, abgesehen von kleineren Werken der Art, hat Frankreich in der uns beschäftigenden Zeit geschaffen:

1. Dictionnaire des sciences médicales, Paris 1812—1822, 60 Bde. (Mitarbeiter u. a. Cuvier, Delpech, Larrey, Roux.)

2. Dict. abrégé des sciences médicales, Paris 1821—1826, 14 Bde.

3. Dictionnaire de méd. et de chir. pratiques par Andral, Bégin, Blandin, Bouillaud, Sanson u. A., Paris 1829—1836, 15 Bde.

4. Dict. des diction., Paris 1840/4, 8 Bde.

5. Dict. de méd. ou répertoire général des sciences médicales, Paris 1832—1846, 30 Bde.

Der folgenden Generation gehören an:

6. Nouveau dict. de méd. et de chir. prat. par Bernutz et Jaccoud, Paris 1864 bis 1886, 40 Bde.

7. Dict. encyclopédique des sciences médicales (Deschambre), Paris 1865—1889, 100 Bde.

Ferner haben wir von ihm Leçons sur les maladies des yeux, faites à l'hôpital de la Pitié, recueillies et publiées par Alphons Bardinet et J.-B. Pignet. 1. Cataractes, Paris 1838. (135 S.) Diese Vorträge waren gewiss nützlich für Sanson's Studenten. Neues oder Eignes enthalten sie nur wenig.

(I.) Amaurose.

(Dict. de méd. et de chir. prat. II, S. 85—119, 1829.) Amaurose ist Schwächung oder Verlust der Sehkraft, die nicht abhängt von einem optischen Hinderniss; sie kann bedingt sein durch ein Leiden der Netzhaut oder des Sehnerven oder des Gehirns oder sympathisch von dem Leiden eines andren Organes.

Die Ursachen sind entweder sthenisch oder asthenisch. Die sthenische Form ist entweder idiopathisch (die Netzhaut erregend) oder symptomatisch (auf das Gehirn wirkend) oder sympathisch (abhängig von dem sthenischen Leiden eines andren Organs). Zu diesen drei Arten kommen noch die entsprechenden asthenischen, und »als 7«, die aus unbekannter Ursache.

Die Therapie, ist der Ursache entsprechend, beruhigend oder reizend. Zu den Beruhigungs-Mitteln gehören Ruhe, Dunkelheit, Blut-Entziehungen: zu den Reizmitteln Licht, Einträuflung von scharfen Kollyrien, Bähungen mit dem Balsam von Fioraventini (XIV, ii, S. 52), Elektrizität, Galvanismus.

(Also überall zu dieser Zeit dasselbe Lied, durch ganz Europa in allen Sprachen gesungen.)

(II.) Katarakt.

(Ebendas. V, S. 34—87, 1830.) Der gründlich, mit Benutzung der Literatur, auch der deutschen, dabei einfach und klar geschriebene, lehrhafte Text über Star und seine Operation hat vielfach den französischen Autoren als Vorbild und Grundlage für die späteren Darstellungen desselben Gegenstandes gedient; um nur eine zu nennen, für die von Vidal de Cassis aus dem Jahre 1839.

»Vergleichende Versuche im Hôtel-Dieu waren immer zu Gunsten der Niederlegung ... Ich habe bis jetzt diese Methode angewendet, mit Ausschluss jeder andren.« (Diese Versuche sind die von Dupuytren. § 552, die gar nichts beweisen.)

Steigt der Star wieder auf, so wird die zweite Operation besser ertragen als die erste (?).

(III.) Die Abhandlung über Glaukom (Dict. IX, S. 201—205, 1833) ist kurz und enthält nichts Besonderes.

(IV.) OEil, maladies de l'œil. (Dict. de méd. et de chir. prat. XII. S. 132 bis 141, 1834.)

Die Zahl der Augenkrankheiten (115 bei den Griechen, 118 bei Rowley) kann verringert werden, da man verschiedene Stadien und Formen mitgerechnet hat.

Die Untersuchung des Auges giebt S. nach Himly (§ 482), dessen Anleitung, von Barth ins Französische übersetzt, in den Arch. générales de méd. den Franzosen bequem zugänglich geworden.

Das war auch eine der Quellen für Carron du Villards, die er aber — zu nennen vergessen, wenngleich er sehr vieles wörtlich daraus entnommen. Hauptsächlich aus Carron's Guide (§ 568) ist dann dies Kapitel in die französischen Lehrbücher übergegangen.

Die Zahl der Augenkrankheiten, welche unsre Vorgänger mehr beschäftigt hat, als uns selber, ist bereits in unsrem § 8 behandelt worden, der aber einige Zusätze und Verbesserungen erheischt.

Der Papyrus Ebers kennt 25 Krankheiten oder Symptome. Die Hippokratiker schon 30. Celsus ungefähr ebenso viele. Die in der galenischen Sammlung aufbewahrte Einführung 104. Aëtios beschreibt 61.

Das indische Heil-System, das in der uns überlieferten Form aus dem Anfang unsrer Zeitrechnung stammt, hat 70.

Die Araber waren besonders genau im Zählen der Augenkrankheiten. Ihr Kanon hat etwa 126; doch kommen sie später noch auf 153 organische Augenkrankheiten. (§ 273.)

Nach dem Wiedererwachen der Wissenschaften zählte Guillemeau 113. Nach der Wiedergeburt der Augenheilkunde hatte Plenck 118. Rowley's Buch ist aus dem von Plenck abgeschrieben. (Vgl. § 319 u. § 480.)

In einem der neuen Lehrbücher der Augenheilkunde zählte ich über 500 verschiedene Krankheits-Namen und -Begriffe.

(V.) Ophthalmie.

(Ebendas., S. 176—213.) Sanson zeigt sich als erfahrener und kühner Arzt. Bei dem Eiterfluss der Neugeborenen verwendet er die rasche und oberflächliche Ätzung mit dem Höllenstein-Stift und hat dadurch stets die schweren Hornhaut-Zerstörungen vermieden.

Bei dem Eiterfluss der Erwachsenen sah er vollständige Zerstörung beider Augen trotz stärkster Antiphlogose. Bei einem Manne war das eine Auge schon zerstört, trotz der reichlichsten Blut-Entziehung. Als nun nach einigen Tagen auch das zweite Auge ergriffen wurde, hatte der Kranke kein Blut mehr zu verlieren. Da entschloss sich Sanson zu einer heroischen Behandlung: er schnitt die Augapfel-Bindehaut aus und ätzte die Lid-Bindehaut, die er nicht ausschneiden konnte. Das Auge wurde vollständig erhalten. Wenn nöthig, würde er auch die äußere Kommissur spalten, um dies Verfahren anzuwenden.

Zu den komplexen Augenentzündungen rechnet S. die rheumatische (Sclero-Conjunctivitis) und die scrofulöse (Kerato-Conjunctivitis).

Sanson's Name ist in unsrer Wissenschaft geblieben wegen seiner diagnostischen Verwerthung der Reflex-Bildchen von der Krystall-Linse. Sogar noch von den medizinischen Wörterbüchern unsrer Tage hat wenigstens eines, das von W. Guttmann (1909, S. 1116), uns die Erinnerung bewahrt: »Sanson'sche Bildchen, vgl. Purkinje-Sanson.«

(VI.) Die PURKINJE-SANSON'schen Bildchen.

Steht in einem dunklen Zimmer nur eine Lichtflamme seitlich von
der Augenachse eines gesunden Auges, so sieht der Beobachter, der von
der andren Seite in jenes hineinblickt, drei Spiegelbilder der Flamme, das
eine aufrechte von der Hornhaut, das zweite aufrechte von der Vorderfläche der Linse, das dritte umgekehrte von der Hinterfläche der Linse ge-
spiegelt.

Das erste ist seit Jahrtausenden bekannt (§ 33 und § 118), wurde
aber von den Griechen als Spiegelbild des Krystalls angesehen und erst
von SCHEINER (§ 310) richtig auf die Hornhaut bezogen.

Die Spiegelbilder von den beiden Flächen der Krystall-Linse wurden
1823 von PURKINJE in Breslau entdeckt und zur ärztlichen Untersuchung
empfohlen. (De examine physiologico organi visus et systemat. cutanei,
Vratislav. 1823, S. 28—29.)

SANSON, der von PURKINJE's Fund keine Ahnung hatte, entdeckte diese
Bildchen 1837 von neuem und benutzte sie zur Diagnose von Augenkrankheiten.

Im Jahre 1840 ist in den Annales d'Ocul. (III, S. 76—79) die Priorität PURKINJE's durch Anführung seiner eignen Worte klar nachgewiesen
worden, — in einer Abhandlung, die keine Unterschrift trägt, also vielleicht (?) von dem Herausgeber, FL. CUNIER, herrührt.

(Den Referenten von SANSON's Veröffentlichung, in SCHMIDT's Jahrbüchern, in FRORIEP's Notizen, in SACHS' Berl. med. Central-Zeitung, war
PURKINJE's Priorität entgangen. Ebenso auch dem gelehrten CHELIUS, in
seiner Augenheilkunde II, § 267, 1839.)

»Ihr Ursprung wurde genauer bestimmt durch H. MEYER 1846. (Henle
und Pfeuffer's Z. f. rat. Medizin, V.)« So heißt es bei HELMHOLTZ (1867,
physiol. Optik, S. 16; und ebenso in den beiden späteren Ausgaben). Aber
H. MEYER hat in seiner Abhandlung »über den SANSON'schen Versuch« nichts
neues gebracht, übrigens PURKINJE's Namen nicht erwähnt.

HELMHOLTZ erklärt, dass die Bildchen von den Augenärzten als SAN-
SON'sche bezeichnet werden. Doch gilt dies nicht allgemein. Freilich
CARRON DU VILLARDS[1]) in Paris spricht 1838 (I, 211) von dem (diagnostischen)
Hilfsmittel SANSON's, und DESMARRES in Paris 1847 (Malad. des yeux S. 510)
von dem »Verfahren von SANSON, das PURKINJE schon vor diesem gebraucht
hatte«. Aber J. SICHEL 1853 (Iconogr. o., S. 155) »von der genialen Probe
der drei Bilder, die PURKINJE und SANSON als diagnostisches Mittel vorgeschlagen und die so wenig Nutzen für die Praxis bringe«. Während der
sonst so genaue und gründliche CHELIUS 1839 (I, 219) »das von SANSON
angegebene Mittel« noch zweifelhaft behandelt, rühmt RÜTE in Göttingen

---

1) Er bringt den Text SANSON's.

1845 (Ophthalmologie, S. 28) das Purkinje-Sanson'sche Experiment. Ebenso hat M. A. Langenbeck in Göttingen 1846 die Purkinje-Sanson'sche Lichtprobe gepriesen (XIV, ii, S. 36). Mackenzie in Glasgow, der allerdings noch 1840, in der 2. Aufl. seines Lehrbuchs (S. 639), »die Methode von Prof. Sanson« anführte, hat 1854 in der 4. Aufl. (S. 742, dieselbe als »Methode von Purkinje« bezeichnet

Die französischen Übersetzer dieser 4. Auflage (Warlomont und Testelin, II, S. 560, Paris 1857) sind von dieser Umnennung nicht eben erbaut und erklären, dass es ungerecht wäre, hier den Namen Sanson's von dem Purkinje's zu trennen: wenn Purkinje das Verdienst hatte, zuerst den Gedanken zu erfassen (?), so habe Sanson das nicht geringere, die Anwendung zu verbreiten, wenigstens in Frankreich.

Es ist merkwürdig, dass in dem modernen Handbuch der Physiologie von W. Nagel (1905, III, S. 50) zwar der Spiegelbilder von der vorderen Linsenfläche, aber nicht mehr ihres Entdeckers Purkinje gedacht wird. Dagegen hat die ausgezeichnete Physiologie von Landois (1887, S. 857) die Purkyne[1])-Sanson'schen Spiegelbildchen besprochen.

In unsrem Handbuch wird bei Gelegenheit der Linsen-Krankheiten (VI, ii, Kap. IX, § 7) des Purkinje'schen Versuches gedacht; aber nicht mehr bei den Untersuchungs-Methoden. (IV, i.) Eine genauere Erörterung findet sich in meiner Einführung (II, i, S. 140—144, Untersuchung der Krystall-Linse), auch des Ersatzes der Purkinje'schen Bilder durch die seitliche Beleuchtung.

Wie immer bei so wichtigen Gegenständen werde ich auch hier aus den Quellen die Hauptsätze kurz anführen.

I. Purkinje. Si lumen candelae distantiâ fere sex pollicum ab oculi individui cujusdam ita collocamus, ut flammula, quae in cornea repraesentatur, nobis e regione axis oculi sitis intra circulum pupillae ad peripheriae quandam partem adpareat, tunc in pupilla e diametro adhuc minor flammula, ast obversa luminisque languentis in recessu micans apparebit, quam a posteriori lentis facie reflexam facili comjecturâ concludemus, comparatione in lente vitrea instituta.

Anteriorem lentis faciem et partim internam ejus substantiam[2]), nisi admodum limpida sit, visui sistemus, si candelae lumen oblique pupillam inspicientes ex opposito a latere oculi ita collocamus, ut lineae ab oculo spectanti et a candelae lumine ad pupillam ductae angulum obtusum con-

---

1) Als Purkinje 1823 zu Breslau Physiologie lehrte und die genannte Abhandlung schrieb, hatte er sein slawisches Herz und die slawische Schreibung seines Namens noch nicht entdeckt; das ist erst 1849 geschehen, nachdem er nach Prag zurückberufen worden.

2) Auch das von der hinteren Hornhautfläche gespiegelte Bild hat P. schon gesehen.

stituant; tunc oblonga flammae imago repraesentatur, quae, cum erecta sit, a convexa facie lentis reflexam esse indicat. Quodsi lentis substantia aliquantulum turbata est, tunc illa flammae imago ex internis iterata reflexione promanans lumine pallido diffluente ex una alterave parte cingitur.

Ambas hasce methodos superficies lentis spectandi haud absque usu in inquisitione therapeutica fore autumo, praesertim ubi agitur de rigida distinctione affectionis aut capsulae aut internae lentis substantiae aut posterioris ejus faciei membranaeque vitreae instituendae. Ex accurata mensura flammularum lentis in vivente formam ejus atque ad aciem visus relationem indagare nimium operosum et inconstans, quamvis mathematico examine non inaccessum foret[1]).

II. Sanson. Si l'on place une bougie allumée au devant d'un œil à l'état normal[2]), on aperçoit dans l'intérieur de l'œil trois petites images de la lumière: deux sont droites ... la troisième est renversée ... Si on présente la bougie allumée au devant de l'œil, dont les fonctions sont troublées, on peut: voir 3 images, n'en voir aucune, n'en voir qu'une seule ...

1. L'image droite antérieure est le produit de la reflexion de la lumière par la surface convexe de la cornée; elle se voit à son foyer.

2. L'image droite profonde est le produit de la reflexion de la lumière par la surface convexe du segment antérieur de la capsule cristalline.

3. L'image renversée est le produit de la reflexion de la lumière par la surface concave que présente le segment postérieur de la capsule cristalline ... Les yeux opérés de la cataracte ne présentent plus qu'une seul image, la droite antérieure.

(Durch Versuche mit Gläser-Combinationen und an lebenden Thieren hat S. sich von der Richtigkeit des Vorgetragenen überzeugt.

Hatte er durch Injektion in ein lebendes Thierauge die hinteren Linsenschichten getrübt, so fehlte das umgekehrte Bild; und das zweite [lichtschwächere] aufrechte, wenn die vordere Kapsel getrübt worden.)

III. Rüte's Schlussfolgerungen aus dem Jahre 1845 lauten:

Ist die vordere Kapselwand verdunkelt, so sieht man nur das erste aufrechte Bild; ist die Linse oder die hintere Kapselwand verdunkelt, so sieht man die beiden aufrechten Bilder; dagegen alle drei Bilder, wenn die Trübung im Glaskörper liegt.

1) Hier ist die Ophthalmometrie der Linse angedeutet.
2) Dieser Text, den Carron du Villards (in seinem Lehrbuch I, S. 211) 1838 wörtlich nach Sanson veröffentlicht hat, ist besser, als derjenige vom Jahre 1837, der in Sanson's Vorlesungen gedruckt ist: Lorsque au devant d'un œil amaurotique, dont la pupille a été dilatée, soit par l'effet de la maladie, soit par l'action de la belladonne, on présente une lumière ...

§ 574. Schüler und Assistent von SANSON war

PAUL LOUIS CAFFE[1]).

Am 29. December 1803 zu Chambery in Savoyen geboren, konnte er doch
nicht in Frankreich als Ausländer betrachtet werden, wie sein drei Jahre
früher geborener Landsmann CARRON DU VILLARDS; denn am 11. September
1802 war die förmliche Vereinigung von Piemont mit Frankreich erfolgt.
(So finden wir auch nicht die Nachricht, dass er, wie die übrigen Ausländer, in Frankreich sich habe naturalisiren lassen.)

C. studirte in Paris, diente als Assistenz-Arzt (Aide-Major) in einem
Regiment, wurde 1833 Doktor, darauf vier Jahre lang[2]) Assistent bei
SANSON und machte aus der Augenheilkunde ein Sonder-Studium.

Im Jahre 1838 erhielt er von der Regierung den Auftrag, an Ort und
Stelle über die in den Armeen von Belgien, Holland und Preußen herrschende Ophthalmie sich zu unterrichten[3]); und hat darüber auch einen Bericht veröffentlicht und verschiedene Fehden ausgefochten. Er begründete
auch schon 1833 das Journal des connaiss. méd. pratiques und hat
dasselbe über 40 Jahre geleitet, bis zu seinem Tode, der am 19. Januar
1876 erfolgt ist.

CAFFE war in allen Zweigen der Heilkunde und in den Naturwissenschaften sehr erfahren. Er preist den Nutzen der Reisen und hat auch
Italien und England besucht. In seinen Streitschriften zeigt er sich witzig,
dabei von liebenswürdigem Charakter. In seinem Testament hat er bedeutende Summen der savoyischen Akademie und der französischen Ärzte-
Gesellschaft hinterlassen.

Augenärztliche Schriften von Dr. CAFFE.

1. Compte rendu de la clinique ophthalmologique ..., Paris 1837. (Vgl. § 574.)
2. Ophthalmie des armées. Rapport à M. le Ministre de l'Agriculture, du Com-
merce et des Travaux Publics, sur l'Ophthalmie régnante en Belgique, accompagné de considérations sur la statistique de ce pays. Par M. P.-L.-B. Caffe.
Docteur en Médecine de la Faculté de Paris, ancien Chef de la Clinique Ophthalmique de l'Hôtel-Dieu de la même ville, ancien Interne des Hôpitaux civils,
ancien Chirurgien Aide-Major de l'armée, Secrétaire de la Société Médicale
d'Emulation de Paris, Professeur de Physiologie et de Pathologie spéciales,
Membre de la Société anatomique, de l'Académie de Mexico, de l'Institut
historique et géographique du Brésil, Membre correspondant de la Société
académique de la Loire-Inférieure, de la Société des Sciences naturelles de
Bruges, de la Sociéte Médico-Chirurgicale de la même ville, de l'Académie
royale de Savoie, Membre correspondant de la Société des Sciences Médicales et naturelles de Bruxelles, de la Société de Médecine d'Anvers, des
Sciences et Lettres de la ville de Blois, de la Société Médicale de Dijon, etc.
Paris 1840.

1) Biogr. Lex. VI, S. 587.
2) 2, S. 74.
3) Seltsamer Weise hatte er die Reisekosten selber zu tragen!

(Hierüber erschien ein Bericht der K. Akademie der Medizin von San-
son, Renoult, Gérardin und Bouvier in Bull. de l'Acad. R. de méd. IV.
Paris 1840; ferner zwei Briefe von Caffe, einer an Loiseau und einer an
Descaisne[1]) in A. d'O. IV, S. 98 und VI. S. 77.)

3. Über den Verlauf der skirrhösen, melanotischen und medullären Erkrankungen.
A. d'O. II, S. 99.

4. Vorlesungen über Amaurose, Paris 1846. Vgl. A. d'O. XVII, S. 220.

5. Behandlung der Hornhaut-Geschwüre, A. d'O. XXXIV, S. 177, 1855.

6. Behandlung der Lid-Kysten. Ebend. S. 178.
(Eröffnung und Höllenstein-Ätzung, nach Velpeau.)

(II.) Caffe studirte gründlich die Verhältnisse in Belgien, wo die Augenkrankheit in der Armee 1814 sich zuerst gezeigt, heftiger seit 1830, nach
den Truppen-Bewegungen der Revolution, bis jetzt 100 000 Mann befallen
und trotz der Konsultation der berühmtesten Professoren noch nicht aufgehört hat, so dass man 1838 noch 5000 an Augen-Entzündung leidende
Soldaten in einer Armee von 50 000 zählen musste.

Caffe schildert die Krankheit, ihre Ansteckungsfähigkeit, ihre Behandlung (Ätzen und Ausschneiden der Granulationen) und empfiehlt, alle Kranken
zu isoliren, in jeder Provinz ein Gewahrsam auf dem Lande einzurichten;
auch die Verdächtigen abzusperren, aber getrennt von den Kranken.

Der Minister des Unterrichts hatte den Bericht an den Kriegsminister
gesendet; aber dessen Gesundheitsrath[2]) erklärte, dass die Frage der Ansteckungsfähigkeit noch nicht geklärt sei, und ersuchte, den Bericht an die
K. Akademie der Medizin zu senden.

Diese billigte Caffe's Sätze und Vorschläge. Bericht-Erstatter war
Bouvier[3]).

(IV.) Die Eintheilung der Amaurosen in sthenische und asthenische
(§ 573, I) ist doch nur eine unsichere Grundlage der Behandlung. In London
sah C. eine sehr kühne Anwendung des Quecksilbers.

Er schließt mit der Betrachtung der Blei-Amaurose[4]).

(V.) Bei tiefen Hornhaut-Geschwüren Schröpfköpfe, Fußbäder, Höllenstein-Lösung, bis neue Gefäßbildung die Vernarbung ankündigt. Blei-
wässer sind zu meiden.

(VII.) In seinem Artikel Cataracte (Dict. des études méd. prat. III) hat C.
das folgende geschrieben: »Die Niederdrückung eines umfangreichen Stares,
die Ausziehung eines weichen, die Zerstücklung eines harten, — das sind
drei chirurgische Schnitzer. Man täuscht sich und die andren, wie Beer
sagt, wenn man sicher und glücklich alle Stare nach einer ausschließlichen

---

1) Mein Exemplar von Caffe's Ophth. des armées stammt aus dem Besitz von Dr. Descaisne.

2) Darin war natürlich D. J. Larrey (1766—1842), der ja die Ansteckungsfähigkeit der militärischen Augen-Entzündung leugnete.

3) A. d'O. VI, S. 78.

4) Über die auch Guépin, A. d'O. XV, S. 19, geschrieben.

Methode operiren will. Jede Methode hat ihre Vortheile und Nachtheile ... Damit eine Statistik Werth habe, darf sie sich nur auf solche Stare erstrecken, die sowohl durch Niederdrückung als auch durch Ausziehung operirt werden können. Ich habe versucht, diesen Vergleich, diese Statistik auszuführen, indem ich die Praxis der hauptsächlichen Schulen in Frankreich, Italien, Deutschland persönlich verfolgte. Aber trotz der ausnahmsweise günstigen Stellung, in welche meine Reisen mich versetzt haben, besitze ich noch nicht genügendes Beweis-Material« ...

§ 575. Als Schüler und Freund von Sanson ist hier auch noch zu erwähnen

PIERRE-ALEXANDRE-CHARLES MAGNE (1818—1887[1])).

Geboren zu Étampes 1818, wurde er 1842 zu Paris Doktor mit der Dissertation »Quelques mots sur l'ophthalmologie«, deren Hauptinhalt wir bereits im § 549 kennen gelernt.

M. widmete sich der Augenheilkunde, als Schüler, Assistent und Freund von Sanson, wurde auch Armen-Augenarzt zweier Stadtviertel und der Krippen des Seine-Bezirks. Gegenüber Velpeau's Missachtung der Spezialisten erklärt er, dass er mit Stolz den Titel Augenarzt führe, den St. Yves mit so viel Glanz getragen.

Im Jahre 1845 bezeichnet er sich als »ancien élève particulier de Sanson, professeur particulier de méd. et de chirurgie oculaires«. Auch er liebte es, seine Entdeckungen der Akademie der Wissenschaften vorzulegen. Übrigens hat er gelegentlich (VI) die Heiterkeit der gelehrten Versammlung erregt.

Magne war ein fleißiger Schriftsteller auf unsrem Gebiet. Aber die Zeit seiner Fruchtbarkeit umfasst kaum 15 Jahre (1842—1857).

A. 1. Hygiène de la vue par A. Magne, Doct. en méd. de la Faculté de Paris, Off. de la Légion d'honneur, membre des Ordres de la Conception de Portugal et des Saints Maurice et Lazare, Méd. oculiste des Crèches du départ. de la Seine, de la Société de secours mutuels dite de Boulogne et du Bureau de bienfaisance de l'Élysée, Ancien président de la Soc. méd. de la Mairie de l'Elysée, Ancien Secrét. gén. de la Soc. de méd. pratique. Ouvrage honoré des souscriptions du ministère de l'Instruction publique et du ministère de la Marine et des Colonies. 4e Edition ... Paris 1866 (12°, 320 S. — Erste Ausgabe 1817).

2. Des lunettes, conserves, lorgnons ... conseils aux personnes qui ont recours à l'art de l'opticien. 1851. (In 1. enthalten.)

3. Études sur les maladies des yeux, 1854.

B. Von seinen Abhandlungen gewinnen wir aus den Annales d'Oculistique die folgende Liste:

4. Der schwarze Star, IX, S. 244.

5. Hornhautflecke, IX, S. 184 und XV, S. 139.

6. Merkwürdiger Fall von Hemeralopie, XVI, S. 233.

   7. Ein neues Star-Nadelmesser, XVII, S. 111.
   8. Aussaugung des Stars, XVII, S. 38.
   9. Die Salivation gegen Entzündung nach Star-Operation (XVIII, S. 181), verwirft Magne, gegen Tavignot. (§ 572.)
10. Knochiger Kapsel-Star, aus der Vorderkammer gezogen, XVIII, S. 271.
11. Fremdkörper im Seh-Organ, XXVIII, S. 121.
    (9 Fälle, nichts Besondres.)
12. Operation des Ankyloblepharon, XXVIII, S. 210.
13. Lid-Phimose, XXVIII, S. 231.
    Nach Verletzung; Lidschnitt, durch einen Pflaster-Cylinder auseinander gehalten. Weder M. noch die anwesenden Mitglieder der med. G. in Paris (Boyer, Guersant) dachten an Ammon's Kanthoplastik. (XIV, II, S. 262.)
14. Abtragung einer sehr großen Pinguecula, XXIX, S. 218.
    (Es war keine.)
15. Belladonna bei Iritis, XXXIII, S. 104.
16. Eis nach Niederlegung des Stars, XXXVI, S. 272; XXXVIII, S. 194.
    (Für 3 Tage. — In 19 Operationen 14 Erfolge, 4 halbe, 1 Misserfolg. — Beger drückt seine Verwunderung darüber aus, dass Magne, Baudens und Chassaignac über die Priorität der Eis-Anwendung nach Star-Operation sich streiten können.)
17. Heilung der Thränen-Fistel, XXXVII, S. 185.
    (Ätzung mit Spießglanz-Butter.)
18. Hirsekorn, in der Hornhaut haftend, XXXVII, S. 186.
19. Warzige Geschwulst der Horn- und Lederhaut, XXXVIII, S. 100, 1857.
    Magne selber erwähnt noch (in 1) die folgenden Abhandlungen: 20. Über Amaurose (1843). 21. Über Encanthis. 22. Über die drei Lichtbilder des Auges. (In 1 enthalten.) 23. Über Capsulitis. 24. Über Blepharitis. 25. Über Diphtherie der Bindehaut.

    (I.) Als ich im Band XIV, S. 534, die Hygiene des Auges von Magne zu den für Augenärzte geschriebenen Werken rechnete, habe ich sie offenbar überschätzt. Denn für Ärzte war die Einleitung über Bau und Verrichtung des Seh-Organes überflüssig. Für Ärzte musste die ganze Darstellung gründlicher sein.

    Jedenfalls ist Herr M. auch noch in der neu durchgesehenen Auflage vom Jahre 1866 ganz unberührt vom Fortschritt der Wissenschaft, indem er die Kurzsichtigkeit von abnormer Dichtigkeit des Kammerwassers oder der Linse oder des Glaskörpers ableitet, und die Presbyopie von Abplattung der Hornhaut und der Linse. Witzig bekämpft er das Wort eines »Akademikers« [1]: La bonne vue est devenue presque exclusivement le partage de la canaille«, mit dem Hinweis, dass dann die Augenärzte, die doch unbedingt gute Augen haben müssen, zu jener Klasse zu rechnen wären.

    Über das Schielen bringt Herr M. die ältesten Ansichten; die Schieloperation ist nach seiner Überzeugung »manchmal schädlich, häufig überflüssig, selten nützlich«. Der Druck der Bindehaut-Granulationen (Papillen) auf den Augapfel, verbunden mit der dauernden Blut-Überfüllung desselben

---

    1) Gemeint ist wohl Joseph-Henry Reveillé-Parise (1782—1852), Militär-Arzt, Mitglied der Akademie der Medizin, Vf. einer Augen-Hygiene (Paris 1816, 1823, 1845), die wir bereits XIV, S. 399 und 532 genügend gewürdigt haben.

durch übermäßige Augen-Anstrengung, kann die Bildung der fliegenden Mücken veranlassen.

Bezüglich der künstlichen Beleuchtung zieht M. die Öl-Lampen den Gasflammen vor.

Bei der Neugeborenen-Eiterung räth er, wenn die Ankunft des Arztes um einige Stunden sich verzögert, stündlich einzuspritzen mit einer »Höllensteinlösung von 0,8 : 250« (!).

»Wie viel Kinder sind in Stockblindheit versenkt durch perverse Angewöhnungen!«

»Wenn die Sehkraft abnimmt, während die Augen frei sind von Röthung und Trübung; so rathe ich die folgende Einreibung in die Schläfen: Ammoniak 8, Spiritus von Brechnuss 8, von Safran 2, von Bergamotten 2, von Lavendel 2, Essigäther 4.«

»Die Geschichte der traumatischen Augen-Entzündungen ist noch zu machen; die modernen Augenärzte haben ihnen kaum einige Seiten gewidmet: und im Alterthum trifft man nur die Kur des KRITOBULUS.« (Die letztere ist unsren Lesern aus XII, S. 141 bekannt. Aber das erste ist doch eine ungeheuerliche Behauptung. Wenn wir selbst von BEER's wunderbarer Darstellung dieses Gegenstandes [XIV, S. 327—330] absehen wollen, so gab es doch 1866 schon die Sonderwerke über Augenverletzungen von WHITE COOPER aus dem Jahre 1859 und von ZANDER und GEISSLER aus dem Jahre 1864. Aber Hr. M. hat sich nicht einmal die Mühe genommen, die Veränderungen, welche die Erfindung des Augenspiegels ihm auferlegte, seinem Text angedeihen zu lassen. Vgl. seine S. 255.)

Sehr ausführlich ist das Kapitel von den Brillen. M. vergleicht ihren Verkauf mit dem der Arzneien, verlangt Prüfung der Optiker und Beschäftigung der Augenärzte mit den Brillen.

Bei der Diagnose des beginnenden Stars verlässt MAGNE sich hauptsächlich auf die SANSON'schen Bilder.

Den Schluss macht eine Geschichte des Studium der Augenkrankheiten, deren Irrthümer nachzuweisen der mir zugemessene Raum verbietet.

(IV.) Die schwarze Katarakt wird noch bestritten von DELPECH und DUPUYTREN. Gegen des letzteren Meinung erklärten GIRAUD und PELLETAN[1]) einen Fall für schwarzen Star und veranlassten DUPUYTREN, die Ausziehung vorzunehmen; die Linse war durchsichtig, der Kranke blieb blind.

Der schwarze Linsen-Star existirt. Das einzige Zeichen der Diagnose verdanken wir SANSON. Bei einer 60jährigen mit dunklen Pupillen war nur das Hornhaut-Bildchen vorhanden. Niederdrückung, nachher Spaltung des Nachstars, Lichtschein. (Der Herausgeber der A. d'O. leugnet, dass hier

---

1) BRUNO GIRAUD, Schüler DESAULT's (1744—1795), unter dem er den Unterricht in der Anatomie und in den Augen-Operationen leitete, später Wundarzt am Hôtel-Dieu. († 1811.) PELLETAN (1747—1829) war DESAULT's Nachfolger.

das Vorhandensein eines schwarzen Linsen-Stares bewiesen sei, und verweist auf WARNATZ [§ 521] und seine eigne Dissertation.)

(V.) Die Terminologie der Augenheilkunde leidet an erschreckendem Übermaß, — schlimm für den, der sein Griechisch vergessen, oder es überhaupt nicht gelernt.

Die Trübungen der Hornhaut zerfallen in Flecke, das sind Ergüsse zwischen den Schichten, und in Narben von Geschwüren.

Die ungeheure Menge der vorgeschlagenen Kollyrien zeugt für die Hartnäckigkeit der Flecke. Ist die Opal-Trübung mit Entzündung der Hornhaut oder auch noch der Bindehaut verbunden, so zieht M. die Einträuflung von Höllenstein-Lösung (0,05 bis 0,1 auf 30,0) allen andren vor. Fehlt die Entzündung, so verschreibt er auf einmal Leberthran, SYDENHAM'sches Laudanum und das Trocken-Kollyr von DUPUYTREN, um abwechselnd jedes von ihnen 8 Tage lang örtlich anzuwenden.

Blutgefäße, welche den Fleck zu unterhalten scheinen, werden zerstört. Das Abschaben (abrasion) der Flecke, schon von ST. YVES erwähnt, neuerdings wieder von MALGAIGNE empfohlen (§ 582), kann nur bei oberflächlichem Sitze Erfolg haben.

MAGNE erwähnt zwei eigne Verfahren: 1. Die oberflächliche Ätzung der Mitte des Flecks mit dem Höllenstein-Stift hat ihm drei Mal thatsächliche Besserung geliefert. 2. Ein kurzgeschnittener Pinsel wird in Öl, dann in Bimstein-Pulver getaucht und damit der Fleck sanft gerieben.

(VII.) M. bekennt, lieber auf Operationen zu verzichten, als neue Instrumente zu erfinden. Sein Nadel-Messer ist eine 8 mm breite Lanze mit einer ausgezogenen Spitze und zwei seitlichen Hemmungen. Sowie man bis zur Mitte der Pupille vorgedrungen, wird mit der Spitze die Kapsel gespalten. Zum Glück hat M. das Instrument am Lebenden nicht probirt.

(VI.) »Ein Tabaks-Beamter befragte mich wegen Nachtblindheit. Eine im Volke verbreitete Meinung besagt, dass die Puter nachts zu sehen aufhören . . . Die Mutter des Kranken, erfüllt von dem Gedanken, dass die Puter nachts nicht sehen, traf während ihrer Schwangerschaft eine Heerde dieser Vögel. Sie hatte die Begierde, wenigstens einen zu knabbern (croquer), konnte dieselbe aber nicht befriedigen. Mein Kranker kam zur Welt nachtblind, mit einem PuterschnabelAnhang (crête) unter der rechten Achselhöhle« . . .

(»Ich habe Männer gekannt«, sagt Dr. FORNEROL, »und sogar Ärzte, welche Weiber waren in dieser Hinsicht [bezüglich der Muttermäler[1]] und die Leichtgläubigkeit der Ammen theilten.« ANATOLE FRANCE, hist. contemp. I, XII.)

MAGNE nennt das Krankenhaus la Pitié unter SANSON eine wahre Pflanzstätte einer großen Zahl von Assistenten, die alle Schüler dieses würdigen Meisters waren, und bezeichnet sich in mehreren seiner Veröffentlichungen als besondren Schüler von SANSON. Aber er hat nichts von seinem Lehrer.

---

1) Dieselben heißen französisch envies, d. i. Gelüste.

§ 576. Natürlich gab es unter den Chirurgen zu Paris auch ganz unabhängige Forscher, die um die eingewanderten Ausländer sich gar
nicht kümmerten; aber, je nach Neigung und Gelegenheit, an dem Ausbau
der Augenheilkunde mit gearbeitet haben.

JULES-GERMAIN CLOQUET [1]),

geboren zu Paris am 18. Dezember 1790, studirte in Rouen Naturwissenschaften, in Paris Medizin, wurde 1817 Doktor, 1824 außerordentlicher
Professor, 1831 ordentlicher Professor der chirurgischen Klinik, in welcher
er auch der Augenheilkunde seine Aufmerksamkeit schenkte (§ 557, V);
gab aber 1841 wegen seiner Gesundheit jede praktische Thätigkeit auf,
wurde 1851 konsultirender Chirurg des Kaisers, 1855 Mitglied der Akademie der Wissenschaften und ist hochbetagt, am 23. Februar 1883, verstorben. Der CLOQUET'sche Kanal hat seinen Namen verewigt.

Der berühmte Vf. der Untersuchungen über Hernien, über die Eingeweide-
würmer, über die Blasensteine, über die Akupunktur, hat auch eine Anatomie,
die uns interessieren muss, sowie zwei bemerkenswerthe Abhandlungen zur Augenheilkunde geschrieben:

1. Anatomie de l'homme ou description et figures lithographiées de toutes les
parties du corps humain par Jules Cloquet. Docteur en médecine, chirurgien en second de l'Hôpital St. Louis, Prosecteur de la faculté de médecine
de Paris, Professeur d'Anatomie, de Physiologie et de chirurgie; Membre de
l'Académie R. de Médecine, de la Société philomathique; Membre correspondent
de l'Acad. des Sciences naturelles de Philadelphie, du Lycée d'hist. naturelle
et de l'Acad. de Méd. du New-York. Publiée par C. de Lasteyre, Editeur,
Paris 1821—1831. 5 Vol. Fol. avec 300 planches. — (Enthält über 1300 Figuren, von denen mehr als die Hälfte vom Vf. selbst nach der Natur gezeichnet sind.)
2. Mémoire sur la membrane pupillaire et sur la formation du petit cercle ar-
tériel de l'iris, Paris 1818, avec 1 pl.
3. (Konkurs-Arbeit für die außerordentliche Professur.) An in curanda oculi
suffusione (vulgo cataracta) lentis crystallinae, extractio hujus depressione
praestantior? Paris 1824.
   (Im § 565 haben wir gesehen, dass C. der Niederlegung des Stars
huldigte.)

(I.) Der dritte Theil der Anatomie enthält eine Beschreibung des Seh-
Organes. Die dazu gehörigen Figuren sind aus dem Werke von S. T. SOEMME-
RING (§ 464) entnommen, nicht blos Tafel CXXIV und CXXV, wo dies an-
gemerkt ist, sondern auch Tafel CXXVI, wo diese Bemerkung fehlt. S. 361
heißt es: »In der Fläche des Sehnerven-Eintritts biegt die Glashaut um,
um einen cylinderförmigen Kanal zu bilden, der gradlinig den Glaskörper
durchzieht, von hinten nach vorn, und die den Krystall ernährende Schlag-
ader einschließt. Dieser Kanal, den ich, wie ich glaube, zuerst bekannt
gegeben und den ich den Glaskörper-Kanal nenne, wird nicht wahrge-

---

1) Biogr. Lex. II, S. 40.

nommen, wenn man nicht die Glashaut leicht trübe gemacht hat, durch Verfahren, die ich an andrer Stelle angegeben [1]).«

In einer eignen Abbildung, die in unsrer Fig. 5 wiedergegeben ist, stellt Cloquet Linse und Glaskörper eines achtmonatlichen Fötus dar, um den Kanal zu zeigen.

Cloquet hat zwar, in der eben angeführten kurzen Beschreibung, nicht ausdrücklich gesagt, dass er den Kanal nur bei Föten gesehen; aber die Bemerkung, dass der Kanal die ernährende Arterie der Linse ein-schließt, — eine Arterie, die ja in ausgewachsenen Menschen-Augen nicht mehr vorhanden ist, — macht dies doch ziemlich wahrscheinlich.

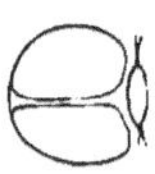

J. Stilling hat 1868 den Kanal bei Erwachsenen durch

Fig. 5.   Aufträufeln von Karminlösung nachgewiesen; Smith 1869,

G. Schwalbe 1874 den Zusammenhang dieses Kanals mit den Lymphbahnen des Sehnerven gefunden. (J. Stilling, A. f. O. XIV, 3, 1868; XV, 3, 1869; Z. f. Augenheilk. 1911, S. 148. — Smith, Lancet, Mai 1869. — G. Schwalbe in der ersten Ausgabe unsres Handbuches, I, i, S. 468, 477, 478. — Vgl. auch unser Handbuch I, S. 45, 1910 und die Abbildung S. 53 [Merkel und Kallius].)

In den medizinischen Wörterbüchern, z. B. dem von Guttmann, findet sich der Name Cloquet'scher Kanal.

Der im Geschichtlichen so sorgfältige E. Brücke (Der menschliche Augapfel, 1847, S. 62) erklärt: »Der Eingang in Cloquet's Canalis hyal., von der hinteren Fläche des Glaskörpers aus gesehen, ist die Area Martegiani«.

In der ersten Auflage unsres Handbuches (I, S. 468) heißt es noch: »Der Kanal beginnt mit einer geringen trichterförmigen Erweiterung (Area Martegiani) an der Papille.« Dagegen in unsrer zweiten Auflage (I, S. 45): »Der Kanal ist meist eine einfache Röhre, ohne hinten eine größere Erweiterung zu zeigen, wie sie von Martegiani und nach ihm von einer Reihe von Forschern behauptet worden.«

Also haben wir die Pflicht, die Ansprüche des italienischen Forschers zu prüfen. Seine Schrift, die ich der Güte meines werthen Freundes, C. Gallenga in Parma, verdanke, hat den Titel: »Novae observationes de oculo humano, auctore Francisco Martegiani [2]), Medicinae ac chirurgiae Professore«, Napoli 1814. (24 S.)

---

1) »Au niveau de l'entrée du nerf optique, la membrane hyaloïde se réfléchit sur elle même, pour former un canal cylindroïde. qui traverse directement le corps vitré d'arrière en avant, et renferme l'artère nourricière du crystallin. Ce canal, que je crois avoir fait connaître le premier, et que j'ai nommé hyaloïdien, ne peut être aperçu qu'en rendant la membrane hyaloïde légèrement opaque, par des procédés que j'ai indiqué ailleurs.«

2 Er fehlt im Biogr. Lex., — wie so viele! Geschrieben ist die Abhand-lung im Dezember 1812. Sie enthält noch die Thatsache, dass die Hornhaut nicht aus Lamellen besteht, verwirft die Namen Iris und Uvea und verlangt »Mem-brana transversa oculi anterior et posterior« oder nach Bertrandi. § 405) diaphragma oculi.

In dieser Schrift heißt es S. 19: Jaloides ubi respicit anteriorem oculi partem duplex est, ut cristallinam lentem valeat continere ac, quod mirum est, et (quod sciam) ante me nemini notum, jaloides in posteriori parte non integra est, sed fere a Natura ibi abscissa adeo ut circularis sectio apparet, cuius diameter est quatuor vel quinque linearum. Hujusmodi defectus in dextero oculo vergit ad partem oculi orbitae sinistram; in sinistro autem ad dexteram. Ceterum circulus, sive defectus superimpositus est centrali arteriae Cl. Zinn.

Fig. 6.

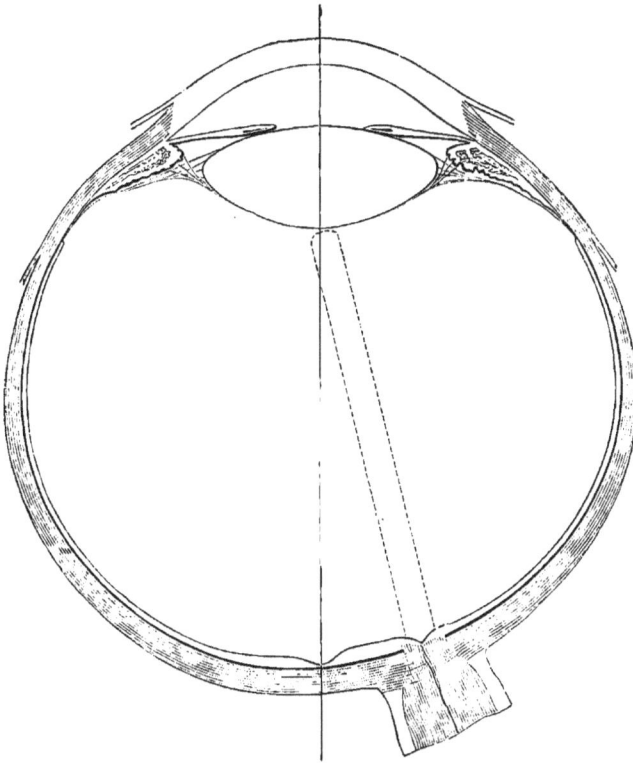

Der Glaskörper-Kanal, nach Merkel und Kallius.

Zu Ehren seines Vaters wählte der Vf. den Namen Area Martegiani und fügte die Vermuthung hinzu, dass die Einrichtung zur schnellen Licht-Perception diene: eodem tempore quo objectorum imagines retinam percellunt, statim aream pars lucis pervadit, unde proximus opticus nervus efficaciori stimulo incitatur, erigitur (si mihi sic loqui liceat), et haec salutaris erectio cerebrum petit, sollicat, convellit; et huic fere cerebralis substantiae sive sensorii convulsioni celeritas debetur, et efficacia, qua impressiones ab objectorum imaginibus profectae animadvertuntur. Von dem Glaskörper-Kanal hat Martegiani nicht gesprochen.

In einer 1911 (La clinica oculist. XII) veröffentlichten Arbeit von CALDERARO »über die Anatomie des axialen Glaskörpers der menschlichen Embryonen und Föten« steht das folgende: »3. der Canalis hyaloideus erscheint in der 15. Woche gleichzeitig mit dem Verschwinden der peripheren Äste der Arteria hyaloidea; er ist trichterförmig mit einer vorderen breiten Basis. Der Kanal hat einen ovalen Durchschnitt und enthält anfänglich einen Teil des Glaskörpers, welcher im 4. Monat verschwindet. Mit der Verlängerung des Auges wird der Kanal vom präpapillären Zapfen durch einen trichterförmigen leeren Raum (area MARTEGIANI) getrennt.« (Vgl. C. Bl. f. A. 1911, S. 428.)

§ 577. CHARLES-MARIE-EDOUARD CHASSAIGNAC[1]),

1805 zu Nantes geboren, 1835 Doktor und in demselben Jahre schon außerordentlicher Professor und Hospital-Chirurg, ist trotz siebenmaligen Konkurses nicht in die Fakultät gelangt und erst 1868, als er bereits durch sein Écrasement linéaire (1856) und die Drainage-Behandlung der Wunden (1859) in der ganzen Welt bekannt war, Mitglied der Académie de médecine geworden. 1879 ist er zu Versailles gestorben.

CHASSAIGNAC hat verschiedene Beiträge zur Augenheilkunde geliefert:

1. Neues Verfahren, die mit Belladonna versetzten Quecksilber-Einreibungen bei gewissen Augenkrankheiten anzuwenden. A. d'O. XV, S. 132, 1846. (Auf die rasirte Kopfhaut!)
2. Über Natur und Behandlung der Augen-Eiterung bei Neugeborenen. A. d'O. XVI, S. 138.
3. Anwendung des Eises bei Augenkrankheiten. A. d'O. XXII, S. 167; XXVII, S. 66; XXXVII, S. 185.
4. Vordere Spintheropie. A. d'O. XXVI, S. 3. (Vgl. § 564.)
5. Plastik der Thränenfistel. A. d'O. XXVIII, S. 235.
6. Untersuchungen über oculare Anästhesie. A. d'O. XXVIII, S. 236, 1852. (Vgl. unsren Band XIV, II, S. 87, Nr. 13.)
7. Über die häutige Augen-Entzündung. A. d'O. XXXIV, S. 38 und XXXV, S. 34. 185 $^5/_6$.
8. Über Behandlung der beginnenden Thränen - Geschwulst. A. d'O. XXXIV, S. 180.
9. Ein Fall von Amaurose bei einem 32jährigen, mit Verlust des Gleichgewichts, führte zu plötzlichem Tode. Eine markige Geschwulst saß in dem subarachnoidalen Zellgewebe an der Grundfläche des Gehirns, hinter dem verlängerten Mark. A. d'O. XXXIV, S. 286.
10. Einfluss der Mandel-Hypertrophie auf Augenleiden. A. d'O. XXXV, S. 103.
Entfernung der Mandeln bewirkte Aufhören der wiederkehrenden Hornhaut-Entzündung bei einem 14jährigen.
11. Auflösung von Iris und Krystall-Linse (nach Verletzung mit einem Nagel). A. d'O. XLIV, S. 53.

(III.) CH. verwendet (1849) das Eis bei vielen Augenleiden, bei den Entzündungen nach Star-Operation, bei Hypopyon, bei heftiger Keratitis. Eine sehr leichte Halbmaske aus Draht, durch eine elastische Feder am Kopf befestigt, hat zwei den beiden Orbitae entsprechende Vertiefungen; in diese kommen mit Eis-Stückchen gefüllte Säckchen aus Hammel-Wurmfortsatz.

---

1) Biogr. Lex. I, S. 707.

Der Herausgeber der A. d'O. verweist auf das ähnliche Verfahren von M. A. Langenbeck[1]), das 1847 verfasst, 1849 gedruckt und 1850 in den A. d'O. (XXIV, S. 107) übersetzt und durch Abbildungen erläutert ist. (S. auch § 575, Nr. 16).

(V.) Es giebt eine Art von echter Thränen-Fistel, die nur durch Plastik geheilt werden kann: feinstes Löchlein, Verdünnung der umgebenden Haut und Verwachsung derselben mit dem Knochen.

(VII.) Wenn man bei der Neugeborenen-Eiterung die Douche längere Zeit anwendet, so findet man (nach 10—12 Minuten) eine Pseudomembran auf der Bindehaut und kann dieselbe abziehen. Sie besteht aus Fibrin und Eiterkörperchen. Nunmehr beschreibt Cn. diese »diphtherische« Ophthalmie der Neugeborenen, als ob es eine neue Krankheit wäre, nach allen Richtungen.

Die Behandlung besteht in der Douche mit kühlem Wasser aus einem großen Standgefäß, für 10 Minuten; Entfernung der Pseudomembran, Einträufelung einiger Tropfen von Höllensteinlösung (0,1 : 30) und Aufstreichen von Präcipitat-Salbe auf die Lider.

Bisher ist die Douche Neben-, die Ätzung Hauptsache gewesen. Bei diesem Verfahren ist es umgekehrt. Von 100 Fällen heilte das erste Drittel in 8, das zweite in 14 Tagen, die hartnäckigsten Fälle bis zum 60. Tage. Gewöhnlich sieht man schon nach 2—3 Tagen bedeutende Besserung.

Chassaignac hätte, wie ich meine, das ähnliche Verfahren aus Rognetta's französischem Lehrbuch der Augenheilkunde vom Jahre 1844 wohl nennen können.

Der Herausgeber der Ann. d'Oc. ist überzeugt, dass A. v. Graefe's Arbeit über diphtherische Conjunctivitis Ch. nicht unbekannt geblieben, obwohl er kein Wort darüber verliert. In der That war in A. d'O. XXXI, 248, 1854, ein französischer Auszug von Graefe's Arbeit erschienen. Endlich hat Buisson (§ 617) schon 1847 eine Arbeit über pseudomembranöse Ophthalmie in den A. d'O. XVII, S. 100 veröffentlicht. »Kurz, Herr Chassaignac nimmt es mit den Arbeiten der Andern nicht sehr genau.«

(VIII.) Bei beginnender Thränensack-Geschwulst übt Cn. die Douche des Sackes von unten, mittelst Gensoul'scher Sonde, der er eine seitliche Öffnung gegeben. Eine Luftpumpe dient als treibende Kraft.

§ 578. Eine dritte Gruppe von Chirurgen zu Paris verhielt sich zu den durch die eingewanderten Augenärzte importirten Lehren weder freundlich wie die erste, noch gleichgültig wie die zweite, sondern geradezu feindlich. Sie bekannten die Überzeugung, dass die Absonderung einzelner Fächer von dem Gesamtgebiet der Chirurgie dem Fortschritt der Wissenschaft abträglich sei.

---

1) Vgl. unsren Band XIV, II, S. 36.

Zu den erbittertsten Gegnern der Sonderfächer in der Chirurgie überhaupt und des Augenarztes J. Sichel insbesondere gehörte vor allen

ALFRED-ARMAND-LOUIS-MARIE VELPEAU [1]).

Am 18. März 1795 zu Brèche (Indre-et-Loire) als Sohn eines armen Dorfhandwerkers geboren, kam er mit 20 Jahren, um Medizin zu studiren, nach Tours, wo er Schüler von BRETONNEAU war; ging dann nach Paris, wo er kümmerlich sich durchschlug und 1823 Doktor der Medizin und noch in demselben Jahre Assistent im Fakultäts-Krankenhaus und außerordentlicher Professor in der Sektion für Medizin geworden ist.

Fig. 7.

A. A. L. M. Velpeau.

In zehn Jahren schuf er drei ausgezeichnete Lehrbücher (über chirurgische Anatomie 1825/6, über die Entbindungskunst 1829, über die operative Heilkunde 1832, 2. Aufl. 1839), nahm von 1831 ab fünfmal an den Konkursen Theil, nicht nur über Chirurgie und Geburtshilfe, sondern auch über Physiologie: und erhielt endlich 1834 die durch BOYER's Tod erledigte Klinik der Chirurgie in der Charité, die er mit größtem Erfolge 33 Jahre lang geleitet hat, bis zu seinem Tode, der am 18. August 1867 erfolgt ist.

VELPEAU verfasste auch noch eine Embryologie (1833), schrieb über Konvulsionen der Schwangeren, über Jod-Einspritzung, über Krankheiten der Brustgegend, über inamovible Verbände, und ließ seine chirurgischen Vorlesungen 1840 und 1865 erscheinen. In der That, das sind Leistungen eines encyklopädisch gebildeten Wundarztes, mochten immerhin seine Gegner ihm das Beiwort in spöttischem Sinne beigelegt haben.

1. [Du Strabisme, Paris 1842. (180 S.) Ergänzung zur 2. Aufl. seiner »Nouveaux éléments de méd. opératoire«, Paris 1839. (Vgl. XIV, 11, S. 139.]
2. Manuel pratique des maladies des yeux. d'après les leçons clin. de M. le prof. Velpeau, Chirurgien de l'Hôp. de la Charité, par Gustave Jeanselme. Paris 1840.
   (J. B. Ballière, et chez l'Auteur, Place St Michel 12. — 676 S.) — Das Buch verdanke ich der Kgl. Univ.-Bibl. zu Breslau, die es aus dem Nachlass von Prof. Kuh (§ 495) besitzt.
3. Leçons orales de clinique chirurg. faites à l'hôpital de la Charité. p. par V. Pavillon et G. Jeanselme, Paris 1840/41. (3 Bde.) — Deutsch von Gustav Krupp, Leipzig 1841,42.

1) Biogr. Lex. VI, S. 81.

4. Über die Ophthalmien. A. d'O. IV, S. 5, 53. 159, 199; V, S. 60. Vgl. auch V.'s
   Artikel Ophthalmie im Dict. de méd., Paris 1840, Bd. XX, S. 107—193, der
   fast wörtlich mit den Darstellungen in 2 und 3 übereinstimmt.
5. Höllenstein bei Bindehaut-Entzündung. A. d'O. X, S. 191.
6. Belladonna nach Star-Operation. A. d'O. XVIII, S. 279, 1817.
   (»Alle 8 Tage etwa!« Cunier verlangte häufigere Einträuflung und
   die von Atropin.)
7. Einfluss des Speichelflusses auf den Ablauf der Ophthalmie. A. d'O. XX.
   S. 116, 1848.
8. Ätzung der Hornhaut-Geschwüre. A. d'O. XXVIII, S. 209.
   (Nach Scarpa touchirt man mit Höllenstein, sowie die tiefen Lagen, nach
   Art eines Bruches, hervorragen. Seit 15 Jahren hat V. darauf verzichtet.)
9. Verfahren der Schiel-Operation. A. d'O. XXXIV, S. 191. (Vgl. unsren Band
   XIV, II, S. 139.)
10. Ophthalmologie. Dict. de méd. ou répert. gén. des scienc. méd. Paris 1840.
    Bd. XXII, S. 195—201.

(II.) Herr Jeanselme, seit mehreren Jahren aufmerksamer Hörer, seit
drei Jahren Privatschüler (élève particulier) von Velpeau, hat des letzteren
Vorlesungen über Augenheilkunde, natürlich mit Hilfe des Professors, zu
einem systematischen Lehrbuch verarbeitet. (Diese Form der Veröffentlichung giebt Herrn Velpeau alle Rechte, ohne ihn irgendwie zu verpflichten.
»Die ganze Grundlage ist Eigenthum von Velpeau, Herr Jeanselme ist nur
verantwortlich für die Inscenirung«, — so schreibt sofort 1840 Herr Carron
du Villards, A. d'O. III, S. 45; und fügt hinzu, dass Velpeau's Name und
Jeanselme's Sorgfalt sichere Bürgschaft des Erfolges gewähren.)

Unter den Franzosen nennt J. als Augenärzte des 19. Jahrhunderts:
Demours, Guillié, Faure, Gondret, Bourjot, Andrieux[1]), Stoeber, (ferner
Wenzel, Forlenze, Carron du Villards, Furnari, Rognetta[2]), und als
Chirurgen, welche die Augenheilkunde gefördert, Boyer, Dupuytren, Roux,
Cloquet, Sanson, Marjolin[3]), Laugier, Velpeau.

Velpeau bekämpft die naturhistorische Eintheilung der Krankheiten,
die specifischen Ophthalmien und den Grundsatz der Specialität der Augenkrankheiten, — einen Grundsatz, den Niemand aufgestellt hat.

---

1) Über Bourjot St. Hilaire konnte ich nichts weiter ermitteln, als dass er
ebenso, wie Sichel und Carron, eine Augenklinik zu Paris gegründet. Er schrieb
über Trichiasis-Operation und ferner über den vergleichenden Werth der verschiedenen Star-Operationen. (A. d'O. III, 93 und IX, S. 185.) In der letztgenannten
Abhandlung will er die folgende Werth-Reihe aufstellen: Keratonyxis, Keratomie.
Scleronyxis.
   Andrieux (1797—1862) beschäftigte sich mit Elektrizität, erfand ein Ophthalmo-
Phantom (1840) und war von 1840—1858 Oberarzt der Quinze-vingts.
2) Unter diesen Adoptiv-Kindern Frankreichs vermisst man hier Jules
Sichel, den Gegner von Velpeau. Aber im Text musste er doch öfters angeführt werden.
3) (1780—1850), seit 1819 Professor der chirurgischen Pathologie zu Paris, Vf.
eines Cours de path. chir.. 1837. Ich finde keine augenärztlichen Veröffentlichungen desselben.

Velpeau hat in seiner chirurgischen Anatomie (I, S. 304 fgd.) die Blut-gefäße des Auges genau beschrieben, und auch die Röthungen der Augen-theile bei den verschiedenen Entzündungen. Bei der Bindehaut-Ent-zündung ist die Röthung des Augapfels um so gesättigter, je weiter von der Hornhaut. Die Gefäße sind geschlängelt, anastomosiren mit einander und lassen sich verschieben. Bei der Hornhaut-Entzündung zeigt sich um den Rand herum ein rother Ring aus Strahlen, 2—3''' breit; doch kann auch die Hornhaut selber Gefäße zeigen, oberflächliche, mehr getrennte, unregelmäßige, die bis vor die Pupille vordringen und anastomosiren, und tiefe, dicht gedrängte, rothe, parallele. Dabei entzündet sich oft auch die Iris.

Die Blepharitis ist entweder mukös oder glandulös oder granulös oder ciliar[1]) oder eitrig; zu letzterer Form gehört die Ophthalmie der Neu-geborenen, die ägyptische, die blennorrhagische. Die Entzündung der Aug-apfel-Bindehaut (Conjunctivitis) ist entweder einfach oder mit Che-mosis oder partiell oder papulös oder granulös oder eitrig.

(Niemand kann leugnen, dass diese Auseinanderreißung, wo erst die Eiterung der Lid-Schleimhaut, dann die der Augapfel-Bindehaut als be-sondere Formen behandelt werden, sowohl theoretisch wie praktisch ganz unzulässig ist.)

Gegen die Conjunctivitis mit Chemosis empfiehlt man den Ader-lass, »Schlag auf Schlag«; ferner die Skarifikationen: 1817 hat Velpeau mit Bretonneau das Ansetzen der Blutegel an die Chemosis mit Erfolg an-gewendet; und 1837 hat J. dies in einem Falle wiederholt. »Die Blutegel werden, einer nach dem andern, an die Augapfel-Bindehaut angesetzt und mit den Fingern oder mittelst eines durchsichtigen Glases an Ort und Stelle gehalten, so dass man sehen kann, wie der Blutegel auf der Chemosis an-beißt, nicht aber auf der Hornhaut.« (Vgl. XIV, ii, S. 73.)

Ist die Schwellung vermindert, so folgt eine oder zwei Ätzungen mit dem Höllensteinstift. Die letzten Zeichen der Krankheit werden mit der Höllensteinlösung beseitigt.

»So gefährlich die blennorrhagische Conjunctivitis, so muss man doch erklären, dass sie nicht immer den Verlust des Auges nach sich zieht.« (S. 144. Fürwahr, das war recht bescheiden, — auch für die dama-lige Zeit.)

Die Entzündungen der Hornhaut umfassen eine große Zahl der Augen-kranken. (Nach Saunders 659 von 1942, nach Velpeau 125 von 250.) Die Keratitis ist akut oder chronisch, diffus oder umschrieben, allgemein oder partiell. Wardrop's Eintheilung in die oberflächliche, interstitielle und innere ist genauer Ausdruck der Thatsachen.

---

1) d. h. hier randständig.

Die Behandlung der akuten Keratitis ist: 1. eine allgemeine, 2. eine örtliche. I. Blutentziehungen, Blutegel, auch Schröpfköpfe, ferner Blasenpflaster, Abführmittel, Brechmittel: innerlich Colchicum, Kalomel; ferner Jod, Schwefel, deren Wirkungen geringer sind, als man ihnen nachrühmt. II. Höllenstein-Lösung für die oberflächlichen Formen; bei den tieferen Belladonna, sowie Quecksilber-Einreibungen in die Stirn.

Gegen die chronische Keratitis, die mit oder ohne Gefäße sich entwickeln kann, scheint, wenn sie eingewurzelt, die Therapie fast machtlos zu sein.

Von den Geschwüren der Hornhaut werden sieben Sorten aufgezählt und die alten Namen achlys, argemon, bothrion, epicauma aufgefrischt. (Vgl. § 241.)

Was man als Sklerotitis beschrieben hat, ist nur ein Gemisch von Zeichen der Keratitis und der Iritis.

Bei der Geschichte der Iritis gesteht JEANSELME den Professoren BEER (1799) und SCHMIDT (1801) die Priorität zu (vgl. XIV, I, S. 542) und große Verdienste auch den Herren WARE, SAUNDERS, TRAVERS. »Wenn die Fremden auch zuerst die Aufmerksamkeit auf die Iritis gezogen, so hat Frankreich sich doch nicht weniger nützlich gemacht, indem es diese Krankheit von ihrem richtigen Gesichtspunkt aus betrachtete.« (GIMELLE[1] 1818, Sur la nature et le traitement de l'iritis J. univ. des sciences méd.]; GUILLIÉ 1820 im Dict. des scienc. méd.; GILLET DE GRAMMONT 1823 u. A.)

Die Häufigkeit der Iritis wird sehr verschieden angegeben, von SAUNDERS auf 38:1942, von WATSON auf 10:200 Augenkranke: VELPEAU hatte zuerst nur 5:200, später 25:300.

Gegen die akute Iritis (über die Ursachen der spontanen schweigt sich der Vf. aus,) werden empfohlen die schwächenden, die alterirenden und die äußerlich ableitenden Mittel, also Aderlass, Blutegel, Abführmittel (Kalomel), Blasenpflaster, Haarseile, das Brennen, die Fußbäder; ferner örtlich Brei-Umschläge, Augenwässer von Blei-Essig, Höllenstein-Lösung bei Betheiligung der Horn- und Bindehaut, Stirnsalben aus Quecksilber. Belladonna soll erst gegen das Abklingen der Entzündung angewendet werden, und zwar nur als Salbe auf die Lidhaut: die Einträuflung, welche SICHEL anräth, möchte die Entzündung steigern.

Die chronische Iritis, als primäre Krankheit, ist bis jetzt nur wenig studirt worden; VELPEAU meint, dass manche Fälle der unvollständigen Amaurose hierher gehören. Häufiger beobachtet man sie als Ausgang der akuten. Hier passen hauptsächlich die Abführmittel, die Ableitungen, z. B. das Brennen in der Hinterhauptgrube, Stirnsalben aus Quecksilber, die Lösung des Belladonna-Auszugs.

---

[1] (1790—1865), Militärarzt, schrieb auch über das Klima der Antillen, über Jod u. a. JEANSELME's Citate sind übrigens sämtlich ungenau.

Bei der Pupillen-Bildung werden die Verfahren der verschiedensten
Autoren namhaft gemacht; auch die unbedeutende Abänderung, die Prof.
Physick [1]) dem Wenzel'schen Verfahren angedeihen ließ, — Anwendung einer
nach dem Prinzip der Kohlenzange gearbeiteten Pinzette zum Fassen der
schon vorher durchschnittenen Iris. Nur Beer hat hier kein eignes Verfahren;
er wird blos beiläufig bei Gibson mit erwähnt. (Vgl. XIII, S. 448, 456, 457.)

Das Verfahren von Velpeau ist eine Abänderung des Wenzel'schen:
mit einem schmalen Messer sucht er die Brücke der durchschnittenen Iris
so schmal als möglich zu gestalten, so dass der Lappen sich zusammen-
rollt, oder dieselbe gar vollständig abzutrennen, so dass die Iridotomie in
Iridektomie übergeht.

Wenn nach Velpeau der Star eigentlich definirt werden sollte als
»eine widernatürliche Trübung eines der durchsichtigen Mittel des Auges,
durch welche im Normal-Zustande Lichtstrahlen hindurchtreten, um zur
Netzhaut zu gelangen«; aber gewöhnlich als Trübung derjenigen Theile,
welche die Krystall-Linse zusammensetzen: so ist das thatsächlich ein
Rückfall in die scholastischen Erklärungen der Arabisten des
ausgehenden Mittelalters.

(Das ist nicht übertrieben. Johannes Arculanus, seit 1427 Professor in
Padua, hat in seinem berühmten Commentar zu Rasis' Schrift an Almansor
[1560, S. 99] das folgende gesagt: »Cataracta communiter sumpta est oppilatio aquosa prohibens visum ... non solum ante crystalloidem, sed in crystal-
loide, et post crystalloidem; scilicet in vitreo, retina et secundina, sclerotica,
conjunctiva, nervis opticis. Cataracta autem proprie sumpta est oppilatio
aquosa prohibens transitum specierum visibilium ab objectis exterioribus ad
crystalloidem — dieser war damals, was heute die Netzhaut, — et haec ab
oculis inspicientibus videri potest.« Ich bin aber weit entfernt, Herrn Velpeau
vorzuwerfen, dass er — den Arculanus ausgeschrieben habe. — Schon Desmarres hat Velpeau's Definition verworfen. [1847, S. 494.] Und Magne [Hygiène
de la vue 1847, 1866, S. 243] erklärt, er könne beim besten Willen nicht
glauben, dass die Wissenschaft denselben Namen erfordere für Krankheiten,
die gar keine Ähnlichkeit mit einander besitzen, wie Trübung des Kammerwassers, der Linse, des Glaskörpers.)

Bei der Geschichte der Star-Ausziehung verräth Herr Jeanselme
nicht blos eine Unwissenheit, über die er sich, da sie damals weit verbreitet war, vielleicht hätte trösten können, sondern auch einen Mangel
an Vaterlandsliebe, den er, wenn er ihn erkannt, sich nie verziehen
hätte: »Obwohl die Ausziehung des Stares seit mehreren Jahrhunderten
bekannt und geübt gewesen, so hat doch zuerst Richter in Deutschland,
Wenzel in Frankreich, Ware in England ein für alle Mal die Regel dieser
Operation festgesetzt.«

———

1) (1798—1837), Professor in Philadelphia, »Vater der amerikanischen Chirurgie«.

Ob Verschiebung oder Ausziehung zu machen, kann nicht allgemein entschieden werden; doch könne man die erstgenannte Operation auf alle Fälle anwenden. In einer großen Zahl von Fällen kann die Wahl nach der Gewohnheit oder der Neigung (aux goûts) des Operateurs getroffen werden. »Gegenwärtig pflegt die Majorität der Praktiker, jedenfalls zu Paris, häufiger durch Niederdrückung, als durch Ausziehung zu operiren.«

Die lange Abhandlung über oder vielmehr gegen die specifischen Ophthalmien können wir übergehen, da wir diesen Gegenstand, nach Velpeau selber (3), sogleich besprechen werden.

Die Vorlesungen von Velpeau sind immerhin ein beachtenswerther Versuch, das Gebiet der Augenheilkunde kritisch zu erörtern, nach Demours das erste wichtigere Werk eines Franzosen im 19. Jahrhundert, wenn wir von dem des Elsässers V. Stoeber absehen; aber an Gehalt weit hinter den ungefähr gleichzeitigen Werken eines Chelius in Heidelberg (1839—1843), eines Mackenzie in Glasgow (1830—1840) zurückstehend.

(III.) Auch die Vorlesungen über klinische Chirurgie sind nicht von Velpeau selber ausgearbeitet, sondern ebenfalls von Herrn Jeanselme nebst Herrn Pavillon.

Wir treffen in den beiden Abschnitten, welche das Seh-Organ betreffen, über die Ophthalmien und über den Star, fast wörtlich dasselbe, wie in der Sonderschrift von Jeanselme.

Nur aus dem 18. Kapitel, der Übersicht der chirurgischen Klinik aus dem Schuljahr 1839/40, möchte ich einige Angaben über Augenkrankheiten mittheilen.

Unter den 1500 aufgenommenen Kranken waren 167 Individuen mit 232 Augenkrankheiten. Durch Ausziehung wurden 2 Kranke operirt, durch Niederdrückung 33. 26 vollkommene, 13 unvollkommene Erfolge[1]), 9 Verluste, 2 Todesfälle[2]), — ein mehr als bescheidenes Ergebniss.

»Die Ausziehung, wenn sie gelingt, liefert ein vollkommeneres Ergebniss als die Niederdrückung. Aber weshalb machen wir die letztere so häufig und die erstere so selten? Der Grund liegt in den Zufällen, welche nach der Ausziehung eintreten und oft unheilbare Störungen und selbst Verlust des Sehvermögens verursachen, während solche nach der Niederdrückung seltner vorkommen und leichter zu heilen sind.«

Die nicht eitrige Bindehaut-Entzündung wurde mit Höllenstein behandelt, diejenige der Augapfel-Bindehaut mit Einträuflung (0,05 : 30,0), diejenige der Lid-Bindehaut mit Salbe (0,1 auf 5,0).

---

1) Es ist schwer, aus den Angaben der damaligen Verfasser, welche die Zahl der operirten Kranken, nicht der ausgeführten Operationen, in den Vordergrund stellten, das Richtige zu ermitteln.
2) »Im Hospital St. Antoine operirte ich eine Frau mit Erfolg am Star und legte ein Blasenpflaster. Sie bekam Erysipel, welches an der Blasenpflaster-Wunde entstand, und starb an dessen Folgen.« (Vgl. oben § 552.)

Bei der eitrigen wurde 1, 2 selbst 3 Gramm Höllenstein auf 30,0 Wasser 2—3mal täglich eingeträufelt; hierdurch kann man, bei rechtzeitigem Eingreifen, über die Hälfte, wo nicht $^2/_3$—$^3/_4$ der Kranken heilen, während bei der gewöhnlichen Behandlung die meisten Kranken blind werden. Große Gaben von Kubeben und Kopaiva-Balsam scheinen vortheilhaft zu wirken.

Bei primärer Iritis ist Kalomel, bis zum Speichelfluss, das beste Mittel.

»Gegen die Amaurose habe ich einen Widerwillen. Sie wird zuweilen geheilt, aber auf welche Art und in welchen Fällen? Serre's Ätzen der Hornhaut mit dem Höllensteinstift hat einen gewissen Werth.« (Vgl. § 619.)

§ 579. Über Ophthalmie.

(IV) Ophthalmie[1] bedeutet, nach Velpeau, jede Entzündung des Augapfels oder der Lider. »Skizzirt von Barth[2], geordnet von Beer und Schmidt, verbreitet, vervollkommnet in Deutschland von Weller, Benedict, Jüngken, Rosas, Jäger, hat eine ganz besondere Theorie, — dass die Ophthalmie, je nach ihrer Art durch materielle Zeichen am Auge, und zwar durch verschiedene, nicht blos nach dem Gewebe, das ihren Sitz abgiebt, sondern auch nach der besondren Art der Ursache, sich unterscheidet, — noch dazu sich stützend auf die Arbeiten von Wardrop, Vetch, Mackenzie in England, sich endlich in Paris eingeführt, ... seit 1831, indem Sichel sich als ihren Apostel eingesetzt. Ich habe es für meine Pflicht angesehen, in meinem Unterricht und in meiner Praxis die von Sichel bei uns gelehrten Grundsätze zu bekämpfen.

Diese Grundsätze haben ja schon an Bedeutung verloren, sogar in Deutschland, bei Ammon, Chelius, Andreae, Fabini, bei Flarer in Italien, bei Lawrence, Middlemoore und Mackenzie in England, bei Sanson und Carron du Villards in Frankreich.

Aber in Frankreich hat sie noch niemand von vorn angegriffen. Das werde ich thun, nachdem ich die Ophthalmie nach der anatomisch-physiologischen Lehre erörtert habe. Nach dieser, die übrigens durchaus nicht neu ist, in Bezug auf ihren Ausgangspunkt, trägt jede Art von Augen-

---

1) Vgl. § 506, § 507, § 545, § 560.

2) Die Sage, daß Barth bereits die Lehre von den Augen-Entzündungen entworfen, welche J. Beer später ausgeführt, finde ich hier zum ersten Male ausgesprochen. Sie wird getreulich in der weiteren französischen Literatur wiederholt, ist aber völlig unbegründet. Barth hat keine Zeile über Augen-Entzündung veröffentlicht. Barth hat sich um Beer's Belehrung nicht bemüht. Beer selber kannte seine eigne Entzündungslehre noch nicht im Jahre 1792, als er sein erstes Lehrbuch verfasste; sondern erst 1813, als er sie durch eigne Erfahrung ausgebildet. Dagegen erklärt Schmidt, dass er Barth für seine Lehre von der Iritis manches verdanke.

Entzündung ihren Namen nach dem Gewebe, welches den Sitz des Übels abgiebt, oder nach der Form, welche der Krankheit eigen ist.«

Zwei große Klassen giebt es, die Entzündungen der Lider und die des Augapfels selber.

Die Blepharitis wird eingetheilt — abgesehen von der kutanen Form -- in die muköse (einfache, körnige, eitrige), in die glanduläre (einfache, diphtherische), in die ciliare (schuppige, feuchte, geschwürige, folliculäre). Blepharitis mucosa sei Entzündung der Bindehaut des Lides; nur selten verbreite sie sich auf die des Augapfels(?). Die Zeichen sind anatomische und physiologische; die Ursachen schwer einzeln anzugeben; die Behandlung besteht — »abgesehen von den Fällen, wo die Konstitution mit einem Gift imprägnirt ist, oder gestört durch das Vorherrschen des Blut- oder Lymphsystems, oder durch eine Erkrankung der Eingeweide«, — einerseits in Blut-Entziehungen und Abführungen, während die ableitenden Mittel weniger leisten, und andrerseits in passenden örtlichen Mitteln.'

Bei der einfachen Blepharitis mucosa kommt die Lösung von Zink oder von Höllenstein in Betracht. Bei der granulösen das Touchiren mit dem Höllenstein-Stift. Bei der eitrigen der Stift oder die gesättigte Lösung, während Blut-Entziehung, Kalomel in großen Gaben und Ableitungen unfähig sind, den Gang der Krankheit aufzuhalten, wenn sie heftig ist. Die schuppige Lidrand-Entzündung kann neben den Lidsalben aus Höllenstein, Zink-Oxyd, rothem Präzipitat, bei den Kranken mit zarter Haut noch den Gebrauch der Bäder erfordern, der einfachen oder der medikamentösen, ferner den der Fontanellen am Arm, der reinigenden Getränke.

Von den eigentlichen Augen-Entzündungen übergeht V. die der Hornhaut, Iris, Ader- und Netzhaut und beschäftigt sich nur mit Conjunctivitis und Scleritis.

Bei der Conjunctivitis findet er eine auffallende Ähnlichkeit zwischen der okularen und der palpebralen.

Die gewöhnliche zeigt erst das Stadium der Taraxis, dann folgt Schleim- und Eiterbildung: Hydrorrhoea, Phlegmatorrhoea, Pyorrhoea; oder nach dem Sinne andrer Autoren Epiphlogose, Metaphlogose, Hyperphlogose, — womit man die Wissenschaft nicht belasten sollte[1]). Selten fehlt dabei Blepharitis mucosa. Wenn die Entzündung fortdauert, kommt es zur Chemosis.

Nun folgt Beschreibung der partiellen, der angulären, der granulären Conjunctivitis. Das beste Mittel gegen die okulare Conjunctivitis ist die Einträuflung einer schwachen Höllenstein-Lösung. (XIV, II, S. 432.)

---

[1]) Vgl. XIV, II, S. 54. Die erste Reihe der Namen stammt von C. F. Graefe, die zweite von Lobstein d. j. (Traité d'anatomie patholog., Strasbourg 1829—1833.)

Die sogenannte rheumatische Sclerotitis[1]) ist keine Krankheit der Lederhaut. Der Gefäßkranz um die Hornhaut ist ein Zeichen der Keratitis, Iritis, Retinitis.

Es giebt zwei sehr verschiedene Arten, die Specificität der Ophthalmien zu betrachten. Bei der einen fügt man zu dem Namen der Entzündung noch ein Beiwort, das auf die Konstitution oder die Allgemeinkrankheit der Befallenen sich bezieht. Bei der zweiten wäre die Specificität der Ophthalmie begründet in anatomischen oder physiologischen Kennzeichen, die vom kranken Auge hergenommen sind, — »diese Lehre ist irrthümlich. Sicher würde Niemand ohne die specifische Eruption der Haut eine morbillöse, variolöse, scarlatinöse Ophthalmie erkennen[2]). Eine Scrofel-Krankheit giebt es überhaupt nicht«[3]).

Augenärzte von einem gewissen Verdienst bemühen sich zu beweisen, dass allein durch Betrachtung des kranken Auges es möglich sei, die specifischen und konstitutionellen Augen-Entzündungen zu kennzeichnen.

Keine Daseinsberechtigung haben Sichel's kachektische, greisenhafte, menopausische Ophthalmie. Was soll die abdominelle Ophthalmie? Warum nicht auch eine pectorale, encephalische? Sichel begreift die abdominale und die arthritische zusammen unter dem Namen der venösen[4]). Sehr wenig Übereinstimmung herrscht bei den Autoren in der Beschreibung der katarrhalischen, scrofulösen, arthritischen, rheumatischen Ophthalmie. Sogar die Zeichen der syphilitischen Ophthalmie, wenn man sie nur vom Auge nimmt, würden uns zahlreichen Irrthümern aussetzen.

Die irritable Ophthalmie von Middlemoore ist offenbar(?) eine diphtherische Blepharitis, eine geschwürige Keratitis oder eine Retinitis. Die morbillöse Ophthalmie ist eine Conjunctivitis, die scarlatinöse eine Keratitis. Die variolöse gehört zur Blepharitis, Conjunctivitis, Keratitis oder zu allen dreien zusammen. Die menstruelle, hämorrhoïdale, venöse sind Schattirungen der Chorioïditis, der Iritis oder sonstiger Erkrankungen des Augengrundes. Bei der arthritischen gehört die bläuliche Verfärbung der Lederhaut und der variköse Zustand der Bindehaut zur Chorioïditis; der graue Ring um die Hornhaut und der radiäre, rothe Gürtel in der Lederhaut zur Iritis. Die rheumatische Ophthalmie ist einfach Iritis, wenn ein

---

1) So allerdings noch 1830 von Rosas und Mackenzie gekennzeichnet.

2) Das ist gar nicht so sicher.

3) »Non seulement je n'admets pas d'ophthalmie scrofuleuse, mais je n'admets pas même de scrofules.«
Als Velpeau diese Worte 1844 in der Sitzung der Akademie der Heilkunde zu Paris gelassen aussprach, erhob sich von den Bänken der hochmögenden Mitglieder ein allgemeines Oh! Oh!

4) Die Behauptung, daß bei der Ophthalmie der frisch Entbundenen das Auge sich mit Milch füllen könne, hat Velpeau seinem Mitbewerber Sichel irrig zugeschrieben.

radiärer, rother Gürtel um die Hornhaut besteht; Keratitis, wenn der
Gürtel nicht durch den arthritischen Ring unterbrochen ist, d. h. wenn
derselbe bis an den Rand der Hornhaut sich erstreckt. Die scrofulöse
Ophthalmie ist partielle, anguläre, papulöse Conjunctivitis, oder auch Keratitis oder Iritis.

Bei der einfachen katarrhalischen Conjunctivitis genügt die Höllenstein-
Lösung. . Auch bei der scrofulösen, so lange sie Conjunctivitis ist. Wurde
die Iris ergriffen, so passen Belladonna, Blutegel, Kalomel. Die Konstitution
ändert man nicht in einigen Tagen; mit Land-Aufenthalt und guter Ernährung
erreicht man mehr, als mit Jod, Baryt, Antimon.

»Die Specificität der Entzündung beruht in der sie bewirkenden Kraft;
es giebt eine syphilitische, eine blennorrhagische Ophthalmie. Es giebt
Ophthalmien bei Scrofulösen, Rheumatikern, Gichtischen, — nicht aber scrofulöse, gichtische, rheumatische Ophthalmien. Wenn diese Unterschiede in
der Auffassung nur Wortspiele wären; so hätte ich mich wohl gehütet,
so lange Erörterungen darüber zu bringen.

Wer ein Sonderwesen erschafft als rheumatische Ophthalmie,
muss stets mit Mitteln gegen den Rheumatismus vorgehen. Ich habe,
bei den Ophthalmien, immer zu thun mit Blephariten, Conjunctiviten,
Keratiten, Iriten, oder andren noch wenig gekannten Entzündungen des
Augen-Innern, und füge zur Behandlung jeder der genannten Entzündungen
noch die allgemeinen Mittel, welche durch den Gesundheits-Zustand oder
die Konstitution des Individuum erfordert werden.«

Zusatz 1. Das ist der wesentliche Inhalt der berühmten Abhandlung von VELPEAU aus dem Jahre 1840, welche 1844 die bewundernde
Ausführung von W. ROSER hervorgerufen. (XIV, II, S. 409, S. 426 fgd.)

Offenbar hat sie zu ihrer Zeit Gutes gewirkt und gegen zu große
Künstelei die Stimme der Natur erhoben, einige überflüssige Formen, einige
geile Triebe abgeschnitten, um den Haupt-Ästen des Baumes der Wissenschaft
besseres Wachsthum zu sichern. Aber vieles ist doch nur Wortstreit[1],
— ob scrofulöse Ophthalmie, oder Ophthalmie bei Scrofulösen. VELPEAU
hat auch bei seinem Gegner reichliche Anleihen gemacht und unterscheidet
sich von ihm doch nur quantitativ, nicht qualitativ.

Vor Allem hat er gewaltig übertrieben. Wie heißt es bei PH. v.
WALTER, 1810, d. h. dreißig Jahre vor VELPEAU's Arbeit? (§ 506, 2, S. 439):
»Die diagnostischen Zeichen der scrofulösen Augen-Entzündung sind: 1. das
Alter des ergriffenen Subjekts . . . . 2. der scrofulöse Habitus und die
Äußerung der Scrofel-Krankheit in andren Organen . . . . 3. die charakteri-
stische Form der scrofulösen Augen-Entzündung selbst ist die folgende . . .«

---

1) »Les hommes le plus souvent se querellent pour des mots.« (ANATOLE
FRANCE, hist. contemp., II, XVII.)

Sodann ist Velpeau's System, die Bindehaut-Entzündung der Lider von der des Augapfels gesondert zu behandeln, ganz außerordentlich lästig.

Einen wirklichen Fortschritt finde ich aber darin, dass Velpeau den rothen Gefäßkranz auf der Lederhaut um den Hornhaut-Rand nicht mehr als Scleritis betrachtet; und dass er mehr, als manche seiner Vorgänger auf örtlicher Behandlung, namentlich mit Höllenstein-Lösung, besteht.

Zusatz 2. Am 21. Mai 1844 fand in der Akademie der Medizin zu Paris eine lebhafte Erörterung statt. (A. d'O. XI, S. 231 u. 280.)

Roux erhebt sich gegen den Satz von Velpeau, dass man die Ophthalmien eintheilen müsse nach dem Sitz, und absehen von den Ursachen. Die scrofulösen Ophthalmien hätten doch, unabhängig von andren Erscheinungen der Grundkrankheit, örtliche Sonder-Zeichen, die man nicht verkennen wird. Ihm schließt sich Martin-Solon an. Gerdy meint, dass die Entzündungen nicht auf ein Gewebe sich beschränken, wenn eines auch hauptsächlich befallen sei. Die allgemeinen Symptome sind immer dieselben und die Behandlung desgleichen. Bérard meint, dass Gerdy zu weit gehe: eine Conjunctivitis, eine Keratitis, eine Iritis sind wohl unterschieden; und auch die Behandlung ist nicht dieselbe. Die Lehre von den specifischen Augen-Entzündungen will besagen, dass eine besondere Ursache in irgend einem Gewebe des Auges eine besondere Veränderung hervorrufe. So weit ist die Wissenschaft noch nicht, um solche Unterscheidungen zuzulassen.

Gerdy erwiedert, dass die augenärztliche Lehre, die in Frankreich sich zu befestigen strebt, noch schlimmer sei, als die deutsche.

Velpeau erklärt, dass er weder die Ansicht der Deutschen noch die von Gerdy theile. Für ihn unterscheiden sich die Augen-Entzündungen: 1. nach dem befallenen Gewebe, 2. sekundär, nach den besondren Umständen des Alters, der Konstitution, 3. nach ihren Zeichen, ihrem Gepräge, ihrem Gang, ihrer Endigung und ihrer Behandlung, die verschieden ist je nach ihrem Sitze.

Zusatz 3. Der Kampf um die Specificität der Augen-Entzündungen war also nicht blos ein Duell zwischen Velpeau und Sichel, das auch nicht so einfach, wie Roser (§ 545), für einen Kampfrichter zu parteiisch, angenommen, mit dem Siege des Franzosen über den Deutschen endigte; vielmehr wogte der Streit mit wechselndem Schicksal herüber und hinüber: schließlich hat die Wissenschaft ihren Vortheil daraus gezogen, indem sie Irrthümliches und Überflüssiges abwarf und nützliche Neuerungen aufnahm.

Außer Sichel haben noch andre Jünger der deutschen Schule in französischer Sprache an dem Scharmützel theilgenommen.

1. C. Canstatt, Einige Gedanken über die Specificität der Augen-Entzündungen. A. d'O. III, S. 20—27, 1840.

Statt Entzündung möchte Canstatt Hyperhämie sagen oder krankhafte Gefäß-Thätigkeit; den Begriff der asthenischen Entzündung verwirft er[1] als einen Widerspruch in sich.

Die einen behaupten: »Es ist nicht die Ursache, welche der Hyperhämie den scheinbar specifischen Stempel aufdrückt, sondern die Struktur des befallenen Gewebes.« Darin liegt etwas Wahres. Die andren erklären: »Es ist uns oft möglich gewesen, durch einfache Betrachtung der specifischen Bindehautgefäß-Injektionen, ohne vorher den Kranken zu prüfen, mit Sicherheit anzusagen, dass es ein katarrhalisches Prinzip, eine rheumatische Diathese, eine scrofulöse Dyskrasie, das blennorrhoïsche Gift gewesen, welches die Bindehaut-Veränderung erzeugt; und die weitere Prüfung hat die Richtigkeit unsrer Diagnose bewiesen.« Die tägliche Erfahrung bestätigt die Richtigkeit dieser Behauptung, wenigstens die theilweise. Zur Versöhnung der beiden einander widerstreitenden Ansichten gelangt man durch die Annahme einer besonderen Verwandtschaft zwischen den Ursachen der Krankheiten und den Geweben[2].

Aber jede Ursache ist specifisch. Die idiopathischen Entzündungen existiren nur in den Büchern, nicht in der Natur.

Der Charakter der Specificität geht nicht aus einem äußeren Symptom hervor, sondern 1. aus der Specificität der Ursache, 2. aus der specifischen Verwandtschaft der Ursache mit einem bestimmten Gewebe, 3. aus der specifischen Reaktion des Organismus, 4. aus der specifischen Entwicklung der Krankheit, 5. aus der besonderen Wirkung der Therapie.

2. Dr. Szokalski, Über die Specificität der Ophthalmien, A. d'O. XI, 240—250, 1844.

Beer's Ideen über die Specificität sind heute in Deutschland verjährt. Man muss die Entzündungs-Symptome in jedem Element studiren, die der vorderen Hornhaut-Schicht von denen der mittleren und der inneren unterscheiden, und so fort. Diese ungeheure Arbeit an Untersuchungen und Erfahrungen glaubt man zu vernichten, indem man sie als deutsche Lappalien einschätzt.

Beer glaubte zuerst bemerkt zu haben, dass gewisse Formen von Augen-Entzündungen gewissen Kachexien des Körpers entsprächen; so entstanden die arthritischen, rheumatischen, scrofulösen, syphilitischen Ophthalmien.

Aber seine Schüler verfielen in die größten Übertreibungen; stets entstanden neue Augen-Entzündungen, abdominale, menstruelle, puerperale, hämorrhoïdale, herpetische, psorische, hysterische. Das bisweilen des Meisters wurde umgewandelt in immer. Es genügte, diese oder jene Entzündung in der Hornhaut oder Iris zu beobachten, um den Organismus für eine Beute dieser oder jener Dyskrasie zu erklären.

---

1) Wie schon Ph. v. Walter, 1810. (§ 506, 2.)
2) Vgl. Ph. v. Walter, XIV, II, S. 430.

Nach den Arbeiten von Bichat und unter dem Einfluss von Broussais haben die Schüler von Boyer und Dupuytren sich mit den Augen-Entzündungen beschäftigt, aber ihre Verschiedenheiten nicht von specifischen Ursachen, sondern von Verschiedenheiten der Organisation abgeleitet.

Da kam die Invasion der deutschen Augenheilkunde nach Paris. Die letztere hatte inzwischen eine Erneuerung erfahren durch Ph. v. Walther, der die Verschiedenheiten der Ophthalmien auf den Verschiedenheiten der organischen Elemente aufbaute. (XIV, ii, S. 230 [1845]. Aber schon 1810 [§ 506, 2, S. 372] hatte er erklärt: »Bestimmte Dyskrasien sind nur in bestimmten Organen und organischen Geweben wirksam.«)

Die jetzige Schule in Deutschland studirt eifrig den Normal-Zustand und vergleicht damit den krankhaften. Die Schule Ammon's in Dresden steht an der Spitze der augenärztlichen Bewegung, nicht blos in Deutschland, sondern in ganz Europa. Sie bewahrt die verschiedenen Formen der Ophthalmie, aber will sie nicht specifischen Giften zuschreiben, sondern erklärt sie aus der Verschiedenheit der Gewebe des Auges. Sie verlangt Beweise, dass ein gewisser Zustand des Körpers mit einer bestimmten Augen-Entzündung zusammenhängt.

Die Tendenz ist jetzt in Deutschland fast dieselbe, wie in Frankreich. Ferner hat noch 3. Furnari (§ 569) 1845 in den Streit eingegriffen. (De la localisation et de la spécificité des ophthalmies. A. d'O. XIII, S. 186.)

Die Lokalisation ist offenbar bei der Conjunctivitis, der Iritis, wenn auch die Nachbarschaft mit betheiligt werden kann. In der Lehre von den specifischen Augen-Entzündungen muss man die Übertreibungen verwerfen. Damit man eine Augen-Entzündung als specifisch bezeichnen könne, ist es unerlässlich, dass sie allein und als erstes Zeichen zur Diagnose dienen kann. Dies gilt für die syphilitische Iritis, für die variolösen Pusteln; nicht mehr ganz für die scrofulöse Augen-Entzündung. Lassen wir aber auch die andren Formen zu, selbst die menstruellen, wenn man wirklich ein ursächliches Verhältniss zwischen gewissen Menstruations-Störungen und dem Augenleiden zu entdecken vermag.

4. Guépin (de Nantes) erklärt 1846, A. d'O. XV, S. 16:

»Behaupten, dass es eine scrofulöse, eine rheumatische, eine syphilitische Iritis giebt, heißt vielleicht schlechte Namen anwenden; aber diese haben den Vortheil, eine große Wichtigkeit den Diathesen beizulegen, welche von Einfluss sind auf die Symptome, den Verlauf, die Dauer, den Ausgang der Iritis, ihre leichtere Heilbarkeit .... Berücksichtigung der angeborenen oder erworbenen Ursachen, welche die Thätigkeit der Gewebe und der Organe ablenken, heißt nicht künstliche Krankheits-Einheiten schaffen, heißt nicht Ontologie treiben.« Guépin geht eigentlich noch weiter als die meisten, indem er für scrofulöse Keratitis und scrofulöse Iritis dem Praktiker dieselbe Behandlung empfiehlt. (§ 598.)

Endlich hat 5. Dr. Binard zu Brügge (A. d'O. XVIII, S. 176, 1847) kräftig gegen W. Rosen (§ 545) sich erhoben.

»Für Hrn. Rosen ist die Pustel durch Pockenkrankheit identisch mit der durch Brechweinstein hervorgerufenen; die Iritis durch Stich mit der durch Syphilis erzeugten. Augenscheinlich bringt Hr. Rosen unhaltbare Ansichten.

Weniger wichtig ist die Frage, ob die bloße Betrachtung des Auges uns die Natur des Grundübels enthüllen kann. Welcher gewissenhafte Arzt wird sich mit einer so unvollständigen Untersuchung begnügen? Übrigens, in der großen Mehrzahl der Fälle, reicht diese Betrachtung aus; man bedarf dazu der Übung.

Die örtliche Behandlung der Augen-Entzündung (mit Höllenstein) hat Rosen dem Hrn. Velpeau zugeschrieben. Sie war in Deutschland schon lange bekannt, und in Frankreich durch Stoeber und Sichel, als Velpeau noch allein Blutegel und Brei-Umschläge gegen Augen-Entzündungen anwendete.« (Vgl. XIV, ii, S. 432.)

6. Für die Tatsächlichkeit specifischer Augen-Entzündungen und für ihre sachgemäße Behandlung hat sich auch Dr. Fallot in Brüssel ausgesprochen. (A. d'O. XIV, S. 36 und XVIII, S. 46.) Dagegen Desmarres, (§ 593), der die Überzeugung kundgiebt, dass die Frage der Spezificität so lange Zeit ganz überflüssig erörtert worden sei.

7. Noch im Jahre 1862 hat Deval, der Schüler Sichel's und mit den deutschen Lehren ebenso vertraut wie mit den französischen, in seinem Lehrbuch (S. 303—312) den specifischen Ophthalmien eine gründliche Besprechung gewidmet.

»Obwohl die von Beer gezeichneten Merkmale nicht die Tragweite besitzen, die man ihnen zugeschrieben; so stellen sie doch eine der kostbarsten Quellen der Diagnostik dar. Indem sie mit einer solchen Genauigkeit die so mannigfaltigen Änderungen darstellte, die das entzündete Auge darbieten kann, hat die alte deutsche Schule um die Augenheilkunde sich wohl verdient gemacht. Nicht über das Vorhandensein dieser Formen hat man zu streiten, sondern nur über die Art, ihren Werth zu erläutern.«

8. Den Schluss will ich machen mit zwei Sätzen Albrecht's von Graefe, aus dem Vorwort zum 1. Bande seines Archivs (1854): »Durch Jahrzehnte erben sich nun schon die Streitfragen über die specifische Auffassungs- und Behandlungsweise vieler Augenkrankheiten fort, — Fragen, für deren Erledigung die literarischen Kräfte Deutschlands wie für müßige Streitereien ermüdet scheinen.... Gewiss will ich nicht verkennen, dass hochgeachtete Fachgenossen mit aller Energie einer guten und vernünftigen Überzeugung sich in Betreff der Specificität der fraglichen Augenübel und ihrer Behandlungsweise ausgesprochen haben; allein ihre Gründe waren, wiewohl für den Gleichgesinnten einleuchtend, doch nicht so widerspruchslos, um die eingewurzelte Überzeugung vom Gegentheil siegreich zu vernichten.«

§ 580.   Kleinere Arbeiten von Velpeau.

Von den Abhandlungen im Dict. de méd. erwähne ich aus dem XVII. Bande, vom Jahre 1838, S. 131—182,

die Erkrankungen der Regenbogenhaut.

»Die Entzündung der Iris ist zu jeder Zeit von den französischen Fachschriftstellern erwähnt worden; aber die deutschen und die englischen haben sich zuerst bemüht, daraus eine bestimmte Krankheit zu machen; bleibt noch zu entscheiden, ob die fremden Schulen der Wissenschaft wirklich einen besseren Dienst geleistet, als die französische[1].« In der That kann die Iritis nicht bestehen, ohne dass andre Theile des Auges gleichzeitig erkranken.

Zu den gewöhnlichen Ursachen der primären Iritis gehört die Verletzung. Bezüglich der specifischen Ursachen verwirft Velpeau die typhöse Iritis, ebenso die kongestionelle, die plethorische, die venöse, laktöse und nervöse von Bournot (Bull. de la Soc. méd. prat. S. 59), und die merkurielle von Travers. Nur die scrofulösen, rheumatischen, arthritischen und syphilitischen Iritiden sind jetzt allgemein anerkannt.

»Die Schule von Beer, bei uns durch Weller[2] vertreten, verlangt, dass, wenn man ein Auge mit Iritis betrachtet, man aussagen könne, ob es sich um eine specielle oder um eine reine Iritis handle, und noch mehr, dass man beim ersten Antreffen die verschiedenen Arten der specifischen Iritiden von einander unterscheiden könne.«

(Ich kann nicht finden, dass Weller dies behauptet hat. Seine Worte lauten: »Aus jener specifischen Ursache entspringen bei jeder einzelnen Entzündungs-Art specifische Eigenschaften, die nur ihr zukommen, und wodurch sie sich von jeder andren Art zu unterscheiden pflegt. Von der reinen Entzündung ist die spezifische qualitativ verschieden und erfordert auch eine Heilart, die sich nicht blos nach dem Grade der Entzündung und den Eigenthümlichkeiten des ergriffenen Gebildes, und nicht blos nach der starken und schwachen Körper-Konstitution richtet, sondern besonders nach der Causa specifica ausgeführt werden muss.« Auch bei der Schilderung der Iritis hat Weller nichts von dem, was Velpeau ihm zuschreibt.)

»Der graue oder blaue Kreis, als arthritisch von den deutschen Schriftstellern bezeichnet, lehrt einfach, dass die Iritis als Entzündung noch nicht eingewirkt hat auf die Schichten der Hornhaut.«

(Aber genau dasselbe hatte Weller 1830[3] schon veröffentlicht. XII, II, S. 318.])

---

1) In den geschichtlichen Darstellungen fällt es Velpeau schwer, zu einem objektiven Standpunkt sich emporzuschwingen.

2) Durch die französische Übersetzung seines Lehrbuches.

3) Die Ausgabe seines Lehrbuches vom Jahre 1826 war mir nicht zugänglich.

Bezüglich der Behandlung der Iritis preist VELPEAU den Aderlass, die Blutegel, die Ableitungen, innerlich Kalomel. »Wenn man Belladonna-Lösung zwischen die Lider einträufeln wollte, nach dem Rath von SICHEL, falls die Iritis intensiv ist: so würde man wahrscheinlich die Entzündung steigern.« Hingegen will V. bei chronischer Iritis einmal, oder zwei Tage hinter einander, einträufeln und dann alle 3—4 Tage darauf zurück-kommen.

Die Abhandlung über die Thränenleiden (S. 356—418) ist sehr ausführlich und bespricht eingehend alle Verfahren. Zahlreiche, z. Th. selbst-beobachtete, üble Folgen von dem Einbringen der DUPUYTREN'schen Kanüle werden angeführt, und schließlich dieser Eingriff doch angelegentlichst empfohlen.

(V.) Höllenstein.

Im Anschluss an die Arbeit von DELASIAUVE, der durch Versuche an Thieren und Beobachtungen an Kranken die Gefahren der Höllenstein-Anwendung auf Augen-Entzündungen betont hat, hebt VELPEAU, in der Sitzung der Akademie der Medizin vom 3. Oktober 1843, hervor, dass für die leichten Bindehaut-Entzündungen die Höllenstein-Lösungen von 0,05 bis 0,15 auf 30,0 genügen; bei den eitrigen kann die Sättigung bis 1 oder 2 auf 30,0 erhöht werden. Der Stift kann auch gute Erfolge liefern, ist aber gefährlich. Es scheint vortheilhaft, die Gabe abwechselnd an- und absteigen zu lassen.

(Vgl. XIV, II, S. 432. Auf die daselbst erwähnte Arbeit über den Höllen-stein, A. d'Oc. VII, von DESMARRES, werden wir noch zurückkommen.)

(VII.) Speichelfluss.

19 Mal auf 20 beobachtet man die Heilung einer akuten Ophthalmie, Keratitis oder Iritis, sowie der Speichelfluss sich kundgiebt. Kalomel in gebrochener Gabe ist das Mittel. (Der Fall, den VELPEAU zum Ausgangs-punkt nimmt, wird nur als O. grave bezeichnet, nicht genauer geschildert.)

Zusatz 1. Wir finden in der damaligen französischen Literatur eine ganze Reihe von ähnlichen Empfehlungen dieses Mittels.

a) Dr. HEYLEN aus Herentals (A. d'O. XVII, S. 115, 1846) hatte Erfolg bei der Salivation, durch innerlichen Gebrauch von Kalomel, gegen die Entzündung nach Star-Niederdrückung, bei einer 74jährigen Frau. — Der Berichterstatter der med. Gesellschaft zu Antwerpen konnte HEYLEN's Ansicht nicht billigen.

b) TAVIGNOT hat danach, August 1847, das Verfahren als neu und wichtig der Akademie der Wissenschaften zu Paris vorgelegt. (A. d'O. XVIII, S. 143.) Der Speichelfluss soll der Entzündung nach Star-Operation vorbeugen. Drei Kranke wurden durch Niederlegung operirt. Bei keinem

kam es zu ernster Entzündung. (Ernst kann man diese Erörterung
kaum nehmen.)

c) MAGNE (A. d'O. XVIII, S. 186) erklärt sich gegen TAVIGNOT's Vorschlag.
Die Entzündungen nach der Star-Operation seien weder so schwer noch so
häufig, — wenn die Operation passend gemacht ist.

d) HEYLEN (ebenda S. 244) sucht durch 2 neue Fälle von Nadel-Operation
des Stars seine Empfehlung zu stützen.

e) Nach der Arbeit von VELPEAU (A. d'O. XX, S. 116, 1848) über Anwendung des Speichelflusses auf schwere Ophthalmie kommt noch die etwas
gröblich ablehnende von HAYS in Philadelphia. (A. d'O. XXI, S. 90.)
Dieser erwidert Hrn. TAVIGNOT, dass die Zufälle nach Niederlegung und
Zerstücklung, die man in Paris beobachtet, keineswegs überall so häufig
sind. Wenn Quecksilber schon gegen die eingetretene Entzündung wirksam
ist, kann derselbe sie auch verhüten? Quecksilber wird niemals aus-
schließen, dass eine von ungeschickter Hand ausgeführte Niederlegung oder
Ausziehung oder eine gegen die richtigen Anzeigen unternommene Operation
frei von Zufällen bleibe.

Zusatz 2.   Das Verfahren, durch Quecksilber die Macht der Entzündung zu brechen, hat sich bis auf unsre Tage erhalten. A. v. GRAEFE
hatte die akute Merkurialisierung als wichtigstes Mittel in dem ersten
(starren) Stadium des Augentrippers der Erwachsenen empfohlen.

Vgl. Prof. A. v. GRAEFE's klinische Vorträge über Augenheilkunde, heraus-
gegeben, erläutert und mit Zusätzen versehen von Dr. J. HIRSCHBERG, I, 1871,
S. 132: »Die inokulirte Diphtherie [der Bindehaut] der Erwachsenen [der Augen-
tripper] erheischt die Anwendung des Quecksilbers in großen Dosen, die akute
Merkurialisirung.   Alle zwei Stunden werde ein Päckchen grauer Salbe (Ung.
Hydr. ciner. fort. 1,5—2,0) eingerieben und innerlich jedes Mal Kalomel (zu 0,03)
gegeben und, unter sorgfältiger Beobachtung der Reinlichkeit und beharrlicher
Anwendung der Eiskälte, hiermit Tag und Nacht fortgefahren, bis Ptyalismus
beginnt.   Wird dies rasch erreicht, in 24—36 Stunden; ist die Hornhaut frei
gewesen und in dieser Zeit frei geblieben: dann ist die Macht der fürchterlichen
Krankheit gebrochen, die Schmerzen lindern sich, Abschwellung beginnt, die
Schleimhaut wird weicher, und zu dem gefahrlosen blennorrhoïschen Stadium ist
der Weg gebahnt und eben . . . .
Aus ähnlicher Indikation (zur Auflösung) bedienen wir uns der akuten
Merkuralisation auch bei den stürmischen Fällen von wirklich eitriger Iritis.
Bekanntlich wird sie auch zu gleichem Zweck bei der Peritonitis acuta (von TRAUBE)
und bei Hals-Diphtherie (von G. LEWIN) in Anwendung gezogen.«
A. v. GRAEFE selber hatte bereits 1854 (A. f. O. I, 1, S. 241, über die
diphtherische Conjunctivitis . . . .) folgendermaßen sich geäußert:
Merkurial-Behandlung.   Erwachsenen gebe ich alle zwei Stunden 1 Gran
(0,05) Kalomel, Tag und Nacht; Kindern ebenso ½, ¼ oder ⅓ Gran (0,006;
0,0125; 0,0175).   Erwachsenen lasse ich außerdem drei Mal täglich ℥ i bis ii
(3,0—6,0) Ung. mercuriale ciner. in die Arme, Schenkel und Rücken einreiben . . .
Bei Erwachsenen pflegt sich die beabsichtigte Wirkung an den Eintritt der Salivation oder wenigstens an die Prodrome derselben zu binden.«

Diese akute Merkurialisation von VELPEAU und A. v. GRAEFE[1], scheint fast völlig aus dem Gedächtniss der Menschen geschwunden zu sein. Mit keinem Wort wird derselben bezüglich der Behandlung des Augentrippers gedacht: bei AHLT 1881 (Klin. Darst. d. Kr. d. Auges, S. 52), bei Fuchs 1910 (Augenh., 12. Aufl., S. 137), bei SAEMISCH 1904 (unser Handbuch V, I, S. 381), bei AXENFELD 1910 (Augenh., II. Aufl., S. 300), bei Vossius 1908 (Augenh., IV. Aufl., S. 311). Ebenso wenig bei MORAX 1906 (Encyl. fr. V, S. 684).

Wohl aber bei Sir HENRY SWANZY, der mit mir, als Assistent von A. v. GRAEFE, vor mehr als 40 Jahren, die günstige Wirkung beobachten konnte. (Diseases of the eye, 10th ed., 1912, S. 59.) DE SCHWEINITZ (1910, S. 267) erwähnt das Mittel, hält aber den Werth für zweifelhaft.

Die versuchsweise Hinzufügung dieser allgemeinen Behandlung zu der bekannten, örtlichen, für die heftigsten Fälle des Augentrippers bei Erwachsenen, könnte doch angebracht sein. (Vgl. noch Berlin. klin. W. 1875 No. 11.)

Bei den akutesten Formen der exsudativen Regenbogenhaut-Entzündung hat mir allerdings salicylsaures Natron in großen Gaben i. A. mehr geleistet, als Quecksilber.

Zusatz 3. Von πτύω, spucken, kommt πτύαλον, der Speichel, πτυαλίζω, speicheln, und πτυαλισμός, das Speicheln. Die beiden letztgenannten Worte sind häufig in den hippokratischen Schriften und werden auch von GALEN erläutert.

CAEL. AUREL. (acut. morb. III, 2, 7) erwähnt, als Zeichen der Rachen-Entzündung, die salivatio, d. i. Speichelfluss, von saliva, der Speichel; bei COLUMELLA (Vf. von de re rustica, um 60 n. Chr.) ist (nach GEORGES, Handwörterbuch der lat. Spr., II, S. 1460, 1869) salivatum ein Mittel, das den Speichelfluss erregt; wofür freilich die medizinischen Wörterbücher des 18. und 19. Jahrhunderts die Ausdrücke Ptyaloagoga, Sialagoga bringen. (Σίαλον, Geifer, und ἄγω, führen.)

Das Quecksilber war dem Griechen THEOPHRAST bekannt; die Quecksilber-Salbe und ihre äußerliche Anwendung den Arabern, z. B. gegen Lid-Läuse (XIII, S. 125); NIKOLAOS MYREPSOS im 13. Jahrh. und GUY DE CHAULIAC im 14. haben sie schon gegen Hautkrankheiten empfohlen; seit 1497 war sie ein Hauptmittel gegen die Lustseuche. Der innerliche Gebrauch von Sublimat und Kalomel dürfte erst von PARACELSUS herrühren.

Die Anregung des Speichelflusses als Heilmittel finde ich nicht in den Resten der griechischen Ärzte. Wer mir das Register von Medicae artis principes (1567) entgegen halten wollte (salivam ducentia post purgationem adhibita, 153[h] Tr.), könnte im Original (ALEX. TRALL. I, 15, Ausg. von PUSCHMANN I, S. 548) leicht sich überzeugen, dass von entschleimenden Mitteln (ἀποφλεγματικά, die Rede ist: man soll Ysop, Polei und Pfeffer kauen, wenn nach der Abführung noch dicke und zähe Stoffe zurückgeblieben sind; noch wirksamer sei ein Gurgelwasser aus Ysop, Polei, Dosten und Feigen.

Bezüglich der alten Thierärzte dürfte Herr GEORGES sich irren. Vgl. Scriptores rei rusticae veteres latini, e rec. Jo. MATTH. GESNERI, IV, Bipont. 1788, s. Salivatum: ceterum nomen videbatur nobis inde tractum, tum quod salivae nimiae subducendae destinatum esset, tum quod salivam (ὄρεξιν) deinde restitueret ac moveret. Es wären also Mittel zur Verringerung des Speichels und zur Wiederherstellung des Appetits.

---

1) Sie hatten schon Vorgänger, z. B. MACILWAIN; vgl. LAWRENCE, Die venerischen Kr. d. Auges, 1830, und Berl. klin. W. 1875, No. 11. (J. HIRSCHBERG.)

§ 581.   Sonderfach und Heilkunde.

Außer dem Kampf über die specifischen Augen-Entzündungen ha
VELPEAU noch einen zweiten thatkräftig durchgefochten, den gegen die
Sonderfächer in der Heilkunde überhaupt und gegen das der Augenheil-
kunde im besondren.

Seinen Standpunkt hat er (X) klar dargelegt, in dem Artikel Ophthalmologie des Dictionnaire de médecine, zu dessen Herausgebern er selbst
mit gehörte, 1840, Band XXI, S. 195—201.

»Ophthalmologie ist die Summe aller Thatsachen aus der Anatomie,
Physiologie, Pathologie, Hygiene und Therapie, welche das Seh-Organ betreffen. Einige Autoren haben geglaubt, dass die Vollkommenheit des Auges,
sein zusammengesetzter Bau, die große Zahl seiner Krankheiten, die mannig-
fachen Studien, die zu ihrer Erkenntniss nothwendig sind, die Schaffung
eines Sonderzweigs der medizinischen Kenntnisse rechtfertigt, unter dem
Namen der Ophthalmologie, und gewisse Praktiker ermächtigt, diese ausschließlich auszuüben, als Okulisten. Ich kann diese Ansicht nicht
theilen.

Denn, wenn die Concentration aller Studien und aller Untersuchungen
des Menschen auf einen Punkt wohl einigen Vortheil besitzt, so hat sie
auch große Übelstände, z. B. ihn einseitig zu machen und ihn zu hindern,
aus den allgemeinen Begriffen der Medizin und Chirurgie Nutzen
zu ziehen. Und in der That, in den Augenkrankheiten ebenso sehr und
noch mehr, als in denjenigen verschiedener andrer Organe, sollte man doch
die innigen und zahlreichen Verbindungen berücksichtigen, welche das Seh-
Organ mit den verschiedenen Systemen des Körpers verknüpfen. Diese
Beziehungen sind so eng, dass die meisten Krankheiten mit einer Veränderung im Seh-Organ sich vereinigen, und das letztere selten mit einem
Leiden behaftet wird, ohne dass sein Ungemach durch irgend eine Störung
des ganzen Körpers sich äußert. Die Krankheiten des Auges unterscheiden sich übrigens nicht von denen der andren Organe unsres
Körpers. Was ihnen eigen ist, folgt aus den Besonderheiten des Baues
der betroffenen Theile.

Die Entzündungen der verschiedenen Häute des Augapfels, die Fisteln
seiner Gänge, der Knochenfraß der Orbita, die Abscesse derselben, die verschiedenen Entartungen, mit einem Wort, fast alle Leiden des Seh-Organs
zeigen die größte Ähnlichkeit mit den Krankheiten derselben Art, die man
in andren Gegenden des Körpers beobachtet. Ihr Studium schöpft Belehrung
aus den Grundsätzen der gesamten Heilkunde, ebenso wie der Zustand der
Augen seinerseits der Heilkunde eine Menge semiotischer Thatsachen von
der höchsten Wichtigkeit für die Erkenntniss von Allgemeinkrankheiten zu
liefern vermag. Diese Überlegungen genügen, um zu zeigen, wie wenig
vernunftgemäß die Anstrengungen derjenigen sind, welche aus dem Studium

und aus der Behandlung der Augenleiden eine Wissenschaft und eine Kunst
für sich machen wollten. Mit gleichem Rechte müsste man dann auch noch
eine große Zahl andrer Spezialitäten zulassen. Diese Zerstücklung,
weit entfernt, dem Fortschritt der Wissenschaft zu dienen, ist
nur eine Ermuthigung der Unwissenheit und der Charlatanerie
gewesen.

Wenn die Kenntnisse von der Augenkrankheits-Lehre allgemein sich
verbreitet haben, wenn dieser Theil der Heilkunde große und schöne Arbeiten
aufweist; so schuldet sie dies nicht den Okulisten, die meist nur Augenwässer und Salben erfunden haben, sondern vielmehr den großen Chirurgen, welche der gesammten Wissenschaft denselben Aufschwung verliehen
haben. Braucht man erst GUILLEMEAU, MAÎTRE-JAN, J. L. PETIT, SCARPA,
RICHTER, BEER, DUPUYTREN, TRAVERS, GRAEFE, WARDROP, MIDDLEMORE zu nennen?
Diese Wahrheit ist übrigens nicht neu. Schon vor langer Zeit hat LOUIS[1],
der berühmte Schriftleiter der Akademie der Wundarzneikunst, die denk-
würdigen Worte verkündigt: ‚Man hat irriger Weise angenommen, dass
das nothwendige Wissen, um die Charaktere dieser verschiedenen Leiden
⟨des Augapfels⟩ zu unterscheiden und die letzteren zu heilen, in irgend
einer Weise eine Sonderkunst ausmache. Aber welche Früchte könnte
dieser Zweig tragen, wenn er von seinem Stamm getrennt wäre? Es ist
durch Thatsachen hinlänglich bewiesen, dass die Fortschritte dieses Theiles
der Chirurgie nur den großen Meistern zu danken sind, welche die Kunst
in ihrer ganzen Vollständigkeit ausgeübt haben, und deren Erfahrung bezüglich der Augenkrankheiten erhellt waren durch das Licht, welches ihnen
die das Ganze der Wissenschaft darstellenden Grundsätze geschenkt hatten,
Grundsätze, ohne die man keinen Theil mit Sachkenntniss ausüben kann.‘
(Mém. de l'Ac. r. de chir. in 4°, V, S. 161.)«

Die Schwäche von VELPEAU's Beweisführung, seine reaktionäre[2] Richtung,

---

[1] (1723—1792), vgl. § 369. Dieser Satz von LOUIS bildet die Einleitung zu der
dort besprochenen Abhandlung über die Exstirpation des Augapfels.

[2] Aber es gab auch Leute, die solche Anschauungen als fortschrittlich
priesen. Schon vier Jahre vor VELPEAU (1836, travaux de la Soc. r. de méd. de
Bordeaux, S. 278) hatte ein Bordeläser Arzt geschrieben: »Die Anatomie, Physiologie und Hygiene des Auges können heute kein Sonderfach bilden. Die als
Ophthalmologie bezeichnete Wissenschaft ist das Eigenthum desjenigen Arztes,
welcher Operationen ausführt. Okulisten gab es bei den Alten, und sie haben sich
bis auf unsre Tage fortgepflanzt, zum großen Nachtheil der Wissenschaft, deren
Fortschritt sie aufgehalten haben, statt ihn zu befördern. Seit Jahren hat der
Ruf eines berühmten Mannes ⟨P. GUÉRIN⟩ die Krankenhaus-Verwaltung bewogen,
die Stelle eines Augen-Operateurs an dem großen Krankenhaus zu gestalten.
Dank dem Fortschritt der Wissenschaft und der erleuchteten Anschauung
einiger Verwaltungsbeamten wird diese Theilung im Dienst verschwinden, und
unsre große Stadt wird es erleben, dass, wie in den Krankenhäusern von Paris,
Lyon, Marseille, Rochefort, Toulouse u. a., der Hauptwundarzt, der seine Stellung
in Folge eines Konkurses erlangt hat, mit allen Operationen betraut wird.«

seine vollständige Verkennung des ungeheuren Umschwungs, den seit Louis,
d. h. seit zwei Menschenaltern, sowohl die Unterweisung wie auch die
Wirksamkeit des ärztlichen Standes erfahren, die Missachtung des Fortschritts in der augenärztlichen Kunst und Wissenschaft, — alles dies ist
schon etlichen seiner Zeitgenossen nicht verborgen geblieben und wurde
heftig bekämpft von denjenigen, die sein Urtheils-Spruch geächtet hatte, von
den Augenärzten. Als sie einwandten, dass auch sie einen Antheil an
der Förderung der Wissenschaft und Kunst nachweisen könnten, rief ihnen
der Professor der Fakultät von Paris zu, dass Muth dazu gehöre, eine solche
Meinung aufrecht zu erhalten.

Dr. Magne [1] (§ 575), der allerdings kein großes Licht war, aber doch
mit Stolz sich Augenarzt nannte, erwiderte, dass die Gegner der Fach-Ärzte
Encyklopädisten sein müssten.

Ein Okulist habe zuerst den wahren Sitz des Stares erkannt, ein Okulist
die erste Ausziehung gemacht [2]. Gegen den Ausspruch von Louis führt
er den eines andern Helden, M. F. X. Bichat [3] ins Feld: »Allumfassende
Kenntnisse sind für den Einzelnen unmöglich . . . . Wenn die Geschichte
uns einige außerordentliche Genies aufweist, die gleiches Licht in mehrere
Wissenschaften geworfen, so sind das Ausnahmen. Was sind wir, um in
mehreren Gebieten der Vollendung nachzujagen, welche gewöhnlich uns in
dem einzelnen entgeht?«

»Wenn früher die Augenkrankheiten das Geschäftsgebiet des Charlatans
darstellten, wenn vor nicht allzu langer Zeit die Körperschaft der Wundärzte zu Paris den Titel des Expert pour les yeux jedem ertheilte,
der eine Prüfung allein in den Augenkrankheiten bestanden hatte; wenn
darauf das Vorurtheil gegen die Augenärzte sich gründet: — heute ist der,
welcher sich der Augenheilkunde widmet, mit seinem Doktor-Diplom
versehen; er hat aus den allgemeinen Quellen die leitenden Grundsätze
geschöpft, er wird ein guter Augenarzt nur, weil er ein guter Chirurg ist.«

Auch der zweite Okulist, der auf den Kampfplatz tritt, um eine Lanze
für sein Fach zu brechen, ist nicht gerade ein edler Kämpe, — es ist der
irrende Ritter Lusardi. (§ 442.)

In dem berühmten Process wegen Verläumdung, den 1843 der Specialist
(Orthopäde) Jules Guérin zu Paris gegen Malgaigne, Vidal de Cassis und
Henroz anstellte, und zwar mit Erfolg [4], — einem Process, dessen Vor-
geschichte in den A. d'O. (XXIV, S. 141) als ein Kreuzzug gegen die

---

1) Hygiène de la vue, 1847, Kap. 14.
2) Er meint Brisseau und St. Yves.
3) (1771—1802), Begründer der Gewebe-Lehre. — Von Prof. Delpech § 614)
stammt der Ausspruch »La spécialité c'est l'art«, — der in diesen Erörterungen
öfters citirt wurde, zuletzt noch von A. Sichel, im Jahre 1879.
4) Die Geldstrafe hat aber Malgaigne und Vidal nicht geschadet.

Specialisten bezeichnet wurde, — hatte ein Vertheidiger der Angeklagten geäußert, dass er in einer Zeitung Anpreisungen des orthopädischen Instituts zwischen einem Zahnschmerz-Elixir und den Wunderkuren des Augenarztes LUSARDI in Händen habe.

LUSARDI (A. d'O. XI, S. 50) »nimmt den Handschuh auf, den die Encyklopädisten von reinstem Wasser hingeworfen haben. Wenn Akademie-Mitglieder Reklamen in den großen Zeitungen sich gestatten, so dürfe man nicht zu streng sein gegen einen reisenden Fachmann (Spécialiste-voyageur), dessen Anwesenheit in einer Provinz-Stadt sonst gänzlich übersehen würde!«

»Jene behaupten in ihren Journalen und Akademien, dass jeder Specialist ein Rückschrittler sei, mit niedrigem und beschränktem Ausblick, mit habsüchtigen und charlatan-mäßigen Trieben, mit unvollständigen und gefährlichen Kenntnissen, während sie, die encyklopädischen Ärzte, die allgemeine Wissenschaft besäßen und geeignet wären, alles zu machen. Aber machen sie alles gut? So gut, wie die erfahrenen Fachmänner?

Täglich kommen die gröbsten Irrthümer der Encyklopädisten vor. Ein Professor diagnosticirt angeborenen Star, operations-fähig in 2—3 Jahren, bei einem fünfmonatlichen Kind, das thatsächlich an doppelseitigem Markschwamm der Netzhaut litt .... Alle Welt erkennt, außer Euch, dass die medizinische Wissenschaft zu ausgedehnt ist, um in allen Gebieten ergründet zu werden, während des kurzen Lebens eines Menschen, mag er noch so einsichtig sein. Die Specialitäten sind nicht nur ein wahres Bedürfniss, sondern eine unumgängliche Nothwendigkeit.«

Aber auch edlere und tüchtigere Männer traten in die Reihen, Dr. CAFFE, der schon 1840 (Ophth. des armées, S. 74) es bitter beklagt, dass, während Deutschland, England, Italien zahlreiche erfahrene Praktiker der Augenheilkunde besitzt, Frankreich keinen Lehrstuhl, kein Krankenhaus speciell für Studium und Behandlung der Augenkrankheiten gegründet habe. »Natürlich, die Männer der Allwissenheit (omni-science) werden ausrufen, dass sie allein die Wissenschaften besitzen, — von denen doch eine schon genügen würde, um ein Leben in Anspruch zu nehmen, selbst wenn es weniger, als das ihre, vergeudet würde durch die überwältigenden Anforderungen des Geld-Erwerbs und der von ihnen so genannten Ehrenämter. Die Ausübung der Sonderfächer ist heutzutage unvermeidlich geworden, durch die ungeheure Ausdehnung aller menschlichen Kenntnisse. Aber in der Heilkunde, wo alles sich so innig verbindet, kann die Ausübung eines Einzelfaches nur praktisch sein und macht womöglich das vertiefte Studium der Gesammtwissenschaft noch unerlässlicher..... Verdankt man nicht den Specialisten die besten Lehrbücher? ....«

Von den fremden, nach Paris eingewanderten Augenärzten ist J. SICHEL in diesem Kampf nicht weiter hervorgetreten, als dass er 1833 in seinem

Glaubensbekenntniss (Iconogr., S. 133—135) die schädlichen Folgen auseinandergesetzt, die nach seiner Ansicht aus der unbeschränkten Herrschaft
der Chirurgie über die Augenheilkunde hereingebrochen sind.

CARRON DU VILLARDS (§ 568), der 1838 die Vernachlässigung der Augenheilkunde in Frankreich beklagt hatte (§ 549), macht 1840 (A. d'O. VI, 44)
seine Verbeugung vor VELPEAU und giebt, als seine eigne Überzeugung, den
Satz, dass er die Gründlichkeit des medizinisch-chirurgischen Studiums
immer als nothwendige Grundlage jeder Specialität angesehen habe.

Direkt ins Lager der Gegner ist FRANCESCO ROGNETTA (§ 570, 1844)
übergegangen: »Die Kliniker, welche in allen Zweigen der Therapie prakti-
ciren, sind allein befähigt, die Augenkrankheiten gut zu behandeln. Die
Specialitäten, wie man sie versteht, sind Quellen des Rückschritts für die
Wissenschaft und nur geeignet, die Trägheit, die Unwissenheit und die
Charlatanerie zu begünstigen.« (Als Motto seines Hauptwerkes bringt ROG-
NETTA einen Satz seines Lehrers GIACOMINI: »Die gesonderten Specialitäten
sind schädlich für den Fortschritt der Kunst.«)

Hingegen hat sein Landsmann S. FURNARI 1850, nachdem er allerdings
schon seit zwei Jahren als Professor der Augenheilkunde zu Palermo gewirkt,
ein kräftiges Wort zu Gunsten unsrer Fachwissenschaft ausgesprochen
A. d'O. XXIII, S. 141):

»Die Sonder-Veröffentlichungen der letzten Zeit haben zum mindesten
dasselbe Gewicht, als die Artikel in den Encyklopädien vor 20 Jahren. Der
Nutzen, der den Kranken aus der Übung eines einzelnen Theiles der Chirurgie erwächst, ist unleugbar. Brandmarkt die geschäftliche Charlatanerie
in dem Sonderfach, aber schont sie nicht bei den Encyklopädisten. Tadelt
die Leute, die, so wie sie die Schulbank verlassen haben, einem Sonderfach
sich widmen. Aber lasst ehrsame Praktiker ungeschoren, die zuerst mit
gleichem Eifer alle Theile der Wissenschaft studirt, dann sich einem
einzelnen Zweige der Chirurgie gewidmet haben, ohne dabei ihre allgemeinen Kenntnisse aus dem Gesichtskreise zu verlieren.«

Übrigens hatte FURNARI schon 1844 (A. d'O. XIII, S. 188) die Specialisten
gegen die Angriffe vertheidigt, die man in der Akademie der Medizin zu
Paris gegen dieselben geschleudert: »Hochgestellte Ärzte benutzen jede Gelegenheit, die Sonder-Ärzte mit Tadel zu belegen. Es ist aber nicht die
Hingabe an die Wissenschaft, die sie beseelt.«

Weit schärfer ist der Angriff, den QUADRI JR. aus Neapel 1857 gegen
die Chirurgie-Professoren von Paris, zu Gunsten der Augenärzte, erhoben
hat. (Siehe § 557, IX.)

Noch andre französisch schreibende Ausländer haben an dem Kampf
sich betheiligt. Ich erwähne kurz die Gedanken des Herausgebers der
Annal. d'Oc., FLORENT CUNIER in Brüssel (A. d'O. XI, S. 52—56, 1840):

»Die Specialisierung ist eine allgemeine und nothwendige Thatsache der Entwicklung von Wissenschaft und Kunst.... In der Chirurgie bestehen die Specialitäten zu Recht. Es ist handgreiflich, dass ein Praktiker, der sich besonders geübt in Steinzertrümmerung, in Star-Operation u. s. w., viel mehr Geschicklichkeit und Sicherheit in der Ausführung besitzen wird, als der allgemeine Chirurg.... Wenn ein Arzt eine derartige Operation nöthig hat, wendet er sich an den Specialisten. Man stellt sich so, als wenn die Sonder-Ärzte reine Automaten wären. Es giebt unwissende Specialisten, aber auch sehr geschickte und unterrichtete. Ebenso kann ein nicht specialisirter Chirurg allgemein unfähig sein. Man tadelt an den Specialisten, dass sie nur eines können und machen. Ist es ein Fehler, das, was man macht, gut zu machen, und nichts machen zu wollen, als was man gut macht?«

Und Cunier's Landsmann, Salomon-Louis Fallot, schrieb 1852, als 69jähriger (A. d'O. XXVII, S. 187): »Man begreift Augen, die hinlänglich durchdringen, um das ganze Gebiet zu umfassen, doch nicht Hände, die ausreichen, um das ganze Gebiet zu bearbeiten.«

Aber wichtiger, als die Stimmen der letztgenannten Ausländer, erscheinen uns für die richtige Auffassung der französischen Verhältnisse die Erklärungen der beiden einzigen französischen Professoren, die es damals gewagt, für das Sonderfach der Augenheilkunde einzutreten.

Der erste war ein Eigenbrötler aus der Provinz, Prof. Guérin von der ärztlichen Schule zu Nantes, der mit den hohen Herren von Paris schon mehrmals ein Hühnchen gepflückt und um so weniger Beachtung bei ihnen gefunden. Nachdem er schon 1844 für den wissenschaftlichen Kongress zu Straßburg eine eigne Sektion für Augenheilkunde verlangt (A. f. O. VI, S. 240), hat er 1844, in seinen augenärztlichen Studien[1]), eine besondre Abhandlung über die Bildung der Specialitäten in der Heilkunde verfasst.

»Zu allen Zeiten, zumal während der höchsten Blüthe der Heilkunde, hat in Bezug auf die wichtigsten Zweige derselben eine Theilung bestanden[2]).«

»Wenn man auch behaupten möchte, dass die Heroën der Medizin und Chirurgie durch die Specialitäten der Wissenschaft mehr und mehr verschwänden, so hat doch Deutschland seine berühmten Augenärzte und Geburtshelfer; und Frankreich, ungeachtet seiner Verehrung für die Einheit, muss doch, durch die Gewalt der Thatsachen gezwungen, eine Theilung der Heilung sowohl für die Theorie wie für die Praxis zugeben....

---

1) § 598, XIV.
2) Dieser Satz ist gewiss anfechtbar, wenn man genauer unterscheidet zwischen der Theilung der ärztlichen Wissenschaft in verschiedene Zweige und der Theilung der ärztlichen Praxis unter verschiedene Ärzte-Gattungen. Vgl. XII, S. 9, 292, XIII, S. 28.

Sichel, Desmarres, Szokalski, Caffe, Bourjot St. Hilaire, Carron du Villards, Bernard, Duval (d'Argentan) treiben ihre besondren Studien; und die Provinz hat kein andres Mittel, mit der Hauptstadt zu wetteifern, als ihr Beispiel zu befolgen....«

»Die Zahl der wichtigeren Augen-Operationen betrug in Nantes von 1815—1840 etwa 30—35 jährlich; seit Gründung meiner Augenheilanstalt hat sie sich verdreifacht.« G. verlangt, dass jedem Krankenhaus eine Einrichtung für arme Augenkranke (und für die andren Specialitäten) angegliedert werde.

Der zweite war der einzige Professor in Frankreich, der schon um die Mitte des 19. Jahrhunderts einen oficiellen Lehrstuhl der Augenheilkunde zu vertreten hatte, Victor Stoeber in Straßburg.

Am 6. April 1869 hielt er, zum Semester-Beginn der Augenklinik, einen Vortrag »über den Unterricht in der Augenheilkunde und die Ausübung dieser Specialität«. Aber er hat diesen Vortrag nicht veröffentlicht, — vielleicht weil er Entgegnungen vermeiden wollte. Erst nach seinem Tode ist diese Abhandlung in der Gaz. méd. de Str. 1872, S. 209 bis 217, abgedruckt worden.

Nach einem geschichtlichen Überblick betont Stoeber, dass erstlich ein besondrer und zwar klinischer Unterricht in der Augenheilkunde nothwendig sei; und zweitens eine besondre Abtheilung zur Behandlung der Augenkranken. Werden die letzteren auf die allgemeinen Säle verlegt, so entstehen jene traurigen Misserfolge, wie er sie in den Kliniken von Boyer, Roux und Dupuytren gesehen.

Der Sonder-Unterricht in gewissen Theilen der Heilkunde bedingt nicht nothwendig die Praxis in Sonderfächern. Heutzutage muss jeder Specialist eine Prüfung in der gesammten Heilkunde bestehen, dann erst kann er sich einem Sonderfach zuwenden. Gegen die Sonder-Ärzte erheben sich manche Chirurgen; sie verlangen, dass man Encyklopädist sei: das ist aber unmöglich. Diese Chirurgen wenden sich selber, wenn sie an Blasenstein leiden, lieber an Civiale oder Leroy d'Étiolles.

Wenn man die Star-Operation gleichmäßig unter alle Ärzte vertheilte, würde keiner darin sich auszeichnen. »Die großen Fortschritte der Augenheilkunde in diesem Jahrhundert verdankt man Sichel, Desmarres, Donders, A. v. Graefe, Arlt, die alle Specialisten[1]) sind.«

----

1) Da hat Stoeber allerdings Dieffenbach, Bonnet u. a. vergessen. Aber im wesentlichen hat er Recht. In der ganzen Zeit von 1808 an, wo die Chirurgie-Professoren in Frankreich mit der Vertretung der Augenheilkunde betraut wurden, bis zum Ende der von uns betrachteten Epoche (1850), hat, mit Ausnahme von Stoeber selber), keiner von jenen ein Lehrbuch der Augenheilkunde verfasst, das in Betracht gezogen zu werden verdient, das mit den Lehrbüchern eines Beck, Chelius, Jüngken, v. Walther, die doch auch Chirurgie-Professoren waren, verglichen werden könnte. Einzel-Leistungen, wie die von Bonnet, von Mal-

Der letzte Satz richtet sich offenbar gegen VELPEAU, der die entgegengesetzte Behauptung von LOUIS aus dem 18. Jahrhundert noch für die erste Hälfte des 19. aufrecht erhalten wollte.

Sogar noch im Jahre 1879 schreibt A. SICHEL d. S. zu Paris, in der Einleitung zu seinem Lehrbuch: »Die Augenheilkunde als Specialität ist .... noch heute Gegenstand bitterer und zuweilen ungerechter Kritiken.« Er hebt den Werth der Augenheilkunde an sich und für die gesammte Heilkunde hervor.

Und, als um dieselbe Zeit Prof. BADAL die erste officielle Augenklinik in Bordeaux einrichtete, »trugen seine Fakultäts-Kollegen kein Bedenken, ihm ins Gesicht zu sagen, dass seine Ankunft eine Superfötation wäre, und dass die ganze chirurgische Behandlung der Augenkrankheiten nichts zu wünschen übrig ließe ....« Als kurz darauf F. LAGRANGE, a. o. Prof. der Chirurgie und Hospital-Wundarzt, für die Augenheilkunde sich zu specialisiren begann, drückte ihm einer seiner bedeutendsten Lehrer darüber seine Verwunderung aus. »Wie? Sie wollen die große Chirurgie aufgeben, um Ihren Gesichtskreis auf die Augenkrankheiten zu beschränken? In sechs Monaten werden sie damit fertig sein und sich langweilen!« (L'ophtalmologie provinciale, Mai 1912.)

Anm. 1. Über Augenärzte bei den alten Ägyptern vgl. § 3, bei den alten Griechen und Römern § 186, bei den Arabern § 266, im europäischen Mittelalter § 295, im 16. und 17. Jahrhundert § 314, im 18. Jahrhundert § 356 fgd.

2. Wie in der ersten Hälfte des 19. Jahrhunderts die deutschen Chirurgie-Professoren über die Specialität der Augenheilkunde, die sie ja mit zu vertreten hatten, gedacht und geschrieben, ist an verschiedenen Stellen von XIV, II verzeichnet, z. B. S. 40, 41 (C. GRAEFE), S. 58 (JÜNGKEN), S. 208 (PH. V. WALTHER), S. 374 (BECK), S. 379 (CHELIUS).

Vgl. auch (S. 324) RITTERICH's Bestrebungen um die Gleichberechtigung der Augenheilkunde.

Nach der Reform der Augenheilkunde, in den sechziger Jahren des 19. Jahrhunderts, wird diese Agitation von J. JACOBSON wieder aufgenommen und von A. V. GRAEFE unterstützt.

BOWMAN, der gewiss einen weiten Gesichtskreis hatte, erklärt offen: »Es ist für das menschliche Gehirn nicht leicht, alle Kenntnisse, die sich an die Augengegend knüpfen, von Grund auf zu besitzen.«

Über Sonderfach und Heilkunde vgl. meinen 25 jährigen Bericht, 1895, S. 84.

– · – —

GAIGNE u. a. sollen gebührend gewürdigt werden. Aber im Ganzen bleiben die augenärztlichen Veröffentlichungen der französischen Chirurgie-Professoren der genannten Zeit weit unter dem Niveau ihrer chirurgischen Leistungen.

§ 582. Joseph François Malgaigne[1]),

geboren am 11. Febr. 1806 zu Charmes-sur-Moselle (Vosges), als Sohn
eines armen Landarztes, studirte erst zu Nancy, dann weiter, unter Entbehrungen, zu Paris, gab Unterricht in der Anatomie und Physiologie,
wurde 1831 Doktor, ging in demselben Jahre nach Polen als Divisions-Arzt
der National-Armee und wurde 1835 in Paris zum außerordentlichen Professor und Hospital-Wundarzt ernannt. So wirkte er an den Krankenhäusern
Lourcine, Bicêtre, St. Louis, Charité. Aber erst im Jahre 1850 gelang es
ihm, eine ordentliche Professur an der Fakultät, nämlich die der operativen
Chirurgie, zu erlangen. Im Jahre 1846 war er Mitglied, 1865 Vorsitzender
der Akademie der Medizin geworden. Am 17. Oktober 1865 ist er an den
Folgen eines Schlagflusses gestorben.

Fig. 8.

Joseph François Malgaigne.

Malgaigne war einer der gelehrtesten Chirurgen der Neuzeit,
ein glänzender Redner, anziehender
Lehrer und formvollendeter Schriftsteller; aber als Operateur weniger
bedeutend.

Wie sein Kollege Velpeau, war
auch Malgaigne ein abgesagter
Gegner der Specialitäten; auch
ein Gegner, wenngleich wohl nicht
ein Feind, von Julius Sichel.

A.) 1. Von seinen historischen
Arbeiten kennen wir bereits (aus § 317)
seine kritische, mit Einleitung und
Anmerkungen versehene Ausgabe der
OEuvres complètes d'Ambroise
Paré, Paris 1840. 2. Bemerkenswerth sind auch seine Lettres sur
l'histoire de la chirurgie, Gaz.
des hôp. 1842, 1843.

B.) Von seinen chirurgischen Werken erwähne ich 3. Traité d'anatomie
chirurgicale et de chirurgie expérimentale (1838, 2. Ausg. 1856; deutsch
von Reiss und Liebmann, Prag 1842). Ferner 4. Manuel de médecine
opératoire (1834, 8. Ausg. 1861. [Par J.-F. Malgaigne, Professeur de médecine
opératoire à la Faculté de médecine de Paris, Chirurgien de l'Hôpital de la
Charité, Membre de l'Académie impériale de médecine, Officier de la Légion
d'honneur.] Deutsch von Ehrenberg, 1843). Vgl XIV, S. 105. 5. Am berühmtesten war sein Traité des fractures et des luxations, Paris 1842
bis 1855. 7. Seine Statistique des resultats des grandes opérations
dans les hôpitaux de Paris (1841) giebt genaue Nachweise über die schreck-

---

1) Biogr. Lex. IV, S. 105—107.

liche Mortalität in den Pariser Krankenhäusern [1]), getreu seinem (auch von der
wundärztlichen Gesellschaft angenommenen) Wahlspruch: Vérité dans la science,
moralité dans l'art. 8. Im Kampf gegen die Übertreibungen von JULES GUÉRIN
(XIV, II, S. 124) verfasste er 1845 eine Abhandlung über den wahren Werth der
Orthopädie; 1862 ließ er seine Vorlesungen über Orthopädie erscheinen.

C.) MALGAIGNE's Arbeiten zur Augenheilkunde gehören hauptsächlich
seiner Jugendzeit an. Aber er hat Bedeutendes und Bleibendes geschaffen.
9. Nouvelle théorie de la vision, 1830 im Institut vorgetragen. 10. Be-
handlung der Thränen-Fistel, 1835. 11. Brief über Natur und Sitz des Stares.
A. d'Oc. VI. S. 62, 66; VIII, S. 148. — Vorlesung über Natur und Sitz des
Stares. Ebendas. IX, S. 50. — Über die verschiedenen Arten des Stares. Ebendas.
XX, S. 234. — Über Sitz und Arten des grauen Stares, Revue méd. chir. de Paris.
1855 Jan. und Febr. (CANSTATT's Jahresbericht für 1855.) 12. Heilung von
Hornhautflecken durch Abtragung der trüben Schichten. A. d'O. IX, S. 95, 181. —
Über die Erfolge der Abrasion, nach zwei Jahren. Ebendas. XIII, S. 211.

(IV.) MALGAIGNE's treffliches Handbuch der Operationen, vom Jahre
1861, hat in die Reformzeit der Augenheilkunde noch das Kapitel von
den Augen-Operationen hinübergerettet, das sonst schon lange aus
den Lehrbüchern der Chirurgie [2]) geschwunden war: er ist also bis gegen
sein Lebens-Ende seinem Grundsatze, in der Chirurgie alle Sonderfächer zu
verwerfen, vollkommen treu geblieben.

Die Ambidextrie verwirft er, — wie fast Jeder, dem sie nicht er-
reichbar war. (Vgl. § 70 und meine Einführung, I. S. 68.) Er erklärt:
»In allen Fällen, wo man gerathen hat, der linken Hand sich zu bedienen,
soll der Wundarzt sich hinter oder zur Seite des Kranken stellen und stets
mit der rechten Hand operiren [3]).«

Die Operationen an den Thränen-Organen und an den Lidern werden
genau erörtert. Seine Beurtheilung der Schiel-Operation scheint anfechtbar:
»Die Durchschneidung der Augen-Muskeln zur Heilung des Schielens hat
im Anfang einer außerordentlichen Beliebtheit sich erfreut, während man
sie heute kaum noch ausführt. Es giebt wenig Operationen, die solche
Täuschung verursacht haben.« (Vgl. XIV, II, S. 123.)

Bei der Star-Operation bevorzugt MALGAIGNE die Niederlegung. »Im
achtzehnten Jahrhundert hatte die Akademie der Chirurgie die Ausziehung

---

1) Sein Manuel de médecine opératoire (3, 7. Aufl., 1861), schließt mit
den Worten: »Der Kaiserschnitt sollte nicht mehr, außer bei unüberwindlicher
Nothwendigkeit, in den Hospitälern von Paris ausgeführt werden.«

2) Allerdings ist sein Buch eine Akiurgie. So muss ich denn hinzufügen,
dass auch in der deutschen Akiurgie von RAVOTH in Berlin (Leipzig 1858) noch
die Augen-Operationen ausführlich behandelt sind.

3) Da er selber nicht ambidexter war, so tadelte er das klassische Verfahren, bei der Star-Operation das linke Auge mit der rechten Hand zu operiren,
indem er darauf hinwies, dass er in einer besondern Untersuchung von 182 männ-
lichen Personen 160 Rechtser, 15 Linkser und nur 2 vollkommne Ambidextri
gefunden. »Das ist ein Vorzug, den die größten Anstrengungen uns nicht erwerben
können.« (Considérations sur l'opération de la cataracte de l'œil droit, Bull. de
thérap. 1837.) Hierin irrt er. — Vgl. auch § 605, S. 264, Anm. 1.

angenommen, während im Beginn des neunzehnten SCARPA und DUPUYTREN
zur Niederlegung zurückkehrten und derselben in der allgemeinen Praxis den
Sieg verschafften. Nach DUPUYTREN's Zeit haben die deutschen Ophthalmologen
die Ausziehung wieder aufgenommen und die Mehrzahl unsrer Wundärzte
mit fortgerissen. Heute kann man, ohne zu große Verwegenheit, eine neue
Umwälzung im entgegengesetzten Sinn voraussehen [1].« »ROUX hatte mit der
Ausziehung 2 Erfolge auf 3 Operationen, DUPUYTREN mit der Niederlegung
5 auf 6. Aber, was ist das gegen die Erfolge von JÄGER, der unter
733 Individuen, die durch Ausziehung operirt wurden, nur 33 zählte, welche
die Sehkraft verloren haben? Glücklich diejenigen, die so etwas gesehen,
oder so stark im Glauben sind, um das für wahr zu halten! [2]«

Bei der Pupillen-Bildung erwähnt MALGAIGNE das zweite Verfahren
von WENZEL d. V., das SABATIER [3] veröffentlicht hat, — nach dem Hornhaut-
Schnitt die Iris in ihrer Mitte mit einer Pincette zu fassen und mit krummen
Scheeren auszuschneiden, und bezeichnet das Verfahren von BEER als sehr
schön und sehr einfach. Zur Entfernung des Augapfels ist das Verfahren von BONNET vorzuziehen, wenn nur der Augapfel allein erkrankt ist.

Man kann wohl zugestehen, dass für die französischen Studenten der
Heilkunde, die 1861, ebenso wie heute, einer besondern Prüfung in der
Augenheilkunde sich nicht zu unterziehen brauchten, MALGAIGNE's Darstellung
ausreichend, dazu klar und fasslich gewesen; aber für die Praxis genügte
sie nicht mehr, weil sie die neueren Errungenschaften nicht berücksichtigte.
Auch war das Fehlen von Abbildungen als ein großer Mangel zu beklagen.

(XI). Wir haben bereits MALGAIGNE's Sätze aus dem Jahre 1841 über
die Bildung des Stares kennen gelernt; ferner die Preisfrage, welche die
Schriftleitung der Annales d'Oculistique, daran anknüpfend, gestellt; endlich
die preisgekrönten Abhandlungen von W. STRICKER in Frankfurt a, M. und
von G. F. HÖRING in Heilbronn. (XIV, II, S. 399 und 392.)

MALGAIGNE's Hauptsatz lautet: »Immer fängt die Trübung in den weichen
Schichten an, welche der Kapsel benachbart sind, und gewöhnlich gegen den
Umfang des Krystalls.« »Nie habe ich die Kapsel trüb gefunden.« Freilich
hatte er erklärt, dass alle Subjekte seiner anatomischen Untersuchung im
Alter von 50—90 Jahren standen. Der Herausgeber der Annal. d'Oc. hebt dies
besonders hervor, erklärt M.'s Ansicht für eine Ketzerei und verlangt von
ihm, dass er sich auf Beobachtungen aus jedem Lebens-Alter stützen müsse.

1) Da hat M. sich gründlich getäuscht.
2) Vgl. XIII, S. 529; XIV, S. 556; XIV, S. 105. — Ich brauche diese Kritik
MALGAIGNE's nicht erst zu kritisiren. Unser STROMEYER, der ihn 1828 in Paris kennen
gelernt, sagt von ihm: »Er war ebenso neidisch, wie LISFRANC, — aber er schrieb
besser.«
3) RAPHAEL-BIENVENU SABATIER (1734—1811), MORAND's Gehilfe und Nachfolger,
in der »Gesundheits-Schule«, Prof. der operat. Chir., Vf. der Operativen Medizin.
(1796, 1810; neue Ausg. 1821 und 1824.) Vgl. XIV, II, S. 210 Anm. 3.

J. Sichel (§ 558, 20, 21) greift M.'s Sätze heftig an. Malgaigne erwidert, dass seine 25 Autopsien zwar eine geringe Zahl darstellen; aber in
der ganzen Literatur kenne er keine einzige Autopsie, welche ohne
Widerspruch den Kapsel-Star nachweise: ebensowenig kenne er eine einzige Autopsie, welche ohne Widerspruch den Anfang des Linsen-Stars im
Kern nachweise. »Ich habe Sichel gefragt, ob in dem so arbeitsamen
Deutschland, dessen Literatur uns so wenig bekannt sei, Arbeiten
über diesen Gegenstand vorhanden wären. Er hat mir das Journal des
Hrn. v. Ammon genannt. Ich habe dasselbe durchblättern lassen. Man hat
mir erwidert, dass es nichts dergleichen enthielte.«

(Das ist eine des großen Historikers unwürdige Nachlässigkeit. F. v. Ammon
hat im J. d. Chir. u. Aug. [Neue Folge I, S. 108—111, 1843] ihm die Liste geliefert, auf die schon die flüchtigste Durchsicht des Index geführt haben
würde: Zeitschr. f. d. Ophthalm. I, S. 119, 151; II, S. 133, 281, 485; III,
S. 72, 145, 289, 481; IV, S. 18, 57. Dazu Graefe und Walther's J. XI,
S. 179; XIII, S. 114. Endlich konnte M. in v. Ammon's »Klinischen Darstellungen« (§ 517) auf T. XI und XII sehr zahlreiche anatomische Abbildungen
des Star-Sitzes finden, die ihm trotz seiner Unbekanntschaft mit der deutschen
Sprache verständlich waren, — mit den Überschriften »morbi lentis crystallinae
et capsulae lentis«!

Hätte Malgaigne diese angeführt, so würde übrigens, nach meinem Dafür-
halten, der Werth seiner eignen anatomischen Untersuchungen erst recht in ein
helleres Licht gestellt worden sein.)

Danach hat dann Malgaigne selber geschichtliche Untersuchungen
angestellt und durch einen seiner Schüler, M. Th. Roussel, veröffentlichen
lassen. (Gaz. des hôp., No. 61, 1841.) Der erste Theil ist nur ein Auszug
aus den (1818 zu Paris erschienenen) Nouvelles recherches sur la cataracte...
von Guillié (§ 534), den zu citiren er — vergessen. M. erwähnt auch
nicht den alten Fund des Dr. Petit, dass bei den sogenannten Trübungen
der Vorderkapsel es sich um Anbackungen handle, während die Kapsel
selber ungetrübt bleibe. (XIII, S. 420.)

»Dupuytren unterschied Stare des Linsenkörpers, solche der Kapsel,
die viel seltner seien; und solche der Morgagni'schen Feuchtigkeit.

Sanson, das Haupt der neuen Schule, welche aus der Vereinigung der
eingewanderten deutschen Lehren mit den französischen entstanden, ver-
kündete den Grundsatz, dass der Kapsel-Star mindestens ebenso häufig
sei, als der Linsen-Star; die meisten Beobachtungen seiner Klinik werden
als Kapsel-Linsen-Star bezeichnet. Velpeau bewirkte eine Reaktion: er gab
den Kapsel-Staren einen größeren Raum, als Dupuytren; einen geringeren
als Sanson. Aber Autopsien haben sie gut wie gar nicht gemacht.«

Ist die Deutsche Schule reicher an Autopsien? Im Journal von Ammon
hat M. keine gefunden. Die zwei Kapsel-Stare, die Sichel ihm gezeigt,
waren complicirt mit Entzündung der Regenbogenhaut. Also wahre Kapsel-

Stare sind nicht nachgewiesen. Stare der Morgagni'schen Feuchtigkeit nimmt er nicht an, zumal er diese Feuchtigkeit überhaupt nicht angetroffen; sondern hält sie für Trübung der oberflächlichen weichen Schichten. Mitunter findet sich allerdings eine flüssige Schicht, mit trüben, käsigen Krümeln, zwischen dem Krystall und der Kapsel, wohl eine Folge veränderter Absonderung der Kapsel.

Also abgesehen von diesen Fällen sitzt die Trübung zunächst immer in den oberflächlichen Rindenschichten; sie beginnt nie im Centrum.

Im Okt. 1842 erhielt Malgaigne das Hôpital de l'École und erklärte in seiner Eröffnungs-Rede, dass einige seiner Meinungen, wie die über den Star-Sitz, in Frankreich, einem Lande mit philosopischen Ansprüchen, als widersinnig behandelt, in Belgien und Deutschland[1]), Ländern mit mehr Frömmigkeit, einfach als Ketzereien eingeschätzt seien.

Cunier habe unter 40 Staren 20 Kapsel-Stare beobachtet, — 20 diagnostische Irrthümer! Er selber habe nie Kapsel-Stare, nie Beginn der Linsen-Trübung im Centrum angetroffen, in jetzt 60 Autopsien, und warte noch auf den unwiderleglichen Nachweis der beiden Zustände.

Fl. Cunier ist wüthend und erklärt, M. werde nie um Entschuldigung bitten, immer Ausreden finden, um sich das Ansehen des Siegers zu geben. Malgaigne erwidert spöttisch und siegreich, dass dies die Grenzen der christlichen Liebe und der wissenschaftlichen Kritik überschreitet.

Im Jahre 1843 erklärt M. sich für einen unbedingten Anhänger der Niederlegung und Gegner der Ausziehung des Stars. »Der Streit zwischen den beiden Methoden dauert noch fort. Aber die Statistik beweist nichts, da sie nur von Erfolgen und Misserfolgen spricht; nicht von halben Erfolgen und halben Misserfolgen.« Im übrigen wiederholt er seine Ansichten.

Im Jahre 1848 erhebt sich M. noch einmal gegen seine Widersacher. Der Star der Kinder sei zu selten. Der periphere Star ist eine krankhafte Änderung der Absonderung der klarbleibenden Kapsel. So wird es möglich sein, Behandlungen zu entdecken, um den Star ohne Operation zu heilen.

So schließt der ebenso richtige wie wichtige Nachweis von Malgaigne, dass der gewöhnliche Alter-Star in den Rindenschichten beginnt[2]), — ein Nachweis, der (zusammen mit Sichel's klinischen Forschungen) gewiss dazu beigetragen, dass von den Augenärzten die gewöhnlichen Rindentrübungen, die vorderen wie die hinteren, nicht mehr als Kapsel-Stare diagnosticirt wurden, — mit einem sonderbaren Irrthum.

1) Er nennt kurzweg Deutschland mit Belgien in einem Athem. Aber nur Cunier hatte den Ausdruck Ketzereien gebraucht.
2) Auch in unsrem Handbuch (II, Kap. IX, § 9, C. Hess, 1911) wird rückhaltlos anerkannt, dass »die weitaus häufigste Form des Alter-Stares durch krankhafte Veränderungen in der äußersten Rindenschicht gekennzeichnet ist, wobei der Kern ganz normal erscheinen kann, wie zuerst von Malgaigne (1841) erwähnt, später insbesondere von Fönster (1857) gezeigt wurde«.

Im Jahre 1855 hat MALGAIGNE noch einmal zu einer historisch-kriti-
schen Betrachtung über Sitz und Arten des grauen Stares sich erhoben.
Zwei Perioden sind zu unterscheiden. Die erste reicht von den Alexan-
drinern bis zum Anfang des 18. Jahrhunderts. In der zweiten hat 1. BRIS-
SEAU 1705 den Linsen-Star, 2. TÉNON und HOIN, 1755—1763, den Kapsel-
Star nachgewiesen. 3. 1790—1817 vervielfältigt die Deutsche Schule
weiter die Star-Arten. 4. MALGAIGNE hat 1841 das Zeichen zur Reaktion
gegeben, mit folgenden Sätzen: Die vom Centrum ausgehenden Stare sind
hypothetisch [1]. Es gibt keine einfachen Kapsel-Stare, sondern nur Kapsel-
Linsen-Stare. Die complicirten Stare scheinen eine Ausnahme zu machen.

(XII). a) Am 3. April 1843 richtete M. an die Akademie der Wissenschaften (Institut de France) die folgende Mittheilung: »Ich möchte der
Akademie eine neue Thatsache mittheilen, eine Operation, die zum Zweck
und zur Wirkung hat, Leiden, die man bisher für unheilbar gehalten, der
Kunst zu unterwerfen. Hornhautflecke, die seit Jahren bestehen und
allen arzneilichen Anwendungen Widerstand geleistet, gelten für unheilbar.
Zahlreiche Autopsien hatten mir gezeigt, dass für gewöhnlich diese Flecke
nur die äußeren Schichten einnehmen ... Ich habe bei lebenden Thieren
die Hälfte der Hornhaut-Dicke fortgenommen und eine vollkommen durchsichtige Narbe erhalten ... Bei einer jungen Person habe ich die Operation
versucht; sogleich nach der Ausschneidung schrie sie auf, dass sie sähe.«

b) Am 23. April 1843 sandte DESMARRES [2] an die Akademie der Wissenschaften die folgende Bemerkung. »Die Operation, welche MALGAIGNE für
neu hielt, ist lange bekannt und — verworfen. Schon ST. YVES (1722,
S. 228, § 359) erklärt: ,Manche behaupten, die Hornhautflecke fort zu nehmen,
indem sie ein Häutchen des Fleckes entfernen. Dies Verfahren ist gefährlich.
Denn, wenn man mit einer Lanzette oder einem andren Instrument diesen
Theil fortnimmt, so entsteht eine neue Wunde, die wiederum neu ver-
narben muss. Es bleibt eine Trübung an dem Ort, ebenso groß, wie
zuvor.' MAUCHART hat hingegen 1743 das Abschaben empfohlen. (XIV.
S. 184.) PLATNER (1745, S. 198, § 417) hat ein besondres Instrument
angegeben, um die oberflächliche Schicht zu durchbohren und so dieselbe
von den tieferen zu trennen. MEAD (1757, II, S. 116, § 393) und LARREY
(Mémoires de chirurgie, I, S. 214, 1812) schlagen schichtweise Abtragung
vor und sprechen jeder von einem Erfolge. Endlich rühmen DEMOURS
(1818, I, S. 275, § 374) und HOLSCHER (A. d'Oc. 3. Ergänz.-Band, S. 165,
1843) tiefe, aber nicht durchbohrende Einschnitte in die Dicke des
Leukoma.

---

[1] Das war freilich ein Irrthum MALGAIGNE's. O. BECKER hat den Kernstar
der älteren Leute nachgewiesen, den C. HESS als intranuclearen Alter-Star bezeichnet. Vgl. unser Handbuch a. a. O., § 45.

[2] Dem der letztgenannte Satz bedenklich schien. (A. d'O. X, S. 6.)

Aber es handelt sich nicht um Priorität, sondern um Warnung vor einer schlechten Operation. Substanz-Verluste der Hornhaut heilen narbig bei Menschen und Thieren. Die von MALGAIGNE wieder aus der Vergessenheit gezogene Operation ist noch dazu gefährlich. Die einzig rationelle Operation gegen alte, dichte Hornhautflecke ist die Pupillen-Bildung.«
Im Juli 1843 (A. d'Oc. X, S. 5) kommt DESMARRES auf MALGAIGNE's Operation zurück, berichtet über 3 von ihm operirte Fälle, wo schließlich die Trübung wieder so stark wurde, wie zuvor: und auf Versuche an Kaninchen, die auch nicht zu ermuthigenden Ergebnissen führten.

c) ROGNETTA (§ 570) hat 1844 MALGAIGNE's Operation getadelt, da der Erfolg nur vorübergehend gewesen sein soll, und hinzugefügt, dass der Engländer HAMILTON (Edinb. Monthly J. 1844, März) die Priorität den Österreichern ROSAS (1833) und GULTZ (Österr. med. W. 1842, No. 24) zugeschrieben, sowie mehreren Engländern, die (1844, 1842, 1843) so operirt hätten. Übrigens habe schon SCARPA das gleiche ausgeführt, aber den Eingriff verworfen, da er nur vorübergehenden Erfolg darbiete. MACKENZIE lässt den Eingriff zu, jedoch nur für Blei-Inkrustationen.

d) Die Priorität reicht aber viel weiter zurück, als ROGNETTA glaubte; auch weiter, als DESMARRES anführt: wenn man nur den Grund-Gedanken, nicht die Art der Ausführung berücksichtigt. Wir lesen in dem griechischen AËTIOS (S. 93, vgl. § 217): »Einige Ärzte pflegen die Augen mit scharfen Mitteln einzusalben und die Narben abzuhäuten (ἀποδέροντες τὰς οὐλάς) und mit Schwämmen abzuziehen und die weiße Masse auf schwarzen Wetzsteinchen herumzuzeigen . . . und so bewirken sie nur stärkere Verdickung der Narben.«

e) Aber MALGAIGNE ließ sich durch alle Einwürfe gegen seine »neue« Operation nicht abschrecken. Als »siegreiche Antwort« stellte er am 5. Mai 1845 eine 18jährige vor, bei der am 20. März 1843, also vor 25½ Monat, die Abrasion der Hornhaut gemacht. Entzündungen der Augen vom 1. bis 13. Jahr waren voraufgegangen. Der undurchsichtige Fleck auf dem rechten Auge hatte von da bis zum 16. Jahre keinen Fortschritt zur Heilung gemacht. Ein Lappen von 6 mm Durchmesser und der halben Hornhaut-Dicke wurde abgetragen. Heute kann die Operirte mit der Nadel ihr Brod verdienen. (Kein Wort über Seh-Prüfung vor oder nach der Operation, noch über den Zustand des zweiten Auges!)

f) Im Jahre 1861 erklärt MALGAIGNE in seinem Handbuch (S. 392): »Die schließlichen Ergebnisse sind verschieden. Nie ist Verschlimmerung eingetreten. Außer den vorübergehenden Erfolgen habe ich einen mehrere Jahre, bis zum Tode der Operirten, andauernden beobachtet. SZOKALSKI hat 1853 der Gesellsch. f. Chir. die Ergebnisse von 32 Abrasionen an 20 Personen mitgetheilt: er hat 15 Erfolge und 8 Halb-Erfolge gehabt.«

g) Die neueren Handbücher behandeln diese Verfahren sehr kurz, da die schließliche Narbe doch meistens ebenso stark bleibt. Vgl. CZERMAK-

ELSCUNIG I, S. 109—112. Neue Versuche über Abschaben der Hornhautflecke sind von HOLSTRÖM 1903, Klin. M.-Bl. XLII, I, S. 43; von HELBORN,
1905, Apr., W. f. Hygiene und Therapie d. A.; von JOBSON, Ophth. Record,
Juli 1912: ferner über Einschneiden der Leukome, von TAMAMSCHEFF,
Wiener klin. W. 1894, No. 37.

§ 583. AUGUSTE THÉODORE VIDAL[1] (de Cassis),

am 3. Jan. 1803 in dem Dorf Cassis bei Marseille geboren, studirte zuerst
in Marseille, dann in Paris, besonders unter DUPUYTREN, wurde 1828 Doktor,
1832 a. o. Prof., 1833 Krankenhaus-Wundarzt, ist aber, obwohl er einen
besondren Lehrauftrag für operative Heilkunde erhielt, niemals ordentlicher
Professor geworden und schon 1856, in der Blüthe seiner Jahre, verstorben.
Mit seinen Kollegen VELPEAU und MALGAIGNE theilt er die Gegnerschaft gegen
die Specialitäten und die Abneigung gegen deutsche Augenheilkunde.

Als sein Hauptwerk haben wir zu berücksichtigen:
1. Traité de pathologie externe et de médecine opératoire, par AUG. VIDAL (de
   Cassis), Chirurgien des Hôpitaux de Paris, Prof. agrégé à la Faculté de Méd.
   de Paris, Prof. particulier de pathologie externe et de méd. operat., Chevalier
   de l'ordre r. de la légion d'honneur, membre de la Soc. méd. d'émulation etc.
   Paris, 1839. (3 B., 502 + 487 + 588 S. Davon entfallen 402 auf die Krankheiten des Augapfels.) 5. Ausg. Paris 1861, 5 B. — Nach der 3. Ausg. hat
   BARDELEBEN 1852 seine Chirurgie und Operationslehre deutsch bearbeitet;
   »aber die Augenheilkunde wurde fortgelassen, weil sie in Deutschland gesondert
   bearbeitet und gelehrt zu werden pflegt«.

Außerdem haben wir noch von VIDAL einige Abhandlungen zur Augenheilkunde:
2. Doppelte Thränen-Geschwulst. A. d'O. XXIV, S. 234.
3. Behandlung der syphilitischen Iritis. A. d'O. XXXIV, S. 191.
   Einreibungen von Quecksilber-Salbe, sowie innerlich Protojoduretum Hg.

V. ist Erfinder der Wundklammern (serres-fines), die ja gelegentlich auch bei
Lid-Operationen zur Verwendung gelangt sind.

I. VIDAL's »Chirurgie und Operationslehre« ist glänzend geschrieben.
Den Krankheiten des Augapfels ist auch genügend Raum gewährt; doch
vermisst man eine breitere Grundlage eigner Erfahrung: vieles wird von
andren übernommen, sogar noch die altgriechischen sieben Formen der
Hornhautgeschwüre von VELPEAU, der, ebenso wie SANSON, zu den Haupt-
Autoritäten von VIDAL gehört.

»Die Augenkrankheiten sind zahlreich, das erklärt sich aus der Lage
des Auges, seinen Verrichtungen, seiner zusammengesetzten Einrichtung . . .
Zu der Fruchtbarkeit des bösen Geistes hat sich noch die der deutschen
Einbildungen hinzugesellt . . . Man kann dem glücklichsten Gedächtniss
nicht zumuthen, auch nur alle die Namen zu behalten, welche diesen Krankheiten beigelegt worden sind.«

---

[1] Biogr. Lex. VI, I, 106—108.

Bei der Untersuchung des Auges stützt Vidal sich auf Carrons (§ 568): hier finden wir also Sanson's Erläuterung der drei Bilder wiederum wörtlich abgedruckt.

Dann folgen die Bildungsfehler, wo der Ausdruck Anopsie für Augenmangel und Monopsie für Kyklopie gebraucht wird [1]).

Dies Kapitel ist recht dürftig, auch nach dem damaligen Zustand der Wissenschaft. Die Arbeiten von Ammon (1830), Gescheidt (1831, 1835, vgl. § 522), von Seiler (1833, § 518) sind nicht berücksichtigt.

Folgt die Myopie [2]), zu deren Ursachen Vidal auch die Vordrängung des Augapfels durch Hypertrophie des Orbitalfettes rechnet, und die Presbyopie sowie der Strabismus.

Besser ist die Abhandlung über Augen-Verletzung, wo Vidal sich auf eigne Erfahrung stützt. Er vergleicht mit der Erschütterung des Gehirns die des Auges (commotion oculaire) [3]), welche auch die gelegentliche Erblindung nach Verletzung der Augenbraue erklärt. (§ 506, VII.) [4]).

Vidal sah einen Bienenstich in das Auge eines schlafenden Kindes Verlust des Auges verursachen.

Bei der Amaurose folgt er Sanson und noch mehr J. Sichel, »der bei uns die deutsche Schule vertritt«. Auch bei den Ophthalmien nähert er sich, vielleicht unbewusst, den deutschen Anschauungen weit mehr, als denen seines Landsmanns Velpeau.

»Die wirklich echten (franches) Entzündungen sind seltner, als man denkt [5]) ... Zuweilen befindet sich die Person unter dem Einfluss einer krankhaften Veranlagung oder selbst einer konstitutionellen Erkrankung, oder eine solche bricht aus während des Verlaufes einer echten Ophthalmie, oder eine Diathese, die latent gewesen, erscheint und drückt der Krankheit einen besondren Charakter auf.«

Die Abhandlung über Star ist vollständig, wiewohl nicht eigenartig; sie ist auch für die damalige Zeit befriedigend. Wer nicht ambidexter, soll die Star-Operation unterlassen; es eilt ja nicht damit. (Gegen Malgaigne!)

---

1) Offenbar nach Stoeber, § 610. Über Anopsia vgl. XIV, 11, S. 65. In m. Wörterbuch steht: Monopsia, Einäugigkeit, von μόνος, allein, und ὄψις, Sehe. Monophthalmia, Einäugigkeit, 1 = Kyklopia, 2 = Fehlen eines Auges. Μονόφθαλμος, einäugig, bei Strabon; dafür μόνωψ, bei Sophokles.

2) Von ὄμιος, petit, ops, vision, vision qui ne s'opère que sur les petits objets, visus juvenum; les enfants, en effet, offrent plus fréquemment cette particularité«. Dieser Satz ist wirklich nicht mehr schön. Der große Künstler hatte keinen Sinn für Grammatik. »Strabisme vient de strabos, oblique, et de ops, vision.«

3) Vgl. Heyfelder, 1845, XIV, 2, S. 361.

4) Unser Canstatt hat 1838 in französischer Sprache eine Arbeit darüber verfasst, A. d'O. I, S. 191, worin er die Verletzung der Netzhaut oder des Gehirns betont und 2 Fälle mit tödtlichem Ausgang mittheilt, wo Gehirn-Entzündung durch die Sektion nachgewiesen wurde.

5) So schon Ph. v. Walther, 1810.

Sehr ausführlich ist der Vergleich der verschiedenen Opera-
tions-Methoden[1]. »Die meisten Wundärzte hatten eine Methode angenommen. Das ist nicht mehr angängig, seitdem man die verschiedene
Dichtigkeit der Stare zu erkennen vermag. Die Schwierigkeiten sind groß
für jede Methode. Jede erfordert viel Geschicklichkeit und Übung. Indessen
hat die Ungeschicklichkeit des Wundarztes, und auch seines Gehilfen,
viel größere Nachtheile bei der Ausziehung. Die Niederdrückung hat
ferner den Vortheil der Berufung (recours), die noch dazu günstig wird
durch die Toleranz des operirten Auges; durch die Thatsache der Operation
wird es geeigneter für eine zweite Operation[2].

Die Zufälle nach der Operation, die frühen wie die späten, sind häufiger und schwerer nach der Ausziehung, als nach der Nadel-Operation.
Für die Beurtheilung aus den Erfolgen fehlen die Thatsachen.

Jeder ausschließliche Anhänger einer Methode erklärt, dass die Thatsachen ihre Überlegenheit beweisen. WELLER hat behauptet, dass die Ausziehung ihm in allen Fällen die Sehkraft wiederhergestellt. Aber die
Ausziehungen des so geschickten Prof. Roux gaben weit schlechtere Erfolge,
als die gleichzeitigen Niederdrückungen in den andren Hospitälern zu Paris.

Damit ein Vergleich der Erfolge beider Methoden Gewicht habe, müsste
ein Wundarzt, der beide mit gleicher Geschicklichkeit verrichtet, vergleichende Versuche in großer Zahl anstellen.

DUPUYTREN hat mehrmals derartige Versuche unternommen. Das Ergebniss war immer günstig für den Lederhaut-Stich. Aber DUPUYTREN's
Bilanzen waren so wenig gerecht.

Nach allem dem gebe ich in den Fällen, wo die verschiedenen Methoden
gleich anwendbar, der Verschiebung den Vorzug, in Übereinstimmung
mit POTT, SCARPA, DUPUYTREN, SANSON und mit fast allen Hospital-Wund-
ärzten von Paris. VELPEAU, vordem Anhänger der Ausziehung, kommt
zurück zur Verschiebung. Die fast vollständige Einstimmigkeit der
Hospital-Wundärzte von Paris ist eine sehr bedeutsame Thatsache,
sie hat Gewicht in meiner vergleichenden Abwägung.«

Die Behauptung, dass Thatsachen zur Beurtheilung der Erfolge beider
Methoden noch fehlten, erscheint uns heute sehr erstaunlich. Aber DAVIEL's Zahlen
lässt VIDAL wohl nicht gelten. JÜTZLER's vergleichende Reihen, die SCHIFERLI 1797
veröffentlicht, und die für Ausziehung sprechen, sind ihm unbekannt.

WELLER verdient nicht den Spott von VIDAL de Cassis. WELLER hat wohl
nicht Reihen von Hunderten operirt, und — nicht in Pariser Hospitälern jener
Zeit! Er sagt: »Ich habe die Ausziehung sehr oft verrichtet, in den letzten

---

1) Ich gebe seine Lehren genau, aber gekürzt.
2) Dieser Satz wird in den Schriften jener Zeit öfters angetroffen, auch bei
SANSON; aber durch die Wiederholung nicht glaubwürdiger. Ein wirklich erfahrener
Star-Operateur, RIVAUD-LANDRAU, sagt das Gegentheil: »Die zweite Operation ist
immer schwerer, gewagter, als die erste.« (A. d'O. XIX, S. 55, 1848.)

3 Monaten 9 Mal, und nach derselben noch keine solche Entzündung beobachtet, welche den Erfolg derselben vereitelt ... An den Zufällen war entweder ich selbst schuld oder die Unruhe und Unfolgsamkeit der Operirten ... Keiner ist darunter, der mit Brille nicht lesen und schreiben konnte.«

Dies ist der Text seiner dritten Auflage vom Jahre 1826, deren französische Übersetzung vom Jahre 1828 Hrn. Vidal zur Verfügung stand. (§ 524.) In der vierten Auflage vom Jahre 1830 hat Weller eine Anmerkung hinzugefügt, dass »er bei einer alten kachektischen Person, deren eines Auge durch Reklination von einem andren Arzt operirt worden, mit Ausgang in Schrumpfung des Augapfels, versuchsweise auf dem andren Auge die Ausziehung nach oben verrichtete, die aber nicht primäre Wundheilung zur Folge hatte, sondern Vereiterung; das war bis dahin der einzige Misserfolg«.

Die Nothwendigkeit der primären Wundheilung, die J. Beer[1] so eindringlich hervorgehoben, wird bei den französischen Wundärzten jener Zeit, so auch bei unsrem Vidal de Cassis, gar nicht berührt. Und noch 1850 meint Nélaton, dass nach der Ausziehung in den günstigsten Fällen eine leichte adhäsive Entzündung die Wunde vereinigt. (S. 125.) Noch schroffer hat Duval (d'Argentan) 1844 sich ausgesprochen (A. d'O. XI, S. 7): Quant à l'inflammation, elle succède constamment, on pourrait même dire nécessairement à l'opération de la cataracte, telle simple qu'elle ait pu être et quelle qu'ait été la méthode suivie ...

Die 5. Ausgabe von Vidal's Chirurgie, durchgesehen, verbessert, mit Zusätzen versehen, von Dr. Fano, a. o. Prof., Paris 1861, (423 S., mit zahlreichen Figuren,) ist ein zeitwidriges Werk, das schon unbrauchbar gewesen, als es erschien. Wenn auch ein Kapitel über den Augenspiegel eingeschoben wurde, — der alte Text der Netzhaut-Entzündung, der Amaurose ist geblieben, ebenso die ganze Erörterung über die Star-Operation mit ausschließlicher Bevorzugung des Niederdrückens!

(II.) Die Beobachtung gehört Auzias de Turenne[2] an und betrifft die Autopsie einer Frau mit doppelseitiger Thränensack-Geschwulst. Nur am unteren Theil des Thränenkanals bestand eine vollständige Verstopfung. Sonst war alles frei, die Schleimhaut des Sackes verdickt.

Maisonneuve erklärte, dass nach seinen anatomischen Untersuchungen die Verengerung gewöhnlich (19 Mal auf 20) oben sitzt, da wo der Nasenkanal anfängt.

§ 584.   Stanislas Laugier[3] (1799—1872),

am 28. Jan. 1799 zu Paris geboren, war 4 Jahre lang Schüler Dupuytren's, wurde 1828 Doktor, 1829 a. o. Prof., 1831 Wundarzt der Hospitäler, von 1848—1852 an der Pitié, von da bis zu seinem Tode am Hôtel-Dieu, seit

---

1) Vgl. XIV, S. 328.

2) (1812—1870), 1842 Ricord's Assistent, der Vertheidiger der prophylaktischen und kurativen Syphilisation. Mit ihm hat R. v. Welz zu forschen versucht. (XIV, II, S. 347.)

3) Biogr. Lex. III, S. 623.

1848 Prof. der chirurgischen Klinik der Fakultät. 1844 wurde er Mitglied der Akademie der Medizin, 1848 derjenigen der Wissenschaften, 1858 Vorsitzender der ersteren. Im Jahre 1870 versah er neben seiner Hospital-Abtheilung noch mehrere Lazarete in Paris. Am 15. Februar 1872 ist er ziemlich unerwartet gestorben.

Laugier hat der Augenheilkunde ein besonderes Interesse zugewendet und neben seinen zahlreichen chirurgischen Arbeiten noch verschiedene augenärztliche verfasst, die allerdings ohne größeren Werth sind; er hat auch einige neue Verfahren auf unsrem Gebiet veröffentlicht. Bekannt sind seine Versuche mit der Aussaugung des Stars.

Laugier war der Lehrer von Panas.

1—3. Methode der Star-Operation durch Aussaugung 'Aspiration ou succion'. A. d'O. XVII, S. 29. S. 80, 1847; XX, S. 28.
4. Terpentin-Kollyr. A. d'O. XVI, S. 230. »Besser als Höllenstein«, zur Einträuflung. (Terpentin 2, Essenz des T. 1.'
5. Neues Verfahren, um (mit Hilfe einer Kerze) Form-Änderungen der Hornhaut zu erkennen. A. d'O. XXIII, S. 175.
6. Neue Nadel mit beweglicher Lanze zur Niederdrückung des Stares. XXVIII, S. 113.
7. Falsches Hypopyon. XXXIV. S. 30.
8. Symblepharon-Operation. XXXVIII, S. 193.
9. Im Jahre 1845 hat Laugier, zusammen mit G. Richelot, eine mit Anmerkungen versehene französische Übersetzung von Mackenzie's Lehrbuch der Augenkrankheiten herausgegeben.

(I.) Bei den weichen und flüssigen Staren ist die Ausziehung überflüssig, die Niederlegung unmöglich, die Zerstücklung öfters von langsamer Wirkung. Heute, wo die Dichtigkeit des Stars vorher erkannt werden kann, muss die Operation nach der Natur desselben sich einrichten.

L. ließ eine Hohl-Nadel verfertigen, die auf eine kleine Pumpe geschraubt ist. Die Kapsel wird mittelst der Nadelspitze hinten-unten-außen durchbohrt, die Nadel unbewegt gehalten und langsam der luftleere Raum hergestellt durch Anziehen des Kolbens der Spritze, und so die weichen, flüssigen Theile des Stars herausgezogen. Ist der Star hart, so kann die Ansaugung denselben an der Nadel fixiren, so dass man ihn mit der letzteren in den Glaskörper zu versenken vermag. Ja man kann, bei Kapsel-Trübung, diese von vorn einschneiden, in die Öffnung der Nadel anziehen und durch Achsendrehung der Nadel zusammenrollen, sie entweder unten belassen oder sogar aus dem Auge herausziehen.

Die Stange des Kolbens ist in Centimeter und Millimeter getheilt, damit man die Kraft des Ansaugens abschätzen kann. »Nach Versuchen an Thieren und am Kadaver habe ich eine Operation am Menschen gemacht, zu meiner Zufriedenheit. Der Star bei einem Greise war weich, seine Stücke wurden in der Nadel gefunden ... (2. Dez. 1846.) Natürlich ist das Verfahren hauptsächlich auf die flüssigen oder weichen Stare anwendbar.« »Ich habe die Operation in keinem Lehrbuch gefunden und erfasste den Gedanken aus dem Studium der physikalischen Beschaffenheit des Stares. Aber ich habe doch die Spur eines ähnlichen Verfahrens bei Abulkasim entdeckt.«

ARMATI erklärt A. d'O. XVII, S. 80), dass sein Lehrer PECHIOLI in Siena dasselbe Instrument schon 1829 zu demselben Zwecke konstruirt hatte. (PÉTREQUIN, Voyage méd. en Italie, Gaz. méd. d. Paris 1838, No. 1.) LAUGIER erwiedert, dass dies ihm unbekannt geblieben. CUNIER fügt aus v. AMMON's Ophthalmoparacenteseos historia (1821, S. 80—82, geschichtliche Anmerkungen hinzu.

SICHEL gab dann (A. d'O. XVII, S. 104, 1847, und Arch. f. Ophth. XIV, 3, S. 3—25, 1868) nach den Urtexten eine Geschichte der Aussaugung bei den Arabern sowie der weiteren Versuche: 1 GALEATIUS DE SANTIA SOPHIA, Prof. in Padua und Wien († 1405), berühmt sich, die Aussaugung ersonnen zu haben. 2. RONDELET zu Montpellier (im 16. Jahrh.) hat auch das Verfahren ersonnen. Von Ausführung der Operation ist bei diesen beiden Männern keine Rede. 3. Der Schwindler BURRHUS (XIII, S. 328) schreibt, dass ROCCHUS MATTIOLUS (im 16. Jahrh.) ebenfalls eine Hohlnadel erdacht, und dass er selber (B.) dieselbe durch Hinzufügung eines Golddraht-Pinsels brauchbarer gemacht.

(Die genauen Darstellungen der arabischen Radikal-Operation des Stars durch Aussaugen haben wir bereits XIII, S. 230—240 kennen gelernt. Die Stelle aus RĀZĪ nach der Urschrift siehe C.-Bl. f. A. 1906, S. 99. Aber die Erneuerer der Operation im 19. Jahrhundert, LAUGIER [1846] und BLANCHET [1847], hatten einen Vorgänger in dem englischen Augenarzt TURERVILLE um die Mitte des 17. Jahrh. Vgl. § 388.)

Im Jahre 1848 kommt LAUGIER auf die Operation zurück und möchte sie auch bei hartem Kern vorziehen, als ersten Akt der Niederdrückung. So operirte er eine Frau, und zwar mit Erfolg; fand übrigens in der Spritze ⅓ Kaffeelöffel voll klarer Flüssigkeit, wohl Glaskörper. Die Spritze ist jetzt mit einer metallischen Sprungfeder versehen, so dass der Gehilfe entbehrlich. Nach der Abbildung des Instruments (in der deutschen Bearbeitung von DESMARRES' Lehrbuch, 1852, Taf. II) ist dasselbe schon fast identisch mit der neuesten Verbesserung von GRIFFIN (1904), die auch ich gelegentlich in Anwendung gezogen. (Vgl. XIII, S. 239.)

Man kann aber doch nicht behaupten, dass der große Chirurg LAUGIER in diesen Veröffentlichungen ganz auf seiner Höhe steht. Nach 20 Jahren forschte SICHEL vergeblich nach einer Angabe seiner Ergebnisse.

DEVAL (§ 589) hielt die Operation auch da für überflüssig, wo sie möglich ist, d. h. bei den flüssigen Staren. NÉLATON (§ 592) meinte, dass LAUGIER durch seine Begeisterung zu übertriebenen Hoffnungen sich habe hinreißen lassen.

Die offenbar verfehlte Ansaugung harter Stare ist ganz neuerdings, behufs leichterer Ausziehung, wieder empfohlen worden.

Die Bedeutung der Aspiration für manche Fälle von weichen Staren haben wir (XIII, S. 240) gebührend gewürdigt.

(V, 1850.) Die kleinsten Unregelmäßigkeiten der Hornhaut werden sichtbar, wenn man das Bild der Kerzenflamme über ihre Fläche wandern lässt. (HAIRION, A. d'O. XVIII, S. 71, 1847, hatte ähnliche Versuche veröffentlicht und 1852 FROEDELIUS, CANSTATT's Jahres-Bericht für 1852, III, S. 118 fgd.)

§ 585. PIERRE-NICOLAS GERDY [1])

am 1. Mai 1787 zu Loches (Aube) als Sohn eines Bauern geboren, kam 1813 nach Paris, hatte daselbst mit der Noth des Lebens zu kämpfen. wusste sich jedoch durchzusetzen und wurde 1825 Krankenhaus-Wundarzt, 1833 Prof. der äußeren Pathologie und 1837 der chirurgischen Klinik. Am 19. März 1856 ist er verstorben.

GERDY war einer der vielseitigsten und originellsten Schriftsteller seiner Zeit. Er schrieb über Physiologie, über Künstler-Anatomie, über vergleichende Anatomie, über allgemeine und über praktische Chirurgie größere Werke und zur Augenheilkunde verschiedene Abhandlungen.

A) 1. Expériences sur la vision.
   2. Recherches sur l'unité de la perception visuelle. Beide in Expérience, 1840.
   3. Historique sur les travaux sur la vision. Bull. de l'Acad. de méd. 1840.
B) 1. Neue Behandlung der Thränenfistel (lacrymale Rhinotomie). A. d'Oc. IX, S. 248.
   5. Krebs des Lides; Entfernung des oberen und eines Theiles vom unteren; Heilung, die beweist, dass es nicht immer nöthig ist, dann die Blepharoplastik zu verrichten. A. d'O. XI, S. 224. (Von Levasseur.) — Richtig und wichtig für einzelne Fälle.
   6. Bildung eines künstlichen Kanals im Falle der Verödung des Nasenkanals. XVIII, S. 45. (Nach dem Hohlraum des Oberkiefers hin, wie schon Wathen und ferner Laugier vorgeschlagen haben.)
   7. Behandlung der kongestiven Amaurose; Anwendung von Blutegeln auf die Lider bei den Augen-Entzündungen; die Natur der Lichtscheu. XX, S. 119.
   8. Über die Anwendung einer neuen Nadel bei der Niederlegung des Stares. XXVIII, S. 214. 1852. (Nélaton findet sie ähnlich der von Weinhold, vgl. XIV, II, S. 478.)

(IV.) »Bei der Thränen-Fistel habe ich, mit Erfolg, eine neue Operation angewendet, die lacrymale Rhinotomie [2]). Um dieselbe auszuführen, bringe ich in den Kanal ein grades Messer, das an seinem Ende sichelförmig gebogen ist; ich schneide das Nagelbein (os unguis) ein, von unten nach oben, ungefähr längs seinem hinteren Rande. Mit Hilfe von dicken Dochten bringe ich die innere Wand des Kanals zur Vernarbung. in einem solchen Zustand von Spreizung, welcher die Erweiterung des knöchernen und häutigen Kanals sichert.

---

1) Biogr. Lex. II, 529.
2) Von ῥίς, Nase, und τομή, Schnitt. — Das neueste Verfahren von TOTI (1904) heißt Dacryocystorhinostomie, d. h. Thränensacknasen-Einmündung. von δάκρυ, Thräne; κύστις, Sack; ῥίς, Nase; στόμα, Mund.

In einigen Fällen habe ich auch die Ausschneidung der inneren Wand des Kanals geübt und denselben sofort in eine Traufe verwandelt. Aber die letztgenannte Operation ist zu schmerzhaft; ich halte mich lieber an die erste, das Einschneiden.«

Anm. Das Vorbild dieser Operationen finden wir bei den Griechen und Arabern, auch bei Woolhouse u. A. im 18. Jahrh.; das Nachbild bei Augenärzten unsrer Tage, Lagrange, Aubaret, Kyle, Hess, Toti, Elschnig. Vgl. XIV, S. 30 und Elschnig, Fortschr. d. Med. 1909, No. 9.

§ 586. Antoine Joseph Jobert de Lamballe [1]),

am 17. Dez. 1799 zu Mattignon (Côtes du Nord) geboren, kam 1819 nach Paris, arbeitete sich aus den dürftigsten Verhältnissen empor [2]), wurde 1828 Doktor und Prosektor, 1829 Krankenhaus-Wundarzt, 1830 a. o. Prof., 1831 Wundarzt am Krankenhaus St. Louis und Leibarzt des Königs, 1854 o. Prof. und Nachfolger von Roux. Bis 1864 erfreute er sich einer guten Gesundheit: da wurde er von einem durch Finger-Verletzung entstandenen Gehirn-Leiden befallen und ist am 25. April 1867 verstorben.

Seine Haupt-Leistung ist der

Traité de chirurgie plastique
(2 B., 1849, mit Atlas),

worin er besonders auch zuerst gelehrt hat, Blasenmastdarm-Fisteln, Blasen-scheiden-Fisteln auf plastischem Wege zum Verschluss zu bringen, wenn auch die von ihm benutzte Methode der Autoplastie par glissement, d. h. Plastik durch Lappenverschiebung, die von seinen Landsleuten als seine Erfindung und als ein echt-französisches Verfahren bezeichnet wird, keineswegs als sein unbestrittenes Eigenthum angesehen werden kann. (Vgl. XIV, II, S. 102.)

Augenärztliche Abhandlungen von Jobert haben wir nicht, nur Berichte über seine Praxis:

1. Behandlung der Thränen-Fistel ohne blutige Operation. A. d'O. XI, 228 und XXVII, S. 64. Gemeinhin begnügt er sich mit Einspritzung von Höllenstein- oder Kupfersulfat-Lösung. Ist Operation nöthig, so macht er die von Petit.
2. Zur Vorbereitung für die Star-Operation (XXVII, S. 65) lässt er morgens und abends einige Tropfen Tinct. theb. in's Auge träufeln, um dieses an Berührung zu gewöhnen. Im allgemeinen operirt er den Star durch Niederdrückung.

Aus § 596 erfahren wir, dass Jobert drei Mal die Erhebung des Stares gemacht, — übrigens ohne Pauli's Priorität (§ 533, I) zu kennen.

---

1) Biogr. Lex. III, 398.

2) Wie oft haben wir diese erfreuliche Thatsache schon festgestellt! Bei Bérard, Gerdy, Ricord, Desmarres, Delpech.

§ 587. Um nicht den Vorwurf der Unvollständigkeit auf uns zu laden, wollen wir noch die Namen einiger Chirurgen wiederholen, deren Verdienste um die Schiel-Operation wir schon auseinandergesetzt haben.

1. Jules Guérin (1801—1880)[1]

geboren zu Boussu in Belgien, seit 1830 Herausgeber der Gazette médicale de Paris, kämpfte für Verbesserung des Unterrichts und der Übung der Heilkunde, gründete in Paris ein Institut für Orthopädie, schrieb über diese Kunst, über die Schiel-Operation und über Physiologie. Für die letztgenannten Schriften erhielt er drei Monthyon-Preise von der Akademie. Bezüglich der Schiel-Operation ist er der eigentliche Begründer der Vorlagerung. (XIV, ii, S. 134, 124.)

Auf orthopädischem Gebiet gerieth er durch seine Rückenmuskel-Durchschneidungen bei Wirbelsäule-Verkrümmungen in heftige Fehde mit Malgaigne, Vidal de Cassis und Henroz, die sogar zu einem Process geführt hat. (§ 581.)

Hr. Rognetta (§ 570) hat ihn nicht eben glimpflich behandelt; doch verlohnt es nicht, dessen Schmähungen hier zu wiederholen.

2. Zu den Anhängern und Nachahmern Guérin's, bezüglich der Vorlagerung, gehörte P. Bernard, Augenarzt (Médecin-Oculiste) zu Paris. Von diesem haben wir mehrere Abhandlungen:

1. Subconjunctivale Star-Operation; Niederdrückung, nachdem die Nadel 5—6 mm zwischen Leder- und Bindehaut vorgedrungen, übrigens bei einer 70jährigen. (A. d'O. VII, 1, 208, 1842.)
2. Über das Abortiv-Verfahren bei Augen-Entzündungen, besonders bei den eitrigen. (Ebendas. VIII, S. 153.) Mit Höllenstein-Lösung. Er hat in dieser Arbeit unerlaubte Anleihen bei Gouzée (A. d'O. I., u. a. O.) gemacht.
3. Fall von Vornähung. (Vgl. unsren B. XIV, ii, S. 132.)
4. Über Jod-Conjunctivitis. (A. d'O. IX, S. 75.)
5. Über Entfernung der Thränendrüse, zur Heilung der Thränenfistel und des Thränens. (A. d'O. X, S. 193 und XIV, S. 42. Vgl. unsren B. XIV, S. 39 und XIV, ii, S. 356.) B. hat wirklich in einem Fall die Exstirpation der Thränendrüse ausgeführt, aber mit diesem Eingriff erheblichen Widerspruch gefunden.

3. und 4. Über Baudens und Lucian Boyer ist schon das nöthige in unsrem B. XIV, ii, S. 112 und 140 angeführt worden.

Der letztgenannte hat auch (A. d'O. XX und XXII) über Niederdrückung des Stares geschrieben. Wiederaufsteigen des Stares ist Folge falscher Operation: man muss die hintere Kapsel weit öffnen, den Star erst nach hinten und dann nach unten verschieben.

§ 588. Es ist unmöglich, das augenärztliche Leben Frankreichs von 1800—1850 zu schildern, ohne eines Mannes zu gedenken, der durch Erfahrung, Versuche, Scharfsinn und geistreiche Darstellung, wie alle Fächer der Heilkunde, so auch das unsre bedeutend gefördert hat. Ich meine

1) Biogr. Lex. II, S. 688.

13*

Philipp Ricord (1800—1889)[1].

Am 10. Dez. 1800 von französischen Eltern zu Baltimore geboren, kam er 1820 nach Paris, studirte unter Dupuytren, Lisfranc u. a., wurde 1826 Doktor, begann wegen Mittellosigkeit seine Praxis in der Provinz, kehrte aber 1828 nach Paris zurück, wurde durch Konkurs Krankenhaus-Wundarzt, musste aber noch zwei Jahre lang von dem Ertrage seiner Operations-Kurse leben, bis er 1831 zum Oberwundarzt des Hôp. du Midi für Syphilitische ernannt wurde. Hier hat er fast ein Menschen-Alter hindurch seine weltberühmten Vorlesungen über Syphilis und Geschlechts-Krankheiten gehalten, bis er 1860 infolge der erreichten Alters-Grenze seinen Abschied nahm. In ganz Paris hatte er die ausgedehnteste und einträglichste Praxis.

Fig. 9.

Philipp Ricord.

Professor an der Fakultät ist er, wegen seiner Specialisirung, nicht geworden[2], wohl aber 1850 Mitglied der Akademie der Medizin, 1852 Leibarzt des Prinzen Napoleon, 1869 konsultirender Chirurg des Kaisers. 1870/1 machte er sich auch als Vorsitzender der Lazarete im belagerten Paris sehr verdient. Im hohen Alter von 89 Jahren ist er verstorben.

Ricord ist der Lehrer des jungen (21jährigen) Albrecht von Graefe gewesen, der Mitte Mai 1849 in einem aus Paris an einen Jugendfreund und Kollegen gerichteten Brief uns die folgende, sehr merkwürdige Schilderung hinterlassen hat.

»Syphilis. Unter allen Franzosen ist Ricord offenbar der genialste, originellste. Denke Dir einen Menschen, der nie geht, sondern immer halb tanzt, halb rennt, stets lacht, nie ein böses Gesicht macht, der nie ein ernstes Wort spricht, sondern nur Witze macht, den jeder einen Hanswurst nennen würde, wenn er nicht durch eine eigenthümliche Liebenswürdigkeit und Originalität Alle für sich gewönne. Ricord lebt wie ein Fürst, bringt jedes Jahr circa 80 bis 100,000 Thlr., welche er einnimmt, durch, und ist der populärste Mensch in Paris. Er hält ein Colleg, worin er seine ganze scharfe und geistreiche Lehre, die freilich in Paris mehr Gegner als irgendwo anders hat, in einer kontinuir-

---

1) Biogr. Lex. V, S. 22.

2) 1877 ist zuerst in Frankreich, und zwar in Lyon, eine ordentliche Professur für Syphilis und Hautkrankheiten geschaffen worden; 1879 wurde Ricord's Schüler, Jean Alfred Fournier, o. Prof. der Syphilidologie an der Fakultät zu Paris.

lichen Kette von Witzen vorträgt. Es sind immer gutmüthige, harmlose, kindliche, nie satyrische Witze, welche auf Kosten von Persönlichkeiten gemacht werden. Seine Kranken tragen ihn auf Händen. - In den Sälen herrscht ein spaßhafter, höchst familiärer Ton. Jeder Patient hat Anspruch auf einen Witz; bekommt Ricord an seinem Bette keinen zu Stande, so ruft er ganz einfach »Ricord« ohne Titel und Zusätze: Ricord erscheint und macht einen Witz. Ich möchte, um den Mann zu charakterisiren, Dir mal so 100 seiner Witze erzählen, doch geht dies nicht, weil seine ganze Erscheinung mit dazu gehört. Die Syphilis habe ich in Paris eigentlich erst kennen gelernt; ich glaube, dass man in Berlin ziemlich wenig davon versteht. Jeden Morgen bringe ich im hôpital du midi beim Assistenten von Ricord zu, der uns einen famosen Curs giebt. Dreimal in der Woche stellt er uns die neuen Kranken vor, und wir üben uns in diagnostischer Beziehung; dreimal trägt er uns am Krankenbette das Ricord'sche System vor; — Außerdem folge ich Ricord's Vorlesungen. Ricord ist wohl zu dogmatisch, um nicht in einzelne Irrthümer zu verfallen, aber die Hauptsachen sind wahr, und damit hat er sein Feld auf den Standpunkt wissenschaftlicher Klarheit gebracht. Man kann ihn auch nur in Paris kennen lernen, da seine Werke alle nur vereinzeltes enthalten, was er zum Theil jetzt selbst desavouirt.«

Ricord ist der Begründer der modernen Syphilidologie[1]).

Wir haben gesehen, dass, als im ersten Drittel des 18. Jahrhunderts durch St. Yves und dann durch Cameranius die venerische Ophthalmie zum ersten Mal eingehender geschildert worden, die große Schwierigkeit bestand, dass Blennorrhöe und Lues noch nicht von einander getrennt waren. (XIV, S. 19.)

Auch in dem Kanon der Augenheilkunde vom Beginn des 19. Jahrhunderts haben wir noch »die venerischen Augen-Entzündungen«; wenn gleich der Augentripper von der syphilitischen Iritis scharf unterschieden wird. (XIV, S. 332.)

Mehrere Forscher hatten bereits in der zweiten Hälfte des 18. Jahrhunderts ihre Zweifel über die Identität der venerischen Leiden deutlich ausgesprochen. Aber der berühmte John Hunter zu London (1728 bis 1793) hat 1786, auf Grund der unglücklichen Versuche, vom Jahre 1767, — er impfte (wohl sich selbst) mit Tripper-Eiter an der Vorhaut und Eichel und rief dadurch Schanker und konstitutionelle Syphilis hervor, — die Ansteckungs-Stoffe aller drei venerischen Leiden, des Trippers, des Schankers und der Syphilis für identisch erklärt.

Erst Ricord hat hier Wandel geschaffen. Schon in den Jahren 1831 bis 1837 hat er über dritthalbtausend Impfungen ausgeführt und unwiderleglich nachgewiesen, dass Einimpfung von Tripper-Sekret nie Schanker oder konstitutionelle Syphilis hervorruft. Er leugnete aber die Specificität des Tripper-Giftes und betrachtete dasselbe als eine rein katarrhalische Ab-

---

1) Von Iwan Bloch, in Puschmann's Handbuch der Geschichte der Medizin, III, S. 452, gebührend gewürdigt, — während Haeser im II. Bande der dritten Bearbeitung seiner Geschichte der Medizin nicht einmal den Namen Ricord anführt.

sonderung. Ricord verdanken wir die Unterscheidung des weichen und des
harten Schankers, die Eintheilung der Syphilis in das primäre, sekundäre
und tertiäre Stadium, kurz die Vollendung der Lehre, wenn er gleich
im einzelnen vielfach geirrt und auch seine Ansichten geändert hat.

RICORD's Hauptwerke sind:

1. Traité des maladies vénériennes par Ph. Ricord, Docteur en médecine, chirurgien de l'Hôpital des Vénériens de Paris, Professeur[1]) de clinique et de
pathologie spéciales, membre de plusieurs sociétés savantes. Paris 1838. (809 S.)
Neue Ausgabe 1861.

2. De l'ophthalmie blenorrhagique. Paris 1842.

3. Clinique iconographique de l'hôpital des vénériens. Paris 1842—1863.

4. Ricord's neueste Vorlesungen über die Syphilis und die venerischen Schleim-
flüsse, gesammelt und in's Deutsche übertragen von Dr. W. Gerhard in Paris.
Berlin 1848. (188 S.)

5. Lettres sur la syphilis 1851, 3. Ausg. 1863; deutsch von Liman, Berlin 1851.
Darin beschreibt R. auch den harten Schanker der Lider (des unteren,
am großen Winkel), mit Drüsenschwellungen vor dem Ohr, auf der Parotis, am
Halse, und Roseola. (Lawrence hatte schon 1830 dies Leiden erörtert.)

6. Leçons sur le chancre, publ. par A. Fournier, 1857. (2. Ausg. 1860.)

(I.) Bezüglich des Augentrippers zeigt Ricord schon 1838 vernünftige
Ansichten und eine kühne, erfolgreiche Behandlung. (Voraufgegangen ist
Sanson [§ 573], gefolgt ist Gouzée in Antwerpen 1840 [A. d'O. IV, S. 149,
V, S. 139], der noch dazu bewiesen, dass die Aderlässe nicht blos unnütz, sondern direkt schädlich sind.)
Die Krankheit ist verhältnissmäßig häufiger beim Manne, beginnt
meist mit einem Auge. Deswegen, und bei der großen absoluten
Seltenheit gegenüber der Häufigkeit des Trippers der Geschlechts-Theile,
ist Besudlung die Ursache, Sympathie auszuschließen.
Die Behandlung erfordert Schnelligkeit und Thatkraft: Aderlass, 30—40 Blutegel, Ätzung mit Höllensteinstift, die nöthigenfalls zu
wiederholen, Ausschneiden der Chemosis oder Spaltung derselben. Copaiva
und Quecksilber sind ohne Einfluss.
Das genauere über Ricord's Art der Ätzung und über die günstigen
Erfolge haben wir schon aus dem Bericht von Dr. Feldmann kennen
gelernt. (XIV, II, S. 195, Anm. 1.) Fünfzehn Jahre nach Ricord's erster
Veröffentlichung kommt ein andrer Schüler desselben, Hr. Zambaco, auf die
blenorrhagische Ophthalmie zurück. (Jamain's Arch. d'ophth. I, S. 72,
1853.) Er unterscheidet den Augentripper durch Besudlung und eine
bei chronischem Tripper zugleich mit Gelenks-Leiden auftretende rheumatische Entzündung der Descemet'schen Haut, die durch innerlichen
Gebrauch von Salpeter und Colchicum bekämpft wird, ferner durch Kalomel und durch Belladonna, innerlich wie örtlich.

---

1) Dieser Titel findet sich nicht mehr in 3, 1851.

(IV.) Gegen das Ende des von mir betrachteten Zeitraumes handelt Ricord von tertiär-syphilitischen Zufällen des Auges, — aber recht oberflächlich. Sie können isolirt vorkommen. . R. bespricht das Doppelt-sehen, die Amblyopie und die Amaurose.

Zusatz 1. Noch im Jahre 1845 wurde die Frage ernsthaft diskutirt, ob die Augen-Eiterung der Neugeborenen ein Zeichen der Syphilis sei. Dr. Berg in Stockholm (Swenska Lækare Sallskapet nya Handlingar; A. d'Oc. XXII, S. 40, fand binnen 4 Jahren unter 250 Kindern (im Kinder-krankenhaus), die mit Augen-Eiterung behaftet waren, dass 14 % später während ihres Aufenthalts im Krankenhaus deutliche Zeichen von Syphilis darboten oder von ihren Ammen angeschuldigt wurden, ihnen die Syphilis mitgetheilt zu haben.

Zusatz 2. Sonderschriften über »venerische« Krankheiten des Seh-Organs.

A) 1. Lawrence. A treatise on the veneral diseases of the eye, London 1830. (Deutsch, Weimar 1831, 254 S.) Darin wird bereits beschrieben die akute Tripper-Ophthalmie. die milde Entzündung der Bindehaut bei Tripper und Gelenks-Entzündung, die sypilitische Iritis, das syphilitische (Primär-)Ge-schwür der Lider.

2. Syphilitic diseases of the eye and ear, consequent on inherited Syphi-lis... by Jonathan Hutchinson, London 1863.

3. The ophthalmoscope and lues, by Ole B. Bull, Christiania 1884.

4. Syphilis und Auge von Dr. Alexander in Aachen, Wiesbaden 1895.

5. Neue Erfahrungen über luetische Augen-Erkrankungen von Dr. Alexander, Wiesbaden 1895.

6. Choriorétinite spécifique par le Dr. Masselon, Paris 1883.

7. Netzhaut-Entzündung bei angeborener Lues von J. Hirschberg, 1893 (Die frischen Formen.)

8. Die hereditär-syphilitischen Augenhintergrunds-Veränderungen von Dr. Sidler-Huguenin, Hamburg und Leipzig 1902.

9. Syphilis de l'œil et de ses annexes par le Dr. F. Terrien, Paris 1905. (Deutsch von Dr. Kayser, München und Paris 1905.)

10. Den heutigen Standpunkt hat Prof. Groenow in unsrem Handbuch XI, 1, S. 737—862 gründlich und vollständig erläutert und die gesammte Literatur angegeben.

B) 11. Die Blennorrhöe am Menschen-Auge von Dr. J. F. Pieringer, Graz 1841, war ihrer Zeit ein klassisches Werk und ist es bis heute geblieben. (§ 478.) Es hat auch bis heute seines Gleichen nicht gefunden.

12. Den heutigen Zustand der Lehre vom Eiterfluss der Bindehaut schildert Th. Saemisch in unsrem Handbuch, V, 1, § 92—128.

Die Sonderschriften über Augen-Eiterung der Neugeborenen sind bereits § 430 (XIV, S. 207 und 208 angegeben worden.

§ 589. Der eigentliche Erneuerer der Augenheilkunde in Frankreich um 1830, Julius Sichel, hat viele Schüler gehabt, aber hauptsächlich zwei Gehilfen ausgebildet, die Ausgezeichnetes in unserm Fach geleistet haben.

Von seinen Schülern verdient Erwähnung

CHARLES DEVAL [1]).

Im Jahre 1806 zu Konstantinopel geboren, studirte er mit Feuer-Eifer die Heilkunde, wurde 1834 Doktor zu Paris, widmete sich der Augenheilkunde und hat, nachdem er bei SICHEL, vier Jahr lang, sich vorgebildet, einige der berühmtesten Augenkliniken in »Frankreich, England und Deutschland« besucht und dann in Paris, seit 1839, prakticirt.

Nach den zahlreichen kasuistischen Mittheilungen, die er veröffentlicht, muss man annehmen, dass er viele Kranke beobachtet habe. In der That erklärt er selber, dass er von 1844 bis 1862 in seiner Poliklinik (dispensaire ophthalmologique) über 20000 Kranke unentgeltlich behandelt habe. In seinem Lehrbuch der Augenheilkunde bezeichnet er sich als Professor der klinischen Augenheilkunde [2]) und gibt an, dass seine Anstalt von einer großen Zahl von Ärzten und Studirenden besucht worden sei und dass er einigen von ihnen, die sich bei ihm in den Augen-Operationen vorgeübt, sobald er ihrer Hand sicher war, Operationen am Lebenden anvertraut habe, die zu seiner großen Befriedigung ausgefallen sind.

Nie operirte D. ohne dringende Anzeige. Er wurde von operations-lustigeren Fachgenossen überholt und ist arm gestorben, am 9. April 1862. Seine Hauptwerke sind:

A) 1. Chirurgie oculaire ou traité des opérations chirurgicales qui se pratiquent sur l'œil et ses annexes, avec un exposé succint des différentes altérations qui les reclament, ouvrage contenant la pratique opératoire de F. Jaeger et de A. Rosas d'après de documens recueillis par l'auteur aux cliniques de ces professeurs et accompagnés de planches représentant un grand nombre d'instrumens et les principaux procédés opératoires, par Charles Deval, Dr. en méd. de la Faculté de Paris. Paris 1844. (739 S.)

2. Traité d'amaurose. Paris 1851. (Nebst Ergänzung, 1855.)

3. Traité théorique et pratique des maladies des yeux par Ch. Deval, Dr. en méd. de la faculté de Paris, Prof. de clinique ophthalmologique, Membre des Acad. de méd. de Madrid, de Naples, de Marseille, de Poitiers etc., Paris 1862. (1056 S., mit 44 Fig. im Text, 3 Tafeln für Instrumente, 6 farbigen der hauptsächlichen Augengrunds-Bilder, und mit Jäger's Schriftproben.)

B) Dazu kommen noch zahlreiche Abhandlungen, die in den A. d'O. gesammelt sind:

4. Kerbel bei Behandlung der Augen-Entzündungen, XIII, S. 71.

5. Amaurose nach Unterdrückung der Kopf-Läuse, XV, S. 184.

6. Kann der Aderlass die Sehkraft schwächen? XVIII, S. 43.

7. Gerstenkorn vor jeder Menstruation, XVIII, S. 269. (Aloë hat die Kranke befreit, die seit 3 Jahren gelitten.)

8. Venerische Augenleiden, XX, S. 244.

9. Operation des Hornhaut-Staphyloms, XXI, S. 30.

10. Exophthalmos nach Scharlach, XXI, S. 139. (2½jähriges Mädchen, Heilung unter Hg.)

---

1) Biogr. Lex. II, S. 171. Ergänzungen aus DEVAL's Werken 1 und 3. — Die Ann. d'O. haben ihm keinen Nachruf gewidmet. Was ihm die Mitwelt versagt, soll ihm die Nachwelt geben.

2) Vgl. § 568.

11. Hornhaut-Inkrustationen, XXII, S. 19.
12. Ätzung der Augapfel-Bindehaut, bei Schielen durch Lähmung, XXII, S. 186, 1849. (»Erste Anwendung des Dieffenbach'schen Verfahrens in Frankreich.« — Vgl. XIV, II. S. 117.)
13. Lähmung des 3. und des 6. Hirnnerven, XXIII, S. 147.
14. Kollodium bei Augenkrankheiten. XXIII, S. 176.
15. Metallische Flecke der Hornhaut, ohne Operation geschwunden. XXIII. S. 176.
16. Amaurose nach Niederlegung des Stars, XXVIII, S. 223. (60jähr. — Am 3. Tag Amaurose. am 5. Besserung. Guter Erfolg.)
17. Sublimat bei nicht syphilitischer Amaurose, XXXIV, S. 50.
18. Hornhaut Verletzung durch Schwefelsäure, XXXIV, S. 181.
19. Syphilitische Erblindung, Nutzen des Augenspiegels, XLIV, S. 53, 1860.
20. Behandlung der Amaurose bei Albuminurie und Diabetes, XLVI, S. 160, 1861.

(I.) Deval's Augen-Chirurgie ist, nach Pellier's Kurs der Augen-Operationen vom Jahre 1790, die erste französische Sonderschrift über diesen so überaus wichtigen Theil unsres Faches; und 26 Jahre mussten nach dem Erscheinen von Deval's Werk verstreichen, ehe die französische Literatur eine neue Bearbeitung der Augen-Chirurgie erlebte. (Von Ed. Meyer, Paris 1870. Ihm folgten L. Wecker, Paris 1879; A. Terson, Paris 1901; Terrien, Paris 1902)[1].

D. erklärt, dass er einen rein praktischen Zweck verfolge, dass er die Thatsachen seines Buches weniger aus seiner eignen Praxis, als aus dem längeren Besuch der Augenkliniken in Frankreich, Deutschland und England entnommen, dass er die deutsche Sprache studirt habe, um aus den Quellen schöpfen zu können, dass man in seinem Buch, welches mehr Beharrlichkeit als Überlegenheit des Geistes erforderte, etliche Operations-Verfahren und Instrumente fände, die noch in keinem französischen Werke beschrieben seien.

In den Annal. d'Oc. (XIII, S. 45—46) hat es ein, wie mir scheint, etwas frostiges Lob erhalten, von Dr. Gouzée, der aber nicht kundgiebt, ob er mehr als die Vorrede gelesen. Das Werk beweise einen Erfolg der Specialität.

Aber von dieser wollten die maßgebenden Kreise in Paris damals eben nichts wissen. Ebensowenig von deutschen Verfahren. Einen Erfolg für den Verfasser hat sein Buch nicht gezeitigt.

Dabei ist es klar geschrieben und recht vollständig. Bei der vergleichenden Beurtheilung der Star-Operation erhebt sich Deval nur wenig über den Standpunkt von Velpeau. (§ 578.) »Man kann in der Mehrzahl der Fälle die Ausziehung oder die Niederdrückung anwenden, ohne Unterschied, nach Vorliebe oder Gewohnheit. Der obere Hornhaut-Schnitt und die Rücklagerung durch Lederhaut-Stich sind die besten Verfahren.«

---

1) Die Liste der Sonderschriften über Augen-Operationen siehe XIV, I. S. 97, 105 und XIV, II, S. 328. (Hinzuzufügen ist noch Haynes Walton, Treatise on operative ophthalmic surgery, London 1843 [619 S.].)

Aber die Erfahrung hat im Laufe der Jahre ihm bessere Einsicht gespendet. (Vgl. III.)

(II.) Deval erforscht, ob die Amaurose sthenisch oder asthenisch. In der Eintheilung folgt er Sichel. (Amaurose von Seiten der Netzhaut, des Sehnerven, des Gehirns, des Rückenmarks, ganglionäre oder abdominale, trifaciale[1] und ophthalmische Amaurose.) Bei der torpiden Amaurose rühmt er die galvanische Elektrizität.

(III.) Das Lehrbuch der Augenkrankheiten von Deval (aus dem Jahre 1862) ragt bereits aus der uns beschäftigenden Zeit in die der Reform hinein, soll aber doch, um das Bild dieses eigenartigen Mannes zu vervollständigen, hier eine kurze Besprechung erfahren, zumal das Werk wenig bekannt geworden, selten citirt, vielleicht häufiger ausgeschrieben worden.

Deval wollte die neuen Gedanken des ophthalmoskopischen Zeitalters mit den alten der früheren Beobachtung versöhnen. Sein Werk ist das Ergebniss von 20 Jahren augenärztlicher Studien »in Frankreich und Italien, in England und besonders in Deutschland« und seiner eignen Erfahrungen.

In seinen Vorbemerkungen finde ich einen Satz, der sein Glaubensbekenntniss enthält, das ihm gewiss innere Befriedigung gewährt und äußere Erfolge versagt hat: »Medizin und Chirurgie treffen sich auf dem Gebiet der Augenheilkunde. Da, wo die Rolle der ersten aufhört, muss die der zweiten anfangen. Quae medicamenta non sanant, ea ferrum, sagt ein alter Weisheits-Spruch ⟨der hippokratischen Sammlung⟩.

Niemand bestreitet denselben. Aber wird er nicht oft genug durchbrochen von einigen Praktikern, die nur zu sehr geneigt sind, alle augenärztlichen Fragen mit dem Eisen zu lösen?«

In der gründlichen Abhandlung über Bau und Verrichtung des Seh-Organs werden die neuern Untersuchungen berücksichtigt, auch die von H. Müller, Arnold, Pappenheim, Budge, wie die von Bowman und Sappey. Deval's eigne mikroskopische Untersuchungen bestätigen die Annahme von Broca, dass die Hornhaut nach dem fötalen Leben keine Blutgefäße enthält.

Hierauf folgt eine Abhandlung über Diagnostik, auch mit dem Augenspiegel, über Funktions-Prüfung, auch über erheuchelte Augenkrankheiten und über diejenigen, die vom Militär-Dienst befreien.

In der Therapie werden zuerst die Mittel der allgemeinen Behandlung besprochen (Blut-Entziehungen, Ausleerungen), dann die örtlichen (Kollyrien und andres); die chirurgischen (Instrumente, Stellung und Lage, Verband, Betäubung), die hygienischen. Viel Kummer verursacht es Hrn. Deval (S. 492), dass der große Malgaigne die Ambidextrie verworfen hat[2].

---

1) N. trifacialis = trigeminus.
2) Vgl. § 582.

In dem Kapitel der Ophthalmien findet sich eine sachgemäße Besprechung der specifischen. Die Auseinandersetzung der einzelnen Augen-Krankheiten und ihrer Behandlung ist eingehend, klar und vernünftig.

»Es ist eine allgemeine Annahme, dass man in der Mehrzahl der Fälle die Ausziehung oder die Niederdrückung ohne Unterschied anwenden könne, nach Vorliebe und Gewohnheit. Das war früher auch meine Meinung; aber in den letzten 15 Jahren habe ich sie gründlich geändert: die Ausziehung ist das Haupt-Verfahren, die Niederdrückung ist ein im Principe fehlerhaftes Mittel.«

(IV.) In einer langen Abhandlung erklärt D., dass nicht die Empfehlung von A. P. Demours (II, S. 187) noch die von Chabrely (A. d'O. III, S. 185), sondern die Pfuscherei von Laien mit Kerbel als heißem Umschlag ihn dazu gebracht, das Mittel anzuwenden, das bei scrofulöser Entzündung sich bewährt.

(V.) Ein junges Mädchen, das an großer Sehschwäche und Entzündung beider Augen litt, nachdem ihr die Kopfläuse beseitigt worden, ward nicht geheilt durch Anwendung von Brechweinstein-Salbe auf rasirte Stellen der Kopfhaut; wohl aber durch neue Einpflanzung von Kopfläusen, die man glücklicher Weise einem Knaben aus demselben Hause entnehmen konnte. (Der Herausgeber der A. d'O. findet die Beobachtung sehr interessant, im Jahre 1846!)

(VI.) Deval fragt: Kann der Aderlass die Sehkraft schwächen? Die bejahende Antwort seines Landsmannes Ténon vom Jahre 1806 (XIV, S. 49) ist ihm gänzlich unbekannt, ebenso auch der Volksglaube (préjugé populaire, que la saignée trouble la vue, Desmarres, 1847, S. 691); er giebt die folgenden Regeln: »Lass reichlich zur Ader, wenn das Heil des Seh-Organes durch eine heftige Entzündung bedroht ist; reichlich, wenn eine Amaurose mit heftigem Kongestions-Zustand vorhanden ist. Wenn Amblyopie verstohlen eindringt, vermeide die spoliativen[1] Aderlässe. Aderlässe sind auch nothwendig gegen Entzündung nach Star-Operation. Die Niederdrückung erheischt dieselben gebieterisch. Die Ausziehung erfordert sie weniger. Rosas unterlässt sie, um nicht den Wundheilungs-Process zu hemmen.«

(XIII, 1850.) »Die Lähmung des Oculomotorius und des Abducens habe ich oft beobachtet. Die erstere ist häufiger als die zweite, beide selten in der Kindheit.«

Einwärts-Schielen, Unfähigkeit das Auge in Abduktion zu bringen und Doppeltsehen sind die pathognomonischen Zeichen der Lähmung des Abducens. Deval hat Fälle beobachtet, wo Doppeltsehen nur dann auftrat, wenn beide Augen nach den Seiten des gelähmten Muskels gerichtet wurden. Die

---

[1] D. h. diejenigen, die man nur zur Verminderung der Blutmenge macht, im Gegensatz zu den ableitenden. Littré, Dict. de la langue fr., IV. 2037, 1889.)

Lähmung des Oculomotorius zeigt Blepharoplegie[1]), Unfähigkeit das Auge nach innen, nach oben und nach unten zu richten, Unbeweglichkeit der Pupille (Iridoplegie[1])) und Mydriasis.

Die Lähmung des 4. Hirnnerven (zum oberen schiefen Muskel) verlangt noch weitere .Untersuchung.

(Aber die Lehrbücher von Rüte [1845] und von Desmarres [1847] gaben schon gute Auskunft. Rüte erklärt: das Doppelbild ist schief, mit seinem oberen Ende nach innen.

Sehr merkwürdig ist, dass zehn Jahre früher Rosas in seinem dreibändigen Werk nur ganz kurze, allgemeine Andeutungen über Augenmuskel-Lähmungen gebracht hat. Auch Mackenzie (1830, S. 245) beschränkt sich auf einige Bemerkungen, hauptsächlich über die des Oculomotorius.

Rüte (1838 u. 1843), Pétrequin (1838), Canstatt (1839), Szokalski (1840), Bonnet (1841) haben zuerst genauere und richtigere Angaben über die Augenmuskel-Lähmungen geliefert. (Vgl. XIV, II, S. 21, 364, 140, 143 und § 605.)

(XIX.) Bei einer großen Zahl von syphilitischen Amaurosen zeigt die Netzhaut eine weißgraue Ausschwitzung. Sublimat ist wirksam, wenn Jodkali versagt. Öfters verwendet Devai. am Tage Jodkali, Abends Sublimat. Mitunter sah er diese Amaurose sehr rasch schwinden.

§ 590.   Von den Gehilfen Sichel's war der erste

VIKTOR FELIX SZOKALSKI,

geboren den 15. Dez. 1811 zu Warschau. Obwohl er lange in Frankreich gewirkt, viele Arbeiten in französischer Sprache geschrieben, — übrigens auch in deutscher und 1844 Stifter und erster Vorsitzende der Pariser Gesellschaft deutscher Arzte geworden, — so wollen wir ihn, den bedeutendsten Augenarzt Polens, seinem Vaterland nicht rauben und deshalb an andrer Stelle berücksichtigen.

Aber, um zu zeigen, wie Szokalski zu Paris von 1836—1848, wo er auch Privat-Vorlesungen über Augenheilkunde gehalten, und dann zu Alice St. Reine in Burgund bis 1853, in die Erörterung der wichtigere Fragen eingegriffen, will ich eine kurze Liste seiner Veröffentlichungen aus diesen Jahren (nach A. d'O.) hier beifügen: •

Intermittirende Bindehaut-Entzündung, geheilt durch Chinin, I, S. 327.
Über Farbensehen im normalen und pathologischen Zustand des Auges, II, S. 11 fgd.
Über einäugiges Doppelsehen, II, S. 234.
Über Hornhaut-Nerven und über den Einfluss des 5. Nerven auf die Ernährung
    des Auges, II, S. 257.
Puerperale Augen-Entzündung, VI, S. 172.

---

1) Die Namen Blepharoplegia, Lid-Lähmung, von βλέφαρον, Lid, und πληγή, Schlag, und Iridoplegia, Pupillen-Lähmung, fehlen noch im Wörterbuch von Kühn 1832, aber nicht mehr in den neueren, v. Guttmann u. A.

Den erstgenannten Namen finde ich schon bei Beer 1792, den letztgenannten bei Rosas 1830, Ophthalmoplegia bei Stoeder 1834.

Über Natur und Sitz des Stares, VII, S. 53.
Epilepsie durch Augenverletzung, VIII, S. 245.
Struktur der Linse, VIII, S. 188.
Das Rotations-Centrum des Auges, XI, S. 241.
Specificität der Augen-Entzündungen, XI, S. 241. (Vergl. § 579.)
Star-Operation bei einem 103jährigen, XI, S. 272.
Anatomische Untersuchungen über das Hornhaut-Staphylom, XVIII, S. 263.
Die Accommodation vom pathologischen Standpunkt, XXI, S. 93.

§ 591. Der zweite Gehilfe Sichel's war

LOUIS AUGUSTE DESMARRES [1].

Geboren am 22. Sept. 1810 zu Evreux (Dep. Eure), konnte D. zunächst das Collège seiner Vaterstadt besuchen; musste aber, da die Umstände seines Vaters sich verschlechterten, als 18jähriger zu Versailles sein Brot verdienen, indem er als Bote des Steuer-Einnehmers von Morgen bis Abend umherlief. Im Jahre 1830 erhielt er, durch Protektion, eine kleine Anstellung bei den Kron-Wäldern, mit einem Jahres-Gehalt von 1200 Franken.

Aber das Leben eines Schreibers genügte ihm nicht. Unter ungeheuren Anstrengungen und Entbehrungen begann er im Jahre 1834, neben der Bewältigung der Amtspflichten, noch gleichzeitig das Studium der Heilkunde und hatte auch den Muth sich zu vermählen. Um sein Einkommen zu erhöhen, gab Desmarres, der geborene Künstler, Unterricht im Violin-Spielen und fertigte Aquarell-Gemälde an [2].

Ein Zufall verschaffte ihm 1838 die persönliche Bekanntschaft Sichel's, dessen Klinik er schon als bescheidner Zuhörer besucht hatte. Sichel war Besitzer eines Grundstücks, das an den Staatswald stieß, hatte den von der Forstverwaltung ihm für seine Fahrten bewilligten Schlüssel zum Öffnen der Schutzgatter verloren, ersuchte den Forstbeamten Desmarres um einen neuen und war freudig überrascht, dass letzterer ihn erkannte und sich als Hörer seiner Vorlesungen bekannte.

So wurde Desmarres 1838 Sichel's Assistent und blieb es vier Jahre lang; machte 1839 seinen Doktor und practicirte nebenbei in seinem Stadtviertel.

---

1) I. Biogr. Lex. (Gurlt) II, S. 164. — II. Notice historique à la mémoire du Dr. L. A. Desmarres, par le Dr. Landolt. Archives d'opht. II, 548—557, 1882. — III. Notice biographique sur le Dr. L. A. Desmarres par le doct. Warlomont. Annal. d'Oc. LXXXVIII, S. 194—199, 1882. — IV. L. A. Desmarres par L. de Wecker, 1882 (S.-A., 8 S.) Theilweise ironisch, aber doch genauer in den Daten, als die drei andren.

Keine der IV Lebensbeschreibungen bemerkt, dass D. der Vater der neuen französischen Schule der Augenheilkunde gewesen.

2) Diese ersten Schwierigkeiten in D's. Leben werden in den verschiedenen Quellen etwas verschieden erzählt. — Sein Amt gab er 1838 auf, als er das Doktor-Examen bestanden, bezog aber mit gerechtem Stolz bis an das Ende seiner Tage die kleine Pension von 300 Francs.

1842 verließ er SICHEL, schuf sich eigne augenärztliche Praxis, gründete eine **e i g n e A u g e n k l i n i k** [1]), in der Straße St. Germain d'Auxerrois, und begann bald als Lehrer seinen eignen Meister SICHEL zu überstrahlen. Viele Schüler verließen den Alten und folgten dem Jungen. Natürlich gab das Gelegenheit zu Reibereien und **g e g e n s e i t i g e n A n -k l a g e n.**

WECKER betont mit Recht, dass DESMARRES selber die Anekdote über sein erstes Zusammentreffen mit SICHEL, so wie sie BURQ (1823—1881, d. Vf. der »Metallothérapie«) überliefert, sicher nicht veröffentlicht hätte. Denn SICHEL war doch für DESMARRES des Glückes Schmied.

LANDOLT meint freilich, dass DESMARRES die Pforten der Augenheilkunde auch ohne den Schlüssel SICHEL's sich erschlossen hätte. Aber das ist doch nur Vermuthung. DESMARRES selber hat im Mai 1842, in der letzten Zeit seiner Assistenz, das besondere Wohlwollen von SICHEL, welches ihm Gelegenheit zur Beobachtung und Behandlung von Augenkranken gewährte, dankbar anerkannt. (A. d'Oc. VII, 31.)

In der Vorrede seines Lehrbuches sagt D.: »Die Listen, in welche seit 1842 die fremden Ärzte sich eingezeichnet, die meine Kurse der augenärztlichen Klinik und Chirurgie gehört, trägt 〈bis 1847〉 nahezu 700 Einzeichnungen.« — In OTTERBURG's »medizinischem Paris«, vom Frühjahr 1841, fehlt DESMARRES noch in der »Liste der bekanntesten Ärzte von Paris«. Im Mai 1842 zeichnet DESMARRES noch »chef de clinique de M. SICHEL«; Juli 1842 aber schon »prof. d'Ophth. à Paris«. (Vgl. die Liste seiner Arbeiten am Schluss dieses Paragraphen.) September 1843 (A. d'O. VIII, 269) spricht er schon von seiner Klinik.

Der Geschicht-Schreiber kann nicht umhin, SICHEL's Beschwerde (Iconogr. S. 449, 1856) zu veröffentlichen; obwohl ihm heute die Beweis-Stücke fehlen, über ihre Berechtigung zu entscheiden, obwohl er überzeugt ist, einige Übertreibungen mit in den Kauf nehmen zu müssen: »In manchen Fällen habe ich, durch mein Schweigen, den Beweis meiner Abneigung gegen Prioritäts-Forderungen geliefert. Aber, wenn ich heute diesen Auszug einer noch nicht bekannt gegebenen Sonderschrift über Pupillen-Bildung, die lange fast vollendet in meinem Pult gelegen, veröffentliche; so schulde ich mir selber, im Geist meiner Leser nicht den geringsten Verdacht eines Mangels an wissenschaftlicher Redlichkeit aufkommen zu lassen. Sonst würde ich ja mich selbst der Anklage eines Plagiats aussetzen. Während vier Jahren (1840—1844) [2]) war DESMARRES mein Privat-Schüler, mein Assistent und Redaktions-Sekretär gegen Honorar, damit betraut, meine Arbeiten in's reine zu schreiben (mettre au net), am häufigsten nach Diktat, immer nach meinen Notizen, meinen Beobachtungen, meinen Zeichnungen, meinen zahlreichen pathologischen Präparaten, kurz nach allen meinen Materialien, die zu diesem Behuf ihm vollständig zur Verfügung standen. Diese Materialien, die ihm anvertraut waren, hat er ohne mein Wissen zu einem Buch benutzt, dessen besseren Theil ich mit gutem Recht für mich in Anspruch nehmen könnte. So namentlich die Pupillen-Bildung und vor allem das Kapitel von der Iridektomie . . .

---

1) Nach GURLT (I) 1841, nach WECKEN (IV) 1844, nach DESMARRES selber 1842.
2) Ich möchte annehmen, von 1838 bis 1842! SICHEL hatte offenbar **G r u n d z u r B e s c h w e r d e,** da DESMARRES nicht einmal den Namen seines Lehrers erwähnt.

In der ganzen Arbeit hat DESMARRES meinen Namen nicht erwähnt, d. h. den seines einzigen Lehrers, dessen Materialien und klinische Vorträge er so reichlich ausbeutete, noch den des Prof. JÄGER, des Erfinders der Methode, die er als eine Abänderung der BEER'schen sich selbst zugeeignet . . . «

Schon wenige Jahre nach dem Beginn seiner eignen fachwissenschaftlichen Bethätigung veröffentlichte DESMARRES das Werk, das seinen Weltruf begründete:

1. Traité théorique et pratique des maladies des yeux, par L. A. DESMARRES, Docteur en méd. de la Faculté de Paris, professeur [1]) de clinique ophthalmologique, méd. du bureau de bienfaisance du 4e arrondiss., membre de plusieurs sociétés médicales. Avec 78 figures intercalées dans le texte. Paris 1847. (904 S.)

Dies ist das zweite [2]) Lehrbuch der Augenheilkunde in französischer Sprache aus dem 19. Jahrhundert, welches wiederum — wie so viele im 18. Jahrhundert! — einer deutschen Übersetzung theilhaftig geworden:

1a. Handbuch der gesammten Augenheilkunde oder vollständige Abhandlung der Augenkrankheiten und ihrer medizinischen und operativen Behandlung, für Ärzte und Studirende, nach Dr. L. A. DESMARRES deutsch umgearbeitet und erweitert von Dr. SEITZ [3]), Privatdozent an der Universität Tübingen, Assistenz-Arzt am chir. Klinikum, und Dr. med. BLATTMANN [4]), Erlangen, 1852. (696 S., mit 76 Holzschnitten und zwei Tafeln, von denen die erste den wagerechten Durchschnitt des Augapfels, 4 Mal vergrößert, nach ARNOLD; die zweite aber die Instrumente von LAUGIER [5]), zum Aussaugen des Stares, darstellt.) Dies ist vielleicht die erste deutsche Übersetzung eines französischen Lehrbuches der Augenheilkunde, die Eleganz des Stiles mit Flüssigkeit der Sprache vereinigt. Auch enthält sie werthvolle Zusätze der Übersetzer. Aber trotz alledem ist sie nicht ganz genau, — sie wollte es ja nicht sein; der Geschichts-Schreiber muss sich natürlich an das Original halten. Sonderbar berührt auch die große Ängstlichkeit der Herausgeber, die bei vielen Gelegenheiten in des kühnen DESMARRES' brausenden Wein Wasser hineinzugießen nicht vermeiden können.

1869 erschien das Handbuch der gesammten Augenheilkunde von Prof. Dr. EUGEN SEITZ in Gießen, fortgesetzt von Prof. Dr. WILHELM ZEHENDER in Rostock. (2 Bände, 1099 S.)

1b. In den Jahren 1854 bis 1858 hat DESMARRES eine zweite verbesserte und vermehrte Auflage seines Lehrbuches, in 3 Bänden, veröffentlicht. (636 und 598 und 816 S.) Es ist nicht blos das umfangreichste, sondern auch das gehaltvollste Lehrbuch der Augenheilkunde, das bis dahin in französischer Sprache erschienen war. D. zeichnet sich jetzt als Doct. . . . ., Prof. de clinique ophthalmologique, lauréat (médaille d'or) de l'Institut médical de Valence (Espagne) etc.; Chevalier de la Légion d'honneur, de l'Étoile polaire de Suède, de la couronne de chêne des Pays-bas, de Léopold de Belgique, du Mérite civil des deux Siciles, et de St. Grégoire le Grand de Rome.

---

1) Hierüber vgl. § 568.
2) Das erste war das von CARRON DU VILLARDS. (§ 568.)
3) EUGEN SEITZ (1817—1899), von 1856 bis 1879 Prof. d. spec. Path. und Therapie und Direktor der med. Klinik in Gießen.
4) Über diesen vermochte ich nichts in Erfahrung zu bringen.
5) Vgl. § 584.

Gleichzeitig mit der ersten Herausgabe seines Werkes (1847) verlegte D. seine beträchtlich vergrößerte Klinik nach der Straße Hautefeuille und »thronte dort lange Jahre, im Glanze seines Ruhmes«.

»Alles, was die ärztliche Generation unserer Zeit«, schreibt Warlomont 1882, »an Augenärzten zählt, ist durch Desmarres' Klinik gegangen, und darunter der berühmteste, A. v. Graefe.«

Nun, A. v. Graefe hat über Desmarres' Klinik in vertraulichen Briefen an seine Freunde berichtet: das haben wir schon (§ 557, VIII) kennen gelernt.

In dem von Dr. Goeschen verfassten Nekrolog A. v. Graefe's (1870, Deutsche Klinik, No. 32, S. 294) heißt es folgendermaßen: »Treu ergeben ist Graefe Zeit seines Lebens Sichel und Desmarres geblieben; mit inniger Dankbarkeit hat er stets des vielen gedacht, was er beiden an Kenntnissen und wissenschaftlicher Fortbildung verdankte; nie hat er aufgehört, als er sich selbst den Gründer einer neuen Schule nennen durfte, als er wusste, dass ihm unbestritten der erste Platz unter den Ophthalmologen unsrer Zeit zuerkannt wurde, Desmarres' große Verdienste um diese als bahnbrechend und maßgebend zu bezeichnen« . . .

Über Desmarres' Klinik haben wir ferner aus dem Jahre 1856 den Bericht von Quadri (A. d'O. XXXVII, S. 239—241,):

»Desmarres vollführt die obere Ausziehung mit bemerkenswerther Genauigkeit. (Er lässt eine Bindehaut-Brücke, die er erst nach der Kapsel-Zerschneidung durchtrennt: aber nur ausnahmsweise.) Ebenso geschickt vollführt er die Iridektomie, welche er der Iridodialyse vorzieht. Nach der Schiel-Operation vernäht er sofort die Wunde. Stets braucht er Lid-Heber, Pincetten, den Pamard'schen Spieß zur Feststellung des Auges, — was Sichel, Jäger d. V., Arlt, v. Ammon, Bowman, Critchett aufgegeben haben.

Es ist eine falsche Behauptung, dass er die durch Star-Ausziehung und durch Pupillen-Bildung Operirten sofort nach Hause schickt. Alle Operirten erfahren in der Klinik regelrechte Nachbehandlung.

Seine Behandlung ist großentheils örtlich. Skarifikationen sind häufig. Der Kupferstift kommt jeden Tag bei etwa 50 Kranken zur Anwendung. Innerliche Mittel sind selten, außer den antisyphilitischen. Doch dafür muss man die französische Schule, nicht ihn verantwortlich machen. Die Augenspiegelung wird sorgfältig gepflegt. Doch sah ich weder Mikroskope noch histologische Präparate.«

(Desmarres hat selber, in seinem Lehrbuch vom Jahre 1847, S. 672, zugestanden, dass er von »Mikrographie« absolut gar nichts verstehe.)

Am 6. März 1857 haben die Schüler und Besucher der Klinik, französische und fremde[1]), ihrem Lehrer als Zeichen der Anerkennung eine

---

1) Prof. Link aus Charkow, Prof. Rossander aus Stockholm, Delgado aus Venezuela, Souza aus Rio de Janeiro, Moricand aus Genf.

L. A. Desmarres.

Verlag von Wilhelm Engelmann in Leipzig.

silberne Medaille[1]) überreicht, auf deren Rückseite dargestellt war, wie
»Äskulap die Binde einem von Blindheit Geheilten abnimmt«[2]).

In seiner Erwiderung auf die Ansprache erklärte Desmarres, dass dieser
Tag der glücklichste sei in seiner 16jährigen Lehrthätigkeit, und fügt die
charakteristische Bemerkung hinzu: »Il y a une véritable joie, un vif bon-
heur à vous conduire dans ce dédale obscur de l'ophthalmologie, aujourd'hui
encore si peu connue en France.«

Zwei Thatsachen hat keine der drei französischen Biographien
genügend hervorgehoben:

1. Desmarres war im neunzehnten Jahrhundert der erste französische
Arzt von größerer Bedeutung, der sich offen als Specialist für Augenheilkunde bekannt, trotz der Gehässigkeit, mit welcher die großen Chirurgen,
namentlich in Paris, alle Sonder-Ärzte verfolgten. (Er schreibt, 1847, in
der Vorrede zu seinem Lehrbuch: »Seit 8 Jahren ausschließlich mit
Ausübung und Lehre der Augenheilkunde beschäftigt.«)

2. Desmarres war der eigentliche Gründer der neuen französischen
Schule; er war, sei es unmittelbar, sei es mittelbar, der Praeceptor
Galliae und einer von denjenigen, welche die Reform der Augenheil-
kunde eingeleitet haben.

Bis 1863 gehörte D. zu den beschäftigtsten Augenärzten von Paris.

Im Jahre 1862 verlor er seine Gattin, am 28. Mai 1863 führte er in zweiter
Ehe die Tochter des berühmten Malers Robert Fleury heim. Am 30. Januar
1864 übergab er die Klinik seinem ältesten Sohn Alfons, aus erster Ehe.

Aber das that er doch nicht einfach so, wie viele Franzosen früh
sich zur Ruhe setzen; noch auch aus einer bei uns Ärzten so seltnen
Philosophie, in der Blüthezeit des Lebens abzutreten; sondern gezwungen
und mit blutendem Herzen. Nie hat er wieder die Klinik betreten. Man
verhehlte ihm bis zu seinem Tode die Thatsache, dass sein Sohn die Klinik
vernachlässigt, ja geschlossen hatte.

Seine Privat-Sprechstunde hielt er bis 1880. Er hat noch operirt,
aber nicht mehr geschrieben. Am 21. August 1882 ist er an einer Herz-
krankheit verstorben.

Desmarres war von großer Herzensgüte, obschon er rauh und mürrisch
erscheinen mochte. Die langen Kämpfe, die er überwinden musste, hatten
ihm ihre Spuren aufgeprägt. Aus den Widerständen, die er gefunden, um
seine bedeutenden Verdienste geltend zu machen, war ihm ein großes
Selbstgefühl erwachsen.

---

1) Ann. d'Oc. XXXVII, S. 190.

2) Ein ähnlicher Gegenstand findet sich einerseits schon auf dem Titelbild
C. F. Graefe's, aus dem Jahre 1817, XIV, ıı, S. 50⁻; andrerseits auch auf der Pla-
quette für P. Panas, aus dem Jahre 1903, der für C. de Vincentiis aus dem Jahre
1904, der für H. Don aus dem Jahre 1911.

Mit kühner und sicherer Hand griff er das Seh-Organ unmittel-bar an, prüfte dasselbe von Grund aus und wagte es, das Heilmittel an den Sitz der Krankheit zu bringen. Er war ein glänzender Operateur, zumal bei dem Star-Schnitt, und hat auch zahlreiche Instrumente erfunden, seinen Lidheber, der seinen Namen trägt, seinen Skarifikator, sein Kystitom u. a.

DESMARRES hat alle Zweige unsrer Fachwissenschaft erfolgreich und prak-tisch gefördert. (Manche Neuerung hat er allerdings nach kurzer Zeit selber wieder zurückgenommen.) Die Liste seiner Arbeiten, die er fast alle in den Annales d'Oculistique veröffentlicht, ist beträchtlich[1]):

2. Epicanthus accidentel temporaire survenu pendant le cours d'une conj. puru-lente et ayant disparu après cette affection. Observ. recueillie à la clinique de M. Sichel, par M. Desmarres, chef de clinique. VI, S. 236. Febr. 1842.

3. Sur une nouvelle méthode d'employer le nitrate d'argent dans quelques oph-thalmies par M. Desmarres, chef de clinique de M. Sichel. Mai 1842. VII, S. 45, 105, 259.

4. Mémoire sur les dacryolithes et les rhinolithes ... par M. le docteur D., pro-fesseur d'Ophth. à Paris. Juli 1842, VII, S. 149; VIII, S. 85, 201; IX, S. 21. (Vgl. unsren B. XIV, II, S. 246.)

5. Sur la guérison des taches anciennes de la cornée par l'ablation des lamelles opaques. IX, S. 96.

5a. Keréctomie ou abrasion de la cornée dans les opacités anciennes de cette membrane. Recherches et expériences sur cette opération. X, S. 5. (Vgl. § 582, XII, Malgaigne.)

6. Note sur la Kératoplastie. X, S. 188.

7. De la cataracte pigmenteuse ou uvéenne et de son diagnostic différentiel. XIII, S. 132. (Gegenüber der Amaurose und dem braunen Star.)

8. De l'emphysème des paupières. XIV, S. 97.

9. Synchisis étincelant. Ramollissement du corps vitré avec étincelles appa-rentes au fond de l'œil. XIV, S. 220.

9a. Nouvelles observations de synchisis étincelant. XVIII, S. 23.

9b. Cholesteritis de l'œil. XXIV, S. 193. (Vgl. § 564, für 9 bis 9b.)

10. Examen des yeux ou ophthalmoscopie. XVI, S. 13, 122, 291. (Aus seinem Lehrbuch. — Also noch 1846 besteht der alte Name von Himly zu Recht. Vgl. unsren B. XIV, II, S. 5.)

11. Nouvel instrument pour l'exstirpation des tumeurs des paupières. XVI, S. 8. (Vgl. sein Lehrbuch, 1.)

12. Recherches pratiques sur la parancenthèse de l'œil. XVIII, S. 255. (Nach Nadel-Operationen des Stars.)

13. Formule pour la préparation des crayons de nitrate d'argent et de nitrate de potasse. XX, S. 157.

14. Observ. prat. I. De l'iritis considérée comme symptome de la présence d'un corps étranger dans l'intérieur de l'œil. II. Microphthalmos double opéré de cataracte et de pupille artificielle. XXIII, S. 7.

15. Guérison du ptérygion par un nouveau procédé, dit par dérivation (Ablenkung). XXV, S. 207.

16. Extraction des cataractes fausses membraneuses secondaires au moyen de la serretèle. XXVI, S. 166.

17. Note sur la phlebotomie oculaire. XXVIII, S. 153.

18. Du larmoiement. XXXI, S. 86. (Aus der zweiten Ausgabe des Lehrbuches.)

---

1) Bei der Bedeutung von DESMARRES habe ich die Titel französisch und unverkürzt gegeben.

19. De l'exophthalmos produit par l'hypertrophie du tissu cellulo-adipeux de l'orbite. XXXIV, S. 273, 283. (Gewöhnlich ist Kropf zugegen. Mitunter folgt Störung der Augenbewegung, besonders nach oben. Eine 60jährige, mit Kropf seit der Jugend, verlor ein Auge durch Hornhaut-Schmelzung.)

20. Inflammation des os et du perioste de l'orbite. XXXIV, S. 275. (Knochenfraß des Sieb- und Nagel-Beins.)

21. Ankyloblepharon artificiel dans un cas de paralysie rebelle de la 7e paire. XXXIV, S. 276. (Bei einer 16jährigen wurde, wegen Offenstehens der Augen im Schlaf, zeitweise Vernähung der beiden Lider verrichtet.)

22. Oblitération du sac lacrymal au moyen du chlorure de zinc. XXXVIII, S. 44. (Nach Jüngken, 3 Fälle; in zweien war Wiederholung nöthig.)

22a. Indications et contre-indications de l'oblitération du sac lacr. XXXVIII, S. 44. (Mit dem Glüheisen, — nur im Nothfall.)

23. Tumeur fibroplastique de la chambre antérieure. XXXVIII, S. 100. (Bei einer 8jährigen, von der Iris aus, mit Durchbruch. Entfernung der vorderen Augapfel-Hälfte. — Es dürfte Tuberkulose gewesen sein. Ebenso wie der folgende Fall [24] einer 6jährigen, wo das Gewebe dem Tumor albus der Gelenke ähnelte.)

24. Note sur une espèce peu connue de tumeur de la chambre antérieure. XXXVIII, S. 191. (Aus Gazette méd. de Paris 1855, No. 23.)

25. Compte rendu de la traduction du traité pratique sur les maladies de l'œil de W. Mackenzie, faite sur la 4e édition, par Warlomont et Testelin. XXXVIII, S. 103, 1857.

Das ist die letzte Sonder-Arbeit von DESMARRES. Im Jahre 1858 giebt er den letzten Band der zweiten Auflage seines Lehrbuches heraus. Im besten Mannes-Alter verstummt sein beredter Mund. In den letzten 24 Jahren seines Lebens hat er nichts mehr veröffentlicht.

§ 592. DESMARRES' Abhandlungen.

(III.) Seine erste bemerkenswerthe Arbeit, über Höllenstein gegen Augen-Entzündung, hat DESMARRES im Mai 1842, noch als SICHEL's Assistent, veröffentlicht.

»Die einen wenden das Mittel fast gegen jede Augen-Entzündung an, die andren verwerfen es gänzlich, wegen seiner Gefahren. Es fehlt noch an bestimmten Regeln.«

(Die geschichtliche Darstellung D.'s berücksichtigt wohl auch die deutsche Literatur, ist aber weniger vollständig, als die unsrige, im Bd. XIV, II, S. 432. Nachzutragen wäre, dass C. F. GRAEFE schon 1826 die Höllenstein-Lösung von 0,5 : 30,0 gegen Eiterfluss der Augen angewendet, GUTHRIE schon 1828 seine »magische« Augensalbe aus Höllenstein, VELPEAU 1830 und LAWRENCE 1833 eine ähnliche Salbe. In der Lancette Franç. No. 12, 1834, und in der Gaz. méd. de Paris, 1834, No. 14 wird die Lösung empfohlen, in der letzteren von MUNARET, de Chatillon-de-Michailles, unter Hinzufügung von Laudanum. Um dieselbe Zeit, wie BUSCH, nämlich 1837, hat auch PAUL DUBOIS in Paris das Mittel gegen die nämliche Krankheit, die Augen-Eiterung der Neugeborenen, in Anwendung gezogen. Seit dieser Zeit hat man zahlreiche Versuche damit gemacht, in Frankreich, England, Deutschland, Belgien; aber nirgends feste Regeln aufgestellt.)

Der Höllenstein wirkt in schwacher Gabe zusammenziehend, in starker ätzend auf die Augenhäute; die erstgenannte Wirkung kann der des kalten Wassers, die zweite der der intensiven Kälte verglichen werden.

14*

»Ich gebrauche i. a. nicht die sehr schwachen Gaben, aber ich wende es auch nicht zu schorfbildender Ätzung an.« Von einer Lösung von 0,4 bis 0,9 : 10,0 wird halbstündlich ein Tropfen eingeträufelt. »Wenn es mir möglich ist, den Kranken 5 Stunden nach der ersten Einträuflung wieder-zusehen, so beurtheile ich nach dem Zustand des Organs, ob die Reaktion (mit Lichtscheu, Thränen) eintreten will oder nicht. Wenn nicht, fahre ich fort; wenn ja, vermehre ich die Stärke der Lösung.

Bei der eitrigen Bindehaut-Entzündung[1]) ist diese Art der Anwendung sehr nützlich. Sie vermeidet die Anschwellung und die Ätzschorfe der starken Ätzung mit dem Stift oder mit sehr concentrirter Lösung.«

Zusatz. Wie man deutlich erkennt, ist diese Veröffentlichung von DESMARRES eine wichtige Vorarbeit für die Leistung von A. v. GRAEFE aus dem Jahre 1854, auf die wir später einzugehen haben.

(XIII.) DESMARRES hat 1848 die Herstellung gemilderter Höllenstein-Stifte beschrieben, aus Höllenstein und Salpeter, im Verhältniss von $1/2$, $1/4$, $1/5$.

FL. CUNIER fügt hinzu (Okt. 1848, A. d'O. XX, S. 158), 1.dass er schon 1843 diese Anwendung bei DESMARRES gesehen; dass er selber (natürlich!) schon ein paar Jahre früher eben solche Stifte hatte anfertigen lassen; 3. dass also HASNER VON DER ARTHA (1847) nicht die Priorität habe. (Aber die der Veröffentlichung kann man letzterem nicht bestreiten. Niemand wird zu behaupten wagen, dass er die Versuche von CUNIER und DESMARRES ge-kannt und verschwiegen habe. HASNER giebt übrigens an, dass er den gemil-derten Stift, aus zwei Theilen Nitrum und einem Theil Argentum nitricum zusammengeschmolzen, dem Apotheker DITTRICH verdanke. [Anatom. Be-gründung d. Augenkr., Prag 1847, S. 50.] Wegen der praktischen Anwendung der gemilderten Höllenstein-Stifte vgl. meine Einführung I, S. 14, 1892.)

(XIV.) In zweifelhaften Fällen von Augen-Verletzung beweist Iritis die Anwesenheit eines Fremdkörpers im Augen-Innern, und führt in einigen Fällen zur erfolgreichen Ausziehung.

(XVI.) Die Niederdrückung oder Ausziehung eines in oder hinter der Pupille befestigten Nachstars, nach der Ausziehung, begegnet öfters den größten Schwierigkeiten.

Der Instrumentenmacher CHARRIÈRE hat um 1845 und LUER 1850 ein Instrument zur Ausziehung des Häutchens hergestellt. Das letztere hat D. mit Erfolg angewendet und Serretèle[2]) genannt.

---

1) »Hilfreich ist übrigens auch ein zweites Verfahren: die fast ununterbrochene Einträuflung eines einfachen Augenwassers aus Borax oder einem schwachen Adstringens, (mit Hilfe einer Spritze, wenn die Schwellung stark ist,) für 24 Stunden und länger.«

2) Von serrer (frz.), klemmen, und tela (lat. = la toile, frz.), das Gewebe. Das schöne Wort fehlt in den ärztlichen Wörterbüchern, auch in den augenärzt-lichen. Ein heftiger Prioritäts-Streit entbrannte über dies Instrument zwischen den beiden Künstlern, dem Franzosen CHARRIÈRE und dem eingewanderten Deutschen

Es ist eine außerordentlich dünne, aber feste Pincette, in einem feinen Röhrchen, das geschlossen durch eine mit der gewöhnlichen Starnadel gemachte) Öffnung eingeführt wird. Durch Zurückziehen des Röhrchens öffnen sich die Arme auf drei Millimeter, um gleich wieder geschlossen zu werden, das Häutchen zu packen und herauszuleiten.

(XVII.) Über den Aderlass am Auge.

Eine vorn abgestumpfte Lancette am Stiel (Scarificateur), zum Anritzen der Bindehaut und zum wirklichen Aderlass am Auge, liefert sehr glückliche Erfolge in der Praxis.

Scarificateur heißt Schröpfer. (Grundbedeutung der germanischen Wurzel skrep ist ritzen.)

Natürlich gehört diese örtliche Blut-Entziehung (sowohl mit Anwendung von Schröpfköpfen, als auch ohne solche) zu den ältesten Eingriffen der Heilkünstler. Die alten Griechen gebrauchten für das Schröpfen die folgenden Ausdrücke:

1. ἐγχάραξις, das Einschneiden, Eingraben, von ἐγχαράσσω. So bei ARET., bei GALENOS, der im zweiten Buch an Glaukon drei Arten derselben beschreibt; bei APOLLONIOS. (OREIDAS. B. II, S. 64.)

2. κατασχασμός oder κατάσχασις, das Aufritzen, von κατασχάζω. So bei DIOSCUR., RUF., GALENOS u. a. Auch ἀποσχασμός.

3. Von σκάρφος (= κάρφος), Zweig, Reis, Stift, kommt σκαριφάομαι (auch σκαριφεύω), kritzeln, skizziren. Davon das lateinische scarifare oder scariphare, bei PLINIUS in der Bedeutung anritzen, und das spätere scarificare, bei PALLAD. — In Gloss. Lat.-Graec.: Scarifat, ... καταχαράσσει.

Durch die lateinischen Übersetzungen der griechischen Ärzte und durch die ärztlichen Wörterbücher wurden die Worte scarificare, scarificatio, scarificatorium mehr und mehr eingebürgert.

Fig. 10.

Der Scarificator von Desmarres.

»Die Alten haben schon die Skarifikation des Auges angewendet, aber in beschränkter Weise, mit rohen Instrumenten, selbst mit Pflanzen-Stielen[1].«

DESMARRES hält mit der einen Hand die Lider des Augapfels auseinander und zieht mit der Schneide des Instruments einige Striche gleichlaufend zum Hornhaut-Rand.

LUER, die beide nicht wussten, dass schon 150 Jahre frührer, nämlich im Jahre 1695, ALBINUS eines reisenden Starstechers höchst elegante Star-Nadel, die durch Druck auf eine Feder zu einer Pincette gespreizt und zum Ausziehen (häutiger) Stare benutzt werden konnte, genau beschrieben und sehr hübsch abgebildet hatte. Bei HALLER, Disput. chir. select. II No. XXXII, 1755, ist sie wieder zu sehen. ASSALINI hat 1811 ein ähnliches Instrument erfunden. Vgl. XIII, S. 467.

[1] Vgl. dazu unsere §§ 74—77; § 329 (XIII, 388); § 413.

Soll aber ein Aderlass am Auge bewirkt werden, so macht man einen Schnitt von 1 cm Länge durch die Augapfel-Bindehaut und die darunter liegenden Gefäße. Oft hat dies, nach vergeblicher Anwendung des allgemeinen Aderlasses und der Betäubungsmittel, dem Kranken eine ruhige Nacht verschafft.

Bei einem tiefen Hornhaut-Abscess wird dadurch die abstoßende Entzündung in die ersetzende umgewandelt.

Bei der eitrigen Augen-Entzündung, im Beginn der Chemosis, wird die Skarifikation rings um die Hornhaut, an 10—12 Stellen angewendet, dazu kalte Umschläge für 2 Stunden. Blutegel hinter die Ohren [1]), alle halbe Stunden eine Einspritzung mit einem schwach zusammenziehenden Augenwasser.

Aber bei vorgeschrittener eitriger Augen-Entzündung und speckiger Chemosis muss man die Skarifikationen zwei Mal täglich vornehmen, vielfach, um den Hornhaut-Rand, und tief; auch in der Lid-Bindehaut.

Bei dem Hornhaut-Abscess verhütet man so die Durchbohrung. Bei der chronischen gefäßreichen Hornhaut-Entzündung erzielt man wunderbare Erfolge, auch bei der pustulösen (scrofulösen). Bei der Regenbogenhaut-Entzündung beseitigt man sofort den Schmerz.

Zusatz. CZERMAK-ELSCHNIG (I, S. 7, 1908) erwähnt »den Scarificator von GRAEFE's zur Scarification der Bindehaut«.

Aber A. v. GRAEFE selber spricht von DESMARRES' Scarificator (1854, A. f. O. I, 1, S. 212). »Ist die Intumescenz der Schleimhaut bedeutend [bei Blennorrhöe], ... so rathe ich, bei jeder Kauterisation zu scarificiren. Dies geschieht nach vollendeter Neutralisation, vor dem Zurückschlagen der Lider, und bediene ich mich dazu des DESMARRES'schen Scarificateurs« .... »Die Scarifikationen sind nur ein Unterstützungs-Mittel, ein Trabant des Causticum, und zwar der wichtigste, nächst der Kälte.«

Das sind die hauptsächlichsten Abhandlungen von DESMARRES; alle diese Arbeiten gehen darauf aus, durch Eingriffe an dem leidenden Theil unmittelbare Hilfe zu bringen.

§ 593. DESMARRES' Lehrbuch.

Jetzt komme ich zu dem Hauptwerk seines Lebens, dem Lehrbuch vom Jahre 1847. (I)

DESMARRES selber hat 1857, bei einer Beurtheilung der französischen Ausgabe von W. MACKENZIE's Lehrbuch, den Satz ausgesprochen, »dass 1811

---

1) »Posées d'après la méthode de GAMA dans les plaies de tête.« Der Satz ist auf den ersten Blick nicht leicht verständlich. — JEAN-PIERRE GAMA (1776—1831), französischer Militär-Arzt und später erster Professor an dem Militär-Krankenhaus Val-de-Grace zu Paris, hat 1835 einen Traité des plaies de tête verfasst und darin das planmäßige Ansetzen der Blutegel beschrieben.

in Frankreich kein vollständiges und neues Lehrbuch[1] der Augenheilkunde existierte«.

In der Vorrede[2] zu seinem eignen, die am 1. April 1847 verfasst ist, betont DESMARRES, dass die Augenheilkunde in Frankreich zwar seit einigen Jahren bedeutende Fortschritte gemacht hat, aber trotzdem der Mehrzahl der ausübenden Ärzte noch sehr wenig geläufig geworden. Er wolle versuchen, einige der Schwierigkeiten zu beseitigen, welche dem Studium der Augenkrankheiten anhaften.

»An der Spitze einer selbstgegründeten Augenklinik, die zehn Betten besitzt und 1846 gegen 1530 arme Augenleidende verzeichnet hat, seit 8 Jahren ausschließlich mit Übung und Lehre der Augenkrankheiten beschäftigt, war ich in der Lage, eine große Zahl von Kranken zu beobachten und die theoretischen Gedanken meiner selbst und andrer einer strengen öffentlichen Prüfung zu unterziehen . . . .

Eingetheilt habe ich die Krankheiten nach anatomischer Ordnung, da nach meiner Ansicht bei dem gegenwärtigen Zustand der Wissenschaft eine andre Eintheilung nicht möglich ist.«

Als Einleitung erscheint eine Abhandlung über die Untersuchung der Augen oder Ophthalmoskopie[3].

DESMARRES betont seinen vollen Augenlidhalter, dessen Modell er den Herren CHARRIÈRE und LÜER mitgetheilt. — Eine kleine Lupe genügt. Sonst liebt D. nicht die optischen Instrumente, Vergrößerungs-Gläser, Prismen, Hohlspiegel, künstliches Licht (außer für den Versuch von SANSON), und polemisirt gegen CARRON DU VILLARDS (§ 568), von dem er übrigens, wie natürlich, einiges entlehnt hat, das dieser wiederum aus HIMLY entnommen hat.

Die Darstellung der Krankheiten, welche sehr genau und eingehend ist, immer die früheren Beschreiber kurz anführt, dabei auch der Deutschen nicht vergisst[4], beginnt mit den Lidern und bringt nach einander: Fehlen der Lider (Ablepharon[5]), Spalt der Lider (Koloboma), Verwachsung der Lidränder unter einander (Ankyloblepharon), Verwachsung der Lider mit dem Augapfel (Symblepharon), Enge der Lid-Öffnung (Phimosis), Hasen-

---

1) Neu waren damals die französischen Bücher von STOEBER 1834, von JEANSELME-VELPEAU (1840, § 578), von ROGNETTA (1844, § 570). Dazu kam die Kompilation in FABRE's Bibliothèque du méd. praticien (15 Bände, 1843—1851) und die französischen Übersetzungen von WELLER (1832), durch RIESTER, und von MACKENZIE (1845), durch LAUGIER und RICHELOT. Die französischen Lehrbücher der Augenheilkunde vom Jahre 1820 haben wir in § 550 zusammengestellt.
2) Die leider in der deutschen Übersetzung ausgefallen ist.
3) Vgl. XIV, II, S. 13.
4) SEITZ, sein Übersetzer, schreibt ihm eine nur geringe Bekanntschaft mit der deutschen Literatur zu.
5) Name und Beschreibung rühren von AMMON her. (ἀ- u. βλέφαρον, Lid.) Derselbe hat einen Fall mitgeteilt, wo die beiden Unterlider durch eine Kugel zerrissen waren, die auch das Nasenbein zerbrach.

Auge (Lagopthalmos), Epicanthus, Ptosis, Entropion, Ectropion, Blepharoplastik, Trichiasis, Blepharitis, Geschwülste der Lider, syphilitische Leiden
der Lider.

Von seinen eignen Beiträgen zu diesem Theil beschreibt er zwei
Operationen:

1. Trichiasis. Wenn nur einige Wimpern gegen den Augapfel gerichtet sind, und man ihre Ausreißung mehrere Male ohne Erfolg geübt
hat; so fasst man mit einem doppelten Schielhaken die entsprechende kleine
Hautfalte, so nahe wie möglich zum freien Rand, und trägt sie ab: am
nächsten Tage neigt sich die obere Wundlefze gegen die untere (am Unterlid)
und zieht die Wimpern ab.

2. Blutleere Ausrottung von Lid-Geschwülsten und Kysten mit
Hilfe der Lidklemme, einer Pincette, die an dem einen Arm eine Platte,
an dem andren einen Ring trägt: beide können durch eine Schraube an einander gepresst werden. (Vgl. oben 11.) Die Abbildung findet sich in der
ersten Auflage unsres Handbuches. (III, Taf. II, Fig. 17.) Diese Tafeln von
ARLT hat SNELLEN sr. in der zweiten Auflage unsres Handbuches wiederholt. (II, IV, II, § 12.) SNELLEN's Lidklemm-Pincette ist nur eine kleine
Änderung der DESMARRES'schen: der Ring ist in einen Halbring umgewandelt.

Der zweite Theil des Lehrbuches beginnt mit der Eintheilung der
Augen-Entzündungen. »Der Name Ophthalmie ist beinahe überflüssig
geworden, seitdem BICHAT uns die Lokalisation der Entzündung in den
einzelnen Geweben nachgewiesen. Öfters beschränkt sich die Entzündung
auf ein Gebilde, z. B. bei der Iritis. Wenn GERDY[1]) kürzlich, in der
Akademie der Medizin, die Möglichkeit einer Lokalisation der Entzündung
in den einzelnen Augenhäuten überhaupt in Abrede gestellt hat, so liegt
darin eine maßlose Übertreibung.

Die Entzündungen des Augapfels sollen in anatomischer Reihen-
folge vorgeführt werden, um ermüdende Wiederholungen zu vermeiden,
und Klarheit zu gewinnen. Die Entzündung verläuft in demselben Gewebe
nicht immer in derselben Weise; so unterscheiden wir bei der Conjunctivitis
eine einfache, eine pustulöse, eine granulöse, eine eitrige u. s. w. Wo die
Entzündung mehrere Augengebilde zugleich trifft, wird ja allerdings Zu-
sammengehöriges auseinander gerissen; aber dieser Nachtheil ist geringer,
als wenn man diese Leiden in eine Reihe von Allgemein-Beschreibungen
vereinigen wollte: denn dann würde man bis zu einem gewissen Grade in
die Dunkelheit und Verwirrung verfallen, welche wir bei den deutschen
Theilungen und Untertheilungen vorfinden, die so schwer zu begreifen
sind für den gewöhnlichen Praktiker, der nicht aus der Augenheilkunde
ein Sonder-Studium zu machen in der Lage ist. Außerdem würde das

1) § 579, § 585.

Studium der Krankheiten einer und derselben Membran nothwendiger Weise über eine mehr oder minder große Zahl von allgemeinen Beschreibungen zerstreut sein und so niemals ein leicht zu erfassendes Ganze darstellen.

Die Eintheilung nach anatomischer Ordnung erlaubt uns auch, die Frage der Specificität zu vermeiden, die so lange und, nach unsrer Ansicht, so überflüssig erörtert worden ist. Die strenge Beobachtung der pathologisch-anatomischen Kennzeichen der Augen-Entzündungen wird uns vollkommen klar nachweisen, dass die einzelnen Formen von einander sich unterscheiden; dass aber diese Kennzeichen nicht genügen, um festzustellen, dass irgend eine Augen-Entzündung an eine bestimmte Konstitution sich anknüpft[1]). Man findet also hier nicht die Namen rheumatische, scrofulöse, arthritische Ophthalmie, weil wir die Überzeugung haben, dass es keine anatomisch-pathologischen Kennzeichen ⟨am Auge selbst⟩ giebt, welche diese Komplicationen der verschiedenen Augen-Entzündungen erkennen lassen; und dass, wenn diese Komplicationen wirklich vorhanden sind, man sie nur aus der allgemeinen Untersuchung des Körpers erkennen kann, sowie aus den Änderungen des Verlaufes, welche durch die Konstitution hervorgerufen werden. . . .

Es besteht auch eine therapeutische Gefahr, eine Augen-Entzündung von vorn herein unter dem Namen einer allgemeinen Körperbeschaffenheit zu bezeichnen. Weller[2]) hat sie schon erkannt. Zunächst muss man die örtliche Krankheit angreifen, natürlich mit Berücksichtigung der Konstitution; erst später, wenn man erkannt hat, dass die Konstitution einen Einfluss auf diese Augenkrankheit besitzt, wird man sich damit beschäftigen, die Konstitution zu verbessern, um die Behandlung zu vollenden und die Rückfälle zu verhüten.«

(Wie man sieht, sind das doch nur formelle Unterschiede, die allerdings in der Kürze und Klarheit der Darstellung sich kundgeben.)

In den diagnostischen Zeichen der Augen-Entzündung folgt Desmarres den Spuren seines Lehrers, ist aber dabei im ganzen ziemlich kurz[3]).

Desmarres entwirft also die folgende Übersicht der Conjunctivitis:

1. Einfache[4]) oder entzündliche, 2. pustulöse, 3. granulöse oder katarrhalische: A. ansteckende, B. nicht ansteckende, C. miasmatische, D. ex-

---

[1]) Gegen Sichel.

[2]) XII, ii, S. 319.

[3]) Bei der Schilderung der Röthe im Weißen des Auges erwähnt er nicht einmal des oberflächlichen und des tiefen Gefäßnetzes der Augapfelbindehaut, die Prof. Römer in Wien 1837 abgebildet (Ammon's Zeitschr. V, S. 21—27) und die er bei Rognetta (1844, S. 204) citirt finden konnte.

[4]) Er sagt »franche«, d. h. echt, nach Rognetta, Vidal u. a.; das wird von Seitz mit »einfach« wiedergegeben. (Velpeau hat C. simple.) Bei Weller (1830) steht »rein«, bei Beer und Jüngken idiopathisch. Seitz bemerkt, dass die Conjunctivitis catarrhalis vieler deutscher Autoren damit zusammenfällt.

anthematische: a) erysipelatöse, b) variolöse, c) morbillöse, d) scarlatinöse;
E. eitrige, α) der Neugeborenen, β) gonorrhoïsche, γ) militärische.

(Wir können eigentlich nicht finden, dass er von dem deutschen System,
dem er Dunkelheit und Verwirrung vorwirft, mehr als in den Namen — und
durch Unterdrückung einiger weniger Formen abweicht. Ja, ich meine, die
Eintheilungen bei BECK [1823] und bei CNELIUS [1843] waren einfacher.
Auch lautet D.'s erster Satz: »Die echte Conjunctivitis ist diejenige, welche
die Individuen von guter Konstitution befällt.«)

Gegen die einfache Conjunctivitis empfiehlt DESMARRES Kälte und stünd-
liche Einträuflungen von Arg. nitr. (0,2 : 10,0)[1]; aber, bei stärkerer Intensität
die Skarifikation, die Ausschneidung der Chemosis, den Höllenstein-Stift.

Bei dem Augentripper werden mehrere Fälle angeführt, wo nicht
die befallene Person, sondern der Gatte (oder die Gattin) am Tripper litt.
Die Behandlung besteht im Aderlass, in Blutegeln, Kalomel innerlich und
in der Ätzung der Schleimhaut.

Bei dem schweren Pannus[2] will DESMARRES, gestützt auf STOUT's Mittheilung (London & Edinb. monthly of med. Science 1845), dem JÄGER'schen
Heilmittel der Inokulation seine Anerkennung nicht versagen. (Übrigens
giebt er JÄGER die Priorität [1812], ebenso wie wir [XIV, II, S. 554] es gethan
haben, und meint, dass WALKER [1811], dem schon 1843 HAMILTON ¸Lond.
Edinb. monthly 1843, Juli', also vor WARTON JONES [1847], die Priorität
hatte zuertheilen wollen, irgend eines chemischen Reizmittels sich bedient
habe, nicht aber der Inokulation eines lebenden Virus: hätte er dies, und
mit Erfolg, angewendet; so würde er es unfehlbar angegeben haben.)

In der Geschichte und Statistik der Keratitis macht DESMARRES
eine tüchtige Anleihe bei JEANSELME und übernimmt auch die Falsch-
Schreibungen (BOERRHAAVE und HAUFFBAUER), mit denen der letztere seine
eignen Entlehnungen, aus CARRON und den Diktionären der Heilkunde, zu
schmücken pflegte. D. selber hatte auf 1634 Augenkranke 636 Hornhaut-
Leiden. Aber auch in der Pathologie folgt er vielfach seinem Vorgänger
und theilt die Keratitis einerseits in oberflächliche, interstitielle, tiefe und
andrerseits in allgemeine oder theilweise; ferner in primitive und sekundäre.

Die erste Form der primitiven ist die disseminirte (die lymphatische
oder scrofulöse der Autoren). Bezüglich der Behandlung stellt er die
örtliche in den Vordergrund und empfiehlt, nach MACKENZIE und LAWRENCE,
warme Umschläge, sowie bei trägem Verlauf Einträuflung von Laudanum
oder von Opium (0,3 : 30,0); ferner Kalomel-Einblasung, Einstreichen von
Präcipitat-Salbe; Belladonna-Einträuflung frühzeitig und während des

---

1) Von diesen starken Lösungen ist D., nach dem Zeugniss von BLATTMANN,
bald zurückgekommen.

2) Der scrofulöse wird von dem granulösen schon gut unterschieden. Aber
das hatten SICHEL und die Engländer schon lange geleistet.

ganzen Verlaufes, — während Blasenpflaster und Brennungen niemals entschiedenen Nutzen leisten. Die allgemeine Behandlung besteht in Ableitungen auf den Darm, Quecksilber innerlich oder in tonischen Mitteln
bei schlechter Konstitution

Die zweite Form ist die Keratitis punctata. Leichter ist die oberflächliche, schwerer die tiefe, wo die Punkte an der konkaven Seite der Hornhaut sitzen. Die letztere gesellt sich häufig zur Iritis. Sie befällt hauptsächlich scrofulöse oder sonst kranke Individuen und fehlt selten bei der
syphilitischen Iritis. Man beobachtet sie auch bei der inneren Entzündung
nach der Niederdrückung des Stares. Zur Behandlung werden wieder örtliche
Reizmittel empfohlen, Laudanum, Präcipitat-Salbe [1]); auch Einträuflungen
von Zink-, Kupfer-, Silber-Lösungen, jedoch nur für einige Stunden, bis
man genügende Reizung erreicht hat. Ferner Belladonna, Haarseil. Blutegel
in der akuten Periode; aber nicht der Aderlass. Wenn nöthig, tonische Mittel.

Die sekundären Hornhaut-Entzündungen sind nicht so, wie die primären, mit innerer Entzündung verbunden, sondern vielmehr die Folgen
einer äußeren. DESMARRES stellt das folgende Schema auf: Sekundäre K.,
1. gefäßhaltige: a) oberflächliche, theilweise und vollständige, akute und
chronische; b) tiefe, theilweise oder vollständige, chronische; 2. nicht
gefäßhaltige oder citrige und geschwürige: α) oberflächliche, β) interstitielle,
γ) tiefe; partielle und allgemeine, akute und chronische.

Von der oberflächlichen vaskulären werden zwei Grade unterschieden,
die partielle (K. phlykt., pust., — scrof. der Deutschen) und die allgemeine[2]), beide erst akut, dann chronisch.

Bei der akuten Form empfiehlt D. die entzündungswidrigen Mittel und
die Abortiv-Methode, halbstündliche Einträuflungen von Höllenstein (1 : 20),
die allerdings unerträglichen Schmerz verursachen[3]).

Die chronische Form erheischt örtliche Reizmittel. Bei reichlicher Gefäß-Entwicklung an der oberen Hälfte der Hornhaut in Folge von Lid-Granu-
lationen muss die Behandlung gegen die letzteren gerichtet sein.

Bei den Hornhaut-Entzündungen mit tiefen Gefäßen sind stets schwere
Störungen in den meisten Augenhäuten vorhanden. Der Verlauf ist sehr lang-
sam, Blindheit ist stets die Folge (?). Die Ursachen sind die der Chorioïditis.
Die Behandlung kann nur eine allgemeine sein.

Bei den Geschwüren der Hornhaut liebt DESMARRES das Touchiren
mit dem Kupferstift, mit dem Höllenstein, oder der Lösung des letzteren.

---

1) Précipité parfaitement porphyrisé, d. h. zerrieben.

2) Hier wird die scrofulöse Form des Pannus von der trachomatösen nicht
genügend getrennt, wohl aber an andren Stellen.

3) Der Übersetzer (BLATTMANN) erklärt 1852, dass D. diese äußerst schmerz-
hafte Abortiv-Methode neuerdings nur noch erwähnt, um davor zu warnen. Aber
ich finde dieselbe wörtlich wiederholt in D.'s 2. Auflage, vom Jahre 1855.

»Der Name Ulcère en coup d'ongle ist von VELPEAU einem Geschwür
von etwas rundlicher Form, das nahe dem Rande sitzt, beigelegt worden.« Bei
JEANSELME findet sich: Herr VELPEAU hat es beschrieben unter dem Namen
ulcère à coup d'ongle. Das bedeutet Nagel-Riss. (Nagel-Abschnitt
heißt coupe, coupure.) Der Name ist unzweckmäßig, wegen der Zwei-
deutigkeit, da Geschwürchen der Hornhaut, die durch Verletzung mittelst des
Fingernagels hervorgerufen wurden, oft genug, und mehr in der Mitte der Hornhaut, beobachtet werden.

Die alten Griechen hatten als ὄνυξ, Nagel, eine halbmondförmige Eiter-
Ansammlung am Boden der Vorderkammer bezeichnet (XII, S. 283), weil sie
»ähnlich dem Abschnitt eines Fingernagels«.

Bei dem durchbohrenden Geschwür der Hornhaut-Mitte (der
Scrofulösen) soll der Kranke auf dem Rücken liegen, mit abschüssigem
Kopf, und eisgekühlte Kompressen erhalten von Tollkirschen- und Bilsen-
Kraut-Aufguß, je 50 Gramm auf ein Liter destillirten Wassers, worin noch
20 Gramm Tollkirschen-Auszug gelöst sind: alle 5 Minuten wird die Kompresse
gewechselt und vorsichtig ein Tropfen der Lösung eingeträufelt. Erfolgt
doch Durchbruch, so vermag die dann bis zum Hornhaut-Rand zurückge-
zogene Regenbogenhaut dem Kammerwasser nicht zu folgen. (?) Auch bei
frischem Vorfall ist so zu verfahren. Versuche, frische oder ältere Vorfälle
mit Fischbein-Sonden zurückzubringen, waren niemals erfolgreich.

Bei durchbohrendem Geschwür am Hornhaut-Rande sehe
man von der Anwendung der Belladonna ab, wenn das Geschwür klein ist.
Ist aber der Vorfall zu Stande gekommen und sieht man denselben sich
vergrößern und die Pupille bedrohen; so legt man eine dicke Charpie-Kugel
auf das Oberlid, eine kleine Münze[1]) auf die dem Vorfall entsprechende
Stelle und befestigt das Ganze mit dem Verband.

Die Hornhaut-Entzündungen zeigen erhebliche Unterschiede in der Form,
dem Verlauf, der Vorhersage, der Behandlung. Lassen sich diese Verschiedenheiten auf Allgemein-Krankheiten zurückführen? Einerseits ist man
zu weit gegangen, sichere Zeichen zuzulassen, aus denen man erkennen
könne, dass die Augenkrankheit der Ausdruck einer konstitutionellen Ursache
ist. Andrerseits sind einige Autoren, welche diesen Irrthum verbessern
wollten, einer ebenso großen Übertreibung anheimgefallen, indem sie in der
Hornhaut nichts als eine Entzündung, einen Abscess, ein Geschwür sehen
wollten. Doch giebt es Formen, die fast nur bei einer bestimmten Klasse
von Individuen vorkommen, wie die pustulöse Keratitis bei den Scrofulösen.

Bei der Scleritis (Sclerotitis) ist DESMARRES damals zwar bis zur Kritik,
aber noch nicht bis zur Entscheidung durchgedrungen. »Alle akuten Entzündungen des Auges sind begleitet von Scleritis oder richtiger von Injektion
der Sclera. Es giebt keine akute Iritis, Kapsulitis, Conjunctivitis ohne diese
Injektion.«

---

1) Ähnlich schon die Araber. (XIII, S. 136. Vgl. § 563.)

Die rheumatische Ophthalmie der Autoren ist einfach eine Entzündung der Lederhaut.

Die Eröffnung der Hornhaut zur Entleerung des Hypopyon erklärt Desmarres für unnütz und gefährlich. (Aber 1855, in der 2. Auflage, empfiehlt er die Paracentese, an einer vom Eiter möglichst entfernten Stelle der Hornhaut, um das von Eiter übersättigte Kammerwasser zu entleeren und seine Erneuerung zu bewirken.)

Die Entzündung der so feinen, mit Horn- und Regenbogenhaut so eng verbundenen Wasserhaut ist nicht möglich ohne Betheiligung der tiefen Schichten der Hornhaut und der vorderen der Iris. (Kerato-Iritis.)

Die Geschichte der Iritis giebt Desmarres nach Jeanselme, ohne desselben zu gedenken.

Die akute Iritis kommt nie isolirt vor, sondern nur mit Betheiligung der Hornhaut, der Kapsel, der Leder- und Aderhaut, ja selbst der Netzhaut. Man hat die Iritis eingetheilt in primäre und sekundäre, theilweise und vollständige, vordere, hintere, parenchymatöse. Bei den Autoren findet man auch eine Eintheilung nach den Ursachen, in einfache, rheumatische, gichtische, scrofulöse, skorbutische, syphilitische, pseudosyphilitische, merkurielle, traumatische: diese Eintheilung ist unstatthaft.

Desmarres theilt die akute Iritis in drei Grade; der erste entspricht der sogenannten serösen, der zweite der parenchymatösen; der dritte zeigt Steigerung aller Symptome, bis zur Eiter-Bildung.

Die akute Iritis entwickelt sich einerseits nach Verletzung, andrerseits oft genug ohne erkennbare Ursache. Die specifischen Ursachen sollen eine große Rolle spielen. Aber nur die syphilitische ist anzuerkennen.

Hier macht D. einen heftigen Vorstoß gegen seinen ehemaligen Lehrer und jetzigen Nebenbuhler Sichel, ohne dessen Namen zu erwähnen:

»Wer kann glauben, dass in der sogenannten rheumatischen Augen-Entzündung die Pupille senkrecht ei-rund sei, in der vermeintlichen gichtischen quer oder senkrecht ei-rund, in der syphilitischen schief ei-rund, von unten-außen nach innen-oben?« In der That hat Sichel in seiner berühmten Abhandlung von den Ophthalmien [1] u. s. w. aus dem Jahre 1838 die drei Behauptungen aufgestellt, die erste mit dem Umstandswort manchmal, die zweite mit sehr oft, die dritte mit sehr häufig versehen und schließlich alle drei etwas begrenzt durch den Zusatz: »Wir haben schon in mehreren Abschnitten dieses Werks gesagt, dass wir auf die Formen-Verschiedenheiten, welche die Pupille in dieser oder jener Iritis-Art annimmt, keinen absoluten Werth legen. Wir sind weit davon entfernt, dieses Phänomen als ein pathognomonisches Zeichen anzusehen«.

Die chronische Iritis wird oft genug verkannt.

Bei der Behandlung der akuten Iritis ersten Grades kommt, neben Blutegeln und Abführungen, die künstliche Erweiterung der Pupille

[1] Ich besitze nur die deutsche Übersetzung vom Jahre 1840. Vgl. daselbst S. 269, 308, 413.

in Betracht. Belladonna-Lösung wird tropfenweise, in kurzen Zwischen-räumen von 5—10 Minuten, mehrere Stunden lang eingeträufelt, und da-durch die beginnende Pupillen-Verengerung überwunden. Ist die Pupille einmal geöffnet, so wird sie während der ganzen Dauer unter dem Einfluss der Belladonna weit gehalten. Zögert man im Anfang, geht die Entzündung somit in den zweiten Grad über; so ist die Erweiterung schwieriger zu erreichen. (Diese Grundsätze DESMARRES' waren wirk-lich verdienstvoll. Vgl. XIV, ii, S. 11.)

Bei dem dritten Grade wird Aderlass den Blutegeln hinzugefügt, ferner Kalomel bis zum Beginn des Speichelflusses; Belladonna-Einträuflung bis zur Erweiterung der Pupille, die öfters erst am 4. und 5. Tage erreicht wird. Kehren die Schmerzen zu bestimmten Stunden wieder, so reicht man große Gaben von Chinin.

Von der Pupillen-Bildung erläutert D. alle Verfahren und erwähnt bei der Einklemmung oder gewaltsamen Verzerrung der Pupille[1]) ein Instrument, bestehend aus einer Lanze mit zwei seitlichen Vorsprüngen, gegen zu tiefes Eindringen, und aus einem daran befestigten Locheisen nach GUÉPIN[2]): nach dem Lanzenschnitt wird dem Hornhaut-Rand ein ge-ringer, kaum hirsekorngroßer Substanzverlust beigebracht, in welchen die Iris sogleich vorfällt.

Aber hauptsächlich empfiehlt er BEER's Iridektomie und ferner seine eigene Iridorrhexis (XIII, S. 450) für die Fälle vollkommener Pupillen-Sperre, sei es durch vordere, sei es durch hintere Synechie. Nach dem Horn-haut-Schnitt wird die gekrümmte Iris-Pincette geschlossen eingeführt, bis zu der Stelle, wo die Iris mit der Hornhaut oder mit der Kapsel verwachsen ist, so weit wie möglich geöffnet, die Iris ergriffen und durch einen etwas gewaltsamen (brusque) Zug bei der Verwachsung eingerissen, dann nach außen geleitet und abgeschnitten (oder eingeklemmt). — Im Jahre 1850 er-klärte D., dass nach seinen Erfahrungen Kapsel-Zerreißung dabei nicht zu fürchten sei.

»Die Pupillen-Bildung soll verboten sein, wenn das zweite Auge gut sieht, da Doppeltsehen erfolgen würde. 1. Ich habe 6 Fälle der Art in einem Jahre operiert, ohne schädliche Folgen. 2. Kann man die künstliche Pupille nach der Nasenseite hin anlegen, so wird der Parallelismus der Seh-Achsen nicht gestört.« (1. ist richtig und bedeutet einen Fortschritt, worin allerdings RUETE voraufgegangen; 2. war ein kleiner Irrthum. A. v. Graefe hat diese Fragen der Lösung näher gebracht. Vgl. XIV, ii,

---

1) Die Übersetzer haben irrig: »Verziehung und Einklemmung der Pupille«.
2) Vgl. XIII, S. 456, No. 27 u. 28. — GUÉPIN hatte den Schnitt mit einer ge-wöhnlichen Lanze, dann den Hornhaut-Substanz-Verlust mit einem Knipser aus-geführt. Ann. d'Oc. 2. vol. suppl., S. 30, 1842. — Die Übersetzer erklären 1852, dass dieses Verfahren von D. schon wieder verlassen sei.

S. 28, Anm. 4.) Die Operation kann auch an einem Auge, das dem Kranken noch das freie Umhergehen gestattet, ausgeführt werden und die Sehkraft verbessern, — wenn die Hornhaut in einem großen Theil noch durchsichtig, die Pupille eng, die Iris gesund ist[1].

Die Kapsulitis ist selten subakut, fast niemals selten isolirt, meist mit Uveïtis verbunden.

D's. System der Stare ist (nach Beer und A.) das folgende:

I. Wahre Stare.

  A. Linsen-Stare:

    a) Harte (grüne, schwarze, knochige, steinige oder gyps-artige);

    b) Weiche (α. gestreifte, gefensterte, sternförmige, querstreifige, klaffende, dreiarmige u. s. w., β. disseminirte oder punktirte, γ. angeborene, δ. traumatische, ε. glaukomatöse).

    c) Flüssige (α. Morgagni'sche oder interstitielle, β. cystische, eitrige, stinkende[2]).

    d) Andre Arten des harten, weichen oder flüssigen Linsen-Stares sind der bewegliche, der verschobene.

  B. Kapsel-Stare, vordere, hintere, pyramidale oder wuchernde, trocken-hülsige.

Nach der Niederdrückung des Stares erfolgt nicht selten Iritis, ferner, trotz Chelius und A., nicht selten Wiederaufsteigen, dazu Kapsel-Star, endlich sogar Amaurose. Dagegen sehr selten Pantophthalmie.

In einem Fall von Dupuytren erfolgte nach der Niederdrückung Pant-ophthalmie, Meningitis, tödlicher Ausgang. (Vgl. § 552.)

Desmarres' eignes Verfahren besteht in einem senkrechten Einstich in die Lederhaut, 4 mm lang, 4 mm entfernt von der Hornhaut; eine Sonde bei hartem Star, hingegen ein Löffelchen bei halbweichem, wird eingeführt, und der Star niedergedrückt. (Weder Desmarres noch seine Übersetzer wussten, dass dies Verfahren von den Arabern geübt worden, die es vielleicht von den Hindu hatten; und dass die Hindu-Empiriker bis auf unsre Tage so operirt haben. Vgl. XIII, S. 210 und S. 208. — Der Holländer Smalzius im 16. Jahrhundert und Daviel im 18. Jahrhundert hatten es schon wieder neu erfunden. XIII, S. 481. — Desmarres hat, nach einem Brief an Blattmann [1852 das Verfahren bald wieder aufgegeben[3].)

Bei der Auszichung ist es noch wichtiger, als bei der Niederdrückung, die Kranken vorher an die Berührung der Instrumente zu gewöhnen, was von Verschiedenen, namentlich von Maunoir in Genf empfohlen worden.

---

1) Der ängstliche Übersetzer hat hier wieder große Bedenken.

2) Man sieht, der Reformer D. hat doch so manches aus älteren Büchern übernommen, was er getrost über Bord hätte werfen sollen. Ein stinkender Star ist mir niemals begegnet.

3) Tavignot's ähnlichen Vorschlag s. § 572, v.

(Aber eine Andeutung davon finden wir bereits bei den Arabern, z. B. bei Ḥalîfa [§ 272]: »Markire den Ort, den du durchbohren willst, mit dem ⟨stumpfen⟩ Schwanz der Star-Nadel, dadurch dass du auf ihn drückest, bis darin eine Aushöhlung erscheint. Dies geschieht aus zwei Gründen: erstlich damit du den Kranken an Geduld gewöhnest und ihn prüfest...« Ähnlich bei Salâḥ ad-dîn [§ 272]. Vgl. Arabische Augenärzte, II, S. 179 und 253. — Genauer ist Ténon, 1771 [XIV, S. 50], der seinen Freund mehrere Wochen lang täglich an die Berührung des Auges gewöhnte, ehe er ihm auf seinem einzigen Auge den Star durch Ausziehen operirte. Seitdem haben Verschiedene dies geübt. Vgl. § 596.)

Ist der Augapfel unstät, so fixirt man ihn. Die Pincette scheint weniger zweckmäßig. (XIV, II, S. 35.) Besser ist Pamard's Spieß. Desmarres hat einen Ring für den Zeigefinger ersonnen, an dem ein gekrümmtes Stahl-Stäbchen mit zwei Stacheln: auf diesen ruht die Finger-Spitze und kann den Grad des Druckes genau bemessen. (Rumpelt's Fingerhut-Spieß war schon ähnlich. XIV, II, S. 264.)

Der obere Hornhaut-Schnitt verdient i. A. den Vorzug vor dem unteren und dem schrägen. Das Verfahren der Engländer Alexander und Guthrie, zuerst eine Brücke in der Mitte des Star-Schnitts stehen zu lassen, ist vortheilhaft, wo Vorstürzen des Glaskörpers zu befürchten steht.

Das operirte Auge wird durch Streifen aus englischem Pflaster geschlossen, für 6—8 Tage. Der Operirte wird Nachts überwacht, nöthigenfalls seine Hände an den unteren Theil der Bettstelle angebunden[1]).

Wenn Störungen eintreten, soll man auch in den ersten Tagen nach der Ausziehung, nach vorsichtigem Abweichen der Pflasterstreifen, das Auge untersuchen.

Hat man die Niederdrückung des häutigen Nachstars vergeblich versucht, so muss man zur Ausziehung desselben schreiten.

Die Ausziehung erklärt Desmarres allerdings für das Haupt-Verfahren der Star-Operation. Aber er fügt hinzu: »Beim harten Linsen-Star sind Niederdrückung und Ausziehung in gleicher Weise ausführbar.... Ich habe viele mit hartem Linsen-Star behaftete Greise durch Niederdrückung operirt und sah bessere Erfolge, als in den Fällen, wo ich die Ausziehung vorgezogen. Der ganz weiche Linsen-Star muss durch Zerstückelung oder durch Zerreißung der Kapsel operirt werden.«

Sehr ausführlich ist Desmarres über die Synchysis scintillans. (Vgl. 9 und § 564.)

Die Entzündung der Aderhaut kommt nie isolirt vor. Es ist schwierig, zu erkennen, dass die Aderhaut den Hauptsitz der Entzündung

---

1) Dies hat bei uns Schweigger nachgeahmt. Ich habe eine geübte und pflichtgetreue Wärterin am Bett des Operirten vorgezogen.

bildet. Der erste Grad, die Kongestion, wird durch die gewundenen Blutgefäße im Weißen des Auges gekennzeichnet, welche die Deutschen, nach Beer[1]), mit dem sonderbaren Namen der Abdominal-Gefäße bezeichnen. Ist die Lederhaut dick, so wird durch den Druck die Linse nach vorn geschoben. Ist die Lederhaut dünn, so wird sie durch den Druck weiter verdünnt, bläulichweiß; es kommt zu Höckern, welche Hernien der Aderhaut vorstellen können. Begünstigend wirken dyskrasische Körper-Verhältnisse, namentlich die gichtische nach dem Ausspruch der deutschen Augenärzte.

Den zweiten Grad bildet die chronische Chorioiditis. Das Auge wird hart, wie eine Marmorkugel, mit erweiterter Pupille, Verfärbung des Augengrundes, Amaurose. Den dritten Grad bildet die akute Chorioiditis.

Das einzige Erleichterungs-Mittel für die Schmerzen besteht in einer breiten Punktion der Lederhaut-Staphylome, oder, wenn solche nicht vorhanden, der Hornhaut, auch während der akuten Periode.

Von Iridektomie kein Wort! »Die Geschichte berücksichtigt nur veröffentlichte Thatsachen.« Nur eine Redensart ist Wecker's Ausspruch in seiner Geschichte der Iridektomie (Chirurgie oculaire, S. 130, 1879): »Wenn man berücksichtigt, dass Graefe bei Desmarres wöchentlich 10—12 Iridektomien bei 30—40 neuen Kranken ausführen sah, so kann man sich fragen, was ihm von neuen Anwendungsweisen dieser Operation zu finden übrig blieb — außer dem Gebrauch bei den glaukomatösen Affektionen. . . .« Hiermit in Widerspruch und irrthümlich ist Wecker's Behauptung aus dem Jahre 1875 (Traité complet, S. 658), dass nur durch Zufall A. v. Graefe das Heilmittel der Iridektomie entdeckt habe.

Redensarten sind auch das, was, in Desmarres' Nekrolog Herr Warlomont (A. d. O. LXXXVIII, S. 197) uns auftischt: »Die Frage des Binnendrucks im Augapfel und seiner Wirkung war oft Gegenstand der Unterhaltungen zwischen Desmarres und Graefe. Sie hatten, um ihn zu verringern, Lederhautschnitte versucht, durch welche die Aderhaut hervordringen sollte, und sich nicht schlecht dabei befunden: aber die Abreise des Schülers hatte diese Versuche unterbrochen, die der letztere, Meister geworden, wieder aufnehmen sollte, — man weiß, mit welchem Erfolg.« (Vgl. J. Jacobson A. f. O. XXXII, 3, S. 73—95, 1886.)

»Nichts hindert, eine Kyklitis, nach Bérard, zuzulassen.« (Vgl. § 574.)

Die Retinitis ist häufiger, als die Autoren annehmen, aber sie ist nicht isolirt. Es giebt eine primäre und eine sekundäre. Die akute ist selten, zumal als primäre. Die Zeichen sind heftiger Schmerz (?) in der Tiefe der Orbita, fürchterliche Lichtscheu und Feuer-Erscheinungen (Pyropsie[2])). Dazu kommen selbst Fieber und Delirien. Am Platz sind Aderlässe, Schlag auf Schlag, innerlich Kalomel mit Opium, endlich die Paracentese.

---

1) Beer I, S. 574, spricht nur von varikösen (d. h. kröpfigen) Blutgefäßen. Jüngken hat (vor 1836) den Namen der Abdominal-Gefäße geschaffen. Vgl. XIV, ii, S. 24 und 63.

2) Dieses Wort (von πῦρ, Feuer, und ὄψις, Seh-Organ,) fehlt selbst in den neuen medizinischen Wörterbüchern, auch den ophthalmologischen, und ist völlig entbehrlich.

Häufig ist die chronische Retinitis. Ihr erster Grad, die Kongestion, ist von Petréquin als Kopiopie beschrieben worden. [§ 603.] (Von rationeller Brillenwahl findet sich bei Desmarres noch keine Spur. Und auch an der zweiten Stelle, wo er noch einmal von der Asthenopie handelt, nur dürftige Bemerkungen. Dabei war das Verdienst von Fronmüller, dessen deutsche Schrift D. gewiss unbekannt geblieben, bereits 1843 in den französischen A. d'O. X, S. 283, hervorgehoben worden. Böhm's Studien über hebetudo visus aus dem Jahre 1845 hatten ihn auch nicht belehrt. Vgl. XIV, II, S. 370 und 165.)

Der zweite Grad, die chronische Entzündung der Netzhaut, ist die Vorstufe der organischen Amaurose.

Netzhaut-Blutungen fand D., mit Sicnel, bei der Sektion eines jungen Mannes, der anhämisch gestorben. Die Apoplexie der Netzhaut bewirkt, dass der Kranke plötzlich schwarz sieht, ohne Hirn-Erscheinungen. (Wir haben hier wohl einen besondren Artikel für dieses Leiden. Aber die Sache war vorher bekannt. Chelius sagt in seinem Lehrbuch 1843 [I, S. 310]: »Die kongestive Amaurose kann plötzlich mit totaler Blindheit auftreten, als wahre Apoplexia retinae.« — Er fand bei anatomischer Untersuchung des Auges von einem Manne, der drei Jahre zuvor plötzlich erblindet war, auf der äußeren Fläche der Netzhaut, einige Linien vom Sehnerven-Eintritt entfernt, einen rothbraunen Fleck von der Größe einer Linse, offenbar die Spur eines früheren blutigen Extravasates.)

Bei dem Encephaloïd der Netzhaut soll man den Augapfel entfernen, so früh wie möglich. (Das hatte auch schon Sicnel gerathen, obwohl derselbe allerdings auch auf Schrumpfung hofft. Vgl. § 566.)

»Die Amaurose, als Symptom, hat eigentlich keinen Platz in diesem anatomisch geordneten Buch.« Nach der nächsten Ursache theilt man sie ein in retinale, neuro-optische, cerebrale; vom praktischen Standpunkt aus in sthenische und asthenische; die erstere erfordert schwächende, die zweite reizende Behandlung. (Das ist ja nichts Besonderes. Aber die feinsten Köpfe und besten, erfahrensten Beobachter, wie Ph. v. Walther, waren damals auch nicht viel weiter. Vgl. XIV, II, S. 245.)

Den angeborenen Krankheiten des Augapfels widmet D. — eine halbe Seite und verweist auf Schön, Lawrence, Seiler und Ammon. (Vgl. § 518.)

Unter den Krankheiten des ganzen Augapfels finden wir den Krebs und das Glaukom. »Es ist unheilbar. . . . Um den Schmerz zu verringern und den Anfall zu beseitigen, kann man von Zeit zu Zeit die Lederhaut punktiren.« (So schon Mackenzie, 1830. Vgl. XIV, II, S. 309. Dass Guérin's Priorität, die von seinen Landsleuten, namentlich den näheren, mit so großer Sicherheit vorgetragen worden, in nichts zerfällt, werden wir sehr bald, in § 600, kennen lernen.)

Phlegmone des Auges (Ophthalmitis) ist Entzündung aller Häute des Augapfels. Am häufigsten geht sie von der Bindehaut aus, aber auch von der Iris und der Aderhaut. Todesfälle durch Verbreitung auf die Hirnhäute sind beobachtet. Louis hat, wie Rognetta (S. 153) angiebt, einen Fall nach Pocken, Mackenzie mehrere mitgetheilt, einen nach Entzündung der Gebärmutter-Venen in Folge der Entbindung. Man muss den Augapfel breit eröffnen.

Über Paracentese des Augapfels hat Desmarres ein besondres Kapitel. Eine Lanze mit zwei seitlichen Vorsprüngen, um zu tiefes Eindringen zu verhüten, und mit einer mittleren rinnenförmigen Aushöhlung, zum Abfluss des Wassers, wird empfohlen. Die Punktion kann in der Hornhaut oder in der Lederhaut gemacht werden. Anzeigen bilden: 1. Entzündung nach Nadel-Operation des Stars. 2. Akute Iritis. 3. Akute Hydromeningitis. 4. Hypopyon. 5. Entzündetes opakes Staphyloma. 6. Bei einer in der Mitte der Hornhaut sitzenden Keratocele punktirt man am Rande der Hornhaut und legt den Druckverband an, um Durchbohrung zu vermeiden und eine feste Narbe zu erzielen. Man thut gut, vorher die Pupille durch Belladonna zu erweitern. (Das ist ein bedeutsamer Fortschritt. — A. v. Graefe empfahl die Paracentese an der dünnsten Stelle des Geschwürs. A. f. O. I, 1, 224, 1854.) 7. Akute Netzhaut-Entzündung. 8. Kongestive Amaurose.

Unter den funktionellen Störungen finden wir das Schielen trefflich abgehandelt, ferner die Kurz- und die Weitsichtigkeit (nebst einer Erörterung über Brillen, ohne jede Mathematik,) endlich die Augenmuskel-Lähmungen. Bei der Operation der Thränen-Leiden unterscheidet D. drei Typen: Wiederherstellung der natürlichen Wege, Eröffnung eines künstlichen Weges für die Thränen, Verschluss der natürlichen Wege.

Das ist eine Übersicht des Haupt-Inhaltes von Desmarres' Meisterwerk, der besten Leistung, welche im Bereich der französischen Literatur während der ersten Hälfte des 19. Jahrhunderts an's Licht getreten, ja an innerem Gehalt und eignen Bereicherungen unsrer Wissenschaft nur mit den beiden Werken, welche die Wiedergeburt der Augenheilkunde im Beginn des 18. Jahrhunderts eingeleitet haben, dem von Maître-Jan und dem von St. Yves, zu vergleichen. Der wissenschaftliche Specialist hat den vollen Sieg davon getragen über die chirurgischen Professoren der Fakultät, welche sich als Gegner der Specialität aufgespielt haben. Wie verschwindet das Werk von Velpeau gegen das von Desmarres! Sogar die gehaltvolleren der deutschen Chirurgie-Professoren, wie eines Chelius (1839—1843), Ph. von Walther (1849) und das von Ruete, Professor der Medizin, aus dem Jahre 1845, bleiben hinter dem seinigen zurück, da sie an unglücklicher Ordnung des Stoffes kranken. Vergleichen mit Desmarres möchte ich nur die 3. Aufl. von Mackenzie aus dem Jahre 1840, wo die anatomische Ordnung schon in den Vordergrund tritt, und Hasner's kurzen »Entwurf einer anatomischen Begründung der Augenkrankheiten«. (Prag 1847.)

So herrschte denn auch eitel Freude in der französischen Literatur, dass man nun eine französische Leistung den deutschen gegenüberstellen könne. So erklärt in den Annal. d'Oc. XVIII, S. 45 fgd. (Juli 1847) Hr. Dr. Fallot aus Brüssel, Desmarres' Werk bilde eine thatkräftige Widerlegung der Behauptung, dass in den französischen Schulen die Augenheilkunde ganz außerordentlich vernachlässigt werde. Denn hier finde man zahlreiche und verschiedenartige Thatsachen, die eine ausgedehnte Praxis geliefert; weise Vorschriften, durch lange Erfahrung geheiligt; genaue Beschreibung der Augen-Operationen, neben denen der andren ausgezeichneten Augenärzte auch mehrere neue, die wir dem Erfinder-Geist des Urhebers verdanken und die von ihm mit Erfolg ausgeführt worden sind . . . »Der Styl ist meisterhaft . . . Eines ist zu bedauern, dass der Name Sichel nicht häufiger erwähnt wird.«

In Deutschland gab es 1847 kein Journal für Augenheilkunde, sondern nur das für Chirurgie und Augenheilkunde. Aber hier sowie in den Jahresberichten von Schmidt und Canstatt finde ich keine genauere Anzeige des Lehrbuches von Desmarres.

Wenn wir nun heute, nachdem wir im Laufe der Jahre weiter emporgestiegen sind und einen Standpunkt erreicht haben, von dem aus wir auch die weitere Entwicklung zu überblicken vermögen, den zeitigen sowie den bleibenden Werth von Desmarres' Werk zu beurtheilen uns anschicken; so müssen wir anerkennen, dass dieses sowohl durch die klare, anatomische Anordnung, wie auch durch die kühne Lokal-Behandlung des Auges — trotz mancher Übertreibungen, wie der abortiven Behandlung mit Höllenstein, der arabischen Art der Niederdrückung des Stares u. a., die Desmarres selber bald aufgeben musste, — der Augenheilkunde einen Antrieb gegeben haben, welcher mit zu der glücklichen Reform in der Mitte des 19. Jahrhunderts geführt hat und noch heute thätig fortwirkt.

Ich möchte noch heute Jedem empfehlen, das Buch von Desmarres einmal in die Hand zu nehmen.

§ 594. Die zweite verbesserte und vermehrte Auflage, in 3 Bänden, hat Desmarres von 1854—1858 veröffentlicht. Obwohl sie schon in den folgenden Zeitabschnitt hineinragt, will ich doch, um unsere Betrachtung abzurunden, einige Bemerkungen über dieselbe hier anfügen.

Fallot hat auch die neue Ausgabe besprochen (A. d'O. XXXIX, S. 138 bis 144, 1858), lobt sie ausnehmend, obwohl er mit der rein anatomischen Eintheilung, auch mit der »zu ausgesprochenen Vorliebe für die Ausziehung« (!) nicht ganz zufrieden ist, und findet in ihr einen Beweis des in Frankreich stets wachsenden Interesses am Studium der Augenheilkunde.

Wie 1818 A. P. Desmours seiner großen Augenheilkunde die Übersetzung
der Anatomie des Auges unsres S. T. Soemmering beigefügt hat (XIV, S. 70),
so beginnt jetzt Desmarres sein erneutes Werk mit einer Übersetzung der
Anatomie des Auges unsres E. Brücke, — ebenso wie sein Lehrer Sichel.
(§ 567.) Der Verfasser selber erklärt in seiner Vorrede, vor dem 3. Bande,
dass er hauptsächlich für Praktiker geschrieben, und deshalb der Diagnostik die größte Aufmerksamkeit zugewendet, aber den Hauptwerth auf
die Therapie gelegt. Vollkommen neu und original seien die Artikel über
Scleritis, Keratitis, Geschwülste der Hornhaut und der Iris. Natürlich hat er
schon den Augenspiegel ausgiebig benutzt zur Diagnose von Veränderungen
des Glaskörpers, der Netzhaut, der Aderhaut und beschäftigt sich mit der
albuminurischen und der diabetischen Sehstörung.

Unter Scleritis versteht Desmarres eine wirkliche Entzündung des
Lederhautgewebes. Die oberflächliche Form ist partiell; eine oder
mehrere weißgelbe, flache Erhebungen zeigen sich in der Strahlkörper-
Gegend der Lederhaut. Dringt das Leiden in die Tiefe, so gesellt sich Reizung
hinzu und innere Entzündung. Der Verlauf ist sehr langsam und tückisch.
Hornhaut-Trübung tritt hinzu, hintere Synechie, sehr selten Verschwärung
der Lederhaut. Allgemein-Behandlung ist erforderlich. Tiefe Skarifikationen
bewirken mitunter rasche Besserung.

Die Geschichte der Scleritis

wird von Desmarres nur gestreift, indem er aus den verschiedenen Namen
— Ophthalmia subconjunctivalis nach v. Ammon, Syndesmitis varicosa nach Rau,
Inflammatio corporis ciliaris nach Wilde, Cyklitis nach Hasner und von Roesbroek
— die verschiedenen Ansichten über den Sitz der Augenkrankheit herleitet.
Auch die Encyclopédie française d'Opht. V, S. 1090—1104, 1906,
ist unvollständig bezüglich der Geschichte, von der sie nur die anatomischen
Untersuchungen, und zwar nach Uhthoff, anführt, — während das amerikanische
System of diseases of the eye (IV, S. 250—254, 1900, Swan M. Burnett)
überhaupt nichts davon bringt. Weit gründlicher fand ich die erste Ausgabe
unsres Handbuches (IV, 1, S. 323, Prof. Saemisch). In der gegenwärtigen
Ausgabe war 1912 der Abschnitt über Scleritis noch nicht erschienen.

1. Die alten Griechen und die Araber haben uns nichts über Lederhaut-Entzündung berichtet.

2. Auch die Werke des 18. Jahrhunderts enthalten noch nichts davon.
— Natürlich, »die Entzündungen, welche die andren Häute befallen, er-
greifen auch die Lederhaut«. (Manuel de l'Oculiste, par M. de Wenzel, II,
S. 99, 1808.)

3. Im 19. Jahrhundert tritt eine arthritische Sclerotitis bei Pr.
v. Walther auf (1810), der auf die tiefsitzenden Blutgefäße hinweist. (XIV, II,
S. 215, 225.)

Die rheumatische Augen-Entzündung, welche schon Richter (III,

§ 74, 1790) erwähnt, aber nicht genauer beschrieben hat, sollte nach BEER
(I, § 387, 1813) »auf seröse und fibröse Häute, die Muskel-Scheiden, die
Lederhaut, die Hornhaut sich fortpflanzen«, wobei »die Bindehaut ziem-
lich stark in der Form eines Blutgefäßnetzes geröthet wird, und unter diesem
Gefäßnetz die Lederhaut selber rosenroth durchschimmert«.

Diese Lehre hat sich lange erhalten. Noch 1843 schildert CHELIUS
(II, § 301) »die rheumatische Augen-Entzündung (Ophthalmia rheumatica,
Sclerotitis rheumatica), die mit dem Gefäßkranz um die Hornhaut beginnt:
erklärt aber, dass die Entzündung sich nicht lange auf die Lederhaut beschränkt, sondern auf die Bindehaut, vorzüglich aber auf die Hornhaut, die
Regenbogenhaut und selbst auf die Aderhaut sich ausdehnt«. Neben der
rheumatischen (1) beschreibt er die katarrhalisch-rheumatische Augen-Entzündung (2) und die gichtische (3). (Zweifellos ist 2 = Keratoconjunctivitis,
3 = Glaukom der heutigen Nomenklatur.)

4. Mit dieser rheumatischen Sclerotitis hat VELPEAU (1840) auf-
geräumt und sie für ein Gemisch der Zeichen von Keratitis und Iris erklärt.

5. Das, was wir heute als Lederhaut-Entzündung betrachten, die
flache, röthliche Erhabenheit der Lederhaut selber, in der Nähe des Horn-
haut-Randes, mit entzündlichen Erscheinungen, — ist zwar den älteren Beobachtern auch aufgestoßen und wurde von ihnen bei den Phlyktänen
und Ophthalmien untergebracht: z. B. ist dies von J. N. FISCHER schon 1846,
[Lehrb. S. 57 u. S. 183] unter dem Namen der Chorioïditis, Chorioïditis
rheumatica acuta beschrieben worden.

Die erste Isolirung dieser Zustände verdanken wir AMMON, im Jahre
1829 (RUST's Magazin XXX, S. 240—264), der sie allerdings als Entzündung
des Orbiculus ciliaris auffasste, und sowohl die partielle halbmondförmige Anschwellung wie auch die totale ziemlich richtig geschildert hat.
Er setzte den Ausgangspunkt in den Strahlen-Körper, verkannte aber nicht
die Betheiligung der Lederhaut. (§ 571, VIII.)

Die zweite, von der ersten unabhängige Beschreibung dieser Krank-
heitszustände verdanken wir J. SICHEL, 1847 (Bulletin général de thérapeutique
XXXII, S. 269 fgd.):

»Über eine besondere Form der partiellen Entzündung der Aderhaut
und des subconjunctivalen Zellgewebes und über ihre Behandlung.«

»Der Ausgangspunkt des Übels liegt in der Aderhaut, das Zellgewebe
auf der Lederhaut entzündet sich nur sekundär durch den Druck, den es
in Folge der entzündlichen Anschwellung der Aderhaut erleidet.« (Also,
eine ähnliche Auffassung, wie bei AMMON.)

Sogleich, bei dem Referat der SICHEL'schen Arbeit (Prager Viertel-
jahrschr. XVII, Annal. S. 88) hat F. ARLT die Krankheit für Lederhaut-
Entzündung erklärt und dieselbe 1853 in seinem Lehrbuch (II, S. 4—15)
so eingehend und naturgetreu beschrieben, dass dagegen DESMARRES' Be-

schreibung aus dem Jahre 1855, die er selber als original bezeichnet,
vollkommen in den Schatten gestellt wird.

Arlt erwähnt daselbst alles Wichtige, die Resorption, das Auftreten
neuer Herde, die mögliche Betheiligung der Hornhaut, die Lästigkeit und die
geringe Gefahr des Leidens, seine Seltenheit, (16 Fälle hatte er bis 1853 im
ganzen beobachtet,) die Antheilnahme des Organismus, (Unterleibs-Störungen
bei den älteren, Scrofulosis, gelegentlich auch Lues bei den jüngeren,) und
betont, dass die Behandlung mehr eine allgemeine sein muss.

Er hebt auch richtig hervor, dass häufig entzündliche Erscheinungen der
Lederhaut neben solchen der Aderhaut, Iris und Hornhaut beobachtet
werden, entweder nur neben diesen, oder in Folge derselben[1]). Er beschreibt auch die Ausdehnung der ganzen vorderen Lederhaut-Partie (neben
Keratoïritis) bei scrofulösem (tuberkulösem) Allgemein-Leiden und die Sclero-
sirung der Hornhaut.

6. Kurz zuvor, ehe Arlt's Lehrbuch (II) erschienen, hat v. Ammon
(Deutsche Klinik 1852, Nr. 11, den 13. März) diese Krankheit als Subconjunctivitis[2]) beschrieben, d. h. als Entzündung des zwischen der
vorderen Fläche der Lederhaut und der hinteren der Bindehaut liegenden
Gewebes. Mit der Lupe konnte er deutlich viele Knäuel von dünnen, ge-
schlängelten Gefäßen, die mit einer lymphatischen, halbdurchsichtigen, fett-
artigen Ausschwitzung sich verbunden haben, wahrnehmen und diese Gefäße von denen der Bindehaut leicht unterscheiden.

Im übrigen ist seine Beschreibung der Krankheit und der Therapie,
wenn auch nicht so scharf, doch ziemlich ebenso, wie bei Arlt.

v. Ammon glaubt, dass Rau's Syndesmitis varicosa[3]) [Bern 1844] theilweise hieher gehört: dagegen spricht er nicht von seinen eignen Beobachtungen aus dem Jahre 1829, die doch offenbar ganz hieher gehören,
aber damals von ihm als Entzündung des Strahlenkörpers gedeutet waren.
Er vermisste noch anatomische Untersuchung.

7. Aber schon in dem Referat der Ammon'schen Arbeit (Prager Viertel-
jahrschr. XXXV, S. 103, 1852) hat Pilz eine solche geliefert und erklärt,
dass die Veränderungen nicht auf, sondern in der Lederhaut liegen.

---

1) Also nicht L. Wecker ist es gewesen, der 1867 zuerst die primäre Scleritis
(Episcleritis) von der sekundären Sclero-Chorioïditis antérior getrennt hat.
(Traité I, S. 248.)

2) Subconjunctival-Ophthalmie. — Die Subconjunctivitis (A. v. Graefe, vgl.
Hirschberg, A. v. Graefe's klin. Vortr. 1871, S. 161) wurde von Fuchs als Episcleritis
periodica fugax bezeichnet: es ist eine Entzündung des gefäßreichen, episcleralen
Gewebes, die sich durch ihre Flüchtigkeit, wie durch ihre Neigung zu Rückfällen
(bis zu 100 und mehr) auszeichnet. (Gelegentlich ist es gelungen, durch
eine Kur in Karlsbad diese Rückfälle vollständig abzuschneiden.)

3) Warnatz, (J. f. Chir. u. Augenkr. XXXIV, S. 422—431, 1845) bezweifelt, daß
Rau's Syndesmitis varicosa eine einheitliche Krankheit sei, — mit vollem Recht.
(Vgl. § 625, VIII.)

Bequem zugänglich ist dieser Befund im A. f. O. XXIX, 3, 167 fgde., bei W. Uhthoff, der zuerst systematische Untersuchungen veröffentlicht hat über die pathologische Anatomie von Gewebs-Stückchen, die operativ dem Lebenden (durch H. Schüler) entnommen worden. Im A. f. O. XLIX, 3, S. 539 fgd., 1900, hat Prof. W. Uhthoff weitere Beiträge zur pathologischen Anatomie der Scleritis geliefert und in dankenswerther Weise auch die Literatur derselben gesammelt.

§ 595.   Die Söhne von Julius Sichel und von Louis Auguste Desmarres.

Quadri's Prophezeihung (§ 581), dass die Kliniken von Sichel und von Desmarres mit ihnen sterben werden, hat sich nicht buchstäblich erfüllt.

Die von L. A. Desmarres, die er 1863 seinem Sohne Alphonse übergeben, wurde von dem Sohn schon vor dem Tode des Vaters in Stich gelassen. Die von J. Sichel ging nach dessen Tode 1868 durch Erbschaft auf seinen einzigen Sohn Arthur über, der sie noch eine Reihe von Jahren fortgeführt, aber dann auch aufgegeben hat.

Der erstere verfasste: Leçons Cliniques sur la chirurgie oculaire, par le Dr. Alphonse Desmarres, Prof. d'ophthalmologie, Chev. de la Lég. d'honneur etc. Paris 1874. (409 S.)   Vom 30. Jan. 1864 bis zum 18. Okt. 1874 hatte er 55500 neue Kranke, 2458 Operationen, darunter 1316 Star-Ausziehungen.

Der letztere verfasste: Traité élémentaire d'ophthalmologie, par le Dr. A. Sichel fils.   T. prem.   Mal. du globe oculaire. Paris 1879. (970 S.)

Ich habe die Kliniken der beiden Söhne besucht und kurz geschildert[1].

§ 596.   Genau an das Ende desjenigen Zeitraumes, den wir hier zu betrachten haben, fällt die berühmte Arbeit von Nélaton über die Star-Operation.

August Nélaton (1807—1873)[2],

geboren zu Paris am 7. Juni 1807, studirte daselbst von 1828 ab, wurde 1836 Doktor, 1839 a. o. Prof., dann Hospitalwundarzt und schrieb 1850:

»Parallèle des divers modes opératoires dans le traitement de la cataracte«, Thèse presentée et soutenue le 7 févr. 1850 au concours pour la chaire d'opérations et des bandages. (136 S.)

Doch wurde er erst 1851 o. Professor und zwar der chirurgischen Klinik; 1863 dann Mitglied der Akademie der Medizin, 1867 des Instituts, und 1868 Senator des Kaiserreiches.

Viele Jahre hindurch wirkte er am Hôpital St. Louis, als Kollege von Malgaigne, bis er in das klinische Krankenhaus überging. Er galt für den hervorragendsten Chirurgen Frankreichs. Doch fiel es ihm nicht ein, wie etwa Dupuytren, nach der Alleinherrschaft zu streben.

1867 hat er, im Alter von 60 Jahren, seine Professur niedergelegt und ist am 21. Sept. 1873 verstorben.

1) Berl. Klin. W. 1876, No. 43.
2) Biogr. Lex. IV, 550.

Außer den »Elementen der chirurgischen Krankheitslehre« (Paris 1844 bis 1860) hat er nicht viel geschrieben. Von weiteren augenärztlichen Veröffentlichungen erwähnen die Annales d'O. (XXXIV, S. 176) nur zwei klinische Vorträge: 1. Über Behandlung der Thränenfistel mittelst Einführung, sei es eines Dochtes, sei es eines Röhrchens. 2. Über eine Chemosis, die am 5. Tage nach der Star-Operation, durch Einstülpung des Unterlids, eintrat und durch Anlegen einer Klammer (Serre-fine) geheilt wurde.

Wir kommen also zu seiner Konkurs-Arbeit über Star-Operation.

Wenn Nélaton den Star definirt als »Trübung gewisser Theile, die zwischen Hornhaut und Glaskörper eingeschoben sind«[1], so scheint er mir damit Herrn Velpeau eine Verbeugung zu machen. (Vgl. § 578.)

Vorbereitung. Ist der Kranke von trockner Körperbeschaffenheit oder schwach, so kann man ihm, Tags zuvor, ein mildes Abführmittel verschreiben. Ist der Kranke im Gegentheil stark und plethorisch, so sollen die Abführmittel eine leichte Ableitung nach dem ganzen Darmkanal bewirken; man wird ihm Abends zuvor einen Aderlass von 400 bis 500 Gramm machen. Belladonna-Einträuflung ist geboten für die Nadel-Operation, zulässig für die Ausziehung. Gewöhnung des Kranken an die Berührung üben Boyer, Delpech, Maunoir, Velpeau, Desmarres; für die Ausziehung ist es besser, Unbeweglichkeit des Auges durch ein in die Lederhaut eingepflanztes Häkchen zu sichern.

Fig. 14.

August Nélaton.

Chloroform ist wenig nothwendig oder vortheilhaft, für die Ausziehung unzweckmäßig, wegen des möglichen Erbrechens. Die sitzende Stellung des Kranken wird von den meisten Wundärzten vorgezogen. Der Wundarzt sei ambidexter. Die Lidhalter, auch der von Snowden, dürften der Vergessenheit anheimfallen. (Diese Prophezeiung hat sich nicht erfüllt.)

Die Niederdrückung ist von Celsus beschrieben, aber mittelmäßig[2]. Sie blieb durch die Jahrhunderte. 1775 schlug Pott bei Staren von ge-

---

1) La cataracte consiste, comme on le sait, dans l'opacité de certaines parties interposées entre la cornée transparente et le corps vitré.

2) Das ist auch mein Urtheil. Vgl. XII, S. 242 fgd. — Die Nadel des Paulos hat N. nicht verstanden: der Knopf ist nicht an der Spitze, sondern am Schwanz. (XII, S. 115.)

mischter Konsistenz die Zerstücklung vor, 1785 Wilburg die Reklination, 1806 Buchhorn die Keratonyxis. Gebräuchlicher, als die einfache Niederdrückung, ist jetzt die Reklination; die Erhebung Pauli's[1]), die noch neu ist, wurde von Hervez de Chégoin und von Jobert mit Erfolg ausgeführt. Die wirkliche Entdeckung der Ausziehung gehört Daviel an (1748).

Nélaton zieht es vor, den Augapfel mit einem Häkchen zu festigen, das Star-Messer von Beer, 2 mm über dem wagerechten Durchmesser der Hornhaut und 1 mm von ihrem Rande entfernt, einzustechen, symmetrisch dazu auszustechen, den unteren Halbbogenschnitt zu vollenden, mittelst des Kystitoms von Desmarres die Kapsel zu öffnen und mittelst des Stiles, sei es vom Kystitom oder vom Daviel'schen Löffel, sanft auf das Oberlid zu drücken, 5 mm von dem freien Rande, und so die Linse umzukippen, dass sie hervortritt.

Der Schnitt nach oben, den Jäger hauptsächlich empfohlen, fand Anhänger in Mackenzie, Alexander, Sichel, Desmarres, Deval u. a. Alexander lässt eine Brücke in der Mitte des Hornhautschnitts und trennt erst die Kapsel, ehe er die Brücke mit der Scheere durchschneidet.

Die Trennung der Kapsel vor Vollendung des Schnittes, nach Wenzel und Blasius[2]), scheint die Schwierigkeit zu vermehren. Rivaud-Landrau hat die Spaltung der hinteren Kapsel hinzugefügt.

1847 hat Laugier die Aussaugung (aspiration) des Stares bekannt gegeben. Auch hier hat Hr. Nélaton dem Professor Laugier zu große Zugeständnisse gemacht. Allerdings fügt er hinzu, dass jener im ersten Antrieb der Begeisterung für seine Schöpfung vielleicht zu übertriebenen Hoffnungen sich hat hinreißen lassen.

Nélaton endigt mit einem Vergleich der Verfahren: »Allgemeine Übereinstimmung herrscht darin, die Ausziehung für das einzig mögliche Verfahren zu halten bei den sehr harten, steinigen, kreideartigen(!) Staren.... Man erkennt auch allgemein an, dass, falls Grund vorliegt, sich zur Operation zu entscheiden, wenn das Auge ein sehr wenig ausgesprochenes Staphylom(!) zeigt, man auch zur Ausziehung seine Zuflucht nehmen müsste. Andrerseits ist die Niederdrückung anwendbar auf die kleinen Augen, die zurückgesunkenen, bei kleiner Hornhaut, bei Hydrophthalmie(!) mäßigen Grades, wenn man sich zu einem Operations-Versuch entschließen sollte, bei beträchtlicher Pupillen-Verengerung, bei Verwachsung der Kapsel mit der Iris, bei Krankheiten des Auges und seiner Umgebung, welche der Vernarbung des Hornhaut-Lappens schädlich sind, wie Blepharitis und Thränenfistel....

---

1) XIV, ii, S. 369. Hervez de Chégoin, der in der Gaz. des hôpitaux vom 17. Dez. 1844 angiebt, dass er ein Mal, Jobert drei Mal die Elevation des Stares geübt, kannte die Priorität von Pauli nicht, trotz der Veröffentlichung in Ann. d'O. II, S. 264, 1839. Vgl. auch deren Band XIII, S. 37. — Hezel in Ulm (Kritik d. neuen Methode von Pauli, Ulm 1840) halte sich vollständig dagegen ausgesprochen.

2) Und vor allem auch nach Pellier. (XIV, S. 100.)

Die Zerstücklung passt für weiche Stare.... In mehreren der erwähnten Fälle steht die Wahl nicht frei.... aber es bleibt eine zahlreiche Gruppe von Fällen, wo die beiden großen Methoden gleich anwendbar sind....

Eine Ansicht, die eine große Zahl der Wundärzte vereinigt und die auch ich theile, besagt, dass man die Niederdrückung für die mittelweichen Stare der Jugendlichen und die Erwachsenen vorbehalten soll, und die Ausziehung für die Stare der Greise, welche eine erweichte Rinde und einen dichteren Kern haben....«

Also in dieser Konkurs-Schrift eines a. o. Professors zu Paris vom Jahre 1850 finden wir nichts von der eindrucksvollen Sprache der Zahlen, die wir schon 6 Jahre früher in der Doktor-Arbeit von ED. JÄGER zu Wien kennen gelernt. [XIII, S. 329.]

Überhaupt vermissen wir bei NÉLATON die eigne Erfahrung. — manchmal sogar die eigne Meinung. Aber die Arbeit ist glänzend geschrieben und, da sie in 10 Tagen fertig gestellt werden musste, eine achtbare Leistung, die zu ihrer Zeit, wie LAURENT (1866) mitgetheilt, großes Aufsehen erregt hat.

In seiner Klinik hat NÉLATON später einen Pavillon den Augenkranken vorbehalten und in seiner Lehre von den äußeren Krankheiten einen ganzen Band der Augenheilkunde gewidmet.

Élémens de pathologie chirurgicale par A. NÉLATON, Prof. de clinique chirurg. à la Faculté de Médecine de Paris, Membre de la Soc. de chirurgie... Tome troisième, Paris 1854. Die Augen-Leiden sind auf S. 1—333 abgehandelt. Wer diesem Führer sich anvertraute, erfuhr kein Sterbenswörtchen von der Thatsache, dass der Augenspiegel 1851 entdeckt worden. Die Untersuchung des Auges, Ophthalmoscopie[1]) genannt, wird noch nach HIMLY's Anleitung vom Jahre 1830, die BARTH ins Französische übersetzt hatte, abgehandelt. (Wie überlegen ist in dieser Hinsicht das Lehrbuch von RUETE, aus dem Jahre 1855! Allerdings das von MACKENZIE aus dem Jahre 1854 hat auch nur zwei kurze Bemerkungen über den Augenspiegel von HELMHOLTZ.)

Bei der Behandlung der wichtigsten Krankheiten wie des Augentrippers, der Bindehaut-Eiterung der Neugeborenen, erwähnt N. die Verfahren von SANSON, DUBOIS, ROUX u. a., spricht aber nicht von eignen Erfahrungen. Auch bei der Wahl zwischen Ausziehung und Niederdrückung kommt er noch nicht zu einer wirklichen Entscheidung. Bei der Amaurose wurden die Eintheilungen von SICHEL, von TAVIGNOT, von SANSON neben einander gestellt.

Es ist uns heute fast unbegreiflich, wie ein so ausgezeichneter Chirurg eine so mittelmäßige Abhandlung über Augenkrankheiten hat veröffentlichen können.

In der zweiten Ausgabe seines Werkes ist die Bearbeitung der Augenkrankheiten erst nach seinem Tode, aus der Feder von PÉAN, erschienen (IV, S. 115—173, 1876). Das ist eine fleißige Kompilation, bei der übrigens Dr. FIEUZAL mitgeholfen, aus den Werken der Ära des Augenspiegels, auch mit Bildern des Augengrundes. Hier treffen wir endlich in einem französischen

[1] XIV, II, 1. 13.

Lehrbuch des 19. Jahrhunderts wieder den Ausspruch: »Das Verfahren der Niederdrückung ist fast gänzlich verlassen, hat heute nur noch eine geschichtliche Bedeutung.«

§ 597. Die Provinz.

Die Centralisation Frankreichs hat, wie auf allen Gebieten, so auch auf dem unsrigen, ein starkes Überwiegen der Hauptstadt zur Folge. Aber trotzdem pulsirt auch in der Provinz ein kräftiges Leben, ebenso damals, wie für die heutigen Besucher, zu denen ich mich selber zählen darf.

Ehe ich zu den wichtigeren Universitäten (Lyon, Montpellier, Bordeaux) übergehe, möchte ich einige kleinere Medizin-Schulen betrachten, in denen verhältnissmäßig früh augenärztliche Leistungen zu Tage getreten sind.

Angers[1]),

die Hauptstadt des Departement Maine et Loire, erhielt 1807 (vgl. § 549) eine Anstalt für praktische Kurse der Medizin, Chirurgie und Pharmacie; 1820 wurde diese unter Aufsicht der Universität Rennes gestellt, 1841 in eine Sekundär-Schule der Medizin umgewandelt, 1890 neu gestaltet.

(Sie wird heute als École préparatoire de médecine et de pharmacie bezeichnet und besitzt eine Augenklinik, die unter Leitung des Professor Ernst Motais steht.)

Ein Mann, der zur Förderung unsrer Wissenschaft einiges beigetragen hat, nach der französischen Sitte, seinen Namen mit dem jener Stadt verknüpft,

G. M. Mirault d'Angers,

der 1823 in Paris promovirte mit der Dissertation (1) »Sur l'anatomie et l'inflammation de la cornée transparente«, und zuerst Professor der Anatomie und Physiologie an der Sekundär-Schule zu Angers wurde, später Professor der chirurgischen Klinik.

Außer zahlreichen chirurgischen Arbeiten besitzen wir von ihm augenärztliche: 2. über Keratitis, 3. über chronische Keratitis, 4. über Wassersucht des Auges, 5. über Netzhaut-Entzündung, 6. über Kapsel-Nachstar, 7. über Kapsel-Star, 8. über Heilung der Ausstülpung des Lides.

(VII, A. d'O. XII, S. 73—88.)   »Der häutige Nachstar ist noch nie in der französischen Literatur genauer besprochen worden[2]).«

Mirault meint, dass, trotz der Arbeiten von Morand, Hoin, Ténon[3]) über den Kapsel-Star die meisten Autoren im Nachstar nur einen wieder aufgestiegenen Star sahen, bis Boyer, Sanson, Cloquet und Bérard (in

---

1) 1837 zählte die Stadt 30 000 Einwohner, 1901 aber 80 000.

2) Grade vor Drucklegung der Arbeit von Mirault erschien die von Duval A. d'O. XI), worin die Ausziehung des Nachstars empfohlen wird.

3) Vgl. unsren B. XIV, S. 46, 65, 49.

den französischen Encyklopädien) und Sichel nachgewiesen, dass der Nachstar fast immer Folge einer Trübung der Kapsel sei: — ein sonderbarer Satz, der weder berücksichtigt, dass in der zweiten Hälfte des 18. Jahrhunderts die Ausziehung vorherrschte, nach der es doch auch zu Nachstaren kam; noch dass J. A. Schmidt 1804 seine berühmte Abhandlung über Nachstar und Iritis geschrieben. (Vgl. XIV, S. 359.)

Es giebt zwei Arten von Kapsel-Nachstaren. Die eine folgt auf einen primären Kapsel-Star, durch Vereinigung der Lappen; die zweite ist Folge einer Entzündung. Die letztere ist häufiger nach der Niederdrückung des Stars, die Mirault vorzüglich übt. Auch zur Beseitigung des Nachstars bedient er sich der Nadel.

(VIII. A. d'O. XXV, S. 121—126, 1856.)

Bei starkem Narben-Ektropion durch Verbrennung hat Mirault die Narben abgelöst und die Lid-Ränder zeitweise vereinigt, mit gutem Erfolg. (Méthode par fusion temporaire des paupières[1].)

Die Verf. der neuen Elemente der Augenheilkunde (Paris 1908, S. 13) schreiben Mirault »ein großes Verdienst um die Wiederherstellung der Lider« zu, — was wohl zu viel gesagt ist.

Da Mirault (d'Angers) sich selber — allerdings irrthümlicher Weise — die erste Schilderung der Hornhaut-Entzündung zugeschrieben, so möchte ich an dieser Stelle eine kurzgefasste

Geschichte der Hornhaut-Entzündung

einschieben.

I. Die alten Griechen erwähnen die Hornhaut-Entzündung, ohne sie zu beschreiben. Von Hornhaut-Geschwüren und Narben ist schon in der hippokratischen Sammlung und im griechischen Kanon der Augenheilkunde die Rede. (§ 45, § 241.) Galen gebraucht schon direkt das Wort Hornhaut-Entzündung. (§ 212, Schluss-Satz[2].) Auch, was er daselbst von Verdickung, Verdichtung, Durchfeuchtung der Hornhaut sagt, mag auch dazu gehören.

II. Der arabische Kanon folgt auf diesem Gebiete wiederum dem griechischen: er hat ein besondres Kapitel über die Durchfeuchtung der Hornhaut, — eine Krankheit, die nach Ar-Rāzī (Contin. 28ᵇ) nur bei Galenos sich findet. (Arab. Augenärzte II, S. 196.)

---

1) Die Ausschneidung der Bindehaut-Wülste zur Heilung des Ektropion nennt Mirault »den so sinnreichen Gedanken von Bordenave«. Toussaint B. (1728—1782) war Professor am Kolleg der Wundärzte zu Paris. Aber das erwähnte Verfahren ist schon von den alten Griechen ganz genau beschrieben worden. (Vgl. XII, S. 408.)

2) Der griechische Urtext lautet: τὰ δὲ τοῦ κερατοειδοῦς χιτῶνος γινόμενα νοσήματα μεγάλα παντελῶς ἐμποδίζει τὰς ὄψεις, καὶ μάλιστα ἤτοι φλεγμαίνων ἤ, ἐκπυϊσκόμενος ἤ σκιρρούμενος ἤ τι τοιοῦτον ἕτερον πάσχων, ὡς ὀργανικὸν μόριον, ὑπὸ νοσήματα πάσχῃ. Die Griechen waren nicht so erpicht auf Kunstausdrücke, zumal alles im Rahmen der Muttersprache verblieb.

III. Nach dem Wiedererwachen der Augenheilkunde im Anfang des 18. Jahrhunderts wird zwar, bei MAÎTRE-JAN und ST. YVES, die Betheiligung der Hornhaut an der Ophthalmie hervorgehoben; ebenso in den ersten Schul-Büchern der Augenheilkunde, von DEHAIS-GENDRON (1770, II, S. 1) und von PLENK (1777, S. 70); es werden zwei durch Eindringen von Fremdkörpern bewirkte Fälle von Hornhaut-Entzündung bei MORGAGNI geschildert (de sedibus . . . . XVIII, 21—23); von JOSEPH BEER wird die Hornhaut-Entzündung 1791 angedeutet. (Augenkr. aus Allgemeinkr., S. 296.) Aber die selbständige Hornhaut-Entzündung wird noch nicht beschrieben, ja nicht einmal genannt. In WENZEL's Dict. ophth. (1808, S. 241) fehlt bei der Aufzählung der Hornhaut-Leiden die Entzündung.

Der erste, welcher, geleitet von BICHAT's allgemeiner Anatomie, eine klare Beschreibung der wirklichen Hornhaut-Entzündung geliefert, war JAMES WARDROP, Edinburgh 1808. (The morbid anatomy of the human eye, I, Ch. II, on Inflammation of the Cornea[1].) »Trübung der im gesunden Zustand ganz durchsichtigen Hornhaut, das Auftreten von Blutgefäßen in derselben, Schmerz und Lichtscheu sind die Zeichen der Hornhaut-Entzündung; dieselbe hat drei Arten, je nachdem das Bindehaut-Blättchen über der Hornhaut, oder die eigentliche Substanz, oder die innerste Schicht derselben, die Wasserhaut, ergriffen wird: mitunter ist es allerdings schwierig, die Ausdehnung der Krankheit ganz genau festzustellen.«

Diese wesentliche Bereicherung unsrer Wissenschaft war aber durch Napoleon's Kontinental-Sperre (1806—1813) auf dem Kontinent zunächst unbekannt geblieben[2]. Namentlich auch in Deutschland, wo PH. V. WALTHER 1810 nicht blos das Wort Corneïtis[3]) geschaffen, sondern auch eine gute Beschreibung der selbständigen Hornhaut-Entzündung geliefert (§ 506, 2, S. 478): »Trübung wie mattgeschliffenes Glas, voller Kranz von Blutgefäßen um den Hornhaut-Rand, gelegentlich neugebildete Blutgefäße in der Hornhaut.«

Jetzt erscheinen in der Literatur Dissertationen über Hornhaut-Entzündung: RUMMEL, de corneïtide, Göttingen 1815; HOFFBAUER, de cornea ejusque morbis, Berlin 1820[4]); R. FRORIEP, de corneit. scrofulosa, Jena

---

1) Also der wirkliche Pfadfinder zu dieser ziemlich unbekannten Gegend unsrer Krankheitslehre ist ohne griechischen Pass hingelangt.

2) Vgl. XIV, II, S. 15. — Ebendas. S. 215, ist also Anm. 2 zu verbessern! Die zweite (unveränderte) Ausgabe von WARDROP's Werk, die ich besitze, ist ja erst vom Jahre 1836; aber die erste des ersten Bandes vom Jahre 1808, des zweiten vom Jahre 1818.

3) Der Name Keratitis scheint zuerst in der Berliner Dissertation von HOFFBAUER aus dem Jahre 1820 aufzutreten.

4) JOH. HEINR. HOFFBAUER, geb. 1796 zu Bielefeld, wirkte daselbst und schrieb über Asthma, über Elektrizität als Heilmittel, über den Aberglauben, über Kopf-Verletzungen, Selbstmord, psychische Krankheiten. Es heißt in seiner Dissertation, S. 16: Corneitis, sive Keratitis. Quum sani hominis corneae .... vasa desint

1830, Mirault, sur l'anatomie et l'inflammation de la cornée, Paris 1823, Zarda (Flarer), de Keratide, praesertim scrofulosa, Pavia (Ticin.) 1824; Strauss, de Keratoditide scrofulosa, Prag 1830; Wyda, de K. rheumatica, Prag 1831. Diesen Dissertationen möchte ich drei Sonderschriften anschließen: 1. Chelius, 1818, über die durchsichtige Hornhaut, ihre Funktion und ihre krankhaften Veränderungen. (Vgl. XIV, ii, S. 380.) 2. J. G. Fabini, prolusio de praecipuis corneae morbis, Budae 1830. 3. Dusensy, die Kr. der durchsichtigen Hornhaut, Prag 1833. (Vgl. auch Schindler in Ammon's Monatsschr. I, Nasse, ebendas. III, Sanson, dict. de méd. et chir. prat. X, Velpeau, dict. de méd. IX, Tavignot, J. de connaiss. méd. chir., 1845.)

In den Lehrbüchern, welche uns den Kanon der Augenheilkunde vom Beginn des 18. Jahrhunderts darstellen, von Scarpa (1801), Beer (1813), Travers (1820), erscheint wohl schon die Entzündung der Hornhaut, und zwar in aufsteigender Bedeutung mit dem Fortschritt der Zeit. Aber erst bei Beck (1823, S. 305—312) haben wir eine vollständige Darstellung der Corneïtis, nach dreifachem Sitz des Ursprungs. (XIV, ii, S. 376.) Auch bei Beer's Schüler und Nachfolger Rosas finden wir (1830, II, S. 435—418) ein besondres, kleines Kapitel über primäre Keratitis, — es ist die scrofulöse. Auch bei Weller (1831, S. 179—181), der sich auf Wardrop stützt. Ferner handelt Jüngken (1836, § 10) von Keratitis, der dyskrasischen (scrofulösen) und der idiopathischen (traumatischen). Ruete (1845, S. 413—416) unterscheidet die primäre Keratitis und die konsekutive, von der Entzündung benachbarter Gewebe fortgepflanzte und findet unter den Ursachen Verletzung, Gicht, Rheumatismus, Scrofeln, erwähnt auch aus der Literatur Syphilis und Skorbut. Sehr genau ist J. N. Fischer (1846, Entz. u. org. Erkr. d. A., S. 43 fgd., S. 52, 169, 225): er unterscheidet reine Keratitis, mit Anschluss der traumatischen, oberflächliche und tiefe (profunde); und dyskrasische, scrofulöse und rheumatische; dazu Hydromeningitis, reine und dyskrasische, nämlich rheumatische, scrofulöse und syphilitische, von denen die letztere den Anfang der syphilitischen Iritis darstellt.

Von den französischen Lehrbüchern sind zu erwähnen Carron du Villards (1838, II, S. 121—126, Kératite), Rognetta (1844, S. 406—417, Cornéitis) und Desmarres (1847, S. 264—311).

Von den englischen bringt das von Mackenzie (1830) keine besondre Abhandlung über Hornhaut-Entzündung, aber eine treffliche Beschreibung der scrofulous corneitis. (S. 418—421.) Etwas mehr finden wir in

---

sanguifera, cornea paullulum inflammata, colore albo, opaca necnon turbida, crescente vero inflammatione, colore roseo, rarius intumida observatur. Aegrotus doloribus partis affectae atrocibus vexatur.... Semper fere Keratitis vel cum conjunctivitide vel alicujus tunicae bulbi oculi inflammatione conjuncta, imo vero a causa violenta mechanica proficiscens invenitur.

der 3. Aufl. vom Jahre 1840, wo (S. 147), in der Einleitung zur scrofulösen Keratitis, bereits die äußere, die parenchymatöse und die innere
wenigstens erwähnt werden. Aber einen wesentlichen Fortschritt zeigt die
4. Aufl., allerdings vom Jahre 1854, wo eine vollständige Abhandlung über
Corneïtis und über ihre Hauptformen, die scrofulöse, die arthritische (und
auch die postvariolöse) sich findet. Middlemoore (1835, I, S. 430—440)
beschreibt die einfache akute und die strumöse Entzündung der Hornhaut.
Tyrrel (1840, I, S. 213—250) schildert die einfache Corneïtis, die mit
Eiterung, die mit Blasenbildung und die mit Ablagerung von erdigen Sub-
stanzen.

Bei der »Reform der Augenheilkunde« werden wir auch auf die
Keratitis zurückkommen. Der Zustand der Lehre von der Hornhaut-
Entzündung, wie ihn die Studien des Reform-Zeitalters geschaffen, findet
sich in der ersten Ausgabe unsres Handbuches IV, 1, 1875. (Th. Saemisch.)

§ 597ᴬ. Poitiers

erhielt 1431 durch Karl VII. eine Universität, 1806 durch Napoléon eine Rechts-
Fakultät, zu der noch 1846 und 1856 eine der Literatur und der Naturwissen-
schaften hinzukamen. Außerdem besteht daselbst eine Vorbereitungs-Schule für
Medizin und Pharmacie.

Zu Poitiers wirkte

François Lucian Gaillard (1805—1869)

lange Jahre hindurch als Hauptwundarzt des dortigen Hôtel-Dieu. Sein Name
ist, an die von ihm gefundene Lid-Naht geknüpft, bis auf unsre Tage gekommen, nicht nur in den Schriften der Augenheilkunde, sondern auch in
den ärztlichen Wörterbüchern. In dem von Guttmann (S. 441, 1909) heißt es:
»Gaillard-Naht. Zur Heilung des Entropium werden durch die Basis einer
Hautfalte unter dem unteren Augenlide zwei Nadeln durchgestochen und die
Fäden über eingereihte Perlen möglichst fest zugeknüpft. Durch eintretende
subkutane Eiterung und Vernarbung wird ein mechanischer Zug auf das
Augenlid ausgeübt.«

In der ersten Ausgabe unsres Handbuches (III, S. 457, 1874) theilt
Arlt mit, dass schon Wardrop, mit einem Faden, ähnliches angestrebt
(Himly, I, S. 128), dass Gaillard sein Verfahren 1844 (Bull. de la soc. méd.
de Poitiers) veröffentlicht, Rau dasselbe (in 18 Fällen) mit Erfolg geübt
(A. f. O. I, 2, S. 178, 1855); er selber es verbessert habe.

Wir haben übrigens in unsrem § 79 gesehen, dass bereits die Hippokratiker den Versuch eines ähnlichen Verfahrens veröffentlicht haben.

Auch die weiteren Veröffentlichungen von L. Gaillard beziehen sich auf
Lid-Operationen.

2. Blepharoplastic. Nouveau procédé de suture, A. d'O. XVIII, S. 241.
3. Ectropion, Blepharoplastie, Suture en pont. XIX, S. 223.
4. Anaplastie des paupières. XX, S. 165.

§ 598.   Einer der merkwürdigsten Männer zierte die alte Medizin-Schule zu

Nantes,

der Hauptstadt des Departement Nieder-Loire, ehemals Hauptstadt der Bretagne [1]).

Die Geschichte der Medizin-Schule zu Nantes gliedert sich in die folgenden Perioden: Faculté de médecine 1460—1793 und École de chirurgie 1740 bis 1793; École libre de médecine 1793—1808; Cours d'instruction médicale, 1808 bis 1820; École secondaire de médecine, 1820—1841; École préparatoire de méd. et de pharmacie 1841—1876, reorganisirt 1854; École de plein exercice de méd. et de pharmacie von 1876 an.   Die Medizin-Schule gehört zur Akademie von Rennes.   Professor der Augenheilkunde ist jetzt EDUARD DIANOUX. (MINERVA, Handbuch der gelehrten Welt, 1911, S. 286.)

In Nantes wurde 1830 Professor der Medizin

ANGE GUÉPIN,

dem die Geschichte unsres Fach bis heute noch nicht den schuldigen Zoll gezahlt hat [2]).

Am 30. August 1805 zu Pontivy (Morbihan) geboren, studirte er in Paris, wo er schon anfing, mit Augenheilkunde sich zu beschäftigen und DUPUYTREN, ROUX, VELPEAU und MAGENDIE zu Lehrern hatte.   Er promovirte 1828, ließ sich in Nantes nieder, im September desselben Jahres, wurde zuerst Professor der gewerblichen Chemie, dann nach der Juli-Revolution von 1830, in Folge deren er sich an der Unterdrückung der royalistischen Bestrebungen in der Vendée betheiligte, Professor der Medizin an der ärztlichen Sekundär-Schule zu Nantes und 1832 Krankenhaus-Wundarzt.

Schon seit 1830 begann er eingehend Augenheilkunde zu betreiben; 1832 machte er seine ersten größeren Augen-Operationen.

GURLT (Biogr. Lex.) rühmt von ihm, dass er eine der ersten Augen-kliniken in Europa begründet habe.   Das ist nicht richtig.   GUÉPIN selber belehrt uns (1856, A. d'O. XXXV, S. 7), dass er von 1830—1840 sich noch unsicher fühlte, fortwährende Versuche in der Augenheilkunde anstellte; dass er aber 1840, als sein Vertrauen in die von ihm angewendeten Verfahren hinlänglich gefestigt war, seine Konsultation erweiterte, indem er den bedürftigen Kranken von Nantes unentgeltliche Arzneien gewährte, denen von auswärts aber noch dazu Betten bei Zimmer-Vermietherinnen bereit hielt.

In den ersten 11 Jahren seiner Praxis hatte er 5000 Augenkranke behandelt, vom Ende des Jahres 1840 bis zum Anfang von 1848 waren es 12000; 1849 und 1850 zusammen 3000; und in den letzten 4 Jahren je 1800.

---

1) 1837 war die Einwohnerzahl 78000, 1901 gegen 133000.

2) Biogr. Lex. II, S. 685. — Ergänzungen und Verbesserungen liefern GUÉPIN's Schriften.

Im Jahre 1843 berichtet Guépin (A. d'O. X, S. 292), dass die letzten 3 Jahre ihm 4000 Kranke geliefert, an denen er 122 Star-Operationen und 101 Pupillen-Bildungen verrichtete. Ausdrücklich erklärt er, dass er als Student in Paris 1824—1828 bei Dupuytren und Roux nicht eine einzige Pupillen-Bildung gesehen und auch in den Leitfäden, die ihm zur Verfügung standen, nichts als völlig ungenügende Rezepte gefunden, so dass er, fern von der Bewegung und dem Lärm des großen Centrum Paris, auf seine eignen Versuche angewiesen war.

Eifrig sammelte er klinische Erfahrungen, studirte, so gut es ging, die pathologische Physiologie des Seh-Organs, übte die Star-Operation, sowohl Ausziehung als auch Niederdrückung, und berichtete häufig in den Fachzeitschriften über seine Beobachtungen und Gedanken, beklagt sich aber (A. d'O. XI, S. 217), dass es ihm an Muße zu eingehenden Arbeiten gebricht. Mehrmals hat er auch nur eine Einleitung veröffentlicht und ist später nicht darauf zurückgekommen.

In einzelnen Fällen, z. B. bei schweren Verletzungen, beweist Guépin schnelle Entschlossenheit. Er ist auch kühn in wissenschaftlichen Fehden, mit Rigler, mit Szokalski, — aber nicht immer glücklich, z. B. bezüglich der Behauptung, dass er einen doppelten Star aus einem Auge gezogen. (A. d'O. VII, S. 54.)

Sein philosophisch-politischer Standpunkt eines menschenfreundlichen Sozialismus veranlasst ihn mehrfach zu heftigen Ausfällen gegen »die großen Chirurgen von Paris«, von denen der eine sich »für jedes Auge« 1200 Franken voraus bezahlen ließ, in einem Fall, der einen sehr beklagenswerthen Ausgang genommen (A. d'O. VII, S. 61); der andre, der eines schlechten Verfahrens für die Muskel-Zerschneidung (nämlich mit dem Sichel-Messer) sich bediente, nach dem Verlust des Auges den Kranken mit einer hohen Geldsumme zum Schweigen brachte. Guépin erhebt sich »gegen die hohen Barone[1]) der Wissenschaft, welche ohne Prüfung die Muskel-Zerschneidung verdammen«. (A. d'O. XIV, S. 362.)

Von 1848—1853 feiert seine bis dahin so eifrige Feder. Im Jahre 1848 hatte Guépin sich wieder der Politik zugewendet, wurde Kommissar der Regierung in »zwei zur Zeit der Revolution sehr schwierigen Departements«, verlor dann seine Stellung als Hospital-Wundarzt und 1850, nach 20jähriger Lehrthätigkeit, auch seine Professur, — er, dessen glänzende Beredsamkeit sogar sein Gegner Testelin neidlos anerkannt hatte. (A. d'O. XXIX, S. 406.)

Guépin hat noch weiter zu lehren versucht, durch Abhandlungen, die er in den A. d'O. veröffentlichte, die letzte im Jahre 1858; er hat noch weiter behandelt und operirt unter Assistenz seines Sohnes[2]). Aber schon

---

1) § 552.

2) Im Jahre 1858 erscheint die erste Arbeit des Sohnes aus der Poliklinik des Vaters, zwei Fälle von Nachtblindheit bei Seeleuten, durch blutiges Schröpfen geheilt. (A. d'O. XXXIX, S. 48.)

Statue von Ange Guépin zu Nantes (1893).

Verlag von Wilhelm Engelmann in Leipzig.

1856 bekannte er in schmerzlicher Entsagung: »Meine Laufbahn geht zu
Ende.« Am 11. Mai 1873 ist er verstorben.

Vor allen seinen Landsleuten, welche mit Augenheilkunde sich beschäftigt, ist Guépin ausgezeichnet durch ernste und eingehende Studien in der
Philosophie. Er zitirt Kant, — wohl als erster der französischen Augenärzte. (A. d'O. XXXV, S. 11.) Er erklärt: »Das Auge ist der Bindestrich
zwischen dem Ich und dem Nicht-Ich, zwischen der subjektiven
Welt unsres Seins und der objektiven Welt jener großen Schöpfung, deren
Glanz zu bewundern es uns verstattet, das Auge, welches unterworfen den
allgemeinen Gesetzen unsrer Einrichtung, in seiner Kugel und den Anhängen
fast alle Gewebe des menschlichen Körpers darstellt: daher seine Anleihen von der allgemeinen Pathologie und Therapie, daher die Lehren, die
es seinerseits jenen zu liefern im Stande ist.«

Guépin ist auch ein überzeugungstreuer Republikaner und sozialistischer
Volksfreund, »der nie einen andren Ehrgeiz besessen, als das Banner der
Wahrheit hochzuhalten«. (A. d'O. XXXV, S. 8.) So dürfen wir uns nicht
wundern, wenn er seinen Landsleuten »Wahrheiten« sagt, die sie nur
selten zu hören bekommen und die zum allermindesten gewaltig
übertrieben waren:

»Zwar die Ärzte stehen an der Spitze der französischen Gesellschaft
durch ihr theoretisches und praktisches Wissen, durch ihre wirklich menschenfreundliche oder christliche Philosophie, durch Hingebung und Nächstenliebe
an jedem Tag und zu jeder Stunde. Aber die Gesellschaft, welche sie
umgiebt, ist nicht auf der Höhe, zumal in den westlichen und südlichen
Provinzen. In den unteren Schichten des Volkes ist die Unwissenheit
ebenso groß, wie das Elend; in den höheren Schichten der Gesellschaft
vermag der Firniss einer feinen Höflichkeit bei vielen die Unzulänglichkeit
einer Erziehung nicht zu verdecken, welche keineswegs die Wissenschaft
zur Grundlage hatte.«

»Die Wissenschaft«, sagt Guépin 1853 (A. d'O. XXX, S. 84), »welche
die Einsicht erhebt und tröstet, die erleuchtetsten Menschen aller Länder
vereinigt und sie mit der großen und glänzenden Natur, die sie ihnen erklärt, verbindet, ist ein hervorragend religiöses Band.... Die gallo-römi-
sche Rasse braucht Belehrungen. Sie hat dieselben empfangen, sie empfängt
die ernstesten Weisungen, ohne dass ihre Eitelkeit davon Nutzen ziehen
wollte oder könnte. Es ist eine Rasse von hochmüthigen Kindern, in deren
Schoß man einige glänzende Persönlichkeiten findet, einige würdige Söhne
von Descartes, umgeben von einem Volk, dessen Unwissenheit und Thorheit
zu betrachten Pein verursacht. Die andren europäischen Rassen werden
gut thun, der gallo-römischen nur ein mäßiges Vertrauen bezüglich ihrer
Verhandlungen zuzugestehen. Die Zukunft gehört der Wissenschaft auf
allen Pfaden der menschlichen Thätigkeit. In scientia spes. Das ist die

16*

Losung jedes trefflichen Menschen. Aber die Wissenschaft verlangt die
unbeschränkte Bethätigung der menschlichen Willensfreiheit und liebt ebenso
wenig die Zwingherrschaft der amtlichen Meinungen wie die der unwissen-
den Massen.«

Guépin war der Arzt der Armen. »Seit den Ereignissen des Jahres 1848
hat meine Praxis stark zugenommen, aber nur in der Klasse der Arbeiter
und Kleinbürger. Da ich nicht mehr Wundarzt am Hôtel-Dieu bin, kann
ich meine Kranken dort nicht operiren. Viele haben dunkle Wohnungen.
Ich operire also in meiner Wohnung zahlreiche Stare und alle künstlichen
Pupillen, auch die vollständigen und theilweisen Entfernungen des Augapfels,
nebst allen übrigen Operationen. Ich habe lange gezögert, so vorzugehen, und
hätte es nicht gewagt, wenn ich nicht auf die außerordentliche Wirksamkeit
der blutigen Schröpfköpfe rechnete. Seitdem ich diese Gewohnheit angenommen, die mir sehr gutes Licht gestattet (Guépin war übersichtig)[1], und
wagerechte Lage des Kranken[2], falls ich es für nützlich halte, habe ich
oft Grund zur Zufriedenheit gehabt, niemals zur Reue.«

Von den Wohlhabenden ist Guépin gröblich ausgebeutet worden. »Ich
kann die Zahl derjenigen nicht nennen, die von 1840—1850 zu mir gekommen
sind mit halb-officiellen Zeugnissen einer erlogenen Armuth. Nichts ist
häufiger in einem gewissen Theil der Gesellschaft, als Leute, die ihren
Schützlingen die Zeit und die Mühe des Arztes schenken.«

Guépin's größtes Werk ist seine Philosophie des 19. Jahrhunderts;
die für uns bemerkenswerthesten Arbeiten sind erstlich die Operation
des angeborenen Stares, zweitens seine vergleichenden Versuche über
Therapie der Augenkrankheiten.

Liste der Veröffentlichungen von A. Guépin.

1. Über die ersten Augenblicke des Sehens bei einem Blindgeborenen, der im
   Alter von 9½ Jahren geheilt würde. A. d'O. V, S. 150—157, 1841.
   (Der Vf. zeichnet damals Dr. Guépin, Professeur à l'école préparatoire de médecine de Nantes, fondateur du dispensaire ophthalmique de la même ville.)
2. Einige Wirkungen des Lichtes auf das Auge. Ebendas. S. 155 und VI, S. 6.
3. Über die Natur und die Bildung der Stare. VI, S. 203 und VII, 57.
4. Granulöse Augen-Entzündung in einer Gegend, wo nie die Ophthalmie der
   Armeen geherrscht hat. VII, S. 93.
5. Angeborenes Fehlen der Augen. VII, S. 182.
6. Angeborene Lichtscheu, ebendas. S. 183.
9. Stichwunden des Auges. (24 Fälle.) IX, S. 143.
10. Schläge auf Kopf und Augen. (19 Fälle.) X, S. 53.
11. Verbrennungen und Verletzungen des Augapfels und der Lid-Innenfläche. X,
    S. 254.
12. Einige Fälle von Amaurose, mit der Muskel-Zerschneidung behandelt. X, S.277;
    XIII, S. 166.

---

1) A. d'O. XXXV, S. 6.
2) Er benutzt einen Holz-Stuhl mit zusammenlegbarem Rücken, — von den
Kranken »Stuhl der Leiden« genannt.

13. Strychnin, endermatisch gegen Amaurose. XI, S. 217.
14. Études d'Oculistique, Paris 1844. (Mit 2 Tafeln. Deutsche Übersetzung von J. Neuhausen, Krefeld 1847. [72 S.])
15. Eröffnung des ganz verschlossenen Thränenkanals mittels eines gekrümmten Dreikants. A. d'O. XIII, S. 251, XIV, S. 217. (Aus Chelius, II, 71, lernte Guépin, dass Jurine dies schon ausgeführt. — Er betont auch die Wichtigkeit der Einspritzungen.)
16. Myotomia ocularis. XIII, S. 161.
17. Einfluss der Diathesen auf Augenleiden[1]. XV, S. 12. (Theoretische Erörterung über Diathesen; über Blei-Amaurose, — aber nur die Einleitung.)
18. Ist es nicht möglich, die gewöhnliche Verlust-Ziffer der Star-Operation auf die Hälfte zu verringern? XVI, S. 231, 1846 und XVII, S. 39.
19. Kennen wir die Funktionen der Linse? XXIX, S. 147, 1848.
20. Über die angeborenen Stare und die für sie passenden Operationen. XXX, S. 74, 1853.
21. Hornhaut-Ätzung bei Entzündung der Wasserhaut. XXXII, S. 249. (Mit dem spitzen Höllenstein-Stift, zur Ableitung.)
22. Bemerkungen über die Netzhaut und ihre Erkrankungen. XXXIII, S. 257.
23. Die Heilmittel in Augenkrankheiten. XXXV, S. 5, 157, 241. (Blut-Entziehung, Elektrizität, Haarseil, Merkur.)
24. Star-Behandlung. XXXVII, S. 49, 113, XXXVIII, S. 77; XXXIX, S. 218, 1858.
25. Philosophie du XXe siècle. Étude encyclopédique sur le monde et l'humanité, par le Dr. Guépin de Nantes. Paris 1854. (992 S. Vgl. A. d'O. XXXII. S. 292.)
26. L'état de l'ophthalmologie en France, Montpellier 1813.
27. Histoire des progrès récents de l'ophthalmogie française, Paris 1845.
28. Mémoire sur la pupille artificielle. A. d'O., 2e volume supplémentaire, 1842. (S. 1—58, mit Abbildungen.) Geschichtliche Übersicht nebst eignen Operations-Geschichten. G. hat diese Abhandlung »auf seine Kosten gedruckt und den Lesern der Annalen zum Geschenk gemacht«. So Hr. Fl. Cunier, der Herausgeber. Der Vf. konnte dem wohl nichts hinzufügen.

(I.) Guépin stieß, bei einem 9jährigen, sein Messer in den geschrumpften angewachsenen Star und brachte diesem einen V-Schnitt bei. Nach drei Tagen geprüft, konnte der Kranke sehen, aber noch nicht unterscheiden, nicht fixiren. Er lernte allmählich durch Übung. (XIV, S. 404.)

(II.) Ein Gegenstand kann zwiefach oder mehrfach mit einem Auge gesehen werden, wenn die Hornhaut verändert ist u. s. w. Angeborenes Fehlen der Iris kann bestehen, ohne dass die Sehkraft gestört ist, selbst bei hellem Sonnenlicht, — was einen vollständigen Widerspruch(?) mit unsrer Physiologie darstellt. Der Star kann schon sehr vorgeschritten sein, ohne dass die Reflex-Bilder der Linse schwinden.

Die durch Ausziehung des Stares Operirten sehen sofort nach der Operation, die meisten wie gewöhnlich, einige die Gegenstände blau in einem blauen Felde, noch andre roth in rothem Felde. Bei den letzten ist die Sehkraft fast immer unvollständig(?).

Wenn Schleim in den Thränen aufgelöst ist, erscheint die Lichtflamme von einem farbigen Kreis umgeben. Dieser Kreis ist weder charakteristisch

---

[1] Diatheses and ocular diseases by A. MAITLAND RAMSAY ist der Titel eines 1909 zu London gedruckten Werkes von 179 Seiten.

für Glaukom noch für Erkrankung der Meibom'schen Drüsen. Auch bei Star kommt etwas ähnliches vor: die Lichtflamme erscheint wie ein Kreis mit schwarzer Mitte, während der Rest wie eine Glas-Rosette aussieht, hinter der eine Fackel steht. Wenn man Straßen-Laternen im Nebel betrachtet, so sind sie von einem Lichtkranz umgeben; ihre Flamme erscheint sehr roth. Bringt man auf die Oberfläche einer Glasplatte eine dünne Schicht Flüssigkeit, so erhält man Farben-Erscheinungen durch Diffraktion. Das muss man auf das Auge anwenden. Vielleicht trägt dies dazu bei, die Geschichte des Glaukom aufzuklären. Die schwarzen beweglichen Punkte des Auges sitzen in der Morgagni'schen Feuchtigkeit.(?)

(Wir finden also richtige und merkwürdige Beobachtungen, die den heutigen Schriftstellern über dieselben Gegenstände unbekannt geblieben, durchflochten und gestört von irrigen Ansichten.)

(III.) Malgaigne's Sätze beziehen sich nur auf den Alter-Star. (§ 582.) Die Kapsel kann trübe sein, theilweise oder vollständig, vor jeder Operation. Zwischen Kapsel und Linse existirt häufig eine trübe Flüssigkeit, der Morgagni'sche Star. Die Trübung kann im Centrum beginnen, wiewohl seltner.

(XI.) Seit 1835 hat Guépin thatkräftig gegen die Blut-Entziehungen bei der scrofulösen Augen-Entzündung sich erhoben und seitdem hat er nie mehr zu der Therapie von Val de Gräce (d. h. von Broussais, § 570) seine Zuflucht genommen, auch nicht gegen die Verbrennungen.

Hier handelt er von den Verbrennungen durch Säuren, Alkalien, heißes Wasser, heißes Löth-Metall, heißes Eisen und von den Verletzungen durch Zündhütchen. (Vgl. § 566, xxxiii.)

(XII u. XIII.) Plötzlich eingetretene, einseitige Sehstörung mit Doppeltsehen und Abduktions-Beschränkung hat er 7 Mal in 3 Jahren beobachtet; in 3 Fällen die Durchschneidung des inneren Graden durchgesetzt, und Heilung erzielt. (Somit eine andre Indikation, als XIV, ii, S. 138.)

Eine junge Dame, die + 15″ für das gute Auge brauchte, las nach der Schiel-Operation des schlechten Auges ohne Glas. (Diese Thatsache, welche ziemlich gleichzeitig auch von L. Böhm mitgetheilt worden, [XIV, ii, S. 147,] macht uns einigermaßen verständlich, dass Guépin von Heilung der Amaurose durch Muskelschnitt so überzeugt zu schreiben im Stande war.)

»In Frankreich hat man die Nachbehandlung der Schiel-Operation sehr vernachlässigt. Viele Operationen haben keinen Erfolg gehabt; andre haben das Schielen verschlimmert, andre haben Auswärtsschielen nach sich gezogen, einige sogar Verlust des Auges.«

Nur in einigen Fällen von Amaurose war Strychnin hilfreich; nicht gegen die in Folge des Wochenbettes. Diese Form zeigt Störung der Farbenwahrnehmung.

(XIV.) Zuerst beschäftigt sich Hr. Guépin mit den Sonderfächern in der Heilkunde.

Dann kommt die Abortiv-Behandlung der akuten Augen-Entzündungen. Darunter versteht man gewöhnlich in der Augenheilkunde die Anwendung des salpetersauren Silbers bei den katarrhalischen und eitrigen Augen-Entzündungen,

Guépin fasst den Begriff weiter: »Die Abortiv-Methode, wenn sie auf die verschiedenen Augen-Leiden angewendet werden soll, muss acht Anzeigen entsprechen: 1. Fremdkörper schnell zu entfernen, 2. ebenso die veränderten Theile, die das Wesen von Fremdkörpern annehmen, 3. direkt auf den kranken Theil einzuwirken, damit das Blut sich nicht darin anhäufe, 4. indirekt ebenso, 5. die Fortpflanzung des Schmerzes möglichst zu begrenzen, 6. das Gehirn für den Schmerz weniger empfänglich zu machen, 7. den kranken Theil durch örtliche Behandlung in ein günstiges Verhältniss zu setzen, 8. wenn nöthig, eine allgemeine Behandlung hinzufügen.«

Durch zahlreiche klinische Fälle sucht Guépin das Gesagte zu erläutern.

»Ich schreibe nur für solche praktische Ärzte, welche die Augenheilkunde wirklich ausüben. Denjenigen meiner Freunde, welche mir Vernachlässigung der Diagnostik vorwerfen, erwidere ich, dass die Mehrzahl der Praktiker nicht erfahren genug ist, um scrofulöse Entzündung der Regenbogenhaut von scrofulöser Entzündung der Hornhaut zu unterscheiden, und dass es darum zweckmäßig erscheint, ihnen eine Behandlung anzugeben, die für alle Fälle ausreicht.

Was den Vorwurf der Medikal-Philosophie angeht, so muss die Einheit des menschlichen Sinnes den größten Theil der Krankheiten als allgemeine ansehen, die durch die Umstände lokalisirt werden. Diese Umstände sind unsre Gewohnheiten, die herrschende Krankheits-Konstitution und in der Augenheilkunde die fünf großen Diathesen, welche so oft die Behandlung in Anspruch nehmen, Scrofeln, Chlorose, Psora, Syphilis und Rheumatismus.«

(XVIII.) Die Frage, ob es möglich sei, die Verlust-Ziffern der Star-Operation auf die Hälfte herabzudrücken, konnte Guépin wohl stellen, aber ihre Beantwortung musste er späteren Zeiten überlassen.

Bei 40 Ausziehungen hatte er 30 Erfolge, 3 halbe, 7 Misserfolge. Bei 25 Niederlegungen 5 Misserfolge, 8 halbe Erfolge.

Guépin preist für die weichen Stare die Zerstücklung mit nachträglicher Ausziehung aus einem Hornhautschnitt und macht bei den angewachsenen geschrumpften Staren zunächst die Iridektomie, die oft schon vollständig ausreicht.

(XIX.) Kinder, die an angeborenem Stare operirt sind, lesen ohne Brille, so dass Guépin ausrief: »Wozu braucht man die Linse?« (Diese richtige und merkwürdige Thatsache ist von meinen Assistenten Dr. Fürst, nach meinem Material, gründlich behandelt worden, A. f. O. LXVI, 1, 1907.)

(XX.) Unter 24 000 Augenkranken hat Guérin 60 angeborene (oder bis zum 6. Lebensmonat entwickelte) Stare gefunden und von diesen 35 operirt.

Vier von den 35 sind blind geblieben.

Bei dem angeborenen geschrumpften Star hat ihm die Iridektomie stets guten Erfolg geliefert, — während er mehrere Fälle beobachtet hat, wo die von Andren geschickt ausgeführte Ausziehung oder Niederdrückung zur Erblindung führte.

Bei den vollständigen Staren zieht er die Keratonyxis[1] vor. Bei dem flüssigen Star ist mit der Kapsel-Zerreißung alles gethan.

Das dritte Verfahren ist die Zerstücklung mit später nachfolgender Ausziehung der weichen Masse aus einem Hornhaut-Stich. (Le broiement-extraction.)

(XXIII.) A. »Den Aderlass habe ich seit 1845 aus meiner Praxis verbannt, zu Gunsten des Pumpen-Schröpfkopfes mit Skarifikation, am Nacken und zwischen den Schultern. Dieses Verfahren kommt auch Abends nach der Star-Operation zur Verwendung, um die Reaktion hinauszuschieben... Blutegel hinter die Ohren gegen scrofulöse Augen Entzündung habe ich seit 1835 aufgegeben.«

B. Die Elektrizität, die Guérin von 1830—1834 wohl 1200 Mal angewendet, hielt er 1835 für das beste Mittel gegen die nicht kongestive Amaurose; und, wenn er auch durch vergleichende Versuche seine Ansicht geändert hat, so nimmt er doch noch oft zur Galvanisirung seine Zuflucht.

C. »Das Haarseil im Nacken war 1820—1830 in Frankreich die ultima ratio für alle Augenleiden. Guillié hat 1819 Aderlass, Blutegel, Haarseil für schädlich erklärt in der eitrigen Bindehaut-Entzündung. Demours übergeht (1821) dies mit Stillschweigen und preist nur das schwächende Verfahren bei der Augen-Eiterung[2]. Neun Jahre später lehrt Lagneau[3], im Nouveau Dict. de méd., genau dasselbe. Wer diese Regeln unglücklicher Weise anwendete, verlor 1 Auge auf 3.

1830—1835 wurden die Ätzungen mit Höllenstein, die Demours verdammte, eingeführt in Montpellier von Lallemand, in Tours von Bretonneau, in Nantes von mir; in Paris von Trousseau, Sanson und Velpeau. Aber die von Guillié verworfenen Mittel wurden nicht aufgegeben. Erst von 1834—1838 kam das Haarseil außer Gebrauch und wurde von Carron du Villards 1838 nicht mehr erwähnt.

1842 habe ich durch vergleichende Versuche festgestellt, dass die chronische Keratoconjunctivitis durch das Haarseil nicht abgekürzt wird; man kann dem Kranken also den Schmerz ersparen.

---

1) Vgl. XIII, S. 524.
2) Vgl. XIV, S. 345.
3) (1781—1868), ausgezeichneter Syphilidolog in Paris.

Das Haarseil leistet Dienste in der hinteren Keratitis, ist unnütz in der akuten Iritis, anwendbar bei der Amaurose, falls untilgbarer Kopfschmerz besteht, oder wenn man Unterdrückung eines habituellen Flusses annehmen darf.«

Zusatz. Geschichte des Haarseils.

Wenn man das Haarseil mit zu den Bestandtheilen der Galenischen ·Folterkammer rechnet, welche der menschenfreundliche Arzt unsrer Tagen seinen Kranken ersparen kann, ohne den Vorwurf der Nachlässigkeit zu verdienen; so ist dies keineswegs als richtig zu bezeichnen. Vielfach ward zwar gedruckt, dass GALEN zuerst, für die Heilung der Hydrokele, vom Haarseil Gebrauch gemacht habe [1]. Aber das beruht auf urtheilsloser Wiederholung eines falschen Citates.

Hier handeln wir von der ableitenden Wirkung des Haarseils, das z. B. im Nacken eine Eiterung bewirkt, um Entzündungen am Auge oder in andren Organen zu unterdrücken. Diese Praxis beginnt mit den Arabern (RĀZĪ). Jedoch speciell für Augenleiden mit LANFRANCHI aus Mailand, dem Vf. der Chirurgia magna, der nach Lyon und 1295 nach Paris ging und in das Colleg von St. Côme aufgenommen wurde. GUY DE CHAULIAC sagt ausdrücklich (S. 594): »Am Halse, hinten, in der Grube, macht man die Brennungen für das Haarseil, mit Zangen und Haarseil-Nadel, um die Materien von den Augen abzulenken, wie allein LANFRANC es gesagt hat . . . . GALEN erklärt im XIII. Buch der Therapeutik, dass der Schröpfkopf am Hinterhaupt ein bemerkenswerthes Mittel für Augenfluss sei. Um wieviel mehr die Brennung? Und so bin ich gewohnt, bei Augenfluss dort eine Brennung zum Haarseil anzulegen.«

Später vereinfachte man die Operation, indem man (seit A. PARÉ, § 317,) mittelst einer platten Haarseil-Nadel eine Hautfalte am Nacken durchstieß und das Haarseil oder eine Schnur aus Garn, Baumwolle, oder ein Bändchen durchzog. Der Wundkanal ward längere Zeit in Eiterung gehalten.

Zahlreiche besondere Anzeigen des Haarseils lieferte noch der Beginn des 19. Jahrhunderts. (Vgl. XIV, II, S. 77.) JOURDAN [2] empfahl es bei Glaukom, DELARUE bei veraltetem Leukom, C. F. GRAEFE bei Photophobie, KORTÜM bei Mydriasis, WEDEMEYER bei Iritis, RAU bei grauem Star, v. WALTHER und ROUX bei schwarzem Star.

Ich sah das Haarseil noch in der v. GRAEFE'schen Klinik anwenden und habe es im Beginn meiner eignen Praxis leider noch selber angewendet, dann aber völlig aufgegeben.

---

[1] Die Angabe stammt wohl aus K. SPRENGEL's Gesch. der Chir. I, S. 243. 1805: »Die Anwendung des Haarseils erwähnt GALEN zuerst. (Meth. med lib. XIV, p. 191.) Er lässt eine glühende Nadel mit einem seidnen Faden durch die Scheidenhaut stoßen, den Faden 40 Tage drin liegen und verbindet nachher mit Eiweiß und Rosen-Öl.«

Doch an der betreffenden Stelle, B. IV, S. 191 der Baseler Ausgabe und B. X. S. 988 der KÜHN'schen, dem einzigen Ort, wo GALEN von der Operation der Hydrokele spricht, steht nichts als das folgende: ἐπὶ μὲν τῆς ὑδροκήλης διὰ καθέσεως σίφωνος. D. h. »bei der Hydrokele durch Einsenken eines Röhrchens.« GUY DE CHAULIAC (II, II, VII, S. 186, vgl. unsren § 296,) sagt allerdings: GALEN au quatorzième de la Thérapeutique commande d'en extraire l'eau avec une syringue ou avec un séton; und nun kommt die Beschreibung, welche K. SPRENGEL gegeben und dem GALEN zugeschrieben, die aber dem GUY angehört!

[2] (1788—1847), Militär-Wundarzt am Val de Grâce, fruchtbarer Schriftsteller.

In den alten Encyklopädien, z. B. derjenigen der medizinischen Fakultät zu Berlin, 1837, XV, S. 200, in Rust's Chirurgie, 1834, XIV, S. 746, in Blasius' Akiurgie, 1830, I, S. 307, wird es ausführlich abgehandelt. Auch noch in Eulenburg's Real-Encykl. der Heilkunde (I., II., Aufl.), aber gar nicht mehr in Kocher's Encyklopädie der Chirurgie vom Jahre 1901, auch nicht in der Encyklopädie der Augenheilkunde von Prof. Schwarz aus dem Jahre 1902. In den Registern unsrer Lehrbücher sucht man dieses Mittel vergebens, das vor zwei bis drei Menschenaltern noch unerlässlich schien.

Was die Namen anbetrifft, so ist ein gut lateinisches Wort seta (saeta), das Haar, die Borste, — bei Dichtern auch die Angelschnur; setosus heißt haarig. Im mittelalterlichen Latein bedeutet seto (oder die Mehrzahl setones) ein Haarseil, setaceum oder setaceus das Einziehen eines Haarseiles oder Eiterbandes. (Lex. med. et infim. latinitatis, VII, S. 460, 1886.) Übrigens ist im mittelalterlichen Latein seta auch der Seidenfaden.

In Castelli's med. Lexikon vom Jahre 1746 steht noch eine ausführliche Nachricht über setaceum, gleichfalls noch in dem von Kühne aus dem Jahre 1832: aber in dem von Kraus (1841), dem von Roth (1908) und den von Guttmann (1909) nur eine ganz kurze Bemerkung.

D. Reform in der Augenbehandlung, die Merkurialien.

»Guillié unterschied 1819 drei Wirkungen der Quecksilber-Präparate, eine styptische, eine alterirende, eine antisyphilitische. Demours unterdrückte Guillié durch sein Schweigen, und verwendete nur die Antiphlogose, durch Blut-Entziehungen, Abführungen, Haarseil, Blasenpflaster, Moxen.

Von 1824—1829 sah ich in den Kliniken von Paris nur das Verfahren von Demours oder die empirischen der früheren Augenärzte, z. B. die Anwendung der rothen Quecksilber-Salben und der Sublimat-Lösung.

1832 zeigte Serre d'Usez den Nutzen des Merkur bei Iritis[1]. 1833 rühmte Sandras[2] den Sublimat als Abortiv-Mittel der Horn- und Bindehaut-Entzündungen. Stoeber hat 1834 die Fortschritte zusammengefasst; 1835 hat Pamard einen Preis von der Akademie erhalten für seine Arbeit über Iritis, worin er die Quecksilber-Präparate wegen ihrer alterirenden Wirkungen gepriesen.«

Also die alte Reihe der entzündungswidrigen Mittel war verändert durch Einführung von Quecksilber, als Einreibung in Stirn und Schläfen, als Kalomel innerlich. Man übertrieb diese Anwendung, namentlich seit Sichel (1837) und Carron du Villards (1838). Der erstere empfahl Stirnsalben, Plummer'sche Pulver und Kalomel in kleinen Gaben gegen scrofulöse Augen-Entzündungen u. a.

---

1) »En 1830 il en proposait l'emploi dans la médecine oculaire, ou que cette proposition, faite par un autre, était la conséquence de ses recherches.« Wie die alten Völker nur National-Götter kannten, so kennt Guérin nur eine nationale Geschichte. Die weit früheren Versuche der Deutschen und der Engländer erwähnt er nicht. Vgl. XIV, S. 358.

2) (1802—1856), seit 1830 a. o. Professor.

Da trat 1842 Mialhe[1] mit dem Beweis auf, dass die Quecksilber-Präparate, besonders Kalomel, in unsrem Körper eine gewisse Menge von Sublimat bilden.

Die rothe Quecksilber-Salbe, zwischen die Lider gebracht, hat die Stärke von 0,1 : 10,0; auf die Lider, von 0,2 bis 0,5. Kalomel 0,1, mit Zucker verrieben und auf 20 Gaben vertheilt, besitzt schon eine alterirende Wirkung.

Bei dem Eiterfluss der Bindehaut hat Guépin seit 13 Jahren kein Auge, das im Beginn zur Behandlung gekommen, mehr verloren; aber nicht blos die Blut-Entziehungen, sondern auch das Quecksilber dabei als unnütz aufgegeben, und nur die Ätzung mit der Höllenstein-Salbe angewendet: die mit dem Stift erklärt er für barbarisch.

In den mehr als 20 Jahren, wo man in Frankreich das Quecksilber gegen Augen-Entzündung preist, hat man sich gar nicht damit beschäftigt, die Quecksilber-Vergiftung, welche Folge der Behandlung ist, wieder zu heilen. »Ich bin dahin gelangt, alle Hornhaut-Entzündungen ohne Merkur zu heilen, aber bei der Iritis ist seine Anwendung z. Z. geboten, nicht blos bei der syphilitischen. Anders bei den Amaurosen. Bei der albuminurischen, bei der diabetischen, wozu eine neue Veränderung des Körpers der alten hinzufügen? Und was nützt es, nicht mehr syphilitisch sein, wenn man merkuriell geworden? Ich zweifle, dass man die syphilitische Iritis ohne Merkur heilen kann; aber manche zuerst syphilitische Iritis ist später merkuriell geworden.«

Die Behandlung des Merkurialismus beginnt mit schwefelhaltigen Mineralwässern, fährt fort mit Jodkali und Chlor-Ammonium und endigt mit Schwitzbädern.

(XXIV.) Guépin bestrebt sich, einerseits die Star-Operation zu verzögern oder gar zu unterdrücken; andrerseits, wenn sie unvermeidlich, dieselbe leichter für den Arzt zu machen, — durch das auflösende Verfahren, welches besteht in blutigen Schröpfköpfen, ammoniakalen und merkuriellen Einreibungen, auflösenden Salben, die zwischen Augapfel und Unter-Lid gestrichen werden, und in der innerlichen Darreichung von Chlor-Ammonium und Jodkalium[2]. Er führt uns zahlreiche Krankheits-Fälle an, die den Nutzen dieser Maßregeln beweisen sollen.

Natürlich fand Guépin heftige Gegnerschaft, besonders von Seiten des Dr. Testelin aus Lille, der in demselben Band XXXV der Annal. d'O. (S. 5, S. 97) alles gesammelt hat, was gegen Guépin's Ansicht spricht und mit den Worten der Kommission des ersten augenärztlichen Kongresses (Brüssel, 1857) endigt: »Nein, es besteht keine schlussfähige Beobachtung,

---

1) Seit 1839 a. o. Professor, hielt Vorlesungen über Arzneimittel-Lehre.
2) Wir sehen noch heute Kranke, denen man Jodkali innerlich und zur Einträuflung gegen Star verordnet hat.

die beweist, dass eine ärztliche Behandlung fähig wäre, eine spontan ent-
standene Trübung der Linsen-Substanz in ihrem Verlauf aufzuhalten oder
zur Rückbildung zu bringen.«

(XXV.) GUÉPIN's Lebenswerk, die Philosophie des 19. Jahrhunderts,
»zeigt den Stempel eines erhabenen Geistes, eines ausgedehnten Wissens, edler
Absichten; es ist verfasst unter der Begeisterung eines tiefen und unabhängigen
Denkens, einer glühenden und erleuchteten Menschenliebe, geschrieben im
Tone einer vollen Überzeugung«.

Das Werk enthält die Untersuchung der Fortschritte durch die Wissen-
schaft. Die Menschen aufklären, das heißt ihnen die gegenseitige Liebe und
Unterstützung zu lehren. GUÉPIN hofft alles von einem vernünftigen
Sozialismus.

§ 599. Schon mehrmals (§ 548, § 549, § 597) sind wir auf einen
Mann gestoßen, der in einer kleinen Stadt Nord-Frankreichs, fern von
wissenschaftlichen Centren wirkend, einige sehr fleißige Arbeiten auf unsrem
Gebiet veröffentlicht hat.   Von

HÉGÉSIPPE DUVAL (d'Argentan[1])

weiß ich nichts weiter zu melden, als die Reihe seiner Veröffentlichungen.
Die letzteren mögen übrigens, im Vergleich zu dem mäßigen Inhalt, heutzutage uns ziemlich ausführlich und wortreich erscheinen. Aber in Argentan fehlte es Hrn. DUVAL wohl an Gelegenheit, in der bündigen Ausdrucks-
weise sich genügend zu üben.

1. Über den 5., 3. und den Seh-Nerven. A. d'O. IX, S. 9.
2. Über den Star. (Die Abhandlung erhielt eine ehrenvolle Erwähnung in dem
   Wettbewerb der Annal. d'Oc. für 1841/42.) IX, S. 61. D. glaubt, dass der Star
   abhängt von dem Verschluss der ernährenden Gefäße der Kapsel, vorn oder
   hinten.
3. Über den Nach-Star. (Von den A. d'O. preisgekrönt.) XI, S. 5, 61, 170, 209.
4. Über die ersten Eindrücke der durch Operation vom angeborenen Star Be-
   freiten und über die Verfahren, die angeborenen Stare in den verschiedenen
   Lebens-Altern zu operiren. XIII, S. 97, 241. Für das Alter von 1—2 Jahren
   Keratonyxis, für die Erwachsenen die Ausziehung.
5. Über die Lichtscheu. XV, S. 9, S. 45.
6. Hornhaut-Durchbruch durch Zahn-Ausziehung. XV, S. 229.
7. Über Visio obtusa et confusa, nach Boerhaave. XVII, S. 49.
8. Über Exophthalmus durch Vermehrung des Orbital-Gewebes. XVII, S. 201.
   (Einseitig, nach Fall vom Schiffsmast; nach Kauterisation hinter dem Ohr
   geheilt, doch ohne Wiederherstellung der von vorn herein verlorenen Sehkraft.)
9. Theorie der Sterne und Blitze bei der Amaurose. XX, S. 5. Die Theorie ist
   zu kühn, als dass wir ihr folgen könnten: »Die Erzeugung der Sterne ist
   Folge einer Störung im Blut-Kreislauf und in den elektrischen Strömen.«
10. Theoretische Betrachtungen über Amaurose. XXI, S. 19, 97, 180.
11. Über L. Boyer's Fortschieben des Glaskörpers beim Niederlegen des Stares.
    XXII, S. 75.

---

1) Argentan ist Hauptstadt eines Kreises im Bezirk Orne und hat heute ungefähr 6000 Einwohner.

12. Schuss-Verletzungen des Auges. XXII, S. 109.

13. Heilung der Trichiasis ohne Operation. XXXI, S. 155, 1854. (Mit dem Ent-
haarungs-Mittel Schwefel-Calcium.)

Somit umfasst die Arbeits-Zeit des Hrn. Duval nur 13 Jahre. Diejenigen
Arbeiten, welche ich nicht weiter auseinander gesetzt habe, bieten selbst zur
kleinsten Bemerkung keinen Stoff.

(III.) Die Zustände, welche man am meisten nach den verschiedenen Star-
Operationen zu fürchten hat, sind das Erbrechen und die Entzündung.
Die letztere folgt nothwendig auf die Star-Operation, wie ein-
fach dieselbe auch war, und nach jedem Verfahren(!).

5—8 Stunden nach der Operation erfolgt immer, nach den Beobachtungen
des Vfs., eine nervöse Reaktion. Mit den sekundären Kapsel-Staren will
er sich hier beschäftigen. Er bevorzugt grundsätzlich die Ausziehung
der letzteren.

(VI.) Nach CADE beruht die Lichtscheu auf Zerrung des Strahlenbandes,
durch die Licht-Bewegung der Iris, und weicht der Belladonna-Einträuflung.
BÉRARD stimmt zu, SICHEL erklärt sich dagegen und leitet die Lichtscheu von
der gesteigerten Reizbarkeit der Netzhaut ab.

Nach DUVAL ist Lichtscheu ein Symptom aller heftigen Augen-Entzündungen, ihr Ausgangspunkt ist Reizung des fünften Nerven. Immer ist
krampfhafter Lidschluss dabei vorhanden.

(D. ist offenbar auf der richtigen Fährte. Aber trotz seines eifrigen
Studium in JOHANNES MÜLLER's Physiologie, die er öfters citirt, ist ihm die
Einsicht in eine reflektorische Reizung noch nicht aufgegangen.)

§ 600. Lyon.

Zur Geschichte unsres Faches in Lyon sind alle wichtigen Namen und
viele Daten zu finden in der ebenso reizvollen wie gründlichen Histoire de l'ophtalmologie à Lyon par ÉTIENNE ROLLET, Prof. de clinique ophtalm. à l'Université
de Lyon. (Revue scientifique, 5e série, tome III, No. 17 et 18, 29 avril et
6 mai 1905.)

Aus den früheren Zeiten werden erwähnt die in und bei Lyon ge-
fundenen Stempel gallisch-römischer Augenärzte. (§ 193).

In der zweiten Hälfte des 13. Jahrhunderts wirkte am Hôtel-Dieu zu Lyon[1]
als Chirurg LANFRANC aus Mailand, im 14. GUY DE CHAULIAC. (§ 295 und § 296.)
Die Namen ihrer Nachfolger sind nicht überliefert von 1398—1528, und Schriften
der weiter folgenden bis 1747 unbekannt.

Die Universität zu Lyon ist nicht, wie die meisten andren Frankreichs,
die Wiederherstellung einer mittelalterlichen Einrichtung, sondern eine Neu-
schöpfung des 19. Jahrhunderts. Die Faculté des sciences wurde 1834 gegründet,
die Faculté des lettres 1838, die Faculté de droit 1875, die Faculté de médecine 1877.

[1] Nach PÉTREQUIN § 603, 20, 1) wurde das Hôtel-Dieu im Jahre 542 für die
Armen und die Pilger gegründet.

Vorher hatte wohl schon zu Lyon, seit 1808, eine medizinische Sekundärschule bestanden, die 1841 reorganisirt worden.   Übrigens wird Lyon 1840
von Péthequin (§ 603) ausdrücklich als die erste Stadt Frankreichs nach
Paris bezeichnet.   Ebenso auch in Wolf's Konversations-Lexikon aus dem Jahre
1836, mit 160000 Einwohnern gegen die 890000 von Paris.   Jetzt, 1912,
hat Paris 2888000, Marseille 551000, Lyon 524000 Einwohner.

Die vereinigten vier Fakultäten wurden 1896 zur Universität erhoben.
In kurzer Zeit hat diese einen derartigen Aufschwung genommen, dass sie
neben Bordeaux die bedeutendste der französischen Provinzial-Universitäten geworden ist.   (Minerva, Handbuch der gelehrten Welt 1911, S. 273.)

Die Wundärzte am Hôtel-Dieu wurden von den Meistern der Wundarzneikunst in der Stadt gewählt, — so Pouteau im Jahre 1747. (§ 368.)

Auch Pierre Guérin war Wundarzt an diesem Krankenhaus. (§ 377 und
§ 621.)   Nach Rollet hat P. Guérin, »gestützt auf sehr vernünftige Betrachtungen, 1759 die Lederhaut-Punktion bei Glaukom empfohlen«.

(Aber hier muss man doch auf die Quelle zurückgehen.   Guérin hat [Malad.
des yeux 1769, S. 397] das Glaukom ganz kurz beschrieben und für Verdickung und Trübung des Glaskörpers erklärt, jedoch bei der Behandlung desselben mit keiner Silbe der Punktion gedacht; er hat hingegen bei Flüssigkeits-
Vermehrung des Glaskörpers [Hydrops des Auges mit Vergrößerung desselben,]
als letztes Mittel, den Lederhaut-Stich empfohlen.   Dabei bezieht er sich auf
einen glücklichen Fall des Dr. Wesem in Frankfurt, erklärt den kleinen Troikart,
den Woolhouse zu diesem Zweck erfunden, für nutzlos und endigt mit der
Bemerkung, dass der englische Augenarzt Toudervil[1]) die Punktion des Auges
oft geübt.   Von einem eignen Versuch spricht Guérin überhaupt mit keinem
Worte.   Somit ist diese Priorität von Guérin nicht aufrecht zu erhalten.)

Janin (§ 378) war Stadt-Augenarzt zu Lyon.   Dussausoir (XIV, S. 505), um
1781 Wundarzt am Hôtel-Dieu, hat den Star-Schnitt verbessert.   Marc Anton
Petit (1766—1811) war der erste, der durch Wettbewerb (Konkurs) zum Chirurgen am Hôtel-Dieu, am 10. Juni 1788, gewählt wurde.   Er führte die Sitte
ein, dass jeder Chirurg des Hôtel-Dieu am Schluss seiner Thätigkeit einen
Bericht über seine Wirksamkeit veröffentliche.   Er hatte bei der Niederdrückung
14 Erfolge gegen 3 Nicht-Erfolge und 18 gegen 3 bei der Ausziehung.   Cartier,
seit 1799 Wundarzt am Hôtel-Dieu, übte auch noch die Ausziehung.

§ 601.   Mit dem Beginn des 19. Jahrhunderts wird auch zu Lyon die
Ausziehung zu Gunsten der Niederdrückung in den Hintergrund
gedrängt.

Friedrich Montain (1778—1851), seit 1809 Titular-Arzt am Hôtel-
Dieu, erfand ein besondres Verfahren der Niederdrückung.   Sein Bruder
Gilbert (1780—1853), Oberwundarzt an der Charité zu Lyon, hat es beschrieben und zum Niederstürzen des Stars eines federnden Instrumentes
sich bedient.

---

1) Dass Dawdency Tuberville, der schon in der zweiten Hälfte des 17. Jahrhunderts gewirkt, den Stich des wassersüchtigen Auges, nach chinesischer Art,
geübt, hat Woolhouse 1719 (Dissert. ophth. S. 66) uns überliefert.   Vgl. XIV,
S. 118.

Wir haben von dem letzteren:

1) Traité de la cataracte et des moyens d'en opérer la guérison.   Paris et Lyon 1812.
2) Considérations de la tumeur et de la fistule lacrymale.   J. gén. d. méd. 1813.

Ebenso übte Janson[1], Wundarzt am Hôtel-Dieu, die Niederdrückung; bei 250 Operationen erhielt er 66% vollständige Erfolge und 22% vollständige Misserfolge. Er betont die Witterung zur Zeit der Operation. An einem Gewittertage vollführte er 7 Star-Operationen: in allen 7 Fällen erfolgte Entzündung, die in 5 zur Pantophthalmie sich steigerte. (Vgl. XIV, S. 17 [St. Yves]. Ferner XIV, S. 327 [Beer]. Endlich C.-Bl. f. A. 1886, S. 208.)

Mortier, sein Nachfolger seit 1824, hat eine Dissertation über die Ophthalmien geschrieben und empfiehlt bei Thränensack-Eiterung die Ätzung, während sein Vorgänger die Durchbohrung des Thränenbeins vorgezogen und die goldne Dauer-Kanüle verworfen hatte.

Joseph Gensoul[2] (1797—1858)

gehörte zu den bedeutendsten Chirurgen seiner Zeit. Geboren zu Lyon am 8. Januar 1797, trat er 1814 in das dortige Hôtel-Dieu ein, ging 1822 nach Paris, schloss sich besonders an Lisfranc an, promovirte 1824, kehrte nach seiner Vaterstadt zurück, wurde 1826 Wundarzt und später Oberwundarzt am Hôtel-Dieu.

Gensoul war ein kühner und unternehmender Chirurg, der zahlreiche Operationen zuerst eingeführt hat und in Paris gewiss unter den Ersten geglänzt hätte.

Seine Prioritäts-Forderung für die Schiel-Operation haben wir schon kennen gelernt. (XIV, ii, S. 129.)

Unser Fach verdankt ihm Verbesserungen in der Sondirung des Nasenkanals[3], namentlich aber die Kauterisation der Hornhaut, die neuerdings als ein so werthvolles Mittel sich erwiesen; — doch vergeblich sucht man in der Encyclopédie française (V, S. 919, 1906) eine Erwähnung seiner Verdienste.

Auch über die Erkrankungen der Kieferhöhle (1833) und über den Mechanismus des Sehens (1851, Gaz. des hôpit.) hat Gensoul geschrieben.

J. N. P. Nichet (1803—1847),

geboren 1803 zu Frontignan (Hérault), studirte in Montpellier und ferner in Lyon, wurde 1830 hier Krankenhaus-Wundarzt, ließ nach weiteren Studien 1832 zu Lyon sich nieder und wurde 1836 Chef-Arzt der dortigen Charité sowie 1841 Professor der Geburtshilfe an der medizinischen

---

1) Weder dieser noch der folgende sind im Biogr. Lex. erwähnt.
2) Biogr. Lex. II, S. 522.
3) XIV, S. 37.

Sekundärschule. Im Jahre 1835 schrieb er eine Abhandlung über Iritis. 1848 ist er an Lungen-Tuberkulose verstorben.

Dr. REYBARD in Lyon beschreibt 1848 einen korkzieher-artigen Durchbohrer des Nagelbeins zur Heilung der Thränenfistel (A. d'O. XIX, S. 225, mit Abbildung,) und verbessert das Instrument 1859. (XXVII, S. 70.)

§ 602. Der hervorragendste Wundarzt zu Lyon während der ersten Hälfte des 19. Jahrhunderts oder wenigstens derjenige, dem unser Fach am meisten verdankt, war

AMÉDÉE BONNET[1]) (1802—1858).

Am 19. März 1809 zu Ambérieux (Ain) geboren, machte er seine Studien zu Paris mit Auszeichnung, promovirte daselbst 1832, erhielt in demselben

Fig. 12.

Amédée Bonnet.

Jahre, durch Konkurs, die Stelle eines Oberwundarztes am Hôtel-Dieu zu Lyon und blieb 11 Jahre in dieser Stellung; sowie später als Wundarzt, während er gleichzeitig als Professor an der medizinischen Schule eine große Anziehungskraft auf die Schüler ausübte. Auch trat er den Regierungsbeschlüssen mannhaft entgegen, welche die ganze Studien-Ordnung umzustürzen drohten.

Nach einer Krankheit von nur wenigen Tagen ist er am 1. Dezember 1858 gestorben. Seine Mitbürger ehrten sein Andenken 1862 durch Errichtung einer Bildsäule, welche jeder Besucher von Lyon als eine Zierde der Stadt kennt.

Unter seinen zahlreichen Schriften sind besonders die über Gelenkskrankheiten und deren Behandlung hervorzuheben.

Für uns kommt hauptsächlich in Betracht sein Meisterwerk: (1) »Über die Sehnenschnitte«, vom Jahre 1841. (XIV, II, S. 122 und S. 141—145, S. 154—162). Er hat die Dosirung der Schiel-Operation angebahnt und die Enucleation, ziemlich gleichzeitig mit FERRAL, erfunden.

Auch seine Verdienste um die Star-Ausziehung, die bei ihm (1841) wieder in den Vordergrund tritt, und um die Fixation des Augapfels durch Schieberpincetten, sind bereits von uns gewürdigt worden. (XIV, II, S. 145 und S. 35.)

---

1) Biogr. Lex. I, S. 521—522.

Von weiteren Arbeiten Bonnet's auf dem Gebiete der Augenheilkunde sind noch zu erwähnen:

2. Neues Verfahren der Lidbildung. A. d'O. XVIII, S. 263.

Am Unterlid wird die Narbe durch einen Schnitt, parallel zum Lidrand, durchtrennt, dieser Schnitt durch Nähte senkrecht geschlossen und dadurch der Lidrand gehoben.

3. Endermische Jod-Anwendung bei skrofulöser Augen-Entzündung. A. d'O. XXXV, 287.

.Blasenpflaster-Wunden, entfernt vom Auge, werden mit Jodsalbe verbunden. (Hat nur geschichtliche Bedeutung.)

4. Ausziehung der Fremdkörper. Ebendas. XLIII, S. 123.

Mittelst einer Schlinge aus Uhrfeder, an einem Stiel.

5. Brillen gegen Sehstörung. Ebendas. XLIII, S. 53, 1857.

(V.) BONNET hat die Versuche des Geheimverfahrens von SCHLESINGER[1]) und ihre Erfolge beobachtet und empfiehlt die Übung des Auges mit allmählich abgeschwächten oder verstärkten Gläsern, bei Presbyopie, Myopie, Kopiopie, Amblyopie.

(Vgl. CUNIER-FROMMÜLLER und BÖHM, § 533, II; § 495 und § 498, I.)

»An Stelle der Einwirkung auf die Amblyopie (und Amaurose) durch Mittel, die man auf die Haut und die Schleimhaut der Umgebung anwendet, muss man auf die Thätigkeit des Seh-Organes einwirken.«

Dies wäre ja ein sehr weises Wort, verglichen mit dem Missbrauch der Griechen, gegen Refraktions- und Seh-Störungen mit Kollyrien und Ableitungen zu Felde zu ziehen, einem Missbrauch, der von den Arabern fortgesetzt wurde und die Jahrtausende überdauert hat. Aber die Gerechtigkeit erfordert doch darauf hinzuweisen, dass bereits 1696 Professor HAMBERGER in Jena es klar ausgesprochen: »Die Heilung der optischen Fehler muss eine optische sein.« (XIV, 1, S. 397.)

§ 603. JOSEPH ÉLÉONOR PÉTREQUIN (1809—1876)[2])

hat wohl von allen Wundärzten Lyons, aus der Zeit vor dem Augenspiegel, am meisten für unser Fach gearbeitet und in der That auch einiges geleistet.

Durchdrungen von der Nothwendigkeit, das Studium der Augenheilkunde in Frankreich zu heben, hat er als Wundarzt am Hôtel-Dieu 1838 eine augenärztliche Vorlesung begründet.

Une conférence ophthalmologique sagt PÉTREQUIN selber und zwar drei Mal (Gaz. méd. de Paris 1838, S. 469, ferner A. d'O. VI, S. 132, 1841, und endlich A. d'O. VIII, S. 97, 1842.) Une clinique ophtalmologique steht in der Revue scientifique vom 25. Mai 1905, S. 531; das muss also richtiggestellt werden.

Der ganze Text von P. scheint mir interessant genug, um ihn hier zu wiederholen: »Frankreich, das sich rühmen darf, die moderne Augenheilkunde geschaffen zu haben, erhält täglich den Tadel, diesen nützlichen Zweig der

---

1) Über diesen Charlatan konnte ich nichts weiter in Erfahrung bringen.

2) Biogr. Lex. IV, S. 545. P.'s Nekrolog (von GAYET), A. d'O. LXXVI, S. 104 bis 110.

medizinischen Wissenschaft zu vernachlässigen. Die Zeit ist nahe, wo diese Anschuldigung, wenn sie überhaupt begründet gewesen, ihre Berechtigung verlieren muss. Man vergisst die wichtigen Arbeiten, welche unser Jahrhundert bei uns entstehen sah. Man vergisst, dass in Paris Sichel, Sanson, Carron du Villards, Rognetta, in Straßburg Stoeber Augenkurse begründet haben ... Um in meinem Kreise zu diesem Ergebniss beizutragen und vor dem gleichen Tadel die Stadt zu retten, wo Guérin, Pouteau, Janin, Marc Antoine Petit mit soviel Erfolg die Augenkrankheiten studirt, habe ich eine Vorlesung über Augenheilkunde im Hôtel-Dieu zu Lyon begründet. Es besteht Überfluss an Material, der Unterricht findet eine ergiebige Quelle. Ich habe versucht, für die Studenten und die jungen Ärzte die praktischen Studien nutzbar zu machen, die ich an Ort und Stelle über die augenärztlichen Schulen in Frankreich und Italien angestellt, indem ich diese mit denen von Deutschland und England vergleiche.« — Dr. Olivet (A. d'O. XII, S. 221, 1844) sagt ausdrücklich: »In den Sälen des Herrn Pétrequin giebt es keine Sonder-Abtheilung für Augenkranke.«

Am 25. Juni 1809 zu Villeurbanne bei Lyon geboren, 1835 Doktor in Paris, wurde Pétrequin 1838[1] Wundarzt am Hôtel-Dieu zu Lyon, 1844 Oberwundarzt bis 1850; in diesem Jahr außerordentlicher Professor (Prof. adjoint) der chirurgischen Klinik an der vorbereitenden Schule der Medizin und Pharmacie zu Lyon und 1855 ordentlicher Professor. An der Spitze eines der größten Krankenhäuser entfaltete er eine bedeutende Wirksamkeit.

Literarisch war P. ungemein thätig. Seine Arbeiten umfassen vier Hauptgebiete:

1. Die Geschichte der Medizin. Hier ist sein wunderbares Werk Chirurgie d'Hippocrate zu nennen (2 Bde. 1877/8), die Frucht 30jähriger Arbeit; sie enthält den kritischen Text der chirurgischen Abhandlungen aus der hippokratischen Sammlung, die französische Übersetzung sowie die Erläuterung und hat nicht ihres Gleichen. Pétrequin gehörte, mit Malgaigne, zu den gelehrtesten französischen Chirurgen der Neuzeit.

2. Die Hygiene. (Topographie von Lyon, Klimatologie von Süd-Frankreich, Vergleich der Mineral-Quellen Deutschlands und Frankreichs u. a.)

3. Die Chirurgie. (Akupunktur der Aneurysmen, Blasenstein-Operationen, medizinisch-chirurgische Anatomie.)

4. Der Augenheilkunde hat er zahlreiche Arbeiten geschenkt, über dieses Fach schon in seiner Krankenhaus-Stellung wichtige Vorträge gehalten und dann später als Professor der Chirurgie mit ausgesprochener Vorliebe seine Schüler auf dieses Gebiet gelenkt.

Übrigens hatte er sofort nach seiner Ernennung 1837 eine wissenschaftliche Reise nach Italien unternommen und darüber berichtet (Gazette

---

[1] So Biogr. Lex. und Gayet; Rollet 1836. »Die Chirurgen des Hôtel-Dieu werden im Konkurs gewählt für die Dauer von 12 Jahren; 6 Jahre bleiben sie Aide-major, 6 Jahre Chirurgien-major.« (A. d'O. XXIV, S. 236.)

J. E. Pétrequin.

Verlag von Wilhelm Engelmann in Leipzig.

méd. de Paris 1838, Nr. 1); 1839 eine zweite durch Schwaben und den Nordwesten von Frankreich, 1840 eine dritte nach Paris, um die Erfolge der Schiel-Operation zu beobachten und »für unsre Provinz« nutzbar zu machen, und noch weiterhin seine ganze Muße zu wissenschaftlichen Reisen verwendet.

Als Schriftleiter der ärztlichen Abtheilung der wissenschaftlichen Kongresse von Frankreich ist er, nach dem Vorgang von Guérin (§ 598), für Gründung einer augenärztlichen Sektion eingetreten und hat auf dem Kongress zu Strassburg mit Stoeber dauerhafte Freundschaft geschlossen.

Leider ist er gerade in dem Augenblick, wo die Augenheilkunde um die Mitte des 19. Jahrhunderts neue Bahnen einschlug, seines großen klinischen Materiales beraubt worden; sein Lehr-Auftrag und seine bedeutende Privatpraxis hinderten ihn, mit den neuen Methoden sich genügend vertraut zu machen. Das erklärt, nach Gayet, die merkwürdige Thatsache, dass »ein Mann, der so viel für die Augenheilkunde gethan als sie noch in ihren Windeln lag[1]), dieselbe aufgab in der Stunde, wo sie ihren ersten wunderbaren Aufschwung genommen.« Wem fällt da nicht der Satz unsres Boerne[2]) ein: »Welche das Geschick begünstigt, die lässt es im Anfang einer neuen Zeit auftreten!«

Pétrequin's Charakter war, nach denen, die ihn kannten, über jedes Lob erhaben. Unter einer kalten Außenseite schlug ein warmes Herz. Dabei besaß er Muth und Weisheit. Am 1. Juni 1876 sagte er zu einem Kranken: »Kommen Sie in drei Tagen wieder, falls ich inzwischen nicht gestorben bin.« Am folgenden Tage war dieser Veteran der Wissenschaft »in der Bresche gefallen«.

Sehr groß ist die Liste seiner augenärztlichen Arbeiten (und klinischen Vorträge), über welche die A. d'O. berichten. Bahnbrechende Leistungen sind nicht darunter. Manches war seiner Zeit nützlich. Einzelnes hat auch zum weiteren Fortschritt beigetragen.

1. Über einige Lähmungen des Auges. I, S. 4.
2. Spontane Verschiebung der Linse. I, S. 105[3]).
3. Neue Beobachtungen über Niederdrückung des Stares. (Es ist vortheilhaft, die Vorderkapsel einzuschneiden.) I, S. 115.
4. Exstirpation des Augapfels. I, S. 252.
5. Die Mineralwässer von Plombières bei Augenkrankheiten. II, S. 22.
    (Örtliche und allgemeine Behandlung mit den alkalischen Thermen.)
6. Sonderbehandlung der Amaurosen. II, S. 209.
    (Strychnin in einigen Fällen.)

---

1) Dies ist wohl mehr rednerisch, als richtig.

2) Fragmente und Aphorismen, 140. (Bd. VII, S. 105, Hamburger Ausgabe von 1862.)

3) Dies sind die richtigen Zahlen. In den Registern der Annales d'Oc. stehen für den ersten Band noch die Zahlen der ersten Ausgabe »Annales d'Oculistique et de Gynécologie«.

7. Besonderes Verfahren gegen Staphylom. (Trichterförmige Ätzung und Kompression.) IV, S. 128.
8. Über Schiel-Operation. IV, S. 258.
9. Über den Einfluss der Grippe von 1837 auf die Augen-Entzündung in Frankreich und in Italien. V, S. 21.
10. Augenärztliche Musterung der Arbeiten vom 9. wissenschaftlichen Kongress Frankreichs, zu Lyon 1841. VI, S. 131.
    (Der erste[1], zu Caën, war 1838. — Unter den Vice-Präsidenten des neunten befand sich Hecker, Prof. der Med. aus Berlin. — Zu den Gegenständen der Erörterung gehörte die Muskel-Durchschneidung gegen Schielen, gegen Kurzsichtigkeit, gegen mangelnde Ausdauer. Die Ansichten über die Akkommodation des Auges waren noch sehr unsicher und irrthümlich. Die damals beste Physiologie von Joh. Müller [1837, II, S. 334] war doch schon viel weiter, wenn gleich sie noch keine vollständige Entscheidung brachte.)
11. Augenärztliche Musterung der Arbeiten des 10. wissenschaftlichen Kongresses Frankreichs, zu Straßburg 1842. VIII, S. 97.
    (180 Franzosen, 62 Ausländer. Deutsch sprach v. Ammon ›über Entwicklung des Auges‹, Scherer aus Baden-Baden ›über abdominelle Amaurose‹.)
12. Über Kopiopie. V, S. 150; VI, S. 72.
13. Neues Verfahren der Star-Ausziehung. VI, S. 193, 241.
14. Fixations-Pincette für die Star-Operation. VII, S. 31.
15. Über die Lidbewegungen, die Anheftung der Augenmuskeln, die Iris-Farben, über ein besondres Symptom der onanirenden Kinder. X, S. 120.
16. Über die Verschiedenheit der Amaurosen. IX, S. 95.
17. Über Augenwunden, Flügelfell, Aderhaut-Entzündung, Amaurose. XII, S. 221.
18. Über Mikrophthalmie. XIII, S. 27.
19. Über Diagnose des Augenkrebses. XIV, S. 21.
20. Über Phlegmone der Orbita. XIV, S. 212.
21. Mélanges de chirurgie, Paris 1845. (302 S.) Enthält 1. Geschichte der Klinik des Hôtel-Dieu zu Lyon 1838—1843; 2. Bericht über die chirurgische Klinik, 1838—1844.
22. Fremdkörper im Auge. XVII, S. 14. (Von Eugen Foltz.) Ausziehung eines kleinen Steinstückchens aus der Vorderkammer.
23. Eine neue Art von Synchysis scintillans. XX, S. 69. (Von Gautier.) Vgl. § 564, 10.
24. Melanose des Auges. XXI, S. 129. (Von Foltz.)
25. Mangan-Behandlung bei Blutarmut durch Augenkrebs. XXII, S. 141.
26. Der schwarze Star. XXIII, S. 172. (3 Fälle, einer extrahirt.)
27. Chirurgische Klinik zu Lyon, während sechs Jahren, 1844—1849. XXIV, S. 236.
28. Die Mineralwässer von Aix in Savoyen bei Augenleiden. XXVII, S. 3.
29. Über Erkenntniss und Heilart der Amaurosen. XXIX, S. 31. (Von Dr. Bourland.)
30. Augenärztliche Musterung des Hôtel-Dieu zu Lyon. XXX, S. 161, 249, 1853. (Dr. Herviez.)
31. Syphilitische Amaurose. XXXVI, S. 277.
32. Studien über Augen-Melanose. XXXVII, S. 97. (Von Dr. Saint Lager und Herviez.)
33. Über Niederlegung und Zerstücklung des Stares. XXXVIII, S. 231. (Dr. Chatin.)
34. Mélanges thérapeutiques sur les maladies des organs des sens. 1860.

---

1) Nach dem Muster der deutschen Naturforscher-Versammlung, die, von Oken angeregt, 1822 in Leipzig ihre erste Sitzung gehalten.

§ 604. Das bedeutendste chirurgische Werk unsres Vf.s ist

Traité d'anatomie médico-chirurgicale et topographique
par J. E. PÉTREQUIN, Chirurgien en chef de l'Hôtel-Dieu de Lyon, Prof.
adjoint à l'École de Médecine de la même Ville ... Paris 1844. (811 S. —
Zweite Ausgabe von 1856. — Deutsch von E. v. GORUP-BESANEZ, Erlangen
1844.) Der zweite Abschnitt (S. 90—136) behandelt den Seh-Apparat.

Die anatomische Darstellung ist durchsetzt von Bemerkungen
über Krankheiten und Operationen.

1. BLANDIN[1]) ist mit den Alten der Ansicht, dass die Trennung des
N. supraorb. von Amaurose gefolgt wird. MALGAIGNE ist zu weit gegangen,
alles der Erschütterung zuzuschreiben. Diese traumatische Amaurose könne
entstehen durch Erschütterung, ferner durch Kontusion des Augapfels, endlich durch Verletzung der Trigeminus-Äste. (Das letztere war schon 1822
widerlegt von PH. v. WALTHER. Vgl. XIV, II, S. 223.)

2. Gegen spastisches Ektropion durchschneidet PÉTREQUIN den
Orbicular-Muskel.

3. Gegen Trichiasis trägt er den haartragenden Streifen der Cutis ab.

4. Bei Verwachsung des Lides mit dem Augapfel sticht P. eine
Nadel mit doppeltem Faden ein, um eine doppelte Unterbindung zu machen.
Der Faden an der Seite des Augapfels wird stark geschnürt, um rasch
durchzuschneiden und auf der Lederhaut die Vernarbung schon zu vollenden, ehe die Lidfläche blosgelegt wird. (?)

5. Das Flügelfell soll beweisen, dass die Bindehaut des Augapfels,
verändert, auch die Hornhaut deckt.

6. Der innere grade Muskel pflanzt sich an den Augapfel 4 1/2 mm
vom Hornhaut-Rand, der äußere 6 1/2 mm. P. durchschneidet zur Schiel-
Operation den Muskel, dicht bei der Sehne, mit krummer Scheere.

7. Die mangelnde Ausdauer hat P. mit dem Namen Kopiopie oder
Ophthalmokopie belegt. (Vgl. XIV, II, S. 145, Anm. 1.) Ihre Ursache
liege bisweilen in der Muskel-Kontraktur; sie schwinde bisweilen durch
die Muskel-Durchschneidung, zugleich mit dem begleitenden Schielen.

Nach dem Vorgang von CUNIER hat P., als erster in F. ankreich, die
Durchschneidung eines graden Augenmuskels vorgenommen, um künst-
liches Schielen hervorzurufen, wenn durch Hornhaut-Flecke die Pupillen-
Achse abgewichen; und so die Pupillen-Bildung vermieden. (?)

8. P. hat einen Fötus mit Kyklopie beobachtet, der 2 Stunden lebte.

9. P. hat 1838 an der Leiche entdeckt, dass durch Druck auf den Augapfel
die Hornhaut trübe wird; er fragt, ob man nicht bei Hydrophthalmus durch
Punktion der Hornhaut ihre Trübung beseitigen könne. (A. d'O. V, S. 257.)

---

1) PHILIPPE FRÉDÉRIC BLANDIN (1798—1849), seit 1841 Professor der operativen Chirurgie zu Paris.

(Aber dies hatte 31 Jahre zuvor WARDROP schon am lebenden Auge festgestellt und die Punktion der Hornhaut in zahlreichen Fällen mit Vortheil geübt;
auch hinzugefügt, Dr. BARCLAY habe schon einige Jahre zuvor am toten
Thier gefunden, dass durch Druck auf das Auge die Hornhaut sich trübt, und
dass, wenn der Druck nachlässt, die Trübung aufhört. [Edinburgh med. and
surg. J. III, S. 57—62, 1807.] Die Sache ist auch in deutschen Journalen,
z. B. in Langenbeck's Neuer Bibl. f. Chir. u. Ophth. l, 1818, und sonst vielfach erwähnt worden. Aber die fremden Literaturen fanden damals in Frankreich nicht die gebührende Beachtung.)

10. Gegen Hornhautflecke verwendet P. die Ätzung mit dem Höllensteinstift und Verschluss des Auges. (§ 563, Zusatz 2.)

11. Bei der Star-Ausziehung bevorzugt P. den seitlichen Schnitt,
der durch beide Lider gedeckt ist.

12. Die Iris fand P. in 600 Beobachtungen 208mal grau, 100mal
blau, 144mal roth (?), 134mal braun, 4mal schwarz.

13. Bei den Kindern, welche der Onanie ergeben sind, verschiebt
sich die Pupille nach oben-innen. (?)

14. Gegen Staphylom hat P. eine trichterförmige Kauterisation mit
dem Höllenstein nebst nachfolgender Kompression angegeben.

15. P. hat nachgewiesen, dass die niedergedrückte Linse sich nicht
auflöst, wenn die Kapsel erhalten geblieben. Er pflegt bei der Operation
die verschiedenen Punkte des Umkreises der Linse allmählich abzulösen.

16. Das Tragen eines künstlichen Auges verhindert die Schrumpfung der Augenhöhle.

17. Die Entfernung des Augapfels kann man machen, entweder indem
man ihn enucleirt[1]) aus der fibrösen Kapsel, oder indem man ihn nach
der alten Methode mitsammt der Kapsel fortnimmt.

Bei der Blutung in der Tiefe der Orbita muss man die Arterie mit
zwei Pincetten torquiren. Das Glüheisen ist zu verwerfen. P. sah bei
VELPEAU danach einen Todesfall. Am besten ist die Tamponade mit einem
kleinen Schwamm, nach TRAVERS.

Sowohl die erste als auch die zweite Ausgabe des Werkes von PÉTRE-
QUIN ist in den A. d'O. (X, S. 94 und XXXVI, S. 278) mit größter Anerkennung besprochen worden.

§ 605. PÉTREQUIN's Abhandlungen.

(I.) P. hat das neue französische Journal der Augenheilkunde, das
unsrer Fachwissenschaft so große Dienste zu leisten berufen war, die
Annales d'Oculistique, eröffnet mit einer Abhandlung über einige Lähmungen des Auges und seiner Umgebungen.

---

1) En énucléant. Also hat PÉTREQUIN die Priorität des Namens vor
ARLT. (Vgl. XIV, II, S. 160.) — GUÉPIN hat 1845 (A. d'O. XIV, S. 163) den Namen
désarticulation de l'œil gebraucht.

Der Vf. stellt uns Typen vor: 1. Lähmung des Schließmuskels der Lider, Unfähigkeit des Lidschlusses durch Lähmung des Gesichtsnerven; 2. Lähmung des Lidhebers; 3. Lähmung des Oculomotorius, 4. Lähmung des Obliquus superior; 5. Lähmung aller Muskeln eines Auges ohne Betheiligung der Sehkraft.

Man könnte sich darüber wundern, dass diese Arbeit 1838 die Annalen eröffnet, und noch mehr, dass der Vf. hinzugefügt: »die Lehrbücher haben dies Gebiet noch nicht vollendet« [1]).

Aber, wenn man diejenigen, welche dem Vf. damals zu Gebote standen, auf diesen Punkt hin prüft, so findet man sie alle noch unvollständig, sowohl die französischen, von DESMARRES (1821) und von STOEBER (1834), als auch die deutschen, von ROSAS (1830), von WELLER (1830), von JÜNG-KEN (1836): besser war schon das englische von MACKENZIE (1830).

Freilich war die Vertheilung des 3., 4., 6. Hirnnerven auf die Augenmuskeln schon genügend bekannt; auch waren bereits Versuche zur Schilderung ihrer Lähmungen veröffentlicht, z. B. von PH. V. WALTHER, 1822, J. d. Ch. u. Augenh. III, S. 23. Aber die genaue und vollständige, ganz systematische Beschreibung der Augenmuskel-Lähmungen verdanken wir RUETE (1843). Vgl. XIV, II, S. 21 (und 364), sowie sein Lehrbuch vom Jahre 1845, S. 678 fgd.

(VIII, März 1841.) Um die wissenschaftliche Bewegung aus der Nähe zu studiren, ist P. in die Hauptstadt geeilt und hat die Schiel-Operationen von AMUSSAT, BAUDENS, LUCIEN BOYER, J. GUÉRIN, PHILIPPS, VELPEAU u. A. beobachtet.

Aus Versuchen an lebenden Thieren (Pferden), die er angestellt, schließt P., dass der durchschnittene Muskel sich zurückzieht und hinter seiner ursprünglichen Anheftung eine neue an der Lederhaut gewinnt.

Man soll nicht blos den Muskel ganz durchschneiden, sondern auch seine bindegewebigen Fortsätze.

Die Schiel-Operation ist eine wichtige Errungenschaft der heutigen Chirurgie.

(IX.) Die katarrhalische Augen-Entzündung war eine häufige Komplikation der Grippe-Epidemie von 1837.

»Die granuläre Ophthalmie ist nicht endemisch in Frankreich, aber ich habe eine große Zahl von sporadischen Fällen beobachten können: wenn die nationalen Schriftsteller der Heilkunde davon nicht reden, so ist dies Folge der geringen Aufmerksamkeit, die man dem Gegenstand gewidmet.«

---

1) Auch SICHEL sagt 1837: »Die Leiden des 3., 4., 5., 6. Hirnnerven sind bis jetzt vernachlässigt worden.« Vgl. auch § 589, XIII.

(XI.) Zu Pétrequin's berühmtesten Arbeiten gehört die über Kopiopie vom Jahre 1841/2.

»Es giebt einen krankhaften Zustand des Auges, der von den Krankheitsbeschreibern gänzlich vergessen zu sein scheint und doch die volle Aufmerksamkeit der Fachgenossen verdient, wegen seiner Häufigkeit und seiner wichtigen Folgen: das ist die Neigung des Organes, keinerlei längere Anstrengung zu ertragen; ich habe ihm den Namen Ophthalmokopie oder Kopiopie auferlegt.« »Ich kenne keinen Schriftsteller, der sich mit diesem Gegenstand beschäftigt hat.«

(Nun, er hätte schon in Weller's Augendiätetik vom Jahre 1821, S. 99 fgd., ferner in Jüngken's Lehrbuch der Augenkrankheiten vom Jahre 1832 [S. 780, von der Hebetudo visus] genügende Hinweise finden können. Vgl. unsren Band XIV, ii, S. 321 und 65. Genauere Darstellung findet sich allerdings erst 1845 bei Ludwig Böhm. Vgl. XIV, ii, S. 165.)

»Bei dem Schielen haben wir Krampf einiger Augenmuskeln, die Ophthalmokopie findet gleichfalls darin ihre befriedigende Erklärung, und der Muskelschnitt, der dieselbe zugleich mit dem Schielen heilt, giebt meiner Theorie die letzte Bestätigung.« Der Gedanke und seine Ausführung rühre übrigens von Bonnet her. (XIV, ii, S. 145.) »Man kann der Operation einen glücklichen Einfluss prophezeien.«

(Diese Prophezeiung hat sich nicht erfüllt. Die von Pétrequin missachteten Brillen haben den Sieg über die gepriesene Operation davongetragen.)

(XIII, 1842, und XIV.) Die Frage des Vorzugs der Niederdrückung vor der Ausziehung hat noch keine endgültige Lösung gefunden.

P. bevorzugt für die Ausziehung, für die, seit Scarpa, fast ein Wagemuth gehöre, die wagerechte Lagerung des Kranken. Für das rechte Auge befindet sich der Wundarzt hinter dem Kranken, — was in England schon Sharp und Bell, in Italien Scarpa und Baratta (1818), in Frankreich Montain aus Lyon 1812 geübt, während Malgaigne[1]) noch 1839 (in seiner Operationslehre, S. 376) sich selber die Aufstellung dieses neuen wichtigen Grundsatzes zugeschrieben. Den Augapfel fasst P. mit einer Pincette[2]),

---

1) Dieser große Gelehrte hatte übersehen, dass schon die alten Griechen es als möglich zugelassen, »mit der rechten Hand das rechte Auge am Star zu operiren«. Vgl. Galen's Kommentar zum hippokratischen Buch »von der Werkstatt des Arztes«, I, xxiii, und meine Einführung, I, S. 68.

2) Cunier hat (A. d'O. XV, S. 94) mitgetheilt, dass, nach Weller, die Fixation des Augapfels mittelst einer Pincette zuerst von Zang 1818 beschrieben worden. Aber das kann nicht stimmen: 1. Bei Weller (4. Aufl. 1831, S. 230) finde ich nichts davon, sondern nur Pamard's Spieß (und dessen Abänderungen durch Casaamata und Rumpelt), sowie die Bemerkung: »Die Feststellungs-Instrumente haben für uns fast nur historisches Interesse.« 2. In der Darstellung blutiger, heilkünstlerischer Operationen von Christian Bonifacius Zang, o. ö. Lehrer der Chir. und Dir. der chir. Klinik an der med.-chir. Josephs-Akad. (II, S. 244, 1824), heißt es, be-

während die beiden Lider durch Lidhalter entfernt werden, und führt mit Beer's Messer einen lateralen Schrägschnitt, nach Wenzel, aus, so dass nachher $1\raisebox{0pt}{}_3$ des Schnitts vom oberen, die andren $2\raisebox{0pt}{}_3$ vom unteren Lid bedeckt werden. Die Kapsel wird mit der Spitze der Starnadel gespalten, die Linse durch sanften Druck herausbefördert.

Zwei Fälle von Heilung werden mitgetheilt; bei beiden heißt es: »Das Auge entziffert mit Brillen große Buchstaben.« Unsre Vorgänger waren bescheidener, als wir.

Vor der Operation träufelt P. Belladonna ein, am Abend nach der Operation giebt er ein Schlafmittel, das die Wundheilung begünstigt, wie schon M. A. Petit gefunden.

Auf die Nützlichkeit der Fixir-Pincette für die Star-Operation kommt P. noch einmal zurück und vergleicht seine Ergebnisse mit denen von Bonnet. (Vgl. XIV, ii, S. 145 und 35.)

(XX.) Ein 35jähriger zeigte links Chemosis und Eiter-Absonderung, aber es war keine Blennorrhöe der Bindehaut, sondern eine Phlegmone der Orbita: die Hornhaut, also der Augapfel, deutlich nach vorn geschoben, das Auge stockblind. Tiefer Einstich mit dem Probe-Dreikant durch das Unterlid lieferte Eiter aus der Orbita. Die Öffnung wurde sogleich mit dem Messer erweitert. Es entleerte sich reichlich Eiter, mit Blut vermischt. Eine Wieke wurde eingelegt. Es trat Heilung ein, aber ohne Wiederherstellung des Sehvermögens.

(XXI.) In seinem Bericht über die chirurgische Klinik erörtert P. auch die Augen-Operationen. Unter 60 Schiel-Operationen hatte er keinen Misserfolg. Bei der Star-Operation liefert ihm die Niederdrückung günstigere Erfolge, als die Ausziehung; deshalb wählt er die erstere zum Allgemein-Verfahren.

(XXIV, XXXII.) Bei einem 30jährigen deckte eine maulbeerförmige melanotische Geschwulst fast die ganze Hornhaut. P. vollführte die Abtragung der vorderen Augapfelhälfte. Travers hat einen ähnlichen Fall veröffentlicht. (Vgl. unsren Bd. XIV, S. 366.) Bei einer 59jährigen wurde ein großer melanotischer Tumor, der von der Aderhaut ausgegangen war und die Augapfelhüllen schon durchbohrt hatte, durch Exstirpation entfernt.

(XXVII.) Indem Pétrequin 1850, nach 12jähriger Wirksamkeit, die Direktion der chirurgischen Abtheilung aufgiebt[1]), wirft er einen Blick auf die letzten 6 Jahre.

züglich der Befestigung des Auges zur Star-Operation: »so dürfte der bei der Bildung der künstlichen Sehe angegebene Haken, der am oberen Theil des Augapfels eingesetzt werden müßte, etwa noch das passendste sein«. Allerdings das Flügelfell fasst er, zur Ausrottung, mit einer Pincette. (S. 159.)

1) Eine gewisse Zahl von Betten behält er, als Professor an der Medizin-Schule.

Das Hôtel-Dieu hat eine Krankenbewegung von 15000 im Jahre. Der Hauptwundarzt hat 116 Betten und für die großen Operationen 54. Man braucht den ganzen Eifer der Wissenschaft und die ganze Kraft der Jugend. 10000 Kranke habe er in 6 Jahren behandelt und über 2000 Operationen verrichtet; über 400 Star-Operationen während seines »Majorates« ausgeführt. In den Jahren 1848 und 1849 hatte er bei 125 Star-Operationen 63 Erfolge, 45 halbe, 17 Misserfolge. Gewöhnlich verrichtet er die Niederdrückung (oder die Zerstücklung).

(XXVIII.) Aix-les bains in Savoyen hat Schwefel-Thermen; sie nützen bei scrofulösen, rheumatischen und syphilitischen Augenleiden. Bei letzteren werden Abends Einreibungen, Morgens Bäder verabreicht. (Wir haben hier vielleicht die erste sorgfältige und ausführliche Abhandlung über die Einwirkung eines Mineral-Bades auf Augenleiden.)

(XXIX.) Sichel's Eintheilung der Amaurosen (§ 560) sei undurchführbar und in Bezug auf die Behandlung unfruchtbar.

Pétrequin theilt die Amaurose in die asthenische, deren letzter Grad die torpide ist, in die erethistische, traumatische, kongestive, organische.

(XXX.) Ein Fall von Jod-Ophthalmie[1] wird mitgetheilt, — allgemeine, weinfarbene Röthung der Bindehaut, keine Schwellung, wässrige Absonderung, heftige Kopfschmerzen.

§ 605 A.   Die Star-Operation am Hôtel-Dieu zu Lyon 1800—1850.

Ich kann das Hôtel-Dieu zu Lyon nicht verlassen, ohne zum Schluss noch eines tüchtigen Mannes zu gedenken.

FRANÇOIS-MARGUÉRITE BARRIER[2] (1812—1870),

zu St. Etienne (Loire) geboren, bestand 1840 zu Paris die Doktor-Prüfung, ließ sich zu Lyon nieder, wurde Wundarzt am Hôtel-Dieu daselbst und Professor der chirurgischen Klinik an der medizinischen Vorbereitungsschule. Seine hauptsächlichen Veröffentlichungen beziehen sich auf Kinderkrankheiten. Einige augenärztliche Beobachtungen betreffen die Verschiebung der Linse unter die Bindehaut, durch Kuhhorn-Stoß; ferner das durchsichtige Staphylom der Hornhaut, endlich einen Verband nach der Star-Operation, mit Hilfe des Kollodium. (A. d'O. XXIV, S. 83, 124.)

Aber das wichtigste, was wir von ihm erfahren, ist seine vergleichende Prüfung der Star-Operation, die zu Gunsten der Ausziehung ausgefallen.

---

1) Vgl. PAYAN, Revue médicale III, S. 257, 1846; RODET, Gaz. méd. 1847. S. 904. Die drei Fälle (PÉTREQUIN, PAYAN, RODET) werden in unsrem Handbuch (XI, II, A § 52) nicht erwähnt. Wenn dieselben auch nicht ganz frei von Bedenken sind, so haben sie doch den Begriff der Jod-Ophthalmie schon begründet.
2) Biogr. Lex. VI, S. 453.

Sein ehemaliger Assistent Dr. FAVRE hat 1854, in den Arch. d'Ophth. III,
S. 111—129, Betrachtungen über die Star-Ausziehung veröffentlicht, aus
denen wir erstlich die Wellen-Bewegung der Star-Operation am Hôtel-
Dieu zu Lyon und zweitens die Erfolge von BARRIER ziemlich genau
kennen lernen.

Die Star-Operation in Lyon.

1. Die Star-Operation ist häufig im Hôtel-Dieu zu Lyon, sie betrifft etwa
100 Fälle im Jahre.

REY operirte die Ausziehung mit großer Geschicklichkeit; etwa $2/3$ seiner
Kranken erlangten die Sehkraft wieder. MARC ANTON PETIT (1815) operirte
auch fast ausschließlich mittelst der Ausziehung, das Verhältniss seiner Erfolge war etwa 7:10. CARTIER, PETIT's Nachfolger, VIRICEL, BOUCHET, JAN-
SON, GENSOUL und BAJARD haben alle die Niederdrückung vorgezogen.
JANSON hat (1844) zwei Drittel Erfolge seiner 141 Operationen angegeben
und später bei 250 Operationen dieselbe Verhältniss-Zahl. BONNET wählte
die Extraktion als Allgemeinverfahren, hat aber seine Erfolge nicht veröffentlicht[1]. PÉTREQUIN sah bei 123 Operationen durch Niederdrückung
60 Erfolge, 46 halbe, 17 Misserfolge. BARRIER hatte in 57 Niederdrückungen
zwei Drittel Erfolge.

2. Während der ersten 6 Jahre seiner Thätigkeit hat BARRIER unterschiedslos die Ausziehung und die Niederdrückung verrichtet. Beide Verfahren ergaben nahezu gleiche Erfolge, aber die Ausziehung doch zahl-
reichere Voll-Erfolge.

Dieser Umstand, sowie die kürzere Zeit der Nachbehandlung hat ihn
1850 bewogen, gewöhnlich nur die Ausziehung zu machen und die
Niederdrückung und Zerstückelung nur für die Ausnahmefälle vorzu-
behalten, welche eben Nadel-Operation erfordern. Während des Schnitts
werden die Lider des gelagerten Kranken mittelst der Lidheber abgezogen,
der Augapfel mit einer Schluss-Pincette festgehalten; der Schnitt trennt die
untere Hälfte der Hornhaut; dann kurze Ruhe, die Lider werden nunmehr
mit den Fingern auseinander gehalten, die Kapsel mit der Nadel gespalten,
die Linse durch sanften Druck herausbefördert. Der Aufenthalt der
Kranken im Hospital dauert 14—20 Tage. B. operirt nie beide Augen zugleich. Über 201 Star-Operationen ist sehr genau Buch geführt, das End-
ergebniss stets von Herrn B. selber eingezeichnet. 163 Operationen ge-
schahen mittelst der Ausziehung, diese lieferte 126 Erfolge und 38 Misserfolge, d. h. 76,69 % Erfolge und 23,31 % Misserfolge; die Niederdrückung
und Zerstückelung ergab auf 38 Operationen 25 Erfolge und 13 Misserfolge,
d. h. 65,78 % Erfolge und 34,22 % Misserfolge.

---

[1] Aber eine Zahl hätte FAVRE schon finden können, wenn er richtig gesucht: 2 Misserfolge auf 14 Ausziehungen. Vgl. unsren Bd. XIV, II, S. 145.

Im Jahre 1862 wird Gayet zum Wundarzt am Hôtel-Dieu ernannt, 1877 zum Professor der Augenheilkunde an der Fakultät. Mit diesem ausgezeichneten Operateur und Forscher beginnt die neue Zeit in Lyon.

§ 606. Die bisher betrachteten Männer waren Wundärzte und an dem öffentlichen Krankenhaus angestellt.

Jetzt komme ich zu einem Augenarzt, dem nur eine Privat-Klinik zur Verfügung stand, der aber auf dem Gebiet der Star-Operation mehr geleistet hat, als irgend einer jener Wundärzte:

Louis Rivaud-Landrau[1] (1817—1874).

Louis Rivaud, am 25. März 1817 zu Poitiers geboren, erhielt 1839 (mit einem Versuch über die Epilepsie) den Doktor-Titel, prakticirte zuerst in seiner Vaterstadt, heirathete dann die Tochter von Dr. Parfait-Landrau[2]), wandte seinen Fleiß, wie dieser, der Augenheilkunde zu (1840), ließ sich 1851 zu Lyon als Augenarzt Médecin-Oculiste) nieder, gründete zusammen mit seinem Schwiegervater eine Privat-Augenklinik (maison de santé spéciale pour les maladies ophthalmiques[3]) und, nach behördlicher Erlaubniss, eine Poliklinik (dispensaire spécial), wo zweimal in der Woche den Armen der Stadt und der Vorstädte unentgeltlich Rath und Arzneien gewährt wurden. (A. d'O. XVIII, S. 3, 1847.)

Diese Anstalt hat bis 1870 bestanden, in den letzten Jahren unter Mitwirkung von R. L.'s Schwiegersohn, dem Dr. Paul Rivaud.

Rivaud-Landrau's Geschicklichkeit im Operiren war hervorragend, namentlich bei der Ausziehung des Stars mit unterem Lappenschnitt, die er ohne Assistenz ausführte. Er gehörte zur alten Schule, deren Hauptthätigkeit im Operiren bestand. Doch hat er auch den Augenspiegel trefflich bemeistert. Aber »den Astigmatismus bestimmte er nicht, da ihm die Instrumente fehlten[4]«.

Ein großes Verdienst erwarb er dadurch, dass er zu einer Zeit, wo der Augenarzt in Frankreich als Specialist nur geringe Achtung fand, die Würde unsres Faches hochgehalten. (1847 bezeichnet er sich als Médecin-Oculiste, 1859 einfach als Oculiste.)

Seine wissenschaftlichen Arbeiten umfassen die Zeit vom Jahre 1847

---

1) Seinen Namen kündet weder die große Liste der Ärzte in Baas' Gesch. d. Med. (vom Jahre 1889), noch das Biogr. Lexikon.
Aber Dr. J. Gayat hat ihm einen Nachruf geschrieben, A. d'O. LXXI, S. 213 bis 217.
2) Derselbe hat 1828 die (später sogenannte) Synchysis scintillans entdeckt (vgl. § 564) und ferner den Glaskörper-Stich erfunden. So hat dieser einfache Augenarzt, dessen Namen in den Geschichten der Heilkunde und in den Biographien der Ärzte nicht erscheint, mehr geschaffen, als manch' berühmter Mann.
3) Auch kürzer als maison de santé ophthalmique bezeichnet.
4) Ähnliches hat Jüngken 1869 vom Augenspiegel gesagt.

Rivaud-Landrau.

Verlag von Wilhelm Engelmann in Leipzig.

bis 1862 und betreffen ausschließlich praktische Gegenstände, hauptsächlich die Therapie der Augenkrankheiten. Seine wichtigste Leistung ist die Statistik der Star-Operation, aus dem Jahre 1861, die in zahlreiche neue Veröffentlichungen übergegangen ist und auch bei uns seinen Namen bekannt gemacht hat.

1. Berichte der Augenklinik. A. d'O. 1847, XVIII, S. 3; 1853, XXIX, S. 286; XXX, S. 147; 1854, XXXI, S. 45.
2. Jod-Tinktur als Kollyr, um die Auflösung des Hypopyon zu beschleunigen. Ebendas. 1847, XIX, S. 36.
   (Tinct. jod. gt. 12 : 70,0 drei Mal täglich einzuträufeln.)
3. Über die hintere Cystitomie nach der Star-Ausziehung, zur Vermeidung der Nachstare. Ebendas. 1847, XIX, S. 54.
4. Eine bemerkenswerthe Augen-Verletzung. Ebendas. 1849, XXI, S. 193.
   Der in's Auge gedrungene Zündkanal eines Perkussions-Gewehres war von zwei Ärzten — als Iris-Vorfall mit Höllenstein geätzt worden.
5. Zwei Fälle von periodischer Augen-Entzündung. Ebendas. 1849, XXII, S. 15. (Bei zwei jungen Mädchen, der eine Fall von tertianem, der andre von quotidianem Typus, durch Chinin geheilt.)
6. Behandlung der blennorrhagischen Augen-Entzündung. Ebendas. 1849, XXII, S. 36.
7. Traumatische Linsenverschiebung. Ebendas. 1850, XXIV, S. 72.
8. Études ophthalmiques, Paris 1852. (192 S.) Enthalten einige der früheren Abhandlungen, sodann über Schielen, über Pupillen-Bildung (Iris-Ausschneidung mit Einschneidung).
9. Blitz-Star. A. d'O. 1855, XXXIV, S. 188.
   Eine 33jährige, deren ganze linke Seite vom Blitz getroffen war, zeigte in der Pupille einen sternförmigen, pergament-ähnlichen Fleck. (Über Blitz-Star vgl. in unsrem Handbuch II, K. IX, § 143, von C. HESS.)
10. Gefäßhaltiger Pannus. Einimpfung der Blennorrhöe. Ebendas. 1857, XXXVII, S. 11.
11. Eitrige Augen-Entzündung bei dem Fötus. Ebendas. 1857, XXXVII, S. 66.
    Zweitägiges Kind mit Eiterfluss und Schrumpfung beider Augen. Über die Ursache wagt R. L. keine Vermuthung. (Wir betonen vorzeitigen Blasensprung. Vgl. TH. SAEMISCH, in unsrem Handb. II., Kap. IV; V, I, S. 233.)
12. Innere Augen-Blutung nach Star-Ausziehung. Ebendas. 1858, XL, S. 129.
13. Schussverletzung des Augapfels. Ebendas. 1859, XLI, S. 74.
14. Augenärztliche Formeln. Ebendas. 1860, S. 123.
    Gegen skrofulöse Augen-Entzündungen. Umschläge mit einer Lösung von 0,05 Kupfersulfat auf 125,0 Wasser, nebst 18 Tropfen Aloë-Tinktur und 4 Tropfen Ammoniak.
15. Statistique d'opérations de cataracte. Ebendas. 1861, XLVII, S. 65.
    Vgl. den folgenden Paragraphen.
16. Wiederholte Entleerung des Kammerwassers, als neues Mittel der Star-Behandlung. Compte rendu du Congrès d'ophth. de Paris 1862, S. 155.
    Das Verfahren von Sperino in 4 Fällen — erfolglos angewendet.

§ 607. Geschichte der Statistik über die Erfolge der Star-Operation.

1. In den Resten, die wir von den Schriften der alten griechischen Ärzte besitzen, wird jede zahlenmäßige Andeutung über die Erfolge der Star-Operation vollständig vermisst. (§ 180, CELSUS; § 259, PAULOS VON ÄGINA.)

2. Auch die Araber bringen keine Zahlen, aber doch schon den ganz vortrefflichen Satz: »Wenn du die Operation gut ausgeführt, so hast du Erfolge, so Gott will.« (Ḥalīfa, § 272; Arab. Augenärzte II, S. 193.)

3. Über das an Geist, an Büchern, an Operationen so verarmte Mittelalter habe ich kein Wort zu verlieren.

4. Aber wir brauchen doch nicht bis zur Wiedergeburt der Augenheilkunde, d. h. bis zum Beginn des 18. Jahrhunderts, herabzusteigen, um die erste Andeutung einer Star-Operations-Statistik zu entdecken. Es ist Pierre Franco (§ 318), der 1561 geschrieben: »Ich glaube, ungefähr 200 Stare operirt zu haben, und kann für wahr versichern, dass immer von zehnen neun sich wohl befunden haben.« Das wären zehn Prozent Verluste bei der Niederdrückung des Stares. (Doch konnte er bei seiner reisenden Lebensart die End-Ausgänge nicht gut beobachten.) Also dieser einfache Wundarzt überragte nicht blos die gelehrten Ärzte seiner Zeit an Kühnheit und Geschicklichkeit, sondern hat auch, als erster in der Welt-Literatur, eine wichtige Frage unsrer Wissenschaft zu bearbeiten versucht.

5. Bei den Erneuerern der Augenheilkunde, Maître-Jan, St. Yves, fehlen derartige Angaben. Sie haben auch die Star-Operation, die Niederdrückung, nicht abgeändert.

6. So müssen wir zu dem Reformator der Star-Operation, dem Erfinder der Ausziehung, Jacques Daviel, uns wenden, um zu erfahren, dass er, vom Herbst 1750 bis zum 15. November 1752, 206 Ausziehungen verrichtet habe, von denen 182 geglückt sind. (Das wären also 88$\frac{1}{3}$ % Erfolge. XIII, S. 489.) Am 12. Januar 1756 schreibt derselbe Daviel: »Von 354 Personen, die ich operirt, haben 305 vollkommenen Erfolg gehabt.« (Das wären 86$\frac{1}{2}$ % Erfolge, auf die Personen berechnet. Vgl. XIII, S. 507. Leider hat man damals, und noch lange fürderhin, nicht immer die Zahl der Operationen zu Grunde gelegt, sondern mit der Zahl der geheilten Individuen sich begnügt.) Daviel's Angaben sind von seinen eignen Landsleuten, besonders von denen, die im ersten Theil des 19. Jahrhunderts die Niederdrückung bevorzugten, in Zweifel[1]) gezogen worden, wegen Caqué's ungünstigerer Partial-Statistik (XIII, S. 499); aber, wie mir scheint, ohne genügende Berechtigung. Denn, dass den Zweiflern nicht so gute Erfolge beschieden waren, wie seiner Meisterhand, ist doch als hinreichender Grund nicht anzusehen.

7. Der Siegeszug der Ausziehung bringt nur wenige Statistiken. Manche sind noch dazu sehr fragmentarisch. Pellier de Quengsy erklärt 1783, dass von seinen Kranken, die er durch Ausziehung operirt, 3$\frac{1}{2}$ Viertel

---

1) »Entweder war dies Daviel's ungünstigste Sonder-Reihe, oder er hat auch die Fälle alle als Erfolge gerechnet, wo Heilung ohne schwere Zufälle eingetreten war.« (Favre, Arch. d'ophth. III, S. 116, 1854.)

(das wären 87½%) das Gesicht wieder erlangt hätten. (XIV, ɪ, S. 95.)
Jung-Stilling belehrt uns 1791, dass von seinen »237 Starblinden, die er bis
dahin (nach seiner Methode der Auszieluung) operirt, nur etwa der 7. miss-
lungen ist.« (Das wären 14% Verluste, wenn wir statt »Individuen« Operationen ansetzen dürften. XIV, ɪ, S. 212.)

8. Aber auch die Gegner der Star-Ausziehung an der Jahrhundert-
wende suchen mehr durch Behauptungen, als durch Zahlen zu be-
weisen. Scarpa hat gar keine Zahlen; Himly erklärt 1806, zu Gunsten der
Reklination, »nur zwei Verluste unter 50 Operationen gehabt zu haben«.
Eigene Zahlen über die Ausziehung führt er gar nicht. (XIII, S. 527;
XIV, ɪɪ, S. 12.)

9. So kam es, dass die französischen Chirurgie-Professoren, z. B.
Velpeau, welche die Niederlegung ausschließlich übten, den Werth der
Statistik für die Wahl zwischen den beiden Operationen überhaupt in Frage
stellten: zumal die Zahlen ihres einzigen Vertreters der Ausziehung in Paris,
des Professor Roux (34½% Verluste bei der Ausziehung, 1816), nicht als
bestechend angesehen werden konnten. Dass der fünfte Pamard, in seiner
Dissertation von 1825, 84% volle, 10% halbe Erfolge und nur 3% Verluste bei den 359 Star-Ausziehungen seines Vaters den 27% Verlusten
gegenüberstellte, die Cloquet bei 166 Niederlegungen in Pariser Hospitälern
beobachtet, machte auf sie keinen genügenden Eindruck. (§ 620.)

Sie verlangten, was ja nicht unberechtigt ist, eine vergleichende
Statistik[1] aus einer in beiden Verfahren gleich geübten Hand. Dass eine
solche schon vorlag, wenigstens der Versuch einer solchen aus dem Ende
des 18. Jahrhunderts, war ihnen völlig unbekannt geblieben. Der Operateur
war eben kein berühmter Chirurgie-Professor, sondern ein einfacher Wundarzt aus Bern; die Schrift keine Konkurs-, sondern eine Doktor-Arbeit.

Rudolf Abraham Schiferli (§ 435) meldet in seiner Abhandlung »über
den grauen Starr«, Jena und Leipzig 1797, S. 111: »Jutzeler in Bern hat
143 durch die Ausziehung operirt; 117 haben das Gesicht wieder völlig
erhalten. Bei den 26 übrigen war der Erfolg auf verschiedene Art mehr
oder weniger übel und unter diesen ungefähr 4mal durch eigne Schuld der
Patienten. Durch die Niederdrückung hat er 28 operirt: aus diesen 19 mit
glücklichem Erfolg. 9 hatten auf verschiedene Art einen üblen Ausgang,
davon 1 durch seine eigne Schuld. Nach diesen Beobachtungen zu schließen,
ist das Verhältniss der durch die Extraktion Nicht-Kurirten zu denen, welche
durch die Depression nicht genasen, wie Eins zu Zwei.«

Diese Statistik ist ja noch keineswegs einwandsfrei: erstlich sind die
Reihen zu klein, zweitens bezieht sie sich auf Personen, nicht auf Operationen.
Dennoch ist sie weit überlegen den Angaben von Dupuytren aus dem

---

[1] So schön Boyer, Traité des maladies chirurg. V, S. 358.

Jahre 1834, welche für die Pariser Chirurgie-Professoren maßgebend blieben. (Vgl. § 552.)

Bei 8 Ausziehungen hatte Dupuytren 5 Heilungen; von 201 durch Niederdrückung operirten Personen wurden 158 geheilt, während 43 die Sehkraft verloren haben. (Das letztere gäbe, auf Personen berechnet, 27 % Verluste, gegen 37 % bei der Ausziehung.)

10. Somit dürfen wir wohl behaupten, dass die erste genaue und brauchbare, vergleichende Statistik über den Werth der Ausziehung gegenüber dem der Niederdrückung von Friedrich Jäger in Wien herrührt; sein Sohn Ed. Jäger hat dieselbe 1844 veröffentlicht. (XIII, S. 529 und XIV, ı, S. 556.) Bei 728 Star-Ausziehungen 4½ % Verluste, ein bis dahin fast unerhört günstiges Ergebniss; bei 129 Reklinationen 16 % Verluste.

11. Ed. Jäger selber hatte (1854) bei 114 Star-Ausziehungen 6½ % Verluste, bei 81 Reklinationen 14 % Verluste. F. Arlt (1853) bei 541 Star-Ausziehungen 8 % Verluste, bei 82 Reklinationen 16 % Verluste. (Kr. d. Auges, II, S. 349.)

12. Diesen schließt sich nun Rivaud-Landrau an, im Jahre 1861. Er hatte in 20 Jahren (1840—1860) bei 2073 Star-Ausziehungen 9 % Verluste, bei 177 Niederdrückungen 29 % [1]).

R. bringt also eine große Zahlenreihe, so groß, wie sie bisher noch nie in der Welt-Literatur aufgetaucht war, und ein übersichtliches, schlussfähiges Ergebniss[2]).

Keiner von den berühmten encyklopädischen Chirurgie-Professoren zu Paris (oder Lyon), die lange Jahre hindurch über Hunderte von Betten verfügten, hat eine Leistung hervorgebracht, die mit dieser des einfachen Augenarztes vergleichbar war; die, wie diese geeignet schien, nach langer Zeit des Irrthums und des Schwankens, wieder auf der ganzen Linie den Fortschritt anzubahnen. Dabei sind die Worte des Herrn Rivaud-Landrau ganz schmucklos und frei von der Redekunst jener Gewaltigen: »Der Vortheil zu Gunsten der Ausziehung als Allgemein-Methode ist beträchtlich. So durch die Erfahrung belehrt, habe ich die Niederdrückung als gewöhnliches Verfahren ganz aufgegeben und wende es nur

---

1) R. L. druckt ›Trente neuf‹. Es sind aber 50 Misserfolge auf 177 Operationen, das macht 29 % Verluste.

2) Die Zahlen von F. Jäger, von F. Arlt, von Rivaud-Landrau waren lehrreich. Nicht brauchbar ist die Liste von 92 Autoren mit ihren Star-Erfolgen, die Jacobson 1865 (A. f. O. XI, 2, S. 115) zusammengestellt hat, noch dazu meist aus abgeleiteten Quellen; denn sie enthält u. a. auch winzige Reihen von 6, 16, 22 Fällen. Trotzdem ist sie vielfach wieder abgedruckt worden, so auch in der ersten Sonderschrift über Statistik der Star-Ausziehung, von Rothmund's Assistent, J. Dantone (1869, S. 34), der diese Reihe bis zu 34 Nummern vervollständigt hat. (Leider auch von mir selber 1886, in der Deutsch. Med. Wochenschr. Nr. 18.) Wer über diesen statistischen Ballast unsrer Fach-Literatur einen Überblick gewinnen will, vgl. § 126—128 des Katalogs meiner Bücher-Sammlung.

noch in einigen besonderen Fällen an. Die Discission (67 F.) hat nur
2 % Verluste ergeben; sie ist nur auf gewisse Fälle von angeborenem Star
und auf den weichen Star anwendbar.«

13. Eine neue Literatur der Statistik hebt an mit A. v. Graefe's
neuem Verfahren des peripher-linearen Schnittes zur Star-Ausziehung
(1867): man bestrebt sich, den ziffermäßigen Nachweis der Überlegenheit dieses Verfahrens über den klassischen Hornhaut-Lappenschnitt außer
Zweifel zu stellen. Graefe selber hatte bei 600 Lappen-Ausziehungen 5 %
Verluste, bei 600 nach seinem Verfahren operirten Fällen 2,8 %. (Zehender's
Klin. Monatsbl., 1868.) Auch andre Neuerungen des Star-Schnitts treten
auf, eine jede mit obligater Zahlen-Reihe.

Die mathematischen Grundlagen der medizinischen Statistik
werden auf den Vergleich solcher Reihen angewendet. (J. Hirschberg, 1874.)
Übrigens lehrt die einfache Überlegung, dass die Reihen groß und einwandsfrei, die Unterschiede der Erfolge bedeutend sein müssen, um
einen Schluss auf die Überlegenheit einer Methode zuzulassen.

Wieder eine neue statistische Literatur erwächst in den achtziger
Jahren aus der Anwendung antiseptischer und aseptischer Vorsichten
auf die Star-Ausziehung. Es werden längere Reihen mit nur 1—2 % Verlusten, Reihen von über 400 Ausziehungen ohne eine einzige Vereiterung
veröffentlicht. (Vgl. m. Einführung I, S. 59.)

Ziemlich gleichzeitig damit entbrennt ein kurzer und lokalisirter Kampf
um die Wiedereinführung des Lappenschnitts mit runder Pupille,
der auch mit den Waffen der Statistik, zum Theil unter nationa-
listischer Fahne, durchgefochten wurde.

Dann ward es still auf diesem Gebiet.

Der Satz der Araber, dessen Urheberschaft man allerdings nicht
kannte, bildete in etwas erweiterter Form das Glaubensbekenntniss aller
Star-Wirker: »Wenn du gut operirst und rein operirst, so hast du Erfolge.«

Die idyllische Ruhe wurde wenig gestört durch die 1905 und 1906
in's Werk gesetzte Befragung der Meister. (XIII, S. 506.)

Die letzten Jahre lieferten eine neue Art der Statistik, die mit
den fabelhaften Zahlen des Märchen-Landes Indien operirt, — nur Schade,
dass die Grundlagen der Zahlen kein Vertrauen verdienen. (XIV,
S. 511.)

§ 607ᴬ. Zunächst wollen wir die weiteren Mittheilungen von Rivaud-
Landrau (III) über Star und Star-Operation anschließen.

Das Verfahren, sofort nachdem der Star aus dem Hornhautschnitt
ausgetreten ist, die hintere Kapsel zu spalten, um die Bildung eines
Nachstars zu vermeiden, ist von Dr. Landrau zu Lyon 1828 erfunden,

der Königlichen Akademie der Medizin zu Paris mitgetheilt und in »einigen
Hundert« Fällen erfolgreich angewendet worden. R.-L. hat dasselbe in
300 Fällen versucht. Er beschreibt das Verfahren (mit dem Kystitom) ganz
genau und fügt hinzu: »Die Pupille, welche nach dem Austritt des Stares
gewöhnlich noch eine leicht grauliche Färbung (von zarten Rinden-Resten)
beibehalten, gewinnt plötzlich eine schön-schwarze Färbung.«

Die Einwürfe gegen das Verfahren sind nicht stichhaltig. Demours,
als Berichterstatter der Akademie, fürchtete Glaskörper-Vorfall. Aber
derselbe tritt nicht ein, bei geschickter Operation, wagerechter Lagerung
des Kopfes vom Patienten auf den Knieen des Operateurs, und ist, wenn
er sich ereignet, gering und ohne schädliche Folgen. Velpeau (in seiner
operativen Heilkunde, S. 434) glaubt nicht, dass das Verfahren »vorsichtig
und vortheilhaft« sei. Aber Erfahrungen darüber hat er nicht angegeben.
Deshalb erwidert R.-L. mit Zahlen.

»Vom 1. Jan. 1846 bis zum 1. Sept. 1847 hat er 101 Ausziehungen
verrichtet, darunter 75 Mal die hintere Kystitomie hinzugefügt. Diese
75 Fälle lieferten 66 Erfolge, 1 unvollständigen Erfolg und 8 Misserfolge.
Von den 26 Ausziehungen ohne Kapsel-Spaltung waren 17 erfolgreich,
9 erfolglos: 5 durch Kapselstar-Bildung und 4 durch Entzündung. In diesen
101 Fällen waren die Stare einfach, von guter Beschaffenheit und ohne
Komplikationen. Man sieht also, dass der mathematische Beweis zu
Gunsten der hinteren Kystitomie ausfällt. Das ist die beste Antwort
auf die Einwürfe.«

Anm. Nach Czermak-Elschnig's augenärztlichen Operationen (II, S. 497,
1908) halte Rivaud-Landrau (soll heißen Landrau) zu Vorgängern Richter, zu
Nachfolgern Hasner (1864), ferner Deloncle (1880), Rheindorff (1881), König
(1898); während Schweigger (1886) angebe, dass die Hoffnung, die Zahl der
Nachstare dadurch zu vermindern, sich nicht erfüllt habe.

Aber A. G. Richter (Wundarzneikunst, III, § 317, 1790) empfiehlt das Verfahren nicht als ein allgemeines; sondern nur dann, wenn nach der Ausziehung des Krystalls die Pupille undurchsichtig geblieben, und man Ursache hat
zu glauben, dass die hintere Haut der Kapsel oder die Haut der gläsernen
Feuchtigkeit verdunkelt sei: »dann durchsticht man wohl am besten die hintere
verdunkelte Haut der Kapsel mit einem Kystitom. . . .« (Schon vor Richter hatte
Janin [1772] einmal den Glaskörper-Stich gemacht, nach der Ausziehung des
Stares, um das Auge, das um ¹/₃ größer war, als das andre, gleichzeitig zu
verkleinern. [XIV, S. 89.] Und nach Richter, wie Arlt uns mittheilt, Ad. Schmidt,
wenn nach dem Starschnitt Zusammensinken [Collapsus] des Augapfels eingetreten
war. Vgl. unser Handb. I. Aufl. III, S. 273.)

Hasner's Glaskörper-Stich (1864) ist ja genügend bekannt. Ich sah ihn
von seinen Meister-Händen in weit mehr als hundert Fällen. Die augenblicklichen Erfolge waren bestechend. Übrigens führte er damals (1879—1881)
den Stich in die Kapsel nicht »mit der Spitze einer Star-Nadel aus«, sondern
mit einem ausnehmend feinen, zierlichen, vorn abgerundeten Discissions-
Messerchen.

Zur Beurtheilung der anatomisch-physiologischen Begründung des Verfahrens vergleiche man die neuere Arbeit von Dr. Mihail in Bukarest: Anatomisch-pathologischer Zustand der hinteren Kapsel bei senilem Star, Archiv für Ophthalmologie, LXXX, 2, 1911.

(XII.) (Im Jahre 1857 (A. d'O. XXXVIII, S. 170 hatte White-Cooper in London 2 Fälle der überaus seltenen Blutung aus dem Augen-Innern nach Star-Ausziehung mitgetheilt. Einmal erfolgte bei einer 70jährigen mit harten Augen, bernsteinfarbigen Staren und unbeweglichen Pupillen, aber genügendem Lichtschein, wenige Sekunden nach normaler Ausziehung des einen Stares heftiger Schmerz, Klaffen der Wunde durch Glaskörper, und Blutung, die 13 Stunden dauerte. Das andre Mal erfolgte bei einer schwachen, alten Frau, wo nach normaler Ausziehung am 10. Tage die Wunde noch nicht geschlossen war, am Abend dieses Tages die zerstörende Blutung. W. C. räth denjenigen Augen zu misstrauen, die hart, von gekröpften Blutadern überzogen sind, und deren Pupillen sich nicht zusammenziehen.)

Rivaud-Landrau berichtet 1858, dass er in 17 Jahren eigner Kunstübung unter mehr als 2000 Star-Ausziehungen 4 Mal diese innere Blutung beobachtet habe.

Eine 64jährige, 10 Stunden nach normaler Star-Ausziehung durch heftigen Schmerz erweckt, zeigt starke Blutung aus der Wunde, die 2 Stunden andauert. Geringe Entzündung folgte und Schrumpfung des Augapfels auf zwei Drittel. Der 2. Fall ereignete sich am 4. Tage nach normaler Operation, in Anschluß an einen heftigen Stoß auf das Auge. Es erfolgte Phlegmone und schließlich Schrumpfung. Im 3. Falle wurde bei Vollendung des Schnitts die Linse nebst einem beträchtlichen Theil des Glaskörpers herausgeschleudert. Einige Stunden danach begann die starke Blutung und dauerte 24 Stunden. Mäßige Entzündung, Schrumpfung des Augapfels. Auch der 4. Fall erfolgte nach einem Stoß.

R.-L. glaubt nicht, wie White-Cooper, dass das Vordringen des Glaskörpers die Folge der Blutung ist, sondern dass umgekehrt die Blutung als Folge der Gefäß-Zerreißung während der Ablösung des Glaskörpers angesehen werden müsse.

Anm. Wir sind geneigt, uns auf Seiten von White-Cooper zu stellen und überhaupt nur den ersten Fall von Rivaud-Landrau gelten zu lassen: die spontane Blutung aus dem Augen-Innern nach normaler Star-Operation stellte das besondere Ereigniss dar; zumal damals, als der klassische Lappenschnitt ganz innerhalb der gefäßlosen Hornhaut geübt wurde.

Beide, W.-C. und R.-L., haben übersehen, dass schon Wenzel (1786, § 18) diesen Blutfluss beschrieben, allerdings bei hartem Augapfel, mit erweiterter Pupille, aufgetriebenen Blutgefäßen auf der Lederhaut, wo man nur auf dringende Bitten des Kranken operirt hatte. (Also bei Glaukom mit Star-Bildung.) Vgl. unsren Bd. XIV, S. 318. A. G. Richter hat (III, § 348) diese Beschreibung Wenzel's, mit Namens-Nennung, wiederholt.

Aber in den beiden Fällen von White-Cooper und in dem einen von Rivaud-Landrau, der in Betracht kommt, war vor der Operation genügender Licht-schein vorhanden gewesen. Diese expulsive Blutung nach Ausziehung operabler Stare ist zwar selten; doch sind schon hundert Fälle beschrieben worden. Man bezieht sie auf Gefäß-Erkrankung in der Aderhaut. Genaue Erörterung dieses Zufalls hat O. Becker in der ersten Aufl. unsres Handbuches (V, 1, S. 344) und C. Hess in der zweiten II, Kap. IX, § 186) uns geschenkt.

(VII.) Unvermeidliche Folge der traumatischen Verschiebung der Linse ist Trübung der letzteren.

Die Verschiebung ist unvollständig, so lange die Linse noch im Pupillen-Gebiet erscheint. Sie kann nach innen, nach außen, nach unten geschehen. (Nach oben hat R.-L. sie nicht beobachtet.) Die Hälfte, ein Drittel, ein Viertel der Pupille wird verdeckt von der Linse, die bald sich trübt, und die ziemlich deutlich schwankt. Meist entstehen keine weiteren Folgen, als Trübung der Linse.

Die vollständige Verschiebung geschieht nach unten-hinten oder nach unten-vorn. Im ersteren Fall kann das Auge reizlos verbleiben, unter Umständen die Linse aufgesogen werden; oder die Linse drückt gegen die Iris und macht Iritis, Pupillen-Sperre, Erblindung, oder gegen die Netzhaut und macht Amaurose. (Dies sind ja auch die schlimmen Folgen, die nach der geschicktesten Niederdrückung des Stares eintreten können.)

Wird die Linse nach unten und vorn verschoben, so kann der eine Rand, der untere oder der obere, in die Pupille eindringen, wonach stets Entzündung erfolgt; oder sie kann in die Vorderkammer eindringen, ohne ernstere Folgen.

Die erste Anzeige ist stets, die falsche Lage der Linse zu verbessern, sei es durch Ausziehung, sei es durch Verschiebung. Drückt die Linse von hinten auf die Iris, so führt man eine Nadel ein und vollendet die Nieder-legung. Wenn der Rand der Linse in der Pupille eingeklemmt ist, so kann man entweder die Linse mit der Nadel in den Glaskörper niederdrücken oder die Linse ausziehen, was besser scheint, und zwar, nach dem Hornhaut-schnitt, mittelst eines Häkchens.   .

(Wir haben hier die genaue und abgerundete Darstellung eines wichtigen Kapitels, wenn gleich die Berücksichtigung der sekundären Drucksteigerung noch vermisst wird. Vgl. unser Handbuch, II, Kap. IX, § 135, C. Hess.)

(X.) Die von den Belgiern (Van Roesbroeck und Warlomont[1]) gepriesene Inokulation gegen gefäßreichen Pannus ist in Frankreich nicht nachge-ahmt worden, einmal wegen der befürchteten Gefahr, andrerseits wegen der Seltenheit des Pannus, da die Granulationen in Frankreich fehlen.

---

[1] Warlomont giebt freilich Fr. Jäger und Pieringer die Ehre, während R.-L. deren Namen nicht erwähnt. Bei Pieringer hätte er den Schutz, den die neu-gebildeten Gefäße der Hornhaut verleihen, schon vorfinden können. Vgl. unsren § 472 und § 478.

Zur Beurtheilung der anatomisch-physiologischen Begründung des Verfahrens vergleiche man die neuere Arbeit von Dr. Mihail in Bukarest: Anatomisch-pathologischer Zustand der hinteren Kapsel bei senilem Star, Archiv für Ophthalmologie, LXXX, 2, 1911.

(XII.) (Im Jahre 1857 [A. d'O. XXXVIII, S. 170] hatte White-Cooper in London 2 Fälle der überaus seltenen Blutung aus dem Augen-Innern nach Star-Ausziehung mitgetheilt. Einmal erfolgte bei einer 70jährigen mit harten Augen, bernsteinfarbigen Staren und unbeweglichen Pupillen, aber genügendem Lichtschein, wenige Sekunden nach normaler Ausziehung des einen Stares heftiger Schmerz, Klaffen der Wunde durch Glaskörper, und Blutung, die 13 Stunden dauerte. Das andre Mal erfolgte bei einer schwachen, alten Frau, wo nach normaler Ausziehung am 10. Tage die Wunde noch nicht geschlossen war, am Abend dieses Tages die zerstörende Blutung. W. C. räth denjenigen Augen zu misstrauen, die hart, von gekröpften Blutadern überzogen sind, und deren Pupillen sich nicht zusammenziehen.)

Rivaud-Landrau berichtet 1858, dass er in 17 Jahren eigner Kunstübung unter mehr als 2000 Star-Ausziehungen 4 Mal diese innere Blutung beobachtet habe.

Eine 64jährige, 10 Stunden nach normaler Star-Ausziehung durch heftigen Schmerz erweckt, zeigt starke Blutung aus der Wunde, die 2 Stunden andauert. Geringe Entzündung folgte und Schrumpfung des Augapfels auf zwei Drittel. Der 2. Fall ereignete sich am 4. Tage nach normaler Operation, in Anschluß an einen heftigen Stoß auf das Auge. Es erfolgte Phlegmone und schließlich Schrumpfung. Im 3. Falle wurde bei Vollendung des Schnitts die Linse nebst einem beträchtlichen Theil des Glaskörpers herausgeschleudert. Einige Stunden danach begann die starke Blutung und dauerte 24 Stunden. Mäßige Entzündung, Schrumpfung des Augapfels. Auch der 4. Fall erfolgte nach einem Stoß.

R.-L. glaubt nicht, wie White-Cooper, dass das Vordringen des Glaskörpers die Folge der Blutung ist, sondern dass umgekehrt die Blutung als Folge der Gefäß-Zerreißung während der Ablösung des Glaskörpers angesehen werden müsse.

Anm. Wir sind geneigt, uns auf Seiten von White-Cooper zu stellen und überhaupt nur den ersten Fall von Rivaud-Landrau gelten zu lassen: die spontane Blutung aus dem Augen-Innern nach normaler Star-Operation stellte das besondere Ereigniss dar; zumal damals, als der klassische Lappenschnitt ganz innerhalb der gefäßlosen Hornhaut geübt wurde.

Beide, W.-C. und R.-L., haben übersehen, dass schon Wenzel (1786, § 18) diesen Blutfluss beschrieben, allerdings bei hartem Augapfel, mit erweiterter Pupille, aufgetriebenen Blutgefäßen auf der Lederhaut, wo man nur auf dringende Bitten des Kranken operirt hatte. (Also bei Glaukom mit Star-Bildung.) Vgl. unsren Bd. XIV, S. 318. A. G. Richter hat (III, § 348) diese Beschreibung Wenzel's, mit Namens-Nennung, wiederholt.

18*

Aber in den beiden Fällen von Whitᴇ-Coopᴇʀ und in dem einen von Rɪᴠᴀᴜᴅ-
Lᴀɴᴅʀᴀᴜ, der in Betracht kommt, war vor der Operation genügender Licht-
schein vorhanden gewesen. Diese expulsive Blutung nach Ausziehung operabler
Stare ist zwar selten; doch sind schon hundert Fälle beschrieben worden. Man
bezieht sie auf Gefäß-Erkrankung in der Aderhaut. Genaue Erörterung dieses
Zufalls hat O. Bᴇcᴋᴇʀ in der ersten Aufl. unsres Handbuches (V, 1, S. 344) und
C. Hᴇss in der zweiten II, Kap. IX, § 186) uns geschenkt.

(VII.) Unvermeidliche Folge der traumatischen Verschiebung der
Linse ist Trübung der letzteren.

Die Verschiebung ist unvollständig, so lange die Linse noch im
Pupillen-Gebiet erscheint. Sie kann nach innen, nach außen, nach unten
geschehen. (Nach oben hat R.-L. sie nicht beobachtet.) Die Hälfte, ein
Drittel, ein Viertel der Pupille wird verdeckt von der Linse, die bald sich
trübt, und die ziemlich deutlich schwankt. Meist entstehen keine weiteren
Folgen, als Trübung der Linse.

Die vollständige Verschiebung geschieht nach unten-hinten oder
nach unten-vorn. Im ersteren Fall kann das Auge reizlos verbleiben, unter
Umständen die Linse aufgesogen werden; oder die Linse drückt gegen die
Iris und macht Iritis, Pupillen-Sperre, Erblindung, oder gegen die Netzhaut
und macht Amaurose. (Dies sind ja auch die schlimmen Folgen, die nach
der geschicktesten Niederdrückung des Stares eintreten können.)

Wird die Linse nach unten und vorn verschoben, so kann der eine
Rand, der untere oder der obere, in die Pupille eindringen, wonach stets
Entzündung erfolgt; oder sie kann in die Vorderkammer eindringen, ohne
ernstere Folgen.

Die erste Anzeige ist stets, die falsche Lage der Linse zu verbessern,
sei es durch Ausziehung, sei es durch Verschiebung. Drückt die Linse von
hinten auf die Iris, so führt man eine Nadel ein und vollendet die Niederlegung. Wenn der Rand der Linse in der Pupille eingeklemmt ist, so kann
man entweder die Linse mit der Nadel in den Glaskörper niederdrücken oder
die Linse ausziehen, was besser scheint, und zwar, nach dem Hornhaut-
schnitt, mittelst eines Häkchens.

(Wir haben hier die genaue und abgerundete Darstellung eines wichtigen
Kapitels, wenn gleich die Berücksichtigung der sekundären Drucksteigerung
noch vermisst wird. Vgl. unser Handbuch, II, Kap. IX, § 135, C. Hᴇss.)

(X.) Die von den Belgiern (Vᴀɴ Roᴇsʙʀoᴇcᴋ und Wᴀʀʟoᴍoɴᴛ[1]) gepriesene
Inokulation gegen gefäßreichen Pannus ist in Frankreich nicht nachge-
ahmt worden, einmal wegen der befürchteten Gefahr, andrerseits wegen der
Seltenheit des Pannus, da die Granulationen in Frankreich fehlen.

---

[1] Wᴀʀʟoᴍoɴᴛ giebt freilich Fʀ. Jäɢᴇʀ und Pɪᴇʀɪɴɢᴇʀ die Ehre, während R.-L.
deren Namen nicht erwähnt. Bei Pɪᴇʀɪɴɢᴇʀ hätte er den Schutz, den die neu-
gebildeten Gefäße der Hornhaut verleihen, schon vorfinden können. Vgl. unsren
§ 472 und § 478.

Ein 50jähriger Geistlicher, der wegen Erblindung seit einem Jahr sein Amt aufgegeben, wurde durch Einimpfung des frischen Eiters vom Augentripper eines jungen Mannes geheilt, so dass er sein Amt wieder übernehmen konnte. Ebenso günstig verlief ein zweiter Fall. Wahrscheinlich sind die Hornhäute durch die Blutgefäße geschützt.

(I.) Den Bericht über die Augenklinik (vom Jahre 1847 leitet R.-L. mit den Worten ein:

»Die Augenheilkunde . . . wird unglücklicher Weise heutzutage von dem Charlatanismus und der Unwissenheit derart ausgebeutet, dass die gewissenhaften Ärzte, welche sich dieser Specialität widmen, um nicht mit dem Schwarm der Empiriker verwechselt zu werden, das Bedürfniss empfinden, die genauen Ergebnisse ihrer Kunstübung den Kollegen vorzulegen.«

Vom 1. Jan. 1846 bis zum 1. Jan. 1847 hatte er 720 Augenkranke zu behandeln.

Bei der scrofulösen Ophthalmie sind die antiphlogistischen Mittel selten angezeigt, die ableitenden nützlicher, die antiscrofulösen am wichtigsten.

Von den 6 Fällen der Augen-Eiterung der Neugeborenen waren 5 schon unheilbar, als sie gebracht wurden. Der 6., der auch ein Geschwür auf jeder Hornhaut zeigte, wurde geheilt. durch Einträuflung von Höllenstein-Lösung. Diese Krankheit wird meist falsch behandelt, auch von den Ärzten.

69 Stare wurden operirt, 60 mit Ausziehung, 5 mit Niederlegung, 4 mit Zerstücklung.

§ 608. Straßburg i. E. [1])

war in der ersten Hälfte des XIX. Jahrhunderts und bis 1871/ eine französische Hochschule.

Über die Geschichte der Augenheilkunde in Straßburg während des 19. Jahrhunderts besitzen wir eine ausgezeichnete Dissertation: Aperçu sur l'histoire de l'ophthalmologie à Strasbourg & à Nancy, Thèse pour le Doctorat en médecine, presentée et soutenue publiquement le Mardi 10. Déc. 1889 par Jules-Louis Demange, né le 17. Oct. 1860, à Pagny sur Meuse (Meuse). Nancy 1889. (4°, 77 S.) Die Dissertation ist veranlasst von dem damaligen a. o. Professor Rohmer zu Nancy, der den Lehr-Auftrag für den Ergänzungs-Kurs in der Augenheilkunde hatte. Ich verdanke die Schrift der Berliner Universitäts-Bibliothek.

Über die Gründung der Universität Straßburg haben wir schon XIV, u, S. 389 einige Nachrichten beigebracht; und XIII, S. 397 und 433 die unter dem Vorsitz von Joh. Boecler zu Straßburg im Jahre 1721 vertheidigte Dissertation de cataracta von Joh. Henr. Freytag aus Zürich erörtert: es handelte sich um Ausziehung des häufigen Nachstars.

Die Straßburger Dissertation von Louis Schürer aus dem Jahre 1760 (XIV, S. 250) hat Daviel's Ausziehung den Vorzug ertheilt vor der Niederdrückung.

Die Verdienste von Joh. Fr. Lobstein, seit 1764 Prosector, seit 1778 Prof.

---

[1]) Vgl. XIV, ii, S. 389.

der Anatomie und Chirurgie zu Straßburg, um die Verbesserung der Star-Ausziehung haben wir bereits (XIV, S. 213) gewürdigt.

Sein Schüler JUNG-STILLING hat 1775 des Lehrers Starmesser gegen HELL-
MANN vertheidigt. (XIV, S. 209.) Da LOBSTEIN selber fast gar nichts geschrieben,
so lernen wir seine Verfahren nur aus den Schriften seiner Schüler kennen.

SCHULZE hat in seiner Straßburger Dissertation vom Jahre 1780 (XIV, S. 250)
des Meisters Grundsätze über die Behandlung der Thränenfistel der Nachwelt
überliefert. Bei dyskrasischer Ursache ist die Operation nicht angezeigt. Wenn
man operiren muss, so ist das Verfahren von MÉJAN zu empfehlen (XIV, S. 37):
um die Sonde durch die Nasen-Öffnung leichter herauszubefördern, hat LOBSTEIN
zwei Zänglein erfunden, eine grade und eine gekrümmte.

Ein wichtiger Gegenstand ist zum ersten Mal 1746 in der Straßburger Dissertation de visu duplicato behandelt werden. (XIV, S. 213.)

Im Jahre 1792 wurden alle Fakultäten in Frankreich aufgehoben, 1794
eine Gesundheits-Schule zu Straßburg neu begründet. Als ältestes Beweis-Stück
dieser Schule besitze ich die (Hrn. DEMANGE unbekannt gebliebene) Dissertation:
Essai sur l'ophthalmie d'Égypte, présenté et soutenu à l'École speciale de médecine de Strasbourg, le 25 Pluviose an XII, à 3 heures après midi, par CÉSAR-
AUGUSTE DERUEZ, Maître en chirurgie, ancien chirurgien de la Marine, et chir.
major au 13ᵉ régiment d'infanterie de ligne, Strasbourg, Imprimerie de l'École
de Méd. An XII (1804)[1].

Der Verfasser hat als Regiments-Arzt 3 Jahre lang in Ägypten gedient
(Jahr VII, VIII und IX der Republik) und beschreibt 4 Fälle, darunter seine eigene
Erkrankung. Aderlass, Abführung, Ableitung, örtlich rothe Präcipitat-Salbe, endlich
gegen die Hornhaut-Flecke das Einblasen von Pulvern (aus Zucker, Thon, Cremor
tartari) wird von ihm empfohlen.

Anfangs bestanden große Schwierigkeiten, die Kliniken zu Straßburg wieder
in Thätigkeit zu setzen. In seiner Straßburger Dissertation vom Jahre 1829
(Topraphie médical de l'Hôpital civil de Strasbourg) erhebt LAURENT-JOSEPH-
ANSELM MARCHAL[2] die Frage, ob nicht die Thatsache, dass die besten Sonderwerke über Augenheilkunde aus der Fremde, namentlich aus Deutschland,
stammen, durch die daselbst größere Häufigkeit der Augenkrankheiten zu erklären
sei. »Der Star, so häufig in andren Ländern, ist sehr selten bei uns. Manchmal vergehen Jahre, ehe sich Gelegenheit zu einer Star-Operation findet. Das
Verfahren ist die Ausziehung, die meinem Vater eine große Zahl von Erfolgen
geliefert hat.«

Natürlich lag dies nicht an der Seltenheit der Augenkrankheiten, sondern
an der mangelhaften Einrichtung für Augenkranke. Hier hat erst V. STOEBER
Wandel geschaffen.

§ 609.   VICTOR STOEBER[3] (1803—1871),

hat das große Verdienst, schon 1830, als a. o. Professor, der erste im Frankreich des 19. Jahrhunderts, systematischen Unterricht in der Augenheilkunde

1) Erwähnt in meinem Ägypten, 1890, S. 76.
2) (1806—1855, seit 1844 Professor der operativen Medizin an der Universität
seiner Vaterstadt Straßburg. (Biogr. Lex. IV, S. 127.)
3) Biogr. Lex. V, S. 544—545. — WARLOMONT's Nekrolog (Annal. d'Oc. LXVI,
S. 187—208, 1871) stützt sich ganz und gar auf die Notice von STOEBER's Freund,
Prof. TOURDES, Gaz. méd. de Strasbourg, 1871. No. 7—9. — Vgl. auch DEMANGE.
Hist. de l'ophthalm. à Strasbourg & à Nancy, N. 1889.

begonnen zu haben; 1845 hat er eine Augenklinik begründet, die erste in Frankreich, die von einem ordentlichen Professor verwaltet wurde; 1853 ist dieselbe zur officiellen erhoben worden. Aber Paris hat das Beispiel der Provinz unbeachtet gelassen, noch fast ein Menschenalter hindurch.

Außer seiner Begabung und seinem Eifer kam VICTOR STOEBER der glückliche Umstand zu Hilfe, dass er zu Straßburg, in einer achtbaren Familie, geboren wurde, also von Kindheit an die beiden Sprachen, die deutsche wie die französische, vollkommen beherrschte, ja auch die englische leicht dazu lernte, so dass er nicht blos von seinen großen wissenschaftlichen Reisen den vollen Vortheil heimbrachte, sondern auch vollständig befähigt war, den Fortschritten der Literatur in den drei Haupt-Ländern Europa's bequem zu folgen, — was wohl keinem der bisher in diesem Bande betrachteten Franzosen beschieden gewesen[1].

Er hat übrigens nicht blos in französischer, sondern auch in deutscher Sprache wissenschaftliche Arbeiten verfasst. Ja, seine ersten Veröffentlichungen zur Augenheilkunde sind nur deutsch geschrieben und in AMMON's Zeitschr. f. d. Ophth. erschienen: freilich ist hierbei in Betracht zu ziehen, dass im Anfang der dreißiger Jahre des 19. Jahrhunderts eben nur diese deutsche Zeitschrift für Augenheilkunde vorhanden war; die französischen Annales d'Oculistique sind ja erst 1838 in's Leben getreten.

VICTOR STOEBER wurde zu Straßburg i. E. am 13. Febr. 1803 geboren, als jüngster von 7 Söhnen. Sein Vater, seit 1797 Ober-Steuerdirektor, verlor bereits am 5. Sept. 1807 das Leben, durch einen Unfall. Aber der Sohn erhielt eine sehr sorgfältige Erziehung, durch die Bemühungen der Mutter und des ältesten Bruders.

Im Jahre 1820 begann VICTOR seine ärztlichen Studien zu Straßburg und promovirte daselbst 1824 mit einer Dissertation »Sur le delirium tremens«. Wenige Tage danach reiste er, um seine Studien zu vollenden, nach Paris, wo er 18 Monate blieb; dann nach London, wo er bei WARDROP und LAWRENCE in der Augenheilkunde sich ausbildete, von welcher er bis dahin, wie er selber sagt, keine Idee gehabt, auch nach Irland und Schottland; dann nach Deutschland, wo er in Berlin unter JÜNGKEN, nach Wien, wo er hauptsächlich bei FR. JÄGER, auch bei ROSAS, sich weiter vervollkommnete; endlich nach Holland, Belgien, nach der Schweiz und nach Italien. Erst nach dreijährigem wissenschaftlichen Reisen kehrte er in seine Heimath zurück[2].

---

1) Deutsch verstanden von den namhafteren französischen Chirurgen und Augenärzten, die wir kennen gelernt, SANSON und DEVAL. § 573 und § 589.)

2. Nur wenige von den bisher erwähnten Augenärzten wollten und konnten eine so vielseitige und gründliche Vorbereitung sich leisten. So allerdings STROMEYER. (XIV, II, S. 39.) So später ALDBRECHT VON GRAEFE und H. KNAPP. Andre konnten ihre wissenschaftlichen Reisen erst beginnen, nachdem sie sich Praxis und Stellung geschaffen.

Trotz dieser ausgesprochenen Vorliebe für die Augenheilkunde wollte
V. St. sich nicht ausschließlich darauf beschränken; — er konnte es auch
nicht, da er an einer französischen Fakultät in die wissenschaftliche
Lehrthätigkeit einzutreten beabsichtigte. Im Jahre 1829 wurde er a. o. Professor (agrégé) und eröffnete bereits
1830 seine Vorlesungen über Augenheilkunde, die er bis zu seinem
Tode fortgesetzt hat. Daneben hatte er vorübergehend zahlreiche Fächer
zu vertreten (innere Klinik, Hygiene, innere Pathologie, Kinderkrankheiten),
— bis er, am 30. Dez. 1845, zum Professor der allgemeinen Pathologie
und Therapie an der Fakultät zu Straßburg ernannt wurde, zu deren Glanz
er wesentlich beigetragen.

Neben diesem theoretischen Kurs und der Augenheilkunde hatte er noch
den klinischen Unterricht der Hautkrankheiten und der Syphilis, bis zum
Jahre 1853. Von da ab ist und heißt er Professor der allgemeinen Pathologie
und der Augenheilkunde[1]).

Sein Kurs der Augenheilkunde war erst rein theoretisch. Allmählich
fanden sich auch Kranke ein. Der Dekan J. B. R. Coze verschaffte ihm
zwei Betten im Hospital, für Star-Operationen; 1845 erhielt er 10 Betten
und freie Arznei für die ambulanten Kranken. Im Jahre 1853 wurde die
Anstalt zur officiellen Augenklinik erhoben und figurirte in den Uni-
versitäts-Programmen[2]).

Ein kleines Haus mit 24 Betten wurde ihr schließlich bewilligt. Die
Zahl der Hilfesuchenden wuchs stetig; 1869 und 1870 war die Jahres-Zahl
von 1000 neuen Kranken erreicht.

Stoeber's Thätigkeit in der Augenklinik zeichnete sich aus durch
Methodik. Erst hielt er einen Vortrag über Augenkrankheiten, dann sah
er die Kranken des Hospitals, hierauf prüfte er die Ambulanten. Der Augenspiegel ward sofort nach der Erfindung reichlich angewendet. Die gedruckten Recept-Formulare wurden den Schülern eingehändigt, über jeden
Kranken genaue Geschichten geführt, alle Operationen in Gegenwart der
Studenten verrichtet. Arm und Reich fand an Stoeber einen gütigen Be-
rather, die Studenten einen eifrigen und freundlichen Lehrer, der ihnen
Gegenstände zu Dissertationen mittheilte und die letzteren sorgfältig durch-
sah. Sein Vortrag war klar und gründlich. Er genoss große Achtung in
der Fakultät.

---

1) Aber in der Gaz. méd. de Strasbourg 1860 lese ich: Stoeber, D. M.,
professeur de pathologie et de thérapeutiques générales, président du Conseil
d'hygiène publique et de salubrité du Bas-Rhin et membre correspondent de
l'Académie de médecine de Paris. — Im Jahre 1869 (Gaz. méd. d. Str. 1872,
S. 212) erklärt St., dass er seit 45 Jahren, neben der allgemeinen Heilkunde, das
Sonderfach der Augenheilkunde betrieben, 8 Jahre die Kinder-Krankheiten und
8 andre Jahre Syphilis und Hautkrankheiten gelehrt habe.
2) Einzelheiten in Belin's Bericht, Archives d'Ophth. III, S. 209, 1854.

Victor Stoeber.

Verlag von Wilhelm Engelmann in Leipzig.

Trotz seiner bedeutenden Arbeits-Last fand er Zeit zu schreiben: 34 Abhandlungen und 10 bibliographische Artikel hat er der Augenheilkunde gewidmet.

Sein ganzes Leben war der Heilkunde geweiht. Nur für kurze Zeit nahm er das Amt eines Munizipal-Rathes an. Wohl aber wirkte er in der Gesundheits-Behörde und als Sekretär der medizinischen Sektion des wissenschaftlichen Kongresses von Frankreich; ferner als Schriftleiter der Archives médicales de Strasbourg und als einer der Begründer, und Ausschuss-Mitglieder für die Gazette médicale de Strasbourg.

Stoeber war Mitglied zahlreicher gelehrter Gesellschaften, sowohl französischer wie auch deutscher, z. B. der ophthalmologischen Gesellschaft zu Heidelberg, seit 1863. »Das Gerechtigkeitsgefühl, das sichere, von Leidenschaft nicht verblendete Urtheil, das Pflichtgefühl, das der Arbeit geweihte Leben, das liebenswürdige Wohlwollen, die mit Einfachheit gepaarte Hingebung, alle die Tugenden, welche den edlen Menschen, den treuen Familien-Vater, den wahrhaften Bürger ausmachen, waren in Victor Stoeber vereinigt.« Diesen Kranz hat sein Freund Tourdes ihm auf das Grab gelegt.

Victor Stoeber war ein glücklicher Mann, obwohl auch ihm Leiden nicht erspart blieben. Seine erste Frau, die ihm zwei Töchter geschenkt, starb nach 14jähriger Ehe; auch seine zweite Frau, die er 1847 heimgeführt und die ihm einen Sohn[1]) schenkte, wurde ihm früh wieder entrissen.

Im Jahre 1866 beginnt ein Blasenleiden seine Gesundheit zu stören und seine Thätigkeit zu unterbrechen. Sein Schwiegersohn Dr. Monoyer[2]) musste ihn unterstützen und, als a. Prof., 1870 zur Zeit der Belagerung vertreten, während S. selber noch mit Aufopferung den Verwundeten und Kranken sich widmete. Mit Trauer erlebte er die Auflösung der französischen Fakultät und ist nach kurzem Krankenlager am 5. Juni 1871 verstorben.

Victor Stoeber's augenärztliche Veröffentlichungen[3]):

1. Manuel pratique de l'ophthalmologie ou Traité des maladies des yeux par Victor Stoeber, Docteur en médecine, Agrégé à la Faculté de Médecine de Strasbourg. Paris et Strasbourg, 1834. (496 S., mit drei Tafeln.) — Ein Nachdruck ist 1837 zu Brüssel erschienen.

2. Zur Ophthalmopathologie. I. Fall von gänzlichem Mangel der Iris in beiden Augen. II. Fall von Fungus haematodes oculi incipiens. Ammon's Zeitschr. f. d. Ophth., 1834, I, 490. Fortsetzung in Ammon's Monats-Schrift I, S. 70 u. 659, 1838.

---

1) A. Stoeber, Verfasser einer preisgekrönten Dissertation, »Description du procédé quasi-linéaire, simple ou composé, précédé d'une revue historique et iconographique des divers modes et instruments employés dans l'extraction de la cataracte«, Paris 1877. (158 S., 9 Tafeln.)

2) Über diesen werden wir im folgenden Paragraphen mehr mittheilen.

3) Ich lasse hier die ursprünglichen Titel, weil Stoeber in den zwei Sprachen geschrieben.

3. Merkwürdiger Ausgang einer Wunde der Cornea und der Iris. Ammon's Zeitschr., II, S. 76, 1832. (Vgl. No. 5.)
4. Kritik von Gondret's Star-Heilung durch Ätzung am Hinterhaupt. Ebendas. II, S. 405. (Vgl. § 555, VI.)
5. Observations de cataractes traumatiques adressées à l'Académie de médecine de Paris. Arch. méd. de Strasbourg, août 1835, I, S. 403, und Ann. d'Oc. 1840, III, S. 64.
6. Hémeralopie. Amaurose intermittente. A. d'O. 1841. VI, S. 47. Eine 25jährige Epileptische wird von Anfällen der vollständigen Blindheit für 6—8 Stunden heimgesucht, erst Abends, dann Morgens; und durch Chinin geheilt.
7. Note sur l'usage des collyres. A. d'Oc. 1845, XIII, S. 34. (Stoeber bevorzugt die Salben.)
8. Absence de l'iris chez le père et l'enfant. A. d'Oc. 1846, XV, S. 250. — Absence complète de l'iris. Arch. génér. de méd. 1831, XXV, S. 405.
9. Considérations sur l'ophthalmie scrofuleuse. A. d'O. 1841, V, S. 5—17 u. S. 45—60.
10. Observations de microphthalmie. Gaz. méd. de Strasbourg, Déc. 1844, S. 361.
11. De l'opération du strabisme. Ebendas. 1841, No. 11.
12. Opération de la pupille artificielle. Modification du procédé de Wenzel. A. d'Oc. 1846, XVI, S. 82. — Um bei flächenhafter Verwachsung der Iris mit der Vorderkapsel den Glaskörper-Vorfall zu vermeiden, macht S. den gewöhnlichen Lappenschnitt, senkt dann ein Häkchen in die Iris, zieht dieselbe an und schneidet ein möglichst großes Stück aus, wonach die Linse von selber austritt[1]).
13. Ophthalmie entretenue pendant plusieurs années par la présence du cristallin dans la chambre antérieure; extraction d'un cristallin calcaire; guérison. A. d'Oc. 1847, XVIII, S. 83.
14. De l'oblitération du sac lacrymal comme moyen de guérison de la fistule lacrymale. A. d'Oc. 1851, XXV, S. 71 et Gaz. méd. de Strasbourg, 1851, S. 97. Das Verfahren von Nannoni (§ 402), das nur selten angewendet worden, vollführte S., unter Chloroform, mit kaustischem Kali; das Thränen nach der Verödung des Sackes war gering.
15. De la nature cancéreuse du la mélanose de l'œil. A. d'Oc. 1853, XXX, S. 265, u. Gaz. méd. de Strasbourg 1854, S. 8.
16. De l'occlusion des paupières comme moyen de guérison des ophthalmies. Gaz. méd. de Strasbourg 1856, S. 73.
17. Rapport sur la clinique ophthalmologique de la Faculté de médecine de Strasbourg (professeur M. Stoeber) pendant l'année scolaire 1854—1855, par E. Belin, interne du service. Ebendas. 1856, S. 53. — Compte rendu du semestre d'été 1854, Archiv d'ophth. de Jamain, 1854, III, S. 209. — Rapport sur le service des maladies des yeux à l'hôpital civil de Strasbourg pendant l'année 1851. Ann. d'Oc. 1852, XXVII, S. 181.
18. Note sur l'emploi du collodion dans certains cas d'entropion. Gaz. méd. de Strasbourg, 1855, S. 354.
19. De l'extraction linéaire et de l'extraction scléroticale. Compte rendu de la clin. ophth. de la Fac. méd. de Strasbourg pendant l'année scolaire 1855—1856. Ebendas. 1857, S. 239. Vgl. Ann. d'Oc. 1857, XXXVIII, 15. A. v. Graefe's Verfahren für Weich-Stare hat S. vereinfacht, indem er die zum Hornhaut-Stich benutzte Lanze sogleich in die Linsen-Masse einstößt.
20. Des inhalations de chloroforme dans les opérations pratiquées sur les yeux. Gaz. méd. de Strasbourg, nov. 1860, No. 11, S. 166—171, u. Ann. d'Oc. 1861, XLV, S. 82.
21. Cataracte diabétique. Présence du glycose dans le cristallin. Procès verbaux de la Soc. de méd. de Strasbourg, 1. Mai 1862.

[1]) S. 85, Z. 14 ist wohl imprudent zu lesen, für prudent.

22　Kyste de l'iris. Ann. d'Oc. 1855, XXXIII, S. 60. (Bei einer 10jährigen, nach Verletzung. Operations-Versuch. Neubildung der Kyste. — Ähnlicher Fall von Richard, Gaz. hebd. 1854, No. 18. — Den ersten Fall hatte Mackenzie mitgetheilt, Diseases of the eye, III. Ausg., S. 605, 1840; und später, nach Bowman, besser erklärt, IV. Ausg., S. 404. 1854.)

23. Strabisme volontaire et alternatif des deux yeux, nécessaire pour l'accommodation de la vue. Ann. d'Oc. 1855. XXXIII, S. 177.

24. De l'enseignement des maladies des yeux et de l'exercice de cette specialité. Discours prononcé à l'ouverture de la Clinique ophthalmologique de la Faculté de'méd. de Strasbourg, le 6. avr. 1869, par le prof. V. Stoeber. (Gazette méd. de Strasbourg, 1872, S. 209—213. Vgl. § 581.

Die bibliographischen Artikel sowie die 15 Dissertationen augenärztlichen Inhalts (1854—1869) s. Ann. d'Oc. LXVI, S. 201—202. Von den Dissertationen sind die wichtigsten:

1. Mouchot, Rétinite pigmentaire, 1868, mit genauer Schilderung des Leidens. 6 Krankengeschichten und einer Tafel.

2. Le Gad, Glaucome, 1868; Empfehlung der Iridektomie, besonders mit dem Schmalmesser.

§ 610. (I.) STOEBER hat sein Lehrbuch der Augenheilkunde verfasst, als er noch ziemlich jung war, (er zählte kaum 31 Jahre,) und nachdem er erst vier Jahre lang seine Vorlesungen gehalten.

Trotzdem hat er für das französische Sprachgebiet eine klaffende Lücke gefüllt und seinen Sprachgenossen einen großen Dienst erwiesen.

WARLOMONT gestand 1871, dass 1841 dies Lehrbuch in Belgien ihr einziger Führer gewesen. Auch in Deutschland fand das Buch gebührende Würdigung. Fr. Aug. v. Ammon (Z. f. d. O. V, S. 91,) erklärte 1837: »Der Verfasser benutzte fremde und eigne Erfahrungen, und richtete als Kenner der deutschen medizinischen Literatur vorzüglich auf diese sein Augenmerk, da sie besonders reich an ophthalmologischen Schätzen ist. So hat er das vorgesteckte Ziel, ein dem Praktiker brauchbares und zum Nachschlagen und Selbst-Studium geeignetes Handbuch zu liefern, sowie einen für seine Vorträge geeigneten Leitfaden zu gewinnen, vollkommen erreicht, und wir wünschen Herrn St. hierzu um so mehr Glück, weil dieses Urtheil vom Ref. nicht blos in Bezug auf französische Literatur, sondern im Allgemeinen ausgesprochen sein soll.«

Aber in Paris fand STOEBER weniger Anerkennung, erstlich wegen seines gleich auf der zweiten Seite ausgesprochenen Urtheils[1]) über die Vernachlässigung der Augenheilkunde in Frankreich und ihre hohe Kultur in Deutschland; ferner wegen seiner Bevorzugung deutscher Anschauungen und Verfahren und endlich, — weil er Provinziale, nur a. o. Professor, nicht aber ein großer Chirurgie-Professor war.

Der Styl des Werkes ist klar und einfach: die Eintheilung verständlich, in Krankheiten der Thränen-Organe, der Orbita, des Augapfels. Zuerst

---

1) Siehe § 549.

kommen die Entzündungen, mit ihren Folgen, dann die Krankheiten ohne merkliche organische Veränderung, schließlich die angeborenen Fehler. Die Augen-Entzündungen theilt er ein in idiopathische und specifische, indem er auf Ph. v. Walther und Benedict (d. h. auf Beer) sich stützt[1]. Beschrieben wird die idiopathische Conjunctivitis, dann die idiopathische Scleritis. Die letztere, durch den tief sitzenden Gefäß-Kranz um den Hornhaut-Rand gekennzeichnet, »bleibt nicht lange auf die Leder-haut beschränkt, sondern erstreckt sich bald auf die Bindehaut, bald auf die Hornhaut und selbst auf die andren Theile des Augapfels«. Also Velpeau's Entdeckung, dass die Scleritis nur ein Gemisch von Zeichen der Keratitis und Iritis darstelle, war nicht so grundlegend.)

Neben der idiopathischen Keratitis wird noch die Hydrocapsulitis er-wähnt, aber ihre Sonder-Existenz geleugnet; neben der Iritis auch, nach von Ammon (Rust's Magazin XXX, S. 240, 1830), die Entzündung des Strahlen-körpers beschrieben, in der wir heute hauptsächlich die echte Scleritis wiederfinden. Chorioïditis, Retinitis, Phakohymenitis, Hyalitis werden kurz abgehandelt.

Die specifischen Ophthalmien sind durch besondren Verlauf und Kennzeichen von den idiopathischen unterschieden, sei es in Folge der specifischen Natur der Ursachen, welche diese Leiden erzeugen, sei es in Folge einer konstitutionellen Krankheit oder einer Diathese der befallenen Personen.

Die vorbereitenden Ursachen der specifischen Ophthalmien be-stehen in der Existenz einer Diathese oder constitutionellen Krankheit, die fähig ist, die Entzündung des Auges umzuändern, — Gicht, Scrofeln, Syphilis u. s. w., — oder in einer besonderen Disposition gewisser Indivi-duen, durch die Veränderungen in der Atmosphäre afficirt zu werden, Ver-änderungen, welche Katarrhe, Rheumatismen hervorrufen.

Die veranlassenden Ursachen der specifischen Augen-Entzündungen sind von doppelter Art. Die einen besitzen eine eigenartige Wirkung und vermögen auch bei Gesunden eine specifische Augen-Entzündung hervorzu-rufen; hierher gehören Veränderungen in der Atmosphäre, das Heranbringen von gewissen giftigen Stoffen an das Auge. Die andren sind von solcher Art, dass sie eine idiopathische Entzündung bei Gesunden hervorrufen können, und eine specifische nur bei denjenigen Individuen, die mit einer Diathese behaftet sind, welche die Entzündung umzuändern und ihr einen specifischen Charakter aufzuprägen vermag.

Die specifischen Ophthalmien sitzen manchmal in einem Theil des Augapfels; häufiger befallen sie mehrere Theile gleichzeitig. Gewöhnlich

---

1) Vgl. XIV, ii, 244, 191, 62. Seltsamer Weise erwähnt St. in seiner Literatur-Übersicht das doch schon 1813—1847 gedruckte Werk von Beer überhaupt nicht.

sind die örtlichen Zeichen hinreichend, um die specifische Ophthalmie zu kennzeichnen. Mitunter sind sie aber wenig ausgesprochen; dann sind die durch den Allgemein-Zustand des Kranken gelieferten Zeichen von großem Werth für die Diagnose. In der Mehrzahl der Fälle thut man gut, mit der örtlichen Behandlung die allgemeine zu verbinden.

Die erste Unterart ist die katarrhalische, die zweite die eitrige. Bei dem akuten Eiterfluss passen Blut-Entziehungen, die Kälte, Präcipitat-Salbe,' später zusammenziehende Mittel; bei dem chronischen die Ätzungen, die Ausschneidungen.

Folgen die scrofulöse, variolöse, morbillöse, scarlatinöse, psorische, herpetische, rheumatische, arthritische, syphilitische, skorbutische, intermittirende Ophthalmie, — der ganze Inhalt der Pandora-Büchse aus Deutschland.

Sehr gründlich sind die Abschnitte von der Pupillen-Bildung, vom Star und seiner Operation.

»Die Extraktion ist angezeigt bei den zur Entzündung wenig geneigten, z. B. den Greisen; wenn der Star hart ist, crystallin oder capsulo-crystallin. . . . Die Niederdrückung ist angezeigt bei den jungen Personen, bei welchen der Star aufgelöst wird, und hinwiederum bei ganz abgelebten Greisen. . . . Die Zerstückelung bei den Kindern oder noch jungen Individuen.«

Das Glaukom ist kurz und richtig dargestellt. Nach der Exstirpation des Augapfels wird die Höhle mit Charpie gefüllt; »nach 4—5 Tagen beginnt die Eiterung«.

Die damals erst ganz neuen Veröffentlichungen über Binnen-Würmer des Auges (§ 522) sind schon berücksichtigt.

Nach den dynamischen Störungen des Auges (Ophthalmoplegie, Amaurose u. a.) folgen die angeborenen, die Verletzungen, und schließlich die Augenheilmittel. Die Abbildungen von Augenleiden sind nach BEER, AMMON, EBLE, DEMOURS. Die letzte Tafel enthält die Instrumente.

Der heutige Kritiker kann das damalige Urtheil von AMMON nur bestätigen.

§ 611. (II.) A. Den 6 Fällen von Iris-Mangel, die SCHÖN (Handb. d. path. Anat. d. Auges, 1828, S. 70,) gesammelt, und den 3 von HENZSCHEL bei drei Geschwistern reiht S. seinen eigenen Fall eines einjährigen Knaben an. »Hinter der Hornhaut sah man (beiderseits) nichts als eine große, schwarze Pupille; von Iris oder Ciliar-Fortsätzen keine Spur. Wenn das Licht in einer gewissen, aber schwer zu bestimmenden Richtung in die Augen fiel, so erblickte man eine tiefe, so weit, wie die Hornhaut, ausgedehnte Röthe: am Platz der Hornhäute sah man wie zwei feurige Kugeln.«

Schön, Henzschel, Stoeber begnügen sich noch mit der einfachen Bezeichnung Iris-Mangel oder Fehlen der Iris.   Über die Namen Irideremia, Aniridia, Aniria vgl. XIV, ii, S. 284, Anm. 2.

B. Eine bösartige melanotische Geschwulst der unteren Iris-Hälfte bei einem 62jährigen, die binnen 2 Jahren allmählich zunahm und dann eine erbsengroße, schwarze, gelappte Geschwulst am unteren Äquator nach sich zog, bewirkte tödlichen Ausgang unter Hirn-Erscheinungen, die für eine Fortpflanzung der Neubildung längs des Sehnerven sprachen.

St. erwähnt den Fall von Rosas (Augenheilk. II, S. 617, 1830), bei einer 10jährigen, der von den Strahl-Fortsätzen ausging, ein Drittheil der Regenbogenhaut, außen-unten, in die Entartung zog und durch Lappenschnitt exstirpirt wurde, mit Ausziehung der Linse und mit Abfluss eines Theiles vom Glaskörper. Lichtempfindung blieb erhalten, nach Monaten keine Spur von neuer Wucherung.

Die erste anatomische Beschreibung eines Falles von melanotischem Iris-Sarcom habe ich selber 1868 geliefert, Arch. f. Ophth. XIV, 3, S. 185 fgd.

Vgl. Lagrange, Tumeurs de l'œil I, S. 356 1901, und Fuchs, Das Sarcom des Uveal-Tractus, Wien 1882, S. 241.

(V.) Verletzung-Star ist ein häufiges Leiden, und doch findet man nur wenige Fälle in der Literatur beschrieben, hauptsächlich deshalb, weil der Arzt nur selten den frischen Zustand zu beobachten Gelegenheit findet.

Bei einem Knaben entstand nach leichter Verletzung des Oberlides Mydriasis und Linsentrübung.   Letztere verschwand allmählich unter leichter Entzündung, bei Anwendung von Merkur.

Ein 7jähriger drang in einen Garten, um Früchte zu stehlen.   Der Eigenthümer schoss auf ihn(!) und traf das rechte Auge: er behauptete aber, nur mit Salz geschossen zu haben und wurde zu 25 Franken Schaden-Ersatz verurtheilt.   Ein Jahr nach dem Unfall fand St. einen runden schwarzen Körper, aussen-unten zwischen Binde- und Lederhaut, leicht verschieblich, — ein Schrotkorn; Hornhaut-Narbe, rundliches Loch in der Iris. Pupille unbeweglich, schwarz.   Schwacher Lichtschein.   Allmähliche Besserung des Sehvermögens.

Verletzungen verursachen Star entweder durch Entzündung der Kapsel oder durch Zerreißung des natürlichen Zusammenhanges der Linse mit ihrer Umgebung.

(IX.) Man sollte denken, dass über eine so gewöhnliche Erkrankung, wie die scrofulöse Ophthalmie, vollständige Einigung herrschen müsste. Aber Velpeau leugnet sogar ihre Specificität; und wenn auch diejenigen, die mit dem Gegenstand sich besonders beschäftigt haben, bezüglich der Behandlung sich ziemlich nahe gekommen sind: so haben doch viele Ärzte von den Erfahrungen jener keinen Nutzen gezogen und fahren fort, eine ungenügende oder schädliche Behandlung anzuwenden.

Eine Analyse von 87 Fällen aus dem Jahre 1837 hat die folgenden Ergebnisse geliefert.

Die scrofulöse Ophthalmie ist die häufigste Augenkrankheit, sie betrifft $^1/_5$ aller Augenleidenden. (Genau so SICHEL, Revue trimestrielle, Paris 1837, S. 11.)

Sie befällt das Kindes- und Jünglings-Alter: selten ist sie bei Kindern unter 2 Jahren, häufiger bei solchen von 2 — 7 Jahren; sie nimmt dann ab bis zum 20. Jahr, später wird sie sehr selten. Fünf Sechstel betreffen Arme.

Nur ausnahmsweise ist sie weder begleitet noch gefolgt von andren Symptomen der Scrofulose. Unter 64 Fällen zeigten 20 Drüsenschwellung. 30 Impetigo.

Unter den 84 Fällen waren befallen:

die Lidränder allein	8 Mal,
die Bindehaut allein . .	25 »,
Lidränder und Bindehaut	15 »,
Bindehaut und Hornhaut . . .	11 »,
Lidränder, Bindehaut und Hornhaut .	24 ».

Bei 81 Fällen betrug die Dauer:

1 Jahr und darüber . . .	13 Mal,
6 Monate bis zu einem Jahr	11 »,
3 bis 6 Monate .	17 »,
1 bis 3 Monate	17 » . . .

Eine rein lokale Behandlung genügt nicht. Sie bessert die örtliche Entzündung, schützt aber nicht vor Rückfällen.

Zu den wichtigsten Heilmitteln gehört die Hygiene. Reine Luft ist erforderlich, mäßiges Licht, gute Nahrung, Rothwein, Bäder.

Innerlich Jod, Antimon, Quecksilber (Äthiops antimon., d. h. Schwefel-Antimon mit Hg; oder Plummer'sche Pulver, d. i. Kalomel mit Schwefel-Antimon), Leberthran.

Zum ersten Mal erscheint in unsren Betrachtungen das letztgenannte Mittel, das fast jeder praktische Augenarzt unsrer Tage in so zahlreichen Fällen verwendet hat. Oleum jecoris aselli, das flüssige Fett aus der Leber des Kabliau (Gadus morrhua oder Morrhua vulgaris) ist wohl schon längere Zeit als Volksmittel — in Deutschland gegen Gicht und Rheumatismus, in Schottland gegen Scrofeln und Rhachitis, — angewendet worden, ehe THOMAS PERCIVAL (1740—1803) zu Manchester (1782) das Mittel bei den Ärzten in Ansehen brachte. In Deutschland wurde es erst vierzig Jahre später durch J. H. SCHENK (1798—1834), Physikus in Siegen, Gemeingut der Ärzte; in Frankreich 1837 durch CARRON DU VILLARDS; in England musste es 1841 gewissermaßen auf's Neue durch BENNET eingeführt werden. (Treatise on the Ol. jec. aselli or Cod-liver oil . . . London 1841[1].)

---

[1] EULENBURG's Real-Encykl., II. Aufl. 1887, XI, S. 661 u. III. Aufl. 1897, XIII. S. 375. — Aber in CARRON DU VILLARD's Lehrbuch vom Jahre 1838 habe ich bei der Behandlung der scrofulösen Augenentzündung vergeblich nach dem Leberthran gesucht.

STOEBER erklärt, dass er schon 1833, als das Mittel noch wenig bekannt war, damit einen 8jährigen binnen 4 Wochen von seiner hartnäckigen scrofulösen Hornhaut-Entzündung befreit habe.

Das antiphlogistische Verfahren, das vor 15 Jahren, als die physiologischen Doktrinen von BROUSSAIS ihren Höhepunkt erreicht, von den französischen Ärzten unterschiedslos gegen alle Augen-Entzündungen angewendet wurde, ist eher als schädlich zu bezeichnen. In 96 Fällen scrofulöser Augen-Entzündung hat S. nie den Aderlass angewendet, nur 7 Mal Blutegel an die Schläfen, und davon nur 2 Mal mit Nutzen.

Von ableitenden Mitteln ist das Blasenpflaster das beste und zwar am Nacken. Das Haarseil passt nur für sehr chronische Fälle.

Von örtlichen Reizmitteln braucht S. das Kollyr aus Quecksilber (Sublimat 0,02 : 100,0 d. h. 1 : 5000)[1], aus dem göttlichen Stein (0,3 : 100,0), die rothe Präcipitat-Salbe (0,1 : 5,0), die weiße, von RUST, (0,2 : 5,0) oder die mit Höllenstein (0,1 bis 0,5 : 5,0). Schwere Entartung, z. B. Staphyloma, ist in keinem der 96 Fälle, deren Behandlung genau verzeichnet wurde, eingetreten; auch sonst in keinem der Hunderte von Fällen während der 15jährigen Praxis.

(X.) Der erste von den bis dahin gesammelten dreißig Fällen des Mikrophthalmus[2], wo Erblichkeit beobachtet worden. Der Großvater hatte vor der Heirat ein Auge nach Verletzung verloren. Die Mutter zeigte links Mikrophthalmus mit Kolobom der Iris und leidlicher Sehkraft; ein 7jähriger Sohn beiderseits, ein 4jähriger auf dem rechten Auge allein.

(XV.) Gegen PAMARD's Abhandlung »Augenärztliche Beobachtungen, die geeignet sind, die allgemeine Ansicht über die krebsige Natur der Melanosen zu entkräften«[3], erhebt sich STOEBER; er theilt seine eignen 8 Beobachtungen mit: 2 Heilungen nach Entfernung des Augapfels, von zehn-, bezw. fünfjähriger Dauer; 2 Todesfälle durch Fortpflanzung der Neubildung auf das Gehirn (ohne Sektion); 4 Fälle von Tod durch Metastasen, hauptsächlich in der Leber.

Wenn man zum Krebs alle die Geschwülste rechnet, welche nach ihrer Entfernung wieder wachsen, sei es an ihrem ursprünglichen Sitz oder in einem andren Theil des Körpers, und schließlich eine tödliche Kachexie nach sich ziehen; so gehört die Melanose[4] zum Krebs. Aber dieselbe kann, wie manche andre Formen des Krebses, auch durch Exstirpation geheilt werden.

---

1) Laudanum oder Lactuca werden noch hinzugefügt.

2) Vgl. XIV, II, S. 279.

3) P. hatte 3 Fälle operirt, ohne Wiederwucherung zu erleben, und schließt daraus gegen die krebsige Natur. Das ist eine Petitio principii.

4) Vgl. § 566.

Folglich ist die Operation angezeigt. »Im Jahre 1853 mache ich nicht mehr, wie 1830, den thatenlosen Zuschauer eines fortschreitenden bösartigen Leidens.«

(Stoeber's Abhandlung verdient einen Ehren-Platz in der Geschichte der melanotischen Augen-Geschwülste, namentlich der Aderhaut-Sarkome, und wohl noch ein besseres Urtheil, als dasjenige von F. Lagrange, dass sie »Tavignot's [1]) Satz von der Bösartigkeit der melanotischen Geschwülste durch zahlreiche Beobachtungen gestützt habe«. Stoeber hat zuerst eine, wenn auch noch bescheidene Reihe eigner Beobachtungen mitgetheilt, den Ursprung aus der Aderhaut festgestellt, den klinischen Verlauf, die Betheiligung der Leber, den Ascites, die tödliche Kachexie gekennzeichnet, die Heilbarkeit betont und die Operation empfohlen.)

(XX) Erst 1854 hat Stoeber mit der Anwendung des Chloroform [2]) bei Augen-Operationen begonnen.

1. Bei den Augen-Operationen dient die Einathmung des Chloroform zur Schmerz-Betäubung oder zur Muskel-Erschlaffung. 2. Die erstere kommt in Betracht erstlich bei schmerzhaften Operationen, zweitens bei großer Ängstlichkeit der Kranken. 3. Die Muskeln des Auges erschlaffen erst nach denen der Extremitäten. 4. Zur Muskel-Erschlaffung ist das Chloroform nützlich in den Fällen, wo die Ängstlichkeit der Kranken störende Kontraktionen hervorruft, z. B. wenn man bei Kindern die ganze Ausdehnung der Binde- und Hornhaut zu untersuchen oder Fremdkörper zu entfernen hat, wenn man bei feigen Individuen die Operation des Schielens, der künstlichen Pupille, der Star-Ausziehung verrichten muss, zumal wenn bei der letzteren das Auge tief in der Orbita liegt. 5. Bei der Star-Ausziehung hindert die Muskel-Erschlaffung den Vorfall der Iris und den Austritt des Glaskörpers. 6. Bei der letztgenannten Operation ist das Chloroform nicht immer ohne Nachtheil. Man muss die Betäubung sehr weit treiben, um vollkommene Muskel-Erschlaffung zu erreichen. Muskel-Kontraktion kann während der Operation eintreten, Erbrechen kann durch das Chloroform hervorgerufen werden. 7. Das Chloroform bewirkt wirkliche Vortheile für die Star-Ausziehung bei feigen, reizbaren Kranken; es ist überflüssig und kann nachtheilig wirken bei ruhigen Kranken mit wenig reizbarem Nervensystem.

Von den Jahresberichten erwähne ich als Beispiel die beiden folgenden:

---

1) Ann. d'Oc. XXIX, S. 279, 1853. — Vgl. F. Lagrange, Tumeurs de l'œil, I, S. 307, 1901, und Encycl. fr. d'opht. VI, S. 511, 1906. — Seine ausgezeichnete Bibliographie über das Sarkom des Aderhaut-Tractus ist zu ergänzen durch F. Kerschbaumer, Das Sarkom des Auges, Wiesbaden 1900.

2) Vgl. B. XIV, ii, S. 85.

1. Im Civil-Krankenhause zu Straßburg hatte STOEBER 1849 45 Fälle von Augenleiden zu behandeln. 17 Star-Operationen, 7 durch Ausziehung, 6 durch Niederlegung, 4 durch Zerstücklung, lieferten 15 Erfolge. (A. d'Oc. XXV, S. 168.) Das Jahr 1851 brachte 55 Fälle von Augenleiden, 34 Star-Operationen: 19 Niederlegungen, mit 1 Misserfolg; 6 Zerstücklungen mit 3 Misserfolgen; 9 Ausziehungen mit 3 Misserfolgen: darunter 1 Fall von Erweichung der Hornhaut, ohne Entzündung, bei einem kraftlosen Mann von 75 Jahren, den man wohl besser durch Niederlegung hätte operiren sollen. (A. d'Oc. XXVII, S. 181. — Die Zahl der Misserfolge ist nicht unbeträchtlich.)

2. Clinique ophthalmologique de la Faculté de Médecine de Strasbourg (M. STOEBER, professeur). Bericht über das Sommersemester 1854, von BELIN, Assistent. 7 Ausziehungen, 5 Erfolge, 2 Misserfolge. Lappenschnitt kam zur Verwendung und Chloroform-Betäubung. 1 Mal erwachte der Kranke gleich nach dem Linsen-Austritt und bewirkte starken Glaskörper-Vorfall: Ausgang in Schrumpfung.

§ 612. Die Augenklinik zu Nancy[1]).

Der erste Sitz der lothringischen Universität war Pont-à-Mousson, wo auf Antrag des Kardinals von Lothringen durch päpstliche Bulle vom 5. Dez. 1572 eine Universität begründet wurde; 1598 kam eine medizinische Fakultät hinzu. Unter Ludwig XV. wurde 1768 die Universität nach Nancy verlegt, die dann, wie alle andren, in der französischen Revolution unterging. Bei der großen Universitäts-Reform Napoleons I. fand Nancy keine Berücksichtigung. Erst 1852 wurde auf Andrängen der Stadt und von 42 Nachbarstädten eine Akademie errichtet. Die Ereignisse von 1870 haben dieser eine medizinische Fakultät verschafft, indem die meisten Professoren der medizinischen Fakultät von Straßburg nach Nancy übersiedelten und mit Hilfe der Regierung 1872 als medizinische Fakultät sich organisirten.

Die Augenklinik wurde im Krankenhaus St. Charles eingerichtet und Prof. MONOYER[2]) anvertraut, der sie bis 1878 verwaltete, um dann, als Prof. der medizinischen Physik, nach Lyon zu gehen. Ihm folgten GROSS, HEIDENREICH, WEISS; endlich Prof. ROHMER, seit 1883, der eine neue Augenklinik erhielt und Lehre wie Kunstübung auf eine hohe Stufe erhob.

§ 613. Montpellier.

Histoire de l'ophtalmologie à l'école de Montpellier de XIIe au XXe siècle par les docteurs H. TRUC, Prof. de clinique opht., et P. PANSIER, Ancien Aide de la clinique ophtl. Paris 1907. (404 S.) Diese Sonderschrift ist so erschöpfend, dass sie kaum eine Nachlese zulässt. Voll Dankbarkeit gedenke ich auch des liebenswürdigen Eifers, mit welchem Ihr Kollege H. TRUC persönlich mir alle

---

1) Minerva, Handb. d. gelehrten Welt, von LÜDTKE und BEUGEL, Straßburg 1911, S. 274. — DEMANGE, Histoire de l'ophth. à Strasbourg et Nancy, N. 1889.

2) Er ist Erfinder des quasi-linearen Starschnittes nach unten (1866), der Dioptrie (1875). Sept. 1912 ist er verstorben.

Einrichtungen gezeigt hat, als ich im Frühjahr 1911 die alt-ehrwürdige und neu-erblühende Universität Montpellier besuchte.

Diese Eindrücke sind unauslöschlich. In dem Saal der ärztlichen Promotionen steht eine alte Büste des Hippokrates mit der stolzen Inschrift: Olim Cous, nunc Monspelliensis Hippocrates. Vor dieser Bildsäule hat, seit alter Zeit, der junge Arzt, sowie er die Berechtigung zur Ausübung der Heilkunde erlangt, den hergebrachten Eid zu leisten, der auf den in der hippokratischen Sammlung uns überlieferten[1]) zurückgeht, und dessen heutige Fassung folgendermaßen lautet:

»En présence des maitres de cette École, de mes chers condisciples et devant l'effigie d'Hippocrate, je promets et je jure, au nom de l'Être suprème, d'être fidèle aux lois de l'honneur et de probité dans l'exercice de la médecine. Je donnerai mes soins gratuits à l'indigent, et n'exigerai jamais un salaire audessus de mon travail. Admis dans l'intérieur des maisons, mes yeux ne verront pas ce qui s'y passe, ma langue taira les secrets qui me seront confiés, et mon état ne servira pas à corrompre les mœurs ni à favoriser le crime. Respectueux et reconnaissant envers mes maitres, je rendrai à leurs enfants l'instruction que j'ai reçue de leurs pères.

Que les hommes m'accordent leur estime, si je suis fidèle à mes promesses! Que je sois couvert d'opprobre et méprisé de mes confrères, si j'y manque!«

Auf die Universität von Montpellier und ihre Bedeutung für die Augenheilkunde sind wir im Laufe der bisherigen Betrachtungen schon mehrfach gestoßen, § 290 fgd., § 356, § 380 fgd., § 385.

Im Jahre 1180 wird die medizinische Fakultät zu Montpellier officiell anerkannt, 1220 vom Papst gebilligt und mit Statuten ausgestattet, erhält einen Kanzler und einen Dekan und 3 Professoren. Im Jahre 1240 werden die drei Grade oder Prüfungen eingeführt (Baccalaureus, Licentiat, Doktor oder Magister). Die Blüthezeit der alten Fakultät fällt in das Ende des XIII. und die erste Hälfte des XIV. Jahrhunderts. Das XV. Jahrhundert zeigt Verfall, das XVI. einen neuen Aufschwung; außer den Professoren lesen auch Doktoren, sie erklären MESUE, GUIDO, AVICENNA, RHAZES. 1593 begründet Henri IV. einen Lehrstuhl der Anatomie und der Botanik[2]), 1597 einen der Chirurgie und der Pharmacie.

Die Fakultät giebt die Araber auf und erklärt die Griechen, HIPPOKRATES und GALEN. In Folge der Religionskriege wird sie verweltlicht, es werden auch Reformirte als Schüler zugelassen.

Im XVIII. Jahrhundert gab es 8 Professoren, aber der Stand der Studien war sehr niedrig, der Unterricht rein theoretisch. HAGUENOT versucht 1771 bessernd einzugreifen. Die Fakultät hatte, mit SAUVAGES, 1763 eine Poliklinik begründet. Sie ertheilt seit 1785 den Grad des Doktors der Chirurgie und besiegt damit das wundärztliche Colleg St. Côme zu Montpellier. Im Jahre 1789 hatte Montpellier 100 Immatriculationen für das Licentiat, Paris nur 60.

Die Chirurgie war frei in Lehre und Ausübung im Jahre 1230, aber seit 1399 nur gestattet nach Ablegung einer Prüfung vor 4 geschworenen Meistern der Gilde (der Offiz), wobei seit 1786 die Fakultät den Vorsitz besaß. Ja, seit 1514 musste auch der Unterricht im Königlichen Kolleg der Medizin gegeben werden, von einem Meister, den die Fakultät unter zwei von den Wundarzt-

---

1) Siehe XII. S. 62; XIII, S. 240.

2) Der damals begründete botanische Garten besteht noch heute und ist herrlich gepflegt.

Zöglingen Vorgeschlagenen auswählte. Seit 1597 besitzt die medizinische Fakultät einen Professor der Chirurgie, der den Studenten lateinisch, den Wundarzt-Zöglingen französisch vorträgt. Die Korporation der Barbiere und Wundärzte zeigt Unordnung im 17. Jahrhundert und wird durch Änderung der Satzungen 1692 zur Ordnung gebracht.

Nachdem 1731 die Académie de chirurgie begründet wurde, erhalten 1741 die Wundärzte von Montpellier das Recht, durch vier Professoren die verschiedenen Zweige der Chirurgie lehren zu lassen; errichten, mit Hilfe von Lapeyronie's Erbschaft, 1758 das Colleg der Chirurgie (Palast St. Cóme) und begründen 10 Professuren, wozu 1788 noch eine 11., für Augenheilkunde hinzutrat, die Jean Seneaux 1788—1792 verwaltete. Vgl. § 379 und ferner die folgenden beiden, erst nach der Drucklegung dieses Paragraphen und auch des obengenannten Werkes von Truc und Pansier erschienenen Schriften: 1. Jean Seneaux (1750—1834), Professeur d'ophtalmiatrie au Collège de chirurgie de Montpellier. Sa vie, nouveau document inédit, par Abel Rollin, Dr. en méd., Montpellier 1909. (87 S.) — Enthält eine Übersicht der Vorlesungen über Augenheilkunde, die Seneaux 1788—1792 gehalten. 2. Consultations oculistiques inédites de Jean Seneaux, par M M. H. Truc & Bonnet, Montpellier médical XXIX, 1909. Für beide Schriften sind die Papiere der Familie Seneaux benutzt.

Am 19. August 1792 wurden, durch Beschluss der gesetzgebenden Versammlung, die 18 Fakultäten der Heilkunde und die Kollegien der Wundärzte aufgehoben. (XIV, S. 2 u. § 549.) 1794 mussten Gesundheits-Schulen errichtet werden. Es waren drei, zu Paris, zu Montpellier und zu Straßburg.

Im Jahre 1804 wurden die Gesundheits-Schulen in Medizin-Schulen umgewandelt und dürfen auch Zivilisten aufnehmen. Im Jahre 1806 wird die Kaiserliche Universität Frankreichs begründet, 1808 erhalten die Medizin-Schulen den Titel von Fakultäten.

Schon 1795 hatte Montpellier 2 Professuren für chirurgische Klinik erhalten und eine für operative Heilkunde; 1840 wurde die letztere geteilt in eine Professur für Operationen und Apparate und eine für chirurgische Pathologie; 1891 wurde an Stelle der letztgenannten eine Professur für augenärztliche Klinik begründet. (Vgl. § 618.)

Seit 1871 beginnen die großen, neuen Hospital-Bauten, mit denen Montpellier den ganzen Süden von Frankreich weit überstrahlt. Darunter ist auch eine mustergültige Augenklinik.

Über die Augenheilkunde zu Montpellier in älterer Zeit haben wir schon im § 290 fgd., § 296, ferner § 379—383 und § 385 gehandelt und kommen nunmehr zum 19. Jahrhundert, in das noch, hochbetagt, Guillaume Pellier de Quengsy (1751—1835) hineinragt. Aber erst mit Delpech erstrahlt der Ruhm Montpellier's[1]) in neuem Glanz.

§ 614. Jacques Delpech (1772—1783),

seit 1812 Professor zu Montpellier. Wir hatten ihn schon (§ 493) in der Vorgeschichte der Schiel-Operation rühmend zu erwähnen. Als Professor der chirurgischen Klinik hat er der Augenheilkunde besondere Sorgfalt gewidmet.

------

1) Montpellier hatte um 1837 gegen 34000 Einwohner, 1901 gegen 76000.

Seine erste Arbeit auf diesem Gebiete ist: Nouveau procédé .... pour
l'opération de la tumeur et de la fistule lacrymale .... Journal de méd.
de Montpellier, an XI (1803), t. II, p. 46—59, 171—183. Es ist eine Veränderung des Verfahrens von Benoit Méjan (XIV, S. 37), d. h. das Einziehen
eines Dochtes, mit Hilfe einer Sonde eigner Erfindung.

In seiner zweiten Thèse de professorat, 1812, »Établir les avantages
ou les inconvénients qui sont attachés aux différents méthodes d'opérer la
cataracte« (17 p., in 4°) will er die Wahl treffen nach der Natur des Stars
sowie der begleitenden Symptome, zieht aber die Niederlegung vor in
allen Fällen, wo Entzündung wahrscheinlich.

In seinem Précis élémentaire des maladies reputées chirurgicales,
Paris 1816 (3 B., in 8°) hat er viele Fragen der Augenheilkunde gestreift,
aber nicht erschöpfend behandelt. Bei den Thränensack-Leiden spricht er
nicht mehr von seinem Verfahren aus dem Jahre 1803. Den Star der
Jugendlichen hält er für ein Zeichen verfrühten Alters. Die Vorhersage
hängt hauptsächlich ab von den Komplikationen, die man zu sehr vernachlässigt hat. Bezüglich der Operations-Wahl ist er zurückhaltend, aber
doch mehr für Nadel-Operation.

In seinem Artikel Cataracte des Dictionnaire des sciences
médicales (1813, IV, S. 320) erklärt er: il est indispensable de choisir
de préférence le déplacement.

In seiner Clinique chirurgicale de Montpellier (I, 1823 und II,
1828) unterscheidet er zwischen Trichiasis und Entropium und will bei der
ersten, durch Kauterisation oberhalb des freien Lidrandes, die Wimper-
Wurzeln aufrichten.

Delpech scheint nur gelegentlich und selten Augen-Operationen verrichtet zu haben.

§ 615. I. Claude François Lallemand,
am 26. Jan. 1790 zu Metz geboren, Militär-Arzt in Spanien, dann seit 1810
Dupuytren's Prosektor, 1819 Doktor und in demselben Jahre Professor der
Chirurgie in Montpellier und, nach Delpech's Tode 1832, der erste Chirurg
in Südfrankreich, bis er 1845, von der Akademie der Wissenschaften zum
Mitglied ernannt, nach Paris ging und dort mit philosophischen Studien
seine Muße ausfüllte, bis zu seinem Tode, der am 23. Juli 1853 erfolgt ist.

L. hat zahlreiche Schriften verfasst, zur Pathologie, besonders des Gehirns, und zur Chirurgie.

In seiner Clinique chirurgicale, redigée par H. Kaula (Paris 1845,
auch deutsch von N. Davis, Nürnberg 1846,) giebt er lehrreiche Kasuistik:
Ansteckung des Auges gleichzeitig durch Blennorrhöe und durch Syphilis
(S. 10); syphilitische Ophthalmie, 14 Jahre nach der Ansteckung, durch
die antisyphilitischen Mittel geheilt (S. 71): Orbital-Geschwülste von krebsigem

Aussehen, durch die nämlichen Mittel geheilt (S. 73); 60 Fälle von syphilitischer Erblindung, die ebenso geheilt wurden; syphilitischer Star, der
ebenso geheilt wurde (S. 75). (Wahrscheinlich Ausschwitzung ins Pupillen-
Gebiet.)

In seinem berühmten Traité des pertes seminales involontaires
(Montpellier 1832, III, S. 75 – 86) bringt L. eine Studie der Sehstörungen,
die aus dem unfreiwilligen Samen-Abgang und aus Excessen erfolgen sollen.

(In der Encycl. frç. d'Ophl. IV, S. 137, werden LALLEMAND's Behauptungen
bestritten, in unsrem Handbuch, XI, I, § 100, wird nicht einmal sein Name mehr
erwähnt. Auch nicht in H. COHN's Hygiene des Auges vom Jahre 1892, die
doch mit unerhörter Breite von den Augenleiden der Onanisten handelt.)

II.   Von ANTOINE DUGÈS (1798—1838), seit 1828 Professor der chirurgischen
Pathologie zu Montpellier, haben wir 1. Recherches expérimentales relatives
à l'opération de la cataracte (Mémorial des hôp. de Midi 1830, S. 255—260),
worin hauptsächlich die Zerschneidung der Linse empfohlen wird; und ferner
Hémiopsie circulaire, guérie par les narcotiques (Ephém. méd. de Montpellier
1828, II, S. 254—263), wo es sich um ein centrales Skotom handelte.

§ 646.   MICHEL SERRE,

geboren zu Montpellier am 20. März 1799, wurde 1825 Doktor und, nachdem er verschiedene ärztliche und Lehr-Ämter bekleidet, 1835 Nachfolger
von DELPECH als Professor der chirurgischen Klinik, bis zu seinem Tode,
der am 21. März 1849 erfolgt ist.

A. 1.   Traité de la réunion immédiate et de son influence sur les progrès récents
de la chirurgie dans toutes les opérations. Paris et Montpellier 1830. Enthält ein Kapitel über Star-Operation, durch Niederdrückung und durch Ausziehung.

2.   Traité de l'art de restaurer les difformités de la face selon la méthode par
déplacement ou méthode française[1]. Montpellier 1842, Atlas avec
30 planches. Bevorzugt diese vor der indischen und italienischen Methode.

B. 3.   Star-Operation auf einem Auge, um die Sehkraft auf beiden wiederher-
zustellen. A. d'O. 1841, VI, S. 210.

4.   Einfluss eines Auges auf die Wiederherstellung der Sehkraft des andren.
A. d'O. 1842, VII, S. 32. (3. und 4. enthalten verschrobene Gedanken.)

5.   Bericht der Augenklinik des Hôtel-Dieu zu Montpellier im 2. Abschnitt von 1842.
A. d'O. 1843, X, S. 174—178. Auszug aus einem Vortrag vom 20. Nov. 1842,
zur Eröffnung der chirurgischen Klinik. — S. übt die Niederdrückung
und macht, um Entzündung zu vermeiden, erstlich eine gute Vorbereitung
des Kranken, zweitens unmittelbar nach der Operation wiederholte Aderlässe. — Durch die Überschrift soll man sich nicht verleiten lassen, die
damalige Existenz einer Augenklinik zu Montpellier anzunehmen.

6.   Star-Operation durch Verschiebung, erfolgreich nach 60j. Blindheit. A. d'O.
1842, XIV, S. 224. (Bei einem 67j., der im Alter von 7 Jahren durch Pocken
einen Hornhaut-Fleck und Star auf dem einen Auge sich zugezogen hatte.)

7.   Kauterisation der Hornhaut gegen Amaurose. Mémorial des hôp. de Midi
1830, S. 423.

---

1) Über die Berechtigung dieses Namens vgl. XIV, II, S. 102.

Unter Serre's Herrschaft, am 7. Mai 1840, hat die Fakultät zu Montpellier dem Engländer Philippe den Titel eines Oculiste-opticien zuertheilt. Er war ein unwissender Charlatan, der mit andren seines Gelichters das mittägliche Frankreich brandschatzte. Er hat auch Broschüren geschrieben, in denen er seine Weisheit auseinander zu setzen — versprach, 1843 wie 1867.

§ 617. I.) Michel Serre's Schüler war

Alexis Jacques Alquié[1]).

Um 1812 zu Perpignan in dürftigen Verhältnissen geboren, hatte er die größte Mühe sich vorwärts zu bringen. 1838 erfolgte seine Promotion, 1851 erhielt er den Lehrstuhl von Serre und verwaltete denselben bis zu seinem Tode, im Jahre 1864.

In seinen chirurgischen Schriften vertritt er die Schule von Montpellier und die konservative Wundarzneikunst. (Traité de chirurgie conservatrice et moyens de réstreindre l'utilité des opérations, Montpellier 1850.) In diesem Werk erhebt er sich gegen die Ausrottung der Thränendrüse im Falle des unstillbaren Thränenflusses, gegen den Muskelschnitt bei Myopie und bei rein dynamischem Schielen und behauptet, dass der von einer Allgemeinkrankheit abhängige Star mit dieser auch heilen könne.

In der Revue thérap. du Midi vom Jahre 1850 (A. d'Oc. XXIII, S. 177) hat A. einen Fall von Star-Heilung bezw. Besserung, durch Blasenpflaster aus flüssigem Ammoniak (nach Gondret, § 555), und durch innerlichen Gebrauch von Jod-Pillen veröffentlicht.

Über die Ophthalmien hat er (in der Revue thérap. du Midi 1851, II, S. 200—285 sowie in Cliniques chir. de l'Hôtel-Dieu de Montpellier) ausführlich sich geäußert: er tadelt die unbegrenzte Vervielfältigung der Arten und beschreibt die katarrhalische, blennorhoïsche, syphilitische, gichtische und rheumatische.

II.) Étienne Frédéric Bouisson[2])

wurde am 14. Juni 1813 zu Mauguio (Hérault) geboren; 1837 Doktor zu Montpellier, wurde er noch in demselben Jahre als Professor der Physiologie nach Straßburg berufen. Im Jahre 1840 kehrte er nach Montpellier zurück, als Professor der chirurgischen Krankheitslehre, und erhielt im Jahre 1846 den Lehrstuhl der chirurgischen Klinik, den er bis 1869 verwaltet hat.

B. war korrespondirendes Mitglied des Institut de France, von 1867 bis 1879 Dekan und wurde 1871 in die National-Versammlung gewählt. 1884 ist er verstorben. Sein Vermögen hinterließ er wissenschaftlichen und menschenfreundlichen Stiftungen.

1) Vgl. auch Biogr. Lex. I, S, 112.
2) Vgl. Biogr. Lex. II, S. 541.

Seine wissenschaftlichen Werke wurden von CHAVERNAC, dem Vater, in XIV Bänden veröffentlicht; seine augenärztlichen Leistungen hat CHAVERNAC, der Sohn, in seiner Dissertation vom Jahre 1903 studirt.

Die letzteren sind 11 an der Zahl.

1. Anatomie einer zweiköpfigen Katze. Soc. chir. d'émul. de Montpellier 1833.
2. Übersicht über die Haupt-Thatsachen, die in der chirurgischen Klinik zu Montpellier beobachtet wurden. J. de la Soc. de méd. prat., 1846.
3. Ursprung der Synchisis scintillans. Gaz. de méd. de Paris 1847. (Vgl. § 564.)
4. Bemerkungen über die Unzulänglichkeit der Augen-Feuchtigkeiten. A. d'Oc. 1847.
5. Akute Augen-Entzündungen mit Bildung von falschen Häuten an der Oberfläche der Bindehaut. A. d'Oc. 1847, XVII, S. 100—104.
6. Von den Thränen. J. de la méd. prat. 1847.
7. Gesichts-Plastik. Union méd. 1850.
8. Über die pseudomembranöse Augen-Entzündung, 1859, Œuvr. complèt. 1, S. 101—120.
9. Geschichte eines blinden Geisteskranken, der nach der Star-Operation Sehkraft und Vernunft wieder erlangt. Montpellier méd., 1860.
10. Über die Augen-Entzündung durch Schwefeln der Weinstöcke. Gaz. méd. de Paris, 1863.
11. Diabetes mit doppelseitigem Star. Montpellier méd., 1863.

(VI.) In den akuten Augen-Entzündungen steigt die Alkalescenz der Thränen an. In den blennorrhoïschen können die Thränen mit dem Ansteckungs-Stoff behaftet sein. Die Abtragung der Thränendrüse, wenn sie nicht ganz vollständig, übt keinen Einfluss auf die Befeuchtung des Auges.

(V. VIII.) Der erste Fall von häutiger Entzündung der Bindehaut betrifft das linke Auge eines 46j., das von akuter Eiterung ergriffen und trotz aller Blut-Entziehungen, trotz Kalomel und Entspannungs-Schnitten, vollkommen zerstört wurde, während das rechte, im Krankenhaus, 8 Tage nach der Aufnahme gleichfalls ergriffen, durch sofortige Einträuflung von Höllenstein-Lösung (1:1200) gerettet ward. Vom dritten Tage der Behandlung an konnte eine zusammenhängende Haut von der rothen, gefäßreichen Bindehaut des rechten Auges abgezogen werden.

(B. glaubte, dass diese Form schwerster Bindehaut-Entzündung bis dahin noch nie beschrieben worden sei. Darin täuschte er sich. BÉCLARD hatte sie schon 1821 (Additions à BICHAT, S. 223) erwähnt. Vgl. die Geschichte der krupösen Bindehaut-Entzündung in unsrem Handbuch V, 1, § 134, 1904 [TH. SAEMISCH].)

Später hat BOUISSON, namentlich in einer Diphtherie-Epidemie 1859, weitere Beobachtungen gesammelt und eine vollständige Studie über die häutige Bindehaut-Entzündung veröffentlicht.

(X.) Nicht jeder Star bei Diabetes beruht auf letzterem. Die Operation ist anzurathen (gegen CHASSAIGNAC), abgesehen von wenigen Ausnahmefällen: Niederdrückung für den halbweichen, Zerstücklung für den weichen Star.

§ 618. Die Geburtswehen der neuen Zeit.

Anfangs hat Bouisson die Ausziehung geübt; aber später, 10 Jahre
lang, nur die Niederdrückung des harten, die Zerstücklung des
weichen Stares. Unter 500 Operationen erhielt er 8 Heilungen auf 10.
(Dass er die Niederdrückung meisterhaft vollführte, berichten die Augen-
zeugen.)

Also Serre, Alquié und Bouisson, ebenso Moutet, des letzteren Nachfolger für 1869—1875, übten die Niederdrückung, die drei letzten noch
weit hinein in die Zeiten der augenärztlichen Reform, wie denn
auch Dubreuil, der Vater, (1790—1852), von 1838—1852 Professor der
Anatomie zu Montpellier, als er einmal nach Corsica berufen wurde, dort
37 Fälle des Stars mittelst der Niederdrückung operirte, da dies Verfahren ihm geläufig sei.

Auch Dubreuil, der Sohn, (1835—1901), von 1875—1895 Professor der
chirurgischen Klinik zu Montpellier, erklärt noch 1884 (De l'opération de la
cataracte., Gaz. méd. de Paris, S. 289—291), dass er diesem Verfahren eine
Zuneigung bewahre und dabei Erfolge gehabt hat. Doch beschreibt er auch
die einfache Ausziehung und hatte auf 16 Operationen 14 Erfolge.

In seinen Éléments de méd. operat. 1874 (908 S., mit 135 Abbildungen)
hat er die hauptsächlichsten Augen-Operationen erläutert.

Im Jahre 1857 hat auf ministeriellen Befehl der a. o. Prof. Louis
Saurel einen Kurs der Augenheilkunde an der Fakultät zu Montpellier
gehalten. Aber 1860 ist er durch Unfall verstorben. Der Versuch wurde
nicht wiederholt.

Der officielle Unterricht in der Augenheilkunde, den die chirurgischen
Kliniken damals boten, war ganz ungenügend, wie ein Augenzeuge, Chavernac d. V., es uns geschildert hat.

Der a. o. Prof. Saint-Hubert Serre berichtet, dass er 1864/65 die
Klinik von Prof. Alquié besucht. Der letztere kannte nur die alten Methoden,
übte nur die Niederdrückung und lehrte nicht das Augenspiegeln. Der
augenärztliche Unterricht bei Bouisson (1864—1869) war auch sehr unvollständig, ohne Augenspiegel, ohne Refraktions-Bestimmung; aber B. kannte
die Lücken seiner Unterweisung und ließ seine Kranken von Chavernac,
einem Schüler von Desmarres, der Galezowski's Augenspiegel aus Paris
mitgebracht, genauer untersuchen; ebenso gelegentlich von seinem Schüler
Prof. Jaumes und seinem Freunde Serre d'Uzès.

· Amédée Hippolyte Pierre Courty (1819—1886), am 19. Nov. 1819 zu
Montpellier als Sohn und Enkel eines Arztes geboren, 1852 Hauptwundarzt
des allgemeinen Krankenhauses, 1856 Professor der Operations-Lehre, 1866
bis 1884 Professor der chirurgischen Klinik zu Montpellier, hatte das Verdienst, den Unterricht und die Praxis der Augenheilkunde zu Montpellier
zu erneuern. Er verwandte den Augenspiegel, verwarf die Niederdrückung

als Blendung (éborgnement) und übte die Ausziehung nach dem Verfahren von A. v. GRAEFE, brachte auch die Star-Operierten in einem besondren Zimmer unter. Er hatte auch Erfolge; aber, fügt ST.-H. SERRE hinzu, »wie oft habe ich bei ihm Vereiterung der Hornhaut und Panophthalmie gesehen?«.

Ein großes Verdienst hatte ferner

ALPHONS JAUMES,

1834 zu Montpellier geboren, 1906 daselbst verstorben. 1861 verfasste er seine Dissertation über Glaukom, die von der Universität zu Montpellier preisgekrönt wurde, wirkte daselbst als Augenarzt bis 1880, wurde 1866 außerordentlicher Professor der Chirurgie und 1874 ordentlicher Professor der gerichtlichen Medizin.

Im Jahre 1887 wurde endlich an der Fakultät der »Ergänzungskurs der Augenklinik« geschaffen und H. TRUC, außerordentlicher Professor der Chirurgie, damit betraut; 1891 wurde, durch Umwandlung der Professur für äußere Pathologie, endgültig der Lehrstuhl für Augenklinik eingerichtet und 1892 eine neue mustergültige Augenklinik erbaut. Von 1887 bis 1905 betrug die Zahl der ambulanten Kranken 24000, der aufgenommenen 4899, der Star-Operationen 1575, der augenärztlichen Dissertationen 50.

§ 619. Wir können Montpellier nicht verlassen, ohne einiger Männer zu gedenken, die während der ersten Hälfte des 19. Jahrhunders im Süden von Frankreich die Augenheilkunde gepflegt und gefördert haben. Einzelne von ihnen haben auch ihre Studien in dieser Universität vollendet. Unter ihnen ist

SERRE d'Uzès[1]) (1802—1870).

AUGUST SERRE, bekannt unter dem Namen SERRE d'Uzès (und SERRE d'Alais), geboren am 28. Oktober 1802 zu Uzès (Gard), studirte in Montpellier und promovirte daselbst 1822; ging hierauf für mehrere Jahre nach Paris, um sich zu vervollkommnen und hat dort auch besonders die Augenheilkunde studirt. Hierauf prakticirte er einige Jahre in seiner Vaterstadt und dann, nachdem er sich vermählt, in dem benachbarten Städtchen Alais[2]), — im ganzen 43 Jahre hindurch, ohne Unterbrechung, mit gleichem Erfolge in allen Zweigen der Heilkunde; ganz besonders aber in der Geburtshilfe und in der Augenheilkunde.

---

1) Vgl. auch das Biogr. Lex. V, S. 370 und den Nekrolog von WARLOMONT, A. d'O. LXIV, S. 179—183, 1870.

2) Kreishauptstadt, die um 1837 (nach dem Konversat.-Lexikon von WOLFF, Leipzig, 1837) etwa 10000 Einwohner zählte. — Im Jahre 1901 hatte die Gemeinde 25000 Einwohner, welche Bergbau, Eisen-Industrie, Seidenspinnerei und Handel betreiben.

Fünf Jahre lang hat er auch mit Auszeichnung das Amt eines Bürger-
meisters von Alais verwaltet und mehrere segensreiche Einrichtungen in's
Leben gerufen.

Am 24. August 1870 ist er gestorben, betrauert von seinen Mitbürgern
und Fachgenossen.

SERRE d'Uzès hat eine reiche literarische Thätigkeit entfaltet. Seine
Arbeiten beziehen sich auf drei Gebiete, Physiologie des Sehens, Diagnostik
der Augenkrankheiten, Therapie derselben.

A. Die physiologischen Arbeiten sind schwach. In seiner kleinen
Provinzial-Stadt, ohne Berührung mit andren Gelehrten, mit Bibliotheken, mit
Studenten, veröffentlicht er entweder ganz Bekanntes oder rennt offene
Thüren ein oder bekämpft gar die Lehre von den korrespondierenden
Netzhaut-Punkten.

1. Dauer der Netzhaut-Eindrücke. A. d'O. I, S. 203, 1838.
2. Sehen in verschiedenen Entfernungen. Bull. g. de thérap. VIII, S. 118, 1842.
3. Mechanismus des Sehens. Gaz. des Hôp. Dez. 1849 u. Aug. 1851.
4. Sehen mit zwei Augen. A. d'O. XXXIV, S. 179, 1855.
5. Korrespondirende Netzhaut-Punkte. Ebendas. XXXVI. S. 193, 1856.
6. Stenopäisches Sehen. Gaz. méd. de Paris, S. 536, 1858.
7. Sehen mit zwei Augen. Gaz. d'hôp., 1867, S. 286.

B. 8. Das neue Opsiometer von SERRE d'Uzès (A. d'O. I, S. 187, 1838)
besteht aus einer auf einem wagerechten Brett verschieblichen Nadel, welche
von der ersten (näheren) Grenze des deutlichen Sehens bis zur zweiten
(ferneren) desselben einfach, davor und dahinter aber doppelt und mehrfach
gesehen wird.

9. Seine Lochbrille (lunette panoptique, capillaire, A. d'O. XXXVIII,
S. 223, 1857) soll sowohl den Ärzten zur Diagnose als auch den Kranken
mit Accommodations-Beschwerden zur Erleichterung dienen.

Opsiometrum (von ὄψις, das Sehen, und μέτρον, das Maas,) steht statt
des älteren Optometrum (von ὀπτός, sichtbar — oder gebraten). Die erstgenannte Form findet sich noch bei KRAUS (1844), aber nicht mehr in den
neueren medizinischen Wörterbüchern, von ROTH und GUTTMANN (1908, 1909). Zur
Sache vgl. unsren Bd. XIII, S. 310; XIV, S. 417, 424, 455.
In unsrem Handbuch (IV, 1, § 60) ist SERRE's Optometer nicht erwähnt;
auch wäre noch für STAMPFER's Optometer die ebendaselbst, ebenso wie in der
zweiten Ausgabe von HELMHOLTZ's physiol. Optik, vergessene Quellen-Angabe
nachzutragen: Jahrbuch des polytechnischen Instituts zu Wien XVII, 1822.
Panoptique (von πᾶς, jeder, und ὀπτικός, zum Sehen gehörig,) ist unrichtig gebildet, statt pantoptique. Die stenopäische Brille von DONDERS (A.
f. O. I, 1, S. 268) hat, nach SERRES, zu große Löcher. Dass DAÇA DE VALLES
(Sevilla 1623)[1] bereits die Loch-Brillen gekannt und abgebildet, konnte S. wohl

---

1) Das Buch ist XIII, S. 281 u. 427 erwähnt. Der Titel ist nachzuholen.
Uso | de los antojos | para todo género de vistas: | En que se enseña a conocer
los grados que a cado uno le | faltan de su vista, y los que tienen quales quier
antojos. | Y assi mismo aqve tiempo se an | de usar, y como se pediran en au-

nicht wissen: das merkwürdige Buch des Spaniers ist ja erst 1892, durch die verdienstvolle Herausgabe einer Handschrift der französischen Übersetzung vom Jahre 1627, dank dem unermüdlichen Eifer des Professor G. Albertotti, der wissenschaftlichen Welt bekannt gegeben worden.

Das Bedeutendste was SERRE geleistet hat, sind seine Untersuchungen über die Druckbilder oder Phosphene.

XII, S. 346 ist das Nöthige über den von SAVIGNY (Arch. général. d. méd., Aug. 1838) erfundenen Namen (Phosphène) mitgetheilt. SERRE giebt übrigens 1857 an, den Namen selber erfunden zu haben.

Die Thatsache war den alten Griechen bekannt. (XII, S. 346.)

TH. YOUNG hat sie 1800 zu geistreichen Versuchen benutzt (XIV, S. 460) und PURKINJE 1825 die Erscheinung genauer studirt.

Zuerst (10) hat SERRE 1848 (A. d'O. XIX, S. 75) ganz kurz von diesem Verfahren gehandelt: »Dasselbe zeigt uns, durch die verdunkelten Medien des Auges hindurch, ob noch genug Empfindlichkeit in der Netzhaut besteht, um mit Aussicht auf Erfolg eine Operation des Stares oder der künstlichen Pupille zu versuchen. Das einfache Verfahren gründet sich auf eine bekannte Thatsache und besteht darin, dass auge seitlich mit der Kuppe des kleinen Fingers zu drücken. Wird ein leuchtender Punkt auf der entgegengesetzten Seite wahrgenommen, so ist die Netzhaut empfindlich. Bei den Amaurotischen habe ich es nie hervorrufen können, aber immer bei Star wie bei Pupillen-Sperre ohne Amaurose.«

In zahlreichen Veröffentlichungen hat S. den Gegenstand dann weiter erörtert:

11. Du phosphène ou spectre lumineux obtenu par la compression de l'œil comme signe direct de la vie fonctionelle de la rétine et de son application à l'ophthalmologie, couronné par l'Institut. A. d'O. 1854, XXIV et XXV.
12. Sur les phosphènes de l'amaurose dans ses rapports avec la myopie et la presbytie. Arch. gén. de méd. XXVI, S. 366.
13. Sur la rétinoscopie phosphénique. Ebendas. XXVI, S. 112.
14. Taxonographie[1]) rétinienne. Comptes rendus de l'Académie des sciences, LVII, S. 471.
15. Essai sur les phosphènes ou anneaux lumineux de la rétine considérés dans leurs rapports avec la physiologie et la pathologie de la vision. Paris 1853, in 8° de 472 p. avec 24 fig.
16. Rétinoscopie phosphénienne, im Traité pratique des mal. de l'œil, par W. Mackenzie, 4e éd., traduit de l'anglais ... par Warlomont et Testelin, Paris 1857, II, S. LXIII—LXX.

Diese Untersuchungen haben (nach WARLOMONT 1870, A. d'O. LXIV, S. 182) durch die Erfindung des Augenspiegels erheblich an Wichtigkeit verloren; aber doch für die Fälle vollständiger Trübung der Augenmedien

---

sencia con otros avisos importantes, a la utilidad y conservacion de la vista. Par el L. BENITO DAÇA DE VALDES, | Notario de el Santo Oficio della Ciudad de Sevilla | Dedicado a Nuéstra Señora | de la Fuensanta de la Ciudad di Cordua. Con privilegio | Impresso en Sevilla, par Diego Perez. Año de 1623.

1) Taxonomie, falsch statt Taxinomie oder Taxionomonie, (von τάξις, Klasse, und νόμος, Gesetz) bedeutet die Eintheilung der Pflanzen. Davon scheint der üble Name abgeleitet zu sein.

ein Anwendungsgebiet behalten: »je größer die Dunkelheit«, sagt S., »desto klarer die Antworten der so befragten Netzhaut«.

Pagel meint 1887 (Biogr. Lex. V, S. 370), dass die Bedeutung der Phosphene durch die Erfindung des Augenspiegels hinfällig geworden. Ebenso haben 1907 True und Pansier sich ausgesprochen.

Aber Warlomont's Urtheil ist richtiger; ich sah noch A. v. Graefe das Verfahren anwenden, z. B. im Falle des myopischen Stars mit Netzhaut-Leiden, um die Fragen der Operations-Möglichkeit sowie des zu erwartenden Grades von Sehkraft besser zu unterscheiden. Allerdings führt uns ja die genauere Prüfung des Lichtscheines und der Projektion meistens noch direkter zu dem gewünschten Ziel der Vorher-Erkenntniss.

Die Hauptsätze aus der letzten Arbeit von S. sind die folgenden: »Das Fehlen der Druckbilder an den vier Hauptpunkten (oben, unten, außen, innen) des hinteren Augapfel-Abschnittes ist ein sicheres Zeichen der Amaurose. Das Fortbestehen der Druckbilder bei Sehstörung ist ein gutes Zeichen; es spricht gegen Netzhaut-Leiden und für Accommodations-Störung. Bei Trübung der brechenden Medien zeigt sich die Überlegenheit des Verfahrens.«

Also das Verdienst von Serre ist zwar nicht so groß, wie er selber und wie das Institut angenommen; aber auch nicht so klein, wie die Beurtheiler aus unsren Tagen es hingestellt.

Desmarres, der in der zweiten Auflage seines Lehrbuches die Sätze von Serre's wörtlich wiedergegeben, hat kritische Einwendungen hinzugefügt. »Es giebt Fälle von peripheren Netzhautleiden, wo das Auge feinste Schrift liest und doch alle vier Phosphene fehlen: der Zustand kann Jahre lang unverändert bleiben, vielleicht für immer.«

»Die Ophthalmoskopie ist Serre's Retinoskopie so überlegen, wie das Sehen dem Fühlen. Aber die letztere ist nicht werthlos, z. B. bei Linsen-Star mit Netzhaut-Ablösung. Die Pupille hat ihre Beweglichkeit, das Auge seinen Lichtschein bewahrt. Natürlich hilft uns die Verschiebung der Licht-flamme im Gesichtsfeld. Aber hier liefert das Fehlen der Phosphene eine direktere und sicherere Angabe.«

C. Zu Serre's therapeutischen Versuchen und Leistungen gehört zunächst (17) »die Ätzung der Hornhaut als geeignetes Mittel, die Sehstörungen mit Pupillen-Erweiterung rasch auszugleichen«.

Die im Jahre 1828 an die Akademie der Heilkunde gesendete Abhandlung wurde günstig beurtheilt und im Bull. gén. de thérap., II abgedruckt.

S. ätzte mit der Spitze des Höllenstein-Stiftes die untere Partie der Hornhaut bis zur Bildung einer wolkigen Trübung und wusch reichlich mit Wasser aus. Das Mittel war öfters erfolgreich bei der Mydriasis, mitunter wirksam bei der Amaurose.

So seltsam schon der folgenden Generation von Augenärzten dies Mittel
erscheinen musste, — damals fand es Beifall.

Der berühmte JACQUES LISFRANC (1790—1847), seit 1824 ordentlicher
Professor und seit 1826 Wundarzt im Hôp. de la Pitié zu Paris, hat 1832
in den Arch. génér. d. méd. eine Abhandlung »zur Pathologie und Therapie
der Amaurose« veröffentlicht, worin er die Krankengeschichten von zwei
amaurotischen Frauen mittheilt, die in Folge von mehreren derartigen
Ätzungen mit Höllenstein ihr Sehvermögen wieder erlangten. Diese Abhandlung schien damals so wichtig, dass sie von Dr. H. S. MICHAELIS in's
Deutsche übertragen, 1833 im J. f. d. Chir. und Augenheilk. von GRAEFE und
WALTHER (Bd. XX, S. 333—336) abgedruckt worden.

Ja, noch im Jahre 1851 hat der Herausgeber der A. d'O. (XXVI,
S. 197), da das Verfahren von SERRE der Vergessenheit anheim zu
fallen drohte, sich veranlasst gesehen, einen Fall von VELPEAU (aus dem
Bull. gén. de Thérap.) zu reproduciren, in dem das Mittel mit zweifelhaftem
Erfolg in Anwendung gezogen worden ist.

Ebenso verwunderlich erscheint uns heute die Kitzelung (Titillation) der
Ciliar-Nerven und der Netzhaut mit der in's Auge eingeführten Star-Nadel, zur
Behebung von Mydriasis und Amaurose. SERRE hat übrigens (18) die Gefahren,
welche dies Verfahren nach sich zieht, Iritis und Star-Bildung, im Bull. gén. de
Thérap. XIII, S. 321, hervorgehoben.

Von S.'s weiteren Arbeiten zur Therapie sind zu nennen: 19. Einfluss der
Star-Operation auf die Gemüths-Stimmung. A. d'O. 1839, II, S. 51. (Der Spleen
hängt ab einerseits von der Unvollkommenheit des Sehens, andrerseits von der
Grundkrankheit des Stares.) 20. Künstlicher Star, um die Einübung der Operation zu erleichtern. A. d'O. VIII, S. 379. 30 Discissionen beim Kaninchen
lieferten 12 Stare. 21. Behandlung der Ophthalmien. A. d'O. XI, S. 354.
22. Gegen scrofulöse Augen-Entzündung verwendet S. a) das Öl des Wach-
holderbaumes (l'huile de cade, Ol. cadinum, Ol. juniperi); b) wenn das nicht
nützt, verlängerte Allgemein-Bäder mit Sublimat (2 Gramm); c) endlich Lid-
Ätzungen mit dem Kupferstift, nach BONNET. (A. d'O. 1847, XV, S 117 und
1848, XIX, S. 74.)

(a) ist ein Volksmittel im Süden von Frankreich. Es hilft gegen Flechten.
S. verwendet es äußerlich auf die Umgebung des Auges oder auf die Lider.
(Wir haben Pix liquida mit Erfolg gegen das begleitende und die Augen-
Entzündung unterhaltende Lid-Eczem verwendet.)

Zu S.'s letzten Arbeiten (22.) gehört die über Chromsäure-Ätzung der Granulationen. (Soc. de chir. de Paris, 17. janv. 1866.)

Man darf wohl behaupten, dass keiner der Chirurgie-Professoren zu
Montpellier aus der ersten Hälfte des 19. Jahrhunderts größere Verdienste
um die Augenheilkunde erworben, als der einfache Praktiker AUGUST SERRE
aus Uzès.

§ 620. Sodann müssen wir der PAMARD's gedenken, die wir schon
im § 367 erwähnt haben.

A. Jean Baptiste Antoine Pamard IV. (1763—1827),

am 11. April 1763 als Sohn des berühmten Pierre François Bénézet Pamard zu Avignon geboren, wurde schon 1782 Meister der Wundarzneikunst, studirte dann weiter in Paris und prakticirte von 1787 ab in Avignon. In den Annal. de la Soc. prat. de Montpellier von 1803 und von 1808 hat er einige Abhandlungen veröffentlicht: über die Behandlung der Thränensackfistel durch Einführung eines Haarseilchens, mittelst einer federnden, von einer Röhre gedeckten Sonde; über eine Apoplexie durch Entkräftung nach Star-Operation und ihre einfache Heilung durch Nahrungszufuhr; über besondere Erscheinungen an der Iris bei Star-Operation.

Seine handschriftlichen Beobachtungen über Augen-Operationen sind von seinem Sohn für die Dissertation benutzt worden.

B. Paul Antoine Marie Pamard[1] V. (1802—1872),

als Sohn des vorigen am 2. August 1802 zu Avignon geboren, studirte zuerst 1818 zu Montpellier, dann von 1820 ab zu Paris, wo er 1825 zum Doktor der Chirurgie und auch der Medizin befördert wurde. Dann kehrte er nach Avignon zurück, schon korrespondirendes Mitglied der ärztlichen Gesellschaft zu Paris, und wurde Nachfolger seines Vaters als Krankenhaus-Wundarzt. Von einer wissenschaftlichen Reise nach London berichtet er im Jahre 1834.

Aber 1861 zum Abgeordneten gewählt, begann er die chirurgische Praxis zu vernachlässigen. Im Januar 1862 verzichtete er auf das Krankenhaus zu Gunsten seines Sohnes und widmete sich ganz und gar der Politik. Am 13. April 1872 ist er verstorben, an den Folgen des dritten Schlaganfalls; den ersten hatte er schon 1861 erlitten.

Getreu den Überlieferungen seiner Familie hat P. A. M. Pamard in der Blüthezeit seines Lebens seinen Eifer der Augenheilkunde gewidmet und mehrere Arbeiten über augenärztliche Gegenstände veröffentlicht, so 1834 über Kalomel in großen Dosen zur Behandlung von Augenkrankheiten; über Iritis 1835, eine Abhandlung, die von der medizinisch-praktischen Gesellschaft zu Paris mit einem Preise gekrönt wurde; er hat aber auch über Kapitel der allgemeinen Chirurgie geschrieben, so namentlich über den Krebs.

Als Augenarzt gewann er gute Erfolge und großen Ruf, weit über die Grenzen seiner Stadt hinaus. Er hatte auch noch zahlreiche Ämter zu verwalten, als Mitglied des ärztlichen Sachverständigen-Rathes, als Professor der Entbindungskunst an der Gebär-Anstalt zu Avignon, als Mitglied und später als zweiter Vorsitzender des Gesundheitsrathes; 1853 wurde er zum Bürgermeister von Avignon gewählt. Zahlreiche Gesellschaften ernannten

1) Vgl. den Nekrolog in den A. d'O. LXVII, S. 313—319, 1872.

ihn zum Mitglied, so auch die Pariser Akademie der Medizin im Jahre 1857. Das Offizierkreuz der Ehrenlegion schmückte seine Brust.

1. In seiner Dissertation (XIV, S. 55) hatte er die Kühnheit, gegen die damals (1825) in Frankreich von den Chirurgie-Professoren fast allgemein bevorzugte Niederlegung thatkräftig die Ausziehung zu vertheidigen, die seinem Vater in 359 Fällen 84 % volle, 10 % halbe Erfolge und 3 % Verluste geliefert; während CLOQUET in seiner Habilitations-Schrift bei 166 Niederlegungen, die er in den Pariser Hospitälern beobachtet, nur 60 % volle Erfolge und 27 % Verluste gefunden hatte.

2. In seiner Abhandlung de la cataracte et de son extraction vom Jahre 1844 veröffentlichte er seine eignen Ergebnisse: auf 97 operirte Augen hatte er 83 volle Erfolge, 9 unvollständige und nur 4 Misserfolge. Fürwahr, der einfache Wund- und Augenarzt zu Avignon ist allen gleichzeitigen Professoren der Chirurgie zu Montpellier auf diesem wichtigsten Gebiet der Augenheilkunde weit überlegen gewesen. (Mém. de chir.-pratique comprenant la cataracte, l'iritis et les fractures du col du fémur. Paris 1844.)

Fig. 13.

3. In der Abhandlung vom Star und einer Ausziehung nach einer besondren Methode (A. d'O. XII, S. 149 fgd., 191 fgd., 1844) erklärt er es für seine Lebens-Aufgabe, das Verfahren seines Großvaters vom Jahre 1759[1]), das noch nie veröffentlicht worden, zu beschreiben.

»Wenn das Verfahren nicht das Erbe bescheidner Praktiker, die das Unrecht begangen, nichts darüber zu schreiben, sondern das Eigenthum eines glänzenden Professors gewesen wäre; so würde man schon lange keine einzige Star-Operation ohne unser Instrument verrichtet haben. Denn es sichert durch Fixirung des Augapfels die regelrechte Ausführung des Schnittes. Es ist der Treff (tréfle), der auch Spieß genannt worden. (Vgl. Fig. 13.)

Das Starmesser hat eine Klinge von 4 cm Länge und 8 mm Breite an der Basis. Zur Kapselspaltung dient die kleine Sichel (serpette) von BOYER.

Wagerechte Lagerung des Kranken befreit uns von der Nothwendigkeit der Ambidextrie. Ein brauchbarer Gehilfe überhebt uns meistens der Nothwendigkeit eines Lidsperrers. Gleichzeitig wird der Treff mit der Linken und das Starmesser mit der Rechten an zwei entgegengesetzten Punkten

---

1) In der Abhandlung (3) finden sich geschichtliche Ungenauigkeiten, die ich gleich richtig gestellt habe. — Es ist wohl zu bemerken, dass im Jahre 1844 des Großvaters Aufzeichnungen nur handschriftlich vorlagen, wie bereits in unserm § 367 ausgeführt wurde. Seine eigne Dissertation vom Jahre 1825 will PAMARD V. preisgeben.

P. A. M. Pamard aus Avignon
(gest. am 13. Febr. 1872).

Verlag von Wilhelm Engelmann in Leipzig.

der Hornhaut eingestochen, ein wenig oberhalb ihres wagerechten Durchmessers, der erstere 2 mm, das letztere 1 mm vom Lederhaut-Saum. Sowie die Spitze des durch die Vorderkammer geführten Messers oberhalb
des Treffs angekommen, wird letzterer ausgezogen und der Schnitt vollendet, der fünf bis sechs Zwölftel des Hornhaut-Umfangs beträgt und in
4—5 Sekunden ausgeführt wird.

Bei diesem Verfahren fallen alle die behaupteten Gegenanzeigen des
Starschnitts fort, — Tieflage des Auges, Vorspringen des oberen Augen-
höhlenrandes, enge Pupillen, kleine Hornhäute. Wir operiren stets mit
der Ausziehung und nie anders als mit der Ausziehung.

Eine Vorbereitung des Kranken ist nur nöthig, wenn Lid-Entzündung oder dergleichen besteht. Aber Belladonna wird vor der Operation
eingeträufelt. Nach dem Schnitt wird doch die Pupille wieder eng. Nach
der Operation keine Sehprüfung, sorgsamer Verband beider Augen (aus
feinem Leinwandtuch, Charpie, Kompresse, Binde). Der Verband wird alle
10 Minuten von einer Wärterin befeuchtet (für 6—7 Tage) und ganz allmählich verringert, bis zum 14.—20. Tage. Vor dem 8. Tage wird gewöhnlich das Auge nicht untersucht. Entzündung kündigt sich an durch
Schmerz.

4. Die in den A. d'O. Oktober 1839) zur Erörterung gestellte Frage,
welchen Einfluss die Star-Operation auf das Leben der Operirten ausübt,
beantwortet P. (A. d'O. II, S. 230, 1839) folgendermaßen: Die Mehrzahl der
Operirten haben so lange gelebt, als die Naturgesetze es zuließen; die meisten
haben die Heiterkeit des Gemüthes weiter bewahrt.

5. Dass die Star-Operation bei Hochbetagten selten gelinge, ist
ein Vorurtheil, das jedenfalls für die Ausziehung keine Gültigkeit besitzt.
(A. d'O. XXXI, S. 224.) 26 günstige Fälle, im Alter von 70—86 Jahren,
unterstützen die Behauptung.

6. Augenärztliche Beobachtungen, die geeignet sind, die gewöhnliche Ansicht
von der krebsigen Natur der Melanose zu entkräften. (A. d'O. XXIX, S. 25, 1853.
Vgl. STOEBER, § 605, xv.)

7. Fremdkörper im Auge. (A. d'O. XLIII, S. 23.) Ausziehung eines Schrot-
korns aus der Linse mittelst einer kleinen Löffel-Pincette, sowie einer
Wimper aus der Vorderkammer.

8. In seiner Abhandlung über die Iritis (vom Jahre 1835, veröffentlicht
1844 in Mém. de chir. prat.) behauptet P., dass die von DESCEMET beschriebene
Haut schon 40 Jahre früher (1729) von DUDDEL bekannt gemacht worden sei,
was nicht richtig ist. (Vgl. XIV, S. 68.)
Die Iritis ist entweder serös oder parenchymatös. Belladonna giebt P. nur
innerlich, verwirft hingegen die örtliche Anwendung als zu reizend.

9. Untersuchung über die Behandlung von Augenkrankheiten. (Revue méd.
1835.) Aderlass, Kalomel in großen Gaben, Blutegel an den Beinen und eine
(mit Quittenschleim u. a.) versetzte Zinklösung von 0,4 : 210 sind seine Hauptmittel.

Von Instrumenten, die PAMARD V. erfunden, wären zu nennen : 1. ein
gedeckter Haken, um den angewachsenen Star auszuziehen; 2. eine Abänderung des Lidsperrers.

C. ALFRED PAMARD (VI.)

der Sohn des vorigen, am 12. Mai 1837 zu Avignon geboren, 1861 Doktor
zu Paris, mit einer Dissertation über das Glaukom, und Nachfolger seines
Vaters, hat verschiedene Arbeiten zur Augenheilkunde in den A. d'O. geschrieben und 1900 zusammen mit PANSIER die unveröffentlichten Arbeiten
seines Ahnherrn PIERRE FRANÇOIS BÉNÉZET herausgegeben. (XIV, S. 55.)

D. Sein Sohn PAUL (VII.)

setzt würdig die Familien-Überlieferung fort.

Zusatz.

AMABLE CADE (1809—1872)

studirte zu Montpellier und zu Paris und übernahm die Praxis seines
Vaters zu Bourg-Saint-Aréole (Ardèche). Er ist der Typus eines Landarztes.

1. Seine Dissertation handelt von der Diagnose und Behandlung einiger besondrer Augen-Entzündungen.
2. Beobachtungen über die Zweckmäßigkeit der einseitigen Star-Operation. Revue
thérap. du Midi 1850.
3. Praktische Abhandlung vom Star nebst Operations-Tabelle. Montpellier 1851.
Von dem ärztlichen Institut zu Valencia (Spanien) mit dem zweiten Preis gekrönt. — Die Behandlung des Stars ist nur angebracht bei dem dyskrasischen,
nicht bei dem senilen. Unter 197 Star-Operationen (Niederlegung und Zerstücklung) hatte C. 167 Erfolge. Unter den 30 Misserfolgen war 4 mal Phleg-
monè des Auges, 3 mal Wiederaufsteigen des Stars.
4. Ein Abkühler, für Star-Operationen und Verletzungen, besteht aus einem
Gefäß von ³/₄ Liter und zwei rautenförmigen Schlingen aus Goldschlägerhaut,
die auf dem Auge ruhen. (Montpellier méd. 1867.)
5. Lidbildung durch Verschiebung bei geschwürigem Epitheliom des inneren
Viertels beider Lider. (Ebendas. 1868.)

§ 621. Bordeaux.

Die Universität zu Bordeaux ist 1441 als Studium generale, unter der
Herrschaft der Engländer, durch Bulle des Papstes Eugen IV. gegründet, mit
allen 4 Fakultäten, und war vollkommen autonom bis zur Regierungs-Zeit von
Franz I., dann Staats-Universität; 1793 wurde sie, zusammen mit den übrigen,
vom Konvent unterdrückt.

Die napoleonische Universitäts-Reform vom Jahre 1808 schuf zu Bordeaux
eine Fakultät der Naturwissenschaften und eine der Literatur, zu denen 1870
noch eine der Rechte und 1878 eine Fakultät der Medizin und Pharmacie
hinzukam. (MINERVA, II. d. g. Welt 1911, S. 270.)

Für Bordeaux haben wir eine treffliche Dissertation: Histoire de l'ophthalmologie à Bordeaux par le DR. A. CHADÉ, B. 1908, die der Verfasser seinem
Lehrer, Prof. BADAL, gewidmet hat.

Der älteste Arzt aus Bordeaux, von dem etwas, das zur Augenheilkunde gehört, auf unsre Tage gekommen, ist Marcellus, der Empiriker, dem wir den § 192 gewidmet haben [1].

1868 wurde zu Bordeaux ein gallo-römischer Siegelstein gefunden mit der Inschrift »Publii Vindicis dioxus ad asperitudines oculorum«, d. h. Kollyr des P. V. aus Essig, gegen Trachom.

Vom Mittelalter ist nichts Besonderes zu bemerken. 1589 wurde Jean Danée zum Vorsteher der Chirurgen gewählt und vertheidigte einige Thesen über die Ophthalmie; ebenso 1621 Pierre Deval. Im Jahre 1689 ermächtigte das Parlament von Bordeaux einen reisenden Wundarzt, Lange Martorel, Augen- und Steinschneider, in allen Orten des Gerichtsbezirks von Bordeaux seine Kunst zu üben.

Im 18. Jahrhundert finden wir keine Spur eines augenärztlichen Unterrichts zu Bordeaux; wohl aber einen angestellten Stadt-Augenarzt (Oculiste pensionné), Louis Béranger, von 1771—1777. Er war geprüfter Augenarzt (expert oculiste reçu à Paris et à St. Côme), Schüler von Jacques Daviel 1746/47, später sein Gegner [2]), geschickt im Operiren, besonders in der Star-Ausziehung, die er »mit Messer und Gabel« vollführte, wie auch noch in unsren Tagen ein berühmter Professor. Wenn also seiner Gabel, einem zweizinkigen Haken zum Fassen des Augapfels, 1758 von Louis nur noch ein geschichtlicher Werth zugeschrieben wurde; so ist letzterer dem Feinde seines Freundes Daviel nicht ganz gerecht geworden. Béranger ist, 44 Jahr alt, in der Blüthe seiner Jahre gestorben. Sein Nachfolger im städtischen Amt, von 1779 ab, war Pierre Guérin (1740—1827), der, da er nicht die Stelle des Oberwundarztes am Hôtel-Dieu zu Lyon erlangen konnte, die undankbare Heimath-Stadt verließ und in Bordeaux eine örtliche Berühmtheit erlangte, auch daselbst 1798 eine ärztliche Gesellschaft begründete, deren Vorsitzender er 3 Mal geworden [3]).

§ 622. Die Augenheilkunde war zu Bordeaux im Anfang des 19. Jahrhunderts nicht ganz vergessen. Bacqué hält Vorlesungen über Augenheilkunde am Krankenhaus, Guérin ist mit den Augen-Operationen betraut.

Joseph Bacqué, der als Wundarzt bei der Armee der Ost-Pyrenäen gedient, erhielt schon 1800 vom Präfekten der Gironde die Erlaubniss, einen Privatkurs der Augenheilkunde zu halten; 1804 machte er seinen Doktor zu Montpellier mit einer Dissertation über die Lähmung der Sehnerven und der Netzhaut; 1806 wurde er Hauptwundarzt am Krankenhaus Saint André, 1813 Professor der Anatomie und Chirurgie an der Medizin-Schule. Auch hier hielt er zuerst Vorlesungen über Augenkrankheiten, dann den Kurs der äußeren Krankheiten. Über unser Fach hat er nichts veröffentlicht. Nach dem Tode von Guérin, im Jahre 1835, erhebt sich Widerspruch (§ 581); die Stelle eines Hospital-Augenarztes wird gestrichen.

---

1) Daselbst haben wir die älteste Ausgabe seines Werkes, Basel 1536, verzeichnet. Bei Hrn. Chabé, S. 43, ist ein kleiner Druckfehler, 1336, zu verbessern.
2) XIII, S. 503 und 518.
3) XIV, S. 83.

Von 1835—1878 ist die Augenheilkunde zu Bordeaux in den Händen der Chirurgen. Die Ausziehung wird fast gänzlich aufgegeben zu Gunsten der Niederdrückung. François Chaumet (1800—1851), seit 1841 Professor der Chirurgie an der Medizin-Schule, erhebt sich gegen die Specialisirung der Augenheilkunde; er lässt in seinen Sälen 24 Betten für Augenkranke und Operirte mit grünen Vorhängen umgeben.

Neben den Chirurgen wirkten allerdings auch einige Augenärzte: J. B. Paulin Guérin, (Pierre's Sohn,) der 1805 mit einer Dissertation über Star-Operation zu Paris den Doktor erhielt und 1835 gestorben ist; Bancal, der 1822 ein gedecktes Kystitom erfand, 1828 über Star-Operation, 1836 gegen die Star-Schnepper von Pierre Guérin geschrieben und nur einige Tage vor dem Neumond zu operiren pflegte; Dubois, der (in den A. d'Oc. XXXIV, S. 265) einige Fälle von angeborenen Missbildungen des Auges veröffentlicht hat.

Der zweiten Hälfte des 19. Jahrhunderts gehören an Guépin der Sohn (§ 598), Sous, ein Schüler von Sichel d. V., der auf Einladung des Rektors der Medizin-Schule 1869 und 1876 Vorlesungen über Augenheilkunde abhält, und Armaignac, den ich im Jahre 1876 noch zu Paris als Assistenten von Sichel d. S. angetroffen, u. a.

Im Jahre 1878 wurde Prof. Badal mit einem klinischen Kurs der Augenheilkunde an der Fakultät beauftragt. Auf seinen Antrag wurde Dr. F. Lagrange mit einem theoretischen Kurs betraut. Im Jahre 1910 ist Badal zurückgetreten und Lagrange sein Nachfolger geworden, der allen bekannt ist als Vf. eines Meisterwerks über Augengeschwülste und als Mit-Herausgeber der französischen Encyklopädie der Augenheilkunde[1].

§ 623.   Rückschau.

Ich bin zu Ende mit Frankreichs Augenärzten aus den Jahren 1800 bis 1850.

Wer den durchmessenen Weg rückschauend betrachtet, wird bis 1830 eine geringere Pflege der Augenheilkunde in Frankreich antreffen: aber einzelne Leistungen waren doch bemerkenswerth, wie Guillié's Arbeit über Bindehaut-Eiterung; wie ferner Jakob von Wenzel's Handbuch des Augenarztes und Antoine Demours' Lehrbücher, obwohl diese Werke mehr nach dem 18. Jahrhundert zurück-, als nach dem neunzehnten vorschauen.

Um die Mitte der dreißiger Jahre des neunzehnten Jahrhunderts begrüßen wir die Wiedergeburt der Augenheilkunde in Frankreich. Das Haupt-Verdienst kommt Julius Sichel zu. Sein klinischer Unterricht,

---

1) Vgl. Hommage au Professeur Lagrange, L'ophtalm. provinciale, IX, 4. April 1912.

seine umfassenden Arbeiten über die Ophthalmien, über Katarakt, über
Glaukoma, über Augengeschwülste und so vieles andre erregten den Wett-
eifer der Professoren August Bérard und Louis Joseph Sanson, sowie die
Gegenwirkung von Velpeau und Malgaigne; beides ist dem Fortschritt der
Wissenschaft heilsam gewesen. Velpeau verdanken wir die Beseitigung von
Auswüchsen der Ophthalmien-Lehre, Malgaigne die Erkenntniss der Ent-
wicklung des Greisen-Stars.

Gleichzeitig begann die Provinz sich zu regen: V. Stoeber in Straßburg schuf 1834 wieder ¦das erste, zeitgemäße Lehrbuch der Augenheilkunde in französischer Sprache und den ersten Universitäts-Unterricht in
der Augenheilkunde. Bonnet in Lyon begründete die Dosirung der Schiel-
Operation und schenkte uns nebenbei die Ausschälung des Augapfels.
Pétrequin hatte große Verdienste um den Unterricht, sowie um die Aus-
gestaltung der Lehre von den Augen-Lähmungen und der Augen-Ermüdung.
Rivaud-Landrau hat zum ersten Male wieder dem Frankreich des 19. Jahrhunderts, und uns allen, die Überlegenheit der Ausziehung des Stares über
die Niederdrückung glänzend dargethan. Auch Pamard hatte große Verdienste um die Star-Operation. Serre d'Uzès bemühte sich, durch die
Erforschung der Druckbilder, um die genauere Erkenntniss der verborgenen
Seh-Störungen.

Aber die Krönung des Gebäudes hat Sichel's Schüler, A. Desmarres,
errichtet, mit seinem Lehrbuch vom Jahre 1847, welches die örtliche,
operative Behandlung der Augen-Leiden in den Vordergrund drängt, viel
Neues bringt und zu denjenigen Werken gerechnet werden muss, welche
die Reform der Augenheilkunde um die Mitte des neunzehnten Jahrhunderts eingeleitet haben.

Wie haben die Franzosen jener Zeit sich selbst beurtheilt? Die Ansichten über den ersten, weniger fruchtbaren Zeitabschnitt will ich nicht
noch einmal hier wiederholen. Aber Herrn Magne, welcher 1842 behauptet
hat, dass die ganze Wirksamkeit von Julius Sichel unnöthig gewesen,
möchte ich einen französischen Satz entgegen halten: »On ne peut pas
effacer une page d'histoire.«

Schon im Jahre 1838 hat Pétrequin, dem wir wegen seiner Erfahrung
und seines wissenschaftlichen Geistes ein gesundes Urtheil zutrauen müssen,
den folgenden Ausspruch gethan: »Frankreich, das sich rühmen darf, die
moderne Augenheilkunde geschaffen zu haben, erhält täglich den Tadel,
diesen nützlichen Zweig der medizinischen Wissenschaft zu vernachlässigen.
Die Zeit ist nahe, wo diese Anschuldigung, wenn sie überhaupt begründet
gewesen, ihre Berechtigung verlieren muss. Man vergisst die wichtigen
Arbeiten, welche unser Jahrhundert bei uns entstehen sah. Man vergisst,
dass in Paris Sichel, Sanson, Carron du Villards, Rognetta, in Straßburg
Stoeber Augenkurse begründet haben. . . . .«

Sehr bemerkenswerth sind die Worte, mit denen A. DESMARRES 1847 sein klassisches Werk einleitet: »Die Augenheilkunde hat seit einigen Jahren rasche Fortschritte in Frankreich gemacht. Aber trotz der bemerkenswerthen Veröffentlichungen, welche den Fortschritt bezeugen, muss man doch anerkennen, dass dieser Zweig der Heilkunst der Majorität der Ärzte noch wenig bekannt geworden ist.«

Endlich hat M. A. JAMAIN am 15. Juli 1853, also am Schluss des uns beschäftigenden Zeit-Abschnitts, in der Vorrede zu seinen Archives d'ophthalmologie, das folgende Urtheil abgegeben: »Niemand verkannte, dass die Vervollkommnungen der Behandlung von Augenkrankheiten großentheils der französischen Chirurgie zu verdanken sind. Die Arbeiten von MAÎTRE-JAN, SAINT-YVES, GENDRON, GUÉRIN, ANEL, DEMOURS, DUPUYTREN, SANSON, A. BÉRARD u. a. sind noch heute klassisch. In unsren Tagen sind die Kliniken der Fakultät, die chirurgischen Abtheilungen der Krankenhäuser mit hervorragenden Männern besetzt, deren gelehrte Vorlesungen täglich Fortschritte in der Augenheilkunde verkünden; die Sonder-Arbeiten einiger ausgezeichneter Praktiker haben eine große Zahl von dunklen Punkten in der Augenheilkunde mit hellem Licht bestrahlt. . . . Man sieht, die französische Augenheilkunde steht noch an erster Stelle.«

Der Geschicht-Schreiber sammelt die zeitgenössischen Äußerungen, ohne sie vollständig zu theilen.

Wenn der Fortschritt in der ersten Hälfte des 19. Jahrhunderts nicht so rasch und nicht so umfassend gewesen, wie es der Begabung der Franzosen für Kunst und Wissenschaft entsprach; so lag der Widerstand mehr bei den Fakultäten, als bei den Regierungen.

Druck von Breitkopf & Härtel in Leipzig.

Date Due

			'

Demco 293-5